수학에 바퀴를 달자

지오지브라의 정석

GeoGebra 4.2

김태환 · 김현창 지음

이 책 한 권으로 여러분도 지오지브라의 전문가가 될 수 있습니다.

- 초보자도 쉽게 따라하며 배우는 지오지브라 완벽가이드
- 총 90개의 지오지브라 모델 예제의 소스코드와 동영상 강의 제공
- 지오지브라 도구(Tool)와 명령(Command)를 체계적으로 분류하고 설명

온라인 학습사이트: www.GeoGebra.kr

敎友社

저자: 김 태 환(ceo@geogebra.kr)
번역: 김 현 창(coo@geogebra.kr)
대표 메일: ggb@geogebra.kr
학습사이트: www.geogebra.kr

지오지브라(GeoGegra) 프로그램 개발자

Judith Hohenwarter, Judith@geogebra.org
Markus Hohenwarter, markus@geogebra.org

저자의 글

Preface

수학에 바퀴를 달자.
수학에 날개를 달자.

대학에서 수치해석을 전공했기 때문에 왠만한 수학 소프트웨어(Matlab, Mathmatica, Maple)는 두루 사용해 본 경험을 가진 저자가 여타 고가의 수학 프로그램들과는 달리 지오지브라가 가진 여러 가지 매력에 빠져 지오지브라의 전도사가 되고자 자처하고 나선 이유는 여러 가지가 있다. 먼저 지오지브라(GeoGebra)라는 이름에서 알 수 있듯이 기하(Geometry)와 대수(Algebra), 더 나아가 스프레드시트(Spreadsheet)가 서로 연결되어 움직이는 수학을 효율적으로 구현할 수 있는 무료이며 오픈소스 소프트웨어라는 점이다. 다음으로는 깔끔하고 직관적인 사용자 인터페이스로 편리한 사용법과 함께 다양하고 강력한 기능을 갖추고 있어 상호작용이 가능한 다이내믹한 웹페이지를 손쉽게 만들어 웹에서 손쉽게 공유할 수 있다는 점이다. 또한 지오지브라는 저자가 평소에 관심을 가지고 있는 객체지향언어인 자바로 만들어져 있어 자바언어가 가지고 있는 "운영체제에 종속되지 않고 웹과의 연동이 쉽다"는 특징들을 가지고 있다. 마지막으로 초등수학에서 대학수준의 수학적 토픽들까지 활용이 가능하다는 점이다. 물론 아직까지는 특정 분야에서 전문성이 떨어지는 부분도 분명 존재하지만 차후에 버전이 업그레이드가 된다면 이러한 부분은 자연스럽게 해결되리라 기대해 본다.

지오지브라의 정석 첫 번째 시리즈인 기본편에서는 방대한 내용을 담아 많은 것을 가르쳐 주는 것보다 반드시 알아야 할 내용을 깊이 있고 체계적으로 이해하는 데 도움을 줄 수 있는 내용으로 구성해 보았다. 총 90개의 모델 중 앞부분의 60개의 모델은 지오지브라 4.2버전 공식매뉴얼과 각종 워크샵 자료에 소개되었던 대표 유형의 예제들을 모아서 각 장의 내용에 맞게 재배치한 후, 그동안 대학강의를 진행해 오면서 학생들로부터 받았던 질문들과 인터넷 카페를 운영하면서 게시판에 올라왔던 내용들을 토대로 재구성하였다. 제 2장에서는 지오지브라 기본사용법의 중심에 서있는 도구(Tools)에 대한 내용을 지오지브라 4.2버전을 기준으로 체계적으로 분류하고 설명했다. 제 12장에서는 지오지브라의 핵심개념인 객체에 대한 설명을 Geogebra.org 홈페이지에 나와 있는 내용을 토대로 재구성해 보았고, 부록

(Appendix)에서는 방대한 명령어(Commands) 목록을 표로 만들어서 언제든지 필요할 때 찾아보기 쉽도록 코드를 부여해서 정리해 놓았다. 특히 약간 지루할 수 있는 제 2장과 제 12장은 전체적인 학습의 흐름에 크게 영향을 주지 않는 내용들이므로 처음 학습을 시작할 때는 생략해도 무방하다. 제 13장에 소개된 30개의 모델은 함수와 방정식, 그래프에 대한 내용으로 삼각함수로 시작해서 극방정식, 매개방정식, 이차곡선까지 내용의 일관성을 유지하고 난이도를 조절하면서 단계적으로 모델링을 진행했다. 모델 간 연관성과 순차성을 고려해 학생들이 각 방정식간의 차이를 쉽게 이해할 수 있도록 저자가 독창적으로 작업한 결과물들로 가히 지오지브라 기본편의 핵심 컨텐츠라 자부한다. 기본편에서 다루지 못한 좀 더 높은 수준의 수학적 지식이 요구되는 내용들(미분방정식, 급수이론, 3차원 좌표, 확률분포 등)로 구성되는 모델들은 후속 시리즈인 "지오지브라의 정석-고급편"에서 소개하기로 한다. 또 하나의 후속 시리즈인 생초보자들을 위한 입문서 "지오지브라의 정석-기초편"도 본서의 집필 과정에서 지오지브라 관련 문서의 번역작업을 담당하신 김 현창 선생님께서 현재 집필을 준비하고 있다.

거사(?)를 마무리하고 나면 항상 고마움을 표시해야 하는 사람들이 생각난다.

지오지브라 개발 프로젝트에 전념하고 있는 해외의 지오지브라 관계자들, 항상 아빠에게 삶의 활력을 불어넣어 주는 내 삶의 존재이유인 청개구리 진솔과 홍개구리 담솔, 바쁜 일정을 쪼개 집필작업을 하는 동안 얘들과 놀아주지 않는다고 구박만 일삼던 아내, 지오지브라 관련 문서의 번역작업과 교재 내용구성의 많은 부분을 담당해서 작업을 진행해 주신 김 현창 선생님. 이 모든 분들께 진심으로 감사의 마음을 전하고 싶다.

참여, 공유, 개방의 시대정신을 반영하면서 정말로 잘 만들어지고 있는 지오지브라가 입시에 찌든 국내의 주입식 수학교육에 빛과 소금과 같은 존재가 되길 진정으로 바라며, 지오지브라와 같은 훌륭한 수학솔루션이 우리나라 공교육 현장에 정식으로 도입되어 "수학에 지친 사람들"의 피로와 괴로움이 아닌 "수학에 미친 사람들"의 활기와 즐거움으로 가득찬 대한민국 수학교실의 아름다운 풍경을 만들어 내는 그날을 그려본다.

2013년 3월 5일

김 태환 저자

번역자의 글

Preface

나의 철학은 이렇다.

영어는 언어여야 한다는 것과 따라서 영어는 설득의 매개로 사용될 수 있어야 한다는 것.

나는 영어를 가르치고 번역하는 것을 업으로 하는 사람이다. 사실 업이라는 게 말이 좋아 업(業)이지 그냥 "밥벌이 짓"에 다름 아닌데, 사람들은 그 짓을 좀 했다싶으면 그 "짓"에도 나름의 철학이 있다고, 있어야 한다고, 그리고 자긴 있다고 생각하길 좋아 한다. 그래서 "생활의 달인"이 SBS의 장수 프로가 되어 가는 거겠지. 나 역시 그 고리타분한 나르시스트들 중의 하나다.

대한민국 현실에서 영어를 가르친다는 건, 어쩌면 맨 날 똑같은 명사, 형용사, 부사, 관계대명사, 어쩌고 저쩌고를 반복하는, 언어가 아닌 공식 암기를 가르치는 것과 같고, 그러니 언어로서 어떤 어휘와 문장이 다양한 상황(Context)에서 만들어 내는 색다른 질감, 뉘앙스, 함의, 설득력의 정도를 가르친다는 것은 언감생심이고, 아무리 포장해도 끝내 내 철학과는 모순한다.

그래서 한 번에 수 시간, 어떨 땐 수 십 시간을 앉아서 영어 원문을 어떻게 우리말로 풀어내야 독자를 납득시킬 수 있을지 고민해야 하는, "영어 공식" 가르치는 것에 비하면 턱없이 지루하고 정신 건강에도 도움 안 되는 힘든 번역을 15년 가까이 지속해 오고 있는 것은 나름의 철학을 지키려는 짓이라고 해두자.

수학과 프로그래밍에 대해서는 젬병이인 내가 지오지브라의 번역을 요청받으면서 저자가 얘기하고 추구하는 지오지브라의 철학을 듣고 이해한 바는 이렇다.

지오지브라는 사용자에게 최적화된 인터페이스와 수학적으로 방대한 영역까지 시각화 및 체험화 할 수 있는 탁월한 능력을 갖췄다. 그런데도 실행하기에 대단히 가볍다. 더군다나 지오지브라와 비슷한 유형의 프로그램들이 굉장히 고가인 유료 프로그램인데 반해, 지오지브라는 여러 강점에도 불구하고 글자그대로 Freeware이다. 현재는 정보를 독점하는 Copyright의 시대가 아니라 정보를 공유하는 Copyleft의 시대이고 더 나아가 타자의 정보 가

공까지도 자유롭게 허용하는 시대로, 이런 시대에 정말 잘 만들어진 수학 교육 프로그램을 무료로 개방하고 사용자의 자발적 학습과 참여를 유도하는 지오지브라는 현재의 시대정신과 부합하고 공익적이며 저자의 철학과도 닮아 있다고 했다.

좁게는 저자도 수학을 가르치는 것을 업으로 하는 교수로서, 학생들에게 수학을 단순히 암기하도록 하는 것이 아니라 다양한 환경에 적용되는 매개로서 그 원리를 이해하도록 만들 수 있는 학습법을 늘 고민하던 차에 마주친 것이 지오지브라였고, 지오지브라가 우리 주입식 수학 교육에 큰 변화를 가져다 줄 수 있는 혁신적인 교육 솔루션이 될 수 있겠다는 확신이 들었다고 했다.

공감은 동작을 낳는다.
저자의 확신에 공감해 번역 작업에 들어갔다.

그러나 프로그램 사용법을 설명하고 그 사용 예제를 담은 서적들이 늘 그렇듯 이 책 또한 번역자의 특별한 묘를 요구하지는 않는다. 그저 사용자가 프로그램을 잘 이해할 수 있도록 담백하고 간명한 표현을 우선으로 하면 될 일이다. 따라서 영문 예제와 설명을 가능한 무색무취하게 번역하였고, 다양한 표현이 가능한 용어나 표현들을 오히려 단순한 용어로 정리해야 했다.

내가 번역한 이 책은 도대체 건조하고 아무 감흥이 없는 프로그램 설명과 그 예제의 설명들로 되어 있다. 근데, 그 도대체 무덤덤한 설명의 나열을 따라 가면 신기하게도 끝에 멋진 사이클로이드(Cycloid)와 트로코이드(Trochoid)가 지오지브라의 화면에 그려진다는 거.

이 책을 통해서 저자의 바램대로 지오지브라가 수학 교실에서 적극적으로 활용되고, 그 결과 수학을 대해는 학생들의 마음에 신기하게도 전엔 느낄 수 없었던 어떤 호기심과 즐거움이 생기기를 기대하며…

2013년 3월 5일
김 현창

지오지브라의 정석 100% 활용법

교재를 통해서 컴퓨터 프로그램을 이해하는 데는 특히 생소한 용어와 같은 장애들로 인해 어려움을 겪게 되는 경우가 잦다. 그러한 독자들을 위해서 교재를 충분히 활용할 수 있도록 인터넷 사이트 www.geogebra.kr을 운영하고 있다. 독자들은 www.geogebra.kr을 방문해 교재는 물론 지오지브라와 관련된 다양한 정보들을 접하고 그에 대한 궁금증을 게시판에 올려 그 해답을 구할 수 있다.

1. www.geogebra.kr의 초기 화면 헤드라인

메인페이지 상단의 통합검색창을 이용하시면 관련된 정보를 쉽게 찾을 수 있다.

모델, 도구, 명령 에 대한 내용은 부록(Appendix)에 정리되어 있는 관련 코드를 입력하면 된다. (예. MA01, TA01, CA01)

2. 학습강좌 — 교재 동영상 서비스

90개 모델에 대한 설명을 동영상 강좌로 학습할 수 있다.(MA01~MA90)

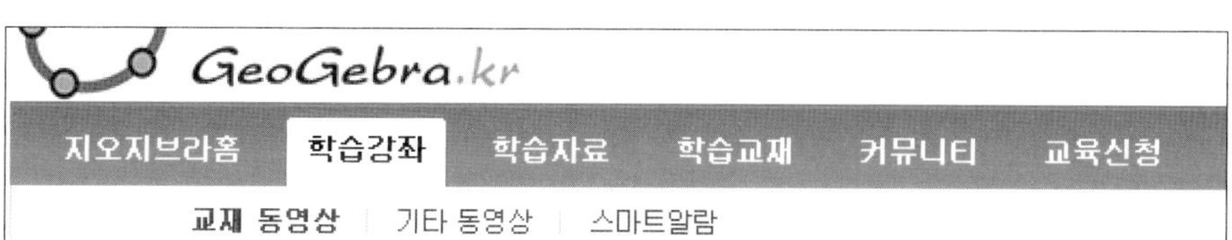

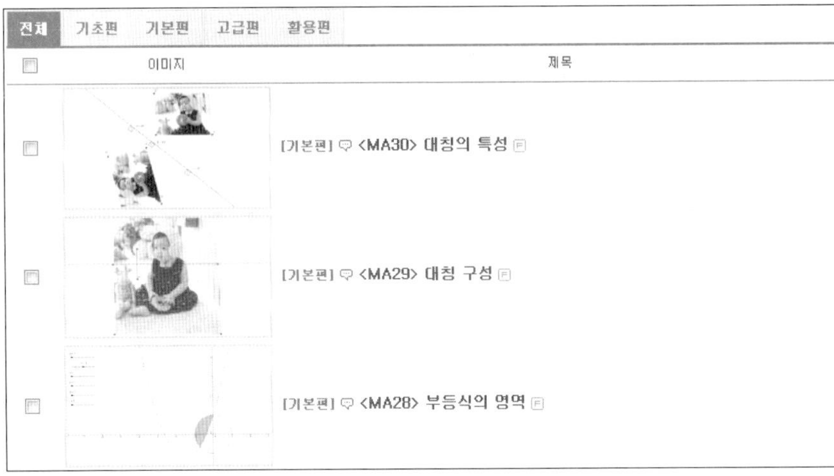

3. 학습자료 — 도움, 도구, 명령

3-1. 도움: 지오지브라 관련 도움 자료

3-2. 도구: 지오지브라 도구(Tools) 전체 목록 및 설명

전체 | 이동 | 점 | 선 | 특수선 | 다각형 | 원호 | 이차곡선 | 측정 | 변환 | 특수객체 | 동작객체 | 일반 | CAS | 스프레드시트 | 사용자도구

번호	☐	이미지	제목
69	☐	A A	[일반] <TL04> Show/Hide Label (객체 이름 보이기/숨기기)
68	☐		[일반] <TL03> Show/Hide Object (객체 보이기/숨기기)
67	☐		[일반] <TL02> Zoom In/Out (확대/축소)
66	☐		[일반] <TL01> Move Graphics View (화면 이동)
65	☐	a = 1	[동작객체] <TK04> Insert Textfield (텍스트 필드)
64	☐	OK	[동작객체] <TK03> Insert Button (버튼)
63	☐		[동작객체] <TK02> Check Box to Show/Hide Objects (체크박스)
62	☐	a = 2	[동작객체] <TK01> Slider (슬라이더)
61	☐		[특수객체] <TJ06> Function Inspector (함수 관리자)
60	☐		[특수객체] <TJ05> Probability Calculator (확률 계산기)
59	☐	a ? b	[특수객체] <TJ04> Relation between Two Objects (두 객체의 관련성)

3-3. 명령: 지오지브라 명령(Commands) 전체 목록 및 설명

전체 | 대수 | 차트 | 이차곡선 | 이산수학 | 함수와 미적분 | 지오지브라 | 기하 | 리스트 | 논리 | 최적화 | 확률 | 스크립트 | 스프레드시트 | 통계 | 텍스트 | 변환 | 벡터와 행렬 | CAS전용

번호	☐	이미지	제목
239	☐	*SetLabelMode*	[스크립트] <CQ25> SetLabelMode (레이블모드설정)
238	☐	*SetFixed*	[스크립트] <CQ24> SetFixed (고정여부설정)
237	☐	*SetFilling*	[스크립트] <CQ23>SetFilling(채움설정)
236	☐	*SetDynamicColor*	[스크립트] <CQ22> SetDynamicColor (다양한색상설정)
235	☐	*SetCoords*	[스크립트] <CQ21> SetCoords (좌표설정)
234	☐	*SetConditionToShowObject*	[스크립트] <CQ20> SetConditionToShowObject (대상보이기조건설정)
233	☐	*SetColor*	[스크립트] <CQ19> SetColor (색상설정)
232	☐	*SetCaption*	[스크립트] <CQ18> SetCaption (캡션설정)
231	☐	*SetBackgroundColor*	[스크립트] <CQ17> SetBackgroundColor (배경색지정)
230	☐	*SetAxesRatio*	[스크립트] <CQ16> SetAxesRatio (축비율설정)
229	☐	*SetActiveView*	[스크립트] <CQ15> SetActiveView (활성화창설정)

※ 책에 대한 의견이나 조언을 주시거나, 오탈자나 버그 등을 발견했을 때는 홈페이지에 방문하여 관련 내용을 등록해 주시면 감사하겠습니다.

차 례

Contents

Chapter 03 기하학적 구성과 명령어 사용법 / 54

■ 부록

Chapter 1

프로그램 소개 및 설치: 그리기와 기하학적 구성의 차이

1. 지오지브라의 소개 및 프로그램 설치
2. 지오지브라의 기본 사용법
3. 지오지브라를 이용해 간단한 구성 단계
4. 단순한 그리기와 기하학적 구성의 차이 그리고 드래그 테스트
5. 내비게이션 바와 구성 프로토콜
6. 지오지브라 객체 속성 대화상자
7. 지오지브라 구성 요령(이등변 삼각형)
8. 직사각형
9. 평행사변형
10. 마름모
11. 연
12. 슬라이더와 마름모

Chapter **01**

프로그램 소개 및 설치; 그리기와 기하학적 구성의 차이

Introduction & Installation
Drawings vs. Geometric Constructions

1. 지오지브라의 소개 및 프로그램 설치

Introduction and Installation of GeoGeba

1) Geogebra

Geogebra는 대수, 기하학 그리고 미적분학을 교육하는 학교들에게 매우 유용한 수학 프로그램이다. 이 프로그램은 수식은 물론 점, 벡터, 선분, 직선, 다각형, 원 등의 위치와 방향을 다이내믹하게 변화시켜가면서 구성할 수 있으며, 동시에 직접 수식과 좌표를 입력하여 구성할 수도 있다.

2) Geogebra 사용자 인터페이스

Geogebra를 실행시키면 다음과 같은 화면이 나타난다.

마우스로 툴바(toolbar)에 있는 도구들을 사용하여 그래픽(Graphic View) 화면에서 기하학적 작업들을 구성해 낼 수 있다. 마우스로 기하학적 구성들을 하는 동안에, 구성과 동시에 대수창(Algebra View)에는 모든 구성 객체(Object)들의 수식과 좌표들이 자동으로 입력된다. 그러면서도 하단에 있는 입력창(Input Bar)를 통해 수식과 명령을 직접 입력할 수도 있다. 기하학적 도형과 그래프 그리고 그 수식과 좌표들이 한 화면에 동시에 구현되는 것이다.

또한 사용자는 자기에게 맞는 화면구성을 할 수 있다. 예를 들어, 기초 과정에서는 하얀 백지와 같은 그래픽(Graphic View) 화면에 툴바의 도구(Tool)들을 이용해서 그림을 그리듯 쉽게 작업하다가, 점점 좌표도 활용하고, 고등과정에 가면 입력창(Input Bar)과 대수창(Algebra View)을 활용하여 대수식을 파악해 가며 미적분으로 나아갈 수 있다.

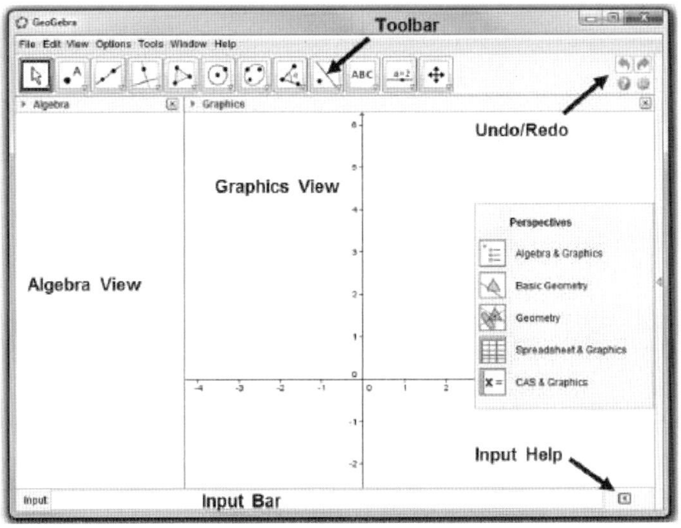

위에서 언급한 대수창(Algebra View), 입력창(Input Bar) 외에도 GeoGebra는 스프레드시트 화면(Spreadsheet View), CAS(Computer Algebra System) 입력창 및 또 다른 그래픽(Graphic View) 화면을 하나 더 제공한다. 사용자는 오른쪽 사이드바를 클릭해서 원하는 화면으로 빠르게 이동할 수 있다.

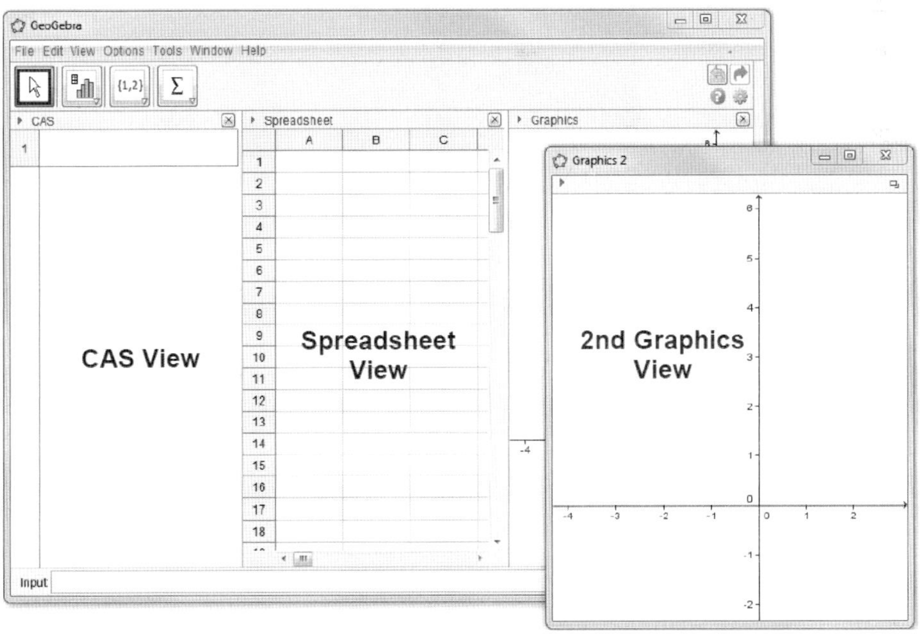

3) GeoGebra 프로그램 설치

- 인터넷 브라우저 주소창에 "www.geogebra.org/webstart" 입력
- <Webstart> 버튼 클릭
  - 프로그램이 자동 설치되므로 나타나는 모든 응답 메시지에 "yes" 혹은 "OK"를 클릭하면 된다.
  - 또한 특별히 사용자 승인을 요구하지 않기 때문에 학교 실습실 또는 노트북에서도 쉽게 접속해 설치할 수 있다.
- 최최 설치 시에는 인터넷이 연결되어 있어야 하나, 일단 설치가 된 후에는 오프라인 상태에서도 이용가능하다. 단 자동 업데이트를 위해서는 인터넷 연결이 요구된다.
- 혹시, 오프라인 상태에서 주로 작업이 이루어지거나 자동 업데이트를 원하지 않을 때에는 "www.geogebra.org/installers"에서 설치파일을 다운받아 설치하여 사용하면 된다.

2. 지오지브라의 기본 사용법

Basic Use of GeoGebra

1) 도구(Geometry Tools) 사용법

- 툴바에서 사용하고자 하는 도구의 아이콘을 클릭
- 툴바에 없는 도구는 툴박스를 아래로 열어(drop-down) 원하는 도구를 클릭
  (비슷한 객체(Object)를 생성하는 아이콘들끼리 툴박스에 모여 있다)

2) GeoGebra 파일 저장

File 메뉴에서 저장(Save) 클릭 ⇒ 저장을 원하는 폴더 지정 ⇒ 파일 이름 입력 ⇒ 저장 (확장자가 ".ggb"인 파일로 저장되며, 이 파일은 GeoGebra에서만 실행이 된다.)

3) GeoGebra 파일 열기

확장자가 ".ggb"인 기존 파일을 열기 위해서는 File 메뉴에서 열기(Open)를 클릭한 후, 이미 저장되어 있는 해당 폴더를 찾아가 더블 클릭하면 된다.

3. 지오지브라를 이용해 간단한 구성 단계

Creating Drawings with GeoGebra

1) 학습 준비

- 그래픽 화면(Graphics View) 우측에 보이는 화살표를 클릭하면 펼쳐지는 구성 화면(Perspectives) 메뉴에서 기본 기하 구성창(Basic Geometry)을 선택한다.
- 그래픽 화면(Graphics View)에서 마우스의 우측 버튼을 클릭한 다음 격자(Grid) 아이콘을 선택하여 그래픽 화면에 격자선이 나타나도록 한다.

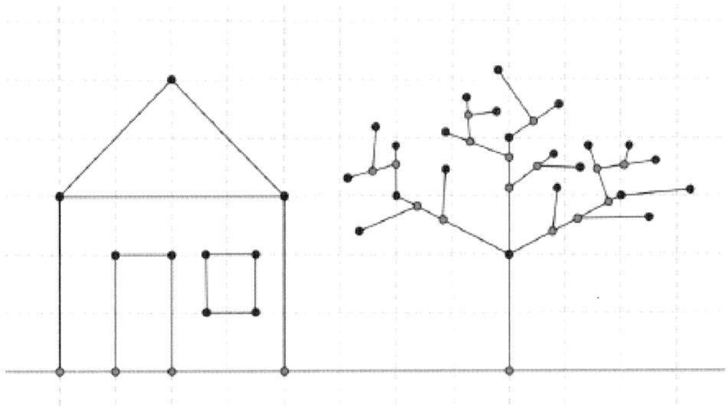

2) 구성 단계

마우스와 다음에 나오는 도구들을 활용하여 집이나 나무와 같은 간단한 그림들을 그려본다.

1		• 새로운 점/New Point 빈 그래픽 화면 위 또는 이미 존재하는 객체 위에 한 번의 클릭으로 새로운 점을 만드는 도구.
2		• 이동/Move 자유 객체(Free Object)를 끌거나(Drag, 드래그) 움직이는 도구.
3		• 두 점을 지나는 직선/Line through Two Points 빈 그래픽 화면의 두 지점에 클릭을 하거나, 이미 존재하는 두 점을 클릭하여 직선을 만드는 도구.
4		• 두 점 사이의 선분/Segment between Two Points 빈 그래픽 화면의 두 지점에 클릭을 하거나, 이미 존재하는 두 점을 클릭하여 두 점 사이의 선분을 만드는 도구.

5	• 지우기/Delete Object 이미 만들어진 객체를 클릭하여 삭제하는 도구
6	• 되돌리기 및 재실행/Undo & Redo 구성 과정에서 구성 단계를 이전 또는 이후로 되돌리는 도구
7	• 구성 화면 이동/Move Graphics View 그래픽 화면에 클릭한 후 자신이 원하는 위치로 화면을 끌거나(Drag, 드래그) 이동하는 도구
8	• 확대 및 축소/Zoom In & Zoom Out 그래픽 화면에 클릭하여 화면을 축소 또는 확대하는 도구

*** 마우스를 도구 위에 가져다 놓으면, 해당 도구에 대한 간단 사용 설명이 나타난다.

3) 학습 포인트

• 이미 존재하는 객체를 선택하는 방법:
이미 존재하는 객체에 마우스 포인터가 위치하게 되면, 해당 객체가 강조(Highlighted) 되면서 마우스 포인터의 모양이 십자모양에서 화살표로 바뀐다.

• 이미 존재하는 객체 위에 점이 찍혔는지를 확인하는 방법:
기존의 객체 위에 점이 찍히면, 그 점은 다른 자유로운 점보다는 옅은 색깔을 띠게 된다. 또한 이동(Move) 도구를 이용해 그 점을 이동(Drag)해 보았을 때, 자유로운 점들과는 달리 기존의 객체 위에서만 이동을 하도록 제한을 받는다.

• 도구에 따라 이미 존재하는 객체를 반드시 필요로 하는 도구들이 있는가 하면 기존 객체를 필요로 하지 않는 도구들이 있다. 예를 들어, 두 점 사이의 선분(Segment between Two Points)을 그리는 도구는 이미 존재하는 두 점이 없이도 선분을 그을 수 있는 반면, 수직선(Perpendicular Line)을 긋는 도구는 반드시 수직이 되는 선을 긋기 위한 기존의 선분 또는 직선이 존재해야 한다.

4. 단순한 그리기와 기하학적 구성의 차이 그리고 드래그 테스트

Drawings, Constructions, and Drag Test

같은 모양의 정사각형이지만, 그 정사각형이 단순히 네 점만을 연결해 그린 도형인지 아니면 정사각형의 기하학적 특성을 고려하여 구성된 도형인지는 꼭짓점의 드래그 테스트(Drag Test)를 통해 알 수 있다.

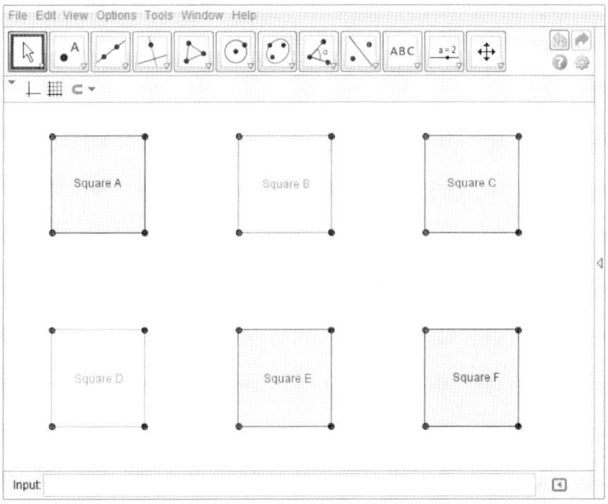

단순히 네 점을 연결하여 "그린" 도형은 한 꼭짓점을 드래그 했을 때, 다른 꼭짓점들은 그대로 고정된 채 드래그 한 꼭짓점만 마우스가 움직이는 대로 무한정 이동하며 정사각형과는 전혀 다른 도형이 되는 반면, 기하학적 특성을 고려하여 "구성된" 정사각형은 그 꼭짓점을 움직여도 정사각형을 여전히 유지하면서 다만 그 크기나 위치만 변화한다.

따라서 단순한 그리기가 아닌, 도형을 구성하기 위해서는 그 도형의 기하학적 특성을 우선 이해하고 그러한 특성을 고려하여 구성해 나가야 한다.

5. 내비게이션 바와 구성 프로토콜

Navigation Bar and Construction Protocol

그래픽 화면에서 오른쪽 버튼을 클릭하여 나타난 메뉴에서 내비게이션 바(Navigation Bar)를 선택하면 화면 하단에 내비게이션 바가 나타나는데, 이것을 이용하여 구성 과정을 한 단계 한 단계씩 다시보기 할 수 있다.

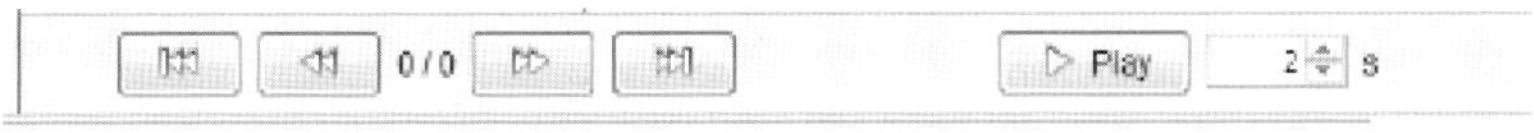

여기에 더해, 구성 프로토콜을 열어 구성 과정에 대한 정보를 좀 더 구체적으로 들여다 볼 수 있다. (Menu--View--Construction Protocol)

No.	Name	To...	Command	Value	Caption	Breakpoint
1	Point A		Intersect[xAxis, yAxis]	A = (0, 0)		☐
2	Point B		Point[xAxis]	B = (4, 0)		☐
3	Segment a		Segment[A, B]	a = 4		☐
4	Line b		PerpendicularLine[B, a]	b: x = 4		☐
5	Point C		Point[b]	C = (4, 2.8)		☐
6	Line c		Line[C, a]	c: y = 2.8		☐
7	Line d		PerpendicularLine[A, a]	d: x = 0		☐
8	Point D		Intersect[c, d]	D = (0, 2.8)		☐
9	Quadrilateral ...		Polygon[A, B, C, D]	poly1 = 11.18		☐
9	Segment a_1		Segment[A, B, poly1]	$a_1 = 4$		☐
9	Segment b_1		Segment[B, C, poly1]	$b_1 = 2.8$		☐
9	Segment c_1		Segment[C, D, poly1]	$c_1 = 4$		☐
9	Segment d_1		Segment[D, A, poly1]	$d_1 = 2.8$		☐

1) 학습 포인트

- 구성 프로토콜에서 마우스로 구성 단계의 순서를 바꿀 수 있는데, 그렇다고 해서 항상 순서를 원하는 대로 바꿀 수 있는 것은 아니다. 그 이유는 무엇일까?
- Breakpoint를 설정하면 구성 단계들을 그룹으로 만들 수 있다.
  - 구성 프로토콜 창의 Column 메뉴를 아래로 펼쳐서(drop-down) Breakpoint를 선택하면 Breakpoint를 체크할 수 있는 열이 새롭게 프로토콜 창에 생긴다.
  - 그룹으로 만들고자 하는 마지막 단계의 Breakpoint 박스를 체크한다.
  - 구성 프로토콜 창의 Option 메뉴를 아래로 펼쳐서(drop-down) Breakpoint만을 프로토콜 창에 나타나도록 한다.
  - 내비게이션 바(Navigation Bar)로 다시보기를 하면 전체 구성 단계가 Breakpoint를 체크한 단계로만 나눠지는 것을 확인할 수 있다.

6. 지오지브라 객체 속성 대화상자

GeoGebra's Properties Dialog

1) 그래픽 화면 형태 조정

그래픽 화면 위쪽 좌측에 "Graphic"이라는 화살표를 클릭하면 화면(Graphic View)을 위한 스타일 바(Style-Bar)가 나타난다. 이것을 이용해 구성하고자하는 목적에 어울리는 화면의 스타일을 조정할 수 있다. 예컨대, x-y 좌표, 격자선은 물론 격자의 교점에만 점이 자동적으로 찍히도록 선택할 수도 있다. 또한 이 Graphic View Style-Bar를 이용해 화면에 그려져 있는 객체의 색깔과 모양을 쉽게 바꿀 수 있다.

2) 객체 속성 대화상자/Object Preference Dialog

Graphic View Style-Bar에서 간단하게 조정할 수 없는 객체의 속성들을 바꾸는데 객체 설정 대화창(Object Preference Dialog)을 이용한다. 이 대화창을 띄우는 방법은 여러 가지가 있다.

- 툴바의 우측에 톱니바퀴 모양의 아이콘을 클릭하여 아래로 펼쳐진 메뉴 중에서 객체(Objects)를 선택하는 방법.
- 속성을 바꾸고자 하는 객체 위에 커서를 올려놓고 오른쪽 버튼을 클릭한 다음, 객체 설정(Objects Properties)를 선택하는 방법.
- 편집(Edit) 메뉴에서 객체 설정(Objects Properties)를 선택하는 방법.
- 속성을 바꾸고자 하는 객체를 더블 클릭하면 나타나는 명령어 재입력 창(Redefine)에서 객체 설정(Objects Properties)를 선택하는 방법.

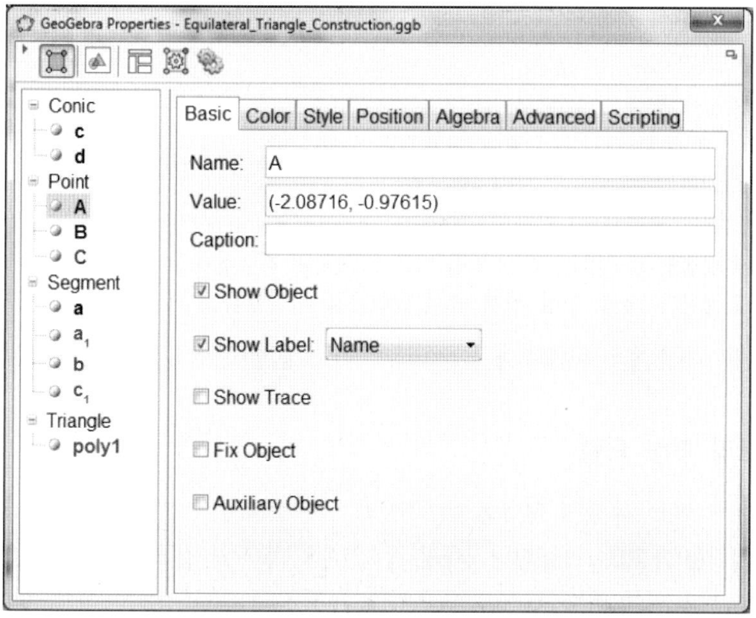

3) 학습 포인트

- 화면 좌측 대수창(Algebra View)에 나열된 서로 다른 객체들을 속성들을 살펴본다.
- 대수창(Algebra View)의 객체들의 속성을 동시에 바꿔본다.
- Ctrl 키를 누른 채로 원하는 객체 목록을 클릭하면 선택된 객체에 음영표시가 된다. 이렇게 음영 표시가 된 객체들은 동시에 속성 변경이 가능하다.
- 각 객체들을 종류별로 분류하고 있는 카테고리 제목(예를 들어, Angle, Point, Segment, Conic.....)에 커서를 놓고 우측 버튼을 클릭하면 카테고리 아래의 모든 객체들의 속성을 동시에 변경할 수 있다.

7. 지오지브라 구성 요령(이등변 삼각형) [MA00]

How to Construct in GeoGebra(Isosceles Triangle)

1) 새로운 활용 도구

	• 새로운 점(New Point)을 찍을 때 사용하는 도구.
	• 두 점 사이의 선분/Segment between Two Points 이미 찍혀 있는 두 점을 클릭하거나 새롭게 두 점을 찍어 두 점 사이에 선분을 만드는 도구.
	• 수직 이등분선/Perpendicular Bisector 두 점 또는 하나의 선분을 클릭하면 수직 이등분선을 그리는 도구.
	• 다각형/Polygon 그래픽 화면 위의 원하는 지점들 또는 이미 존재하는 점들을 클릭하여 다각형과 그 꼭짓점들을 그리는 도구. 처음 그리기 시작한 꼭짓점을 마지막에 클릭하여 다각형을 완성한다. 또한 항상 시계 반대 방향으로 꼭짓점들을 연결한다.

*** 도구 사용법을 모르는 경우, 도움말을 읽고, 구성 전에 새로 사용하게 되는 도구들은 미리 시험사용을 해본다.

2) 지오지브라 구성 요령

- 구성하고자 하는 도형의 특성을 파악한다.
- 이등변 삼각형의 정의: 이등변삼각형은 두 밑각의 크기가 같으며, 이등변삼각형의 꼭지각의 이등분선은 밑변을 수직 이등분한다.

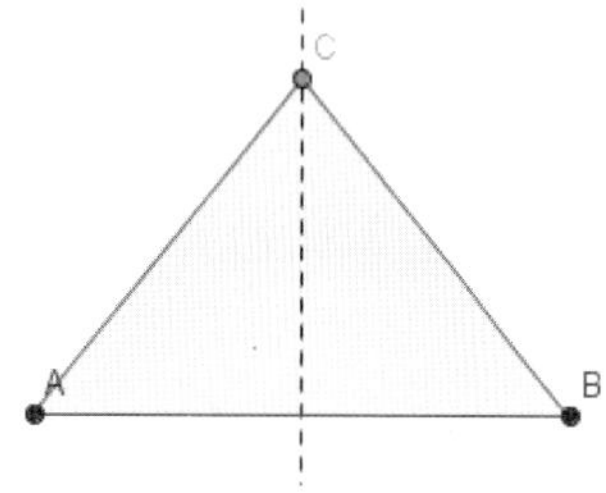

- 도형의 특성을 고려하여 구성에 사용할 도구를 선별한다.
- 이등변삼각형의 꼭지각의 이등분선이 밑변을 수직 이등분한다는 특성을 이용하여, 지오지브라의 수직이등분선(Perpendicular Bisector)도구를 이용하기로 한다.
- 사용할 도구의 사용법은 미리 익히고, 사용 중 사용방법이 궁금하면, 도구(Tool)를 클릭할 때 나타나는 해당 툴의 도움말을 참고한다.

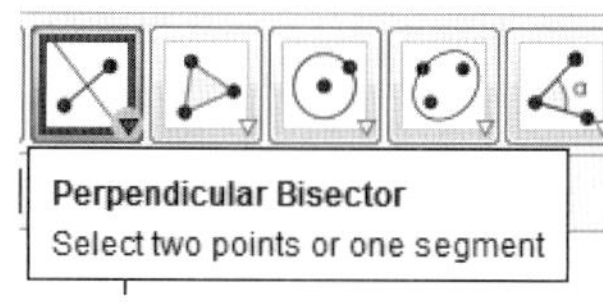

- 구성에 적합한 구성창을 선택한다.
- 지오지브라 화면 우측 사이드바의 화살표를 클릭하면 나타나는 항목에서 구성에 적합한 구성창을 선택한다.
- 기본적인 도형의 작도에 적합한 기본 기하창(Basic Geometry)을 선택하기로 한다.

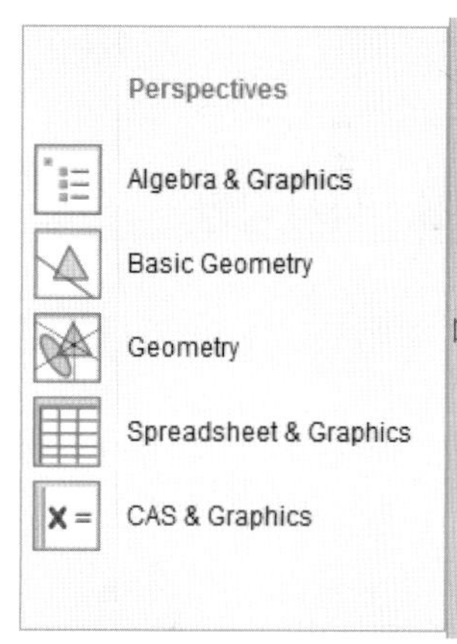

- 구성 중간 중간에 드래그 테스트(Drag Test)를 통해 구성이 잘 이루어지고 있는지를 체크한다.
- 드래그 테스트란 이동 도구() 상태에서 구성 객체들을 움직여 사용자가 계획한 구성이 올바르게 되어 있는지를 확인하는 과정이다.

3) 구성 단계

1		• 선분 AB를 그린다.
2	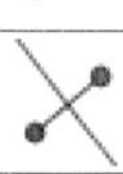	• 선분 AB에 수직이등분하는 선을 그린다.
3		• 수직이등분선 위에 한 점 C를 찍는다.
4		• 삼각형 ABC를 그린다. • Note: 다각형 도구로 다각형을 완성하기 위해서는 반드시 시작점을 마지막에 다시 찍어야 한다.
5		• 바르게 구성되었는지 확인하는 드래그 테스트(Drag Test)를 한다. • Note: 이등변 삼각형의 특성상 점 C는 수직이등분선 위에 존재해야 한다. 따라서 점 C를 움직였을 때 점 C가 수직이등분선 위에서만 움직이는지를 확인한다.

No.	Name	Tool...	Command	Value
1	Point A			A = (0.97, 0.18)
2	Point B			B = (6.69, 1.25)
3	Segment a		Segment[A, B]	a = 5.82
4	Line b		PerpendicularBisector[a]	b: -5.72x - 1.07y = -22.68
5	Point C		Point[b]	C = (3.05, 4.92)
6	Triangle poly1		Polygon[A, B, C]	poly1 = 12.44
6	Segment c		Segment[A, B, poly1]	c = 5.82
6	Segment a_1		Segment[B, C, poly1]	a_1 = 5.17
6	Segment b_1		Segment[C, A, poly1]	b_1 = 5.17

8. 직사각형 [MA01]

Rectangle Construction

1) 학습 준비

- 구성 시작 전에 직사각형의 특성을 요약한다.
- 직사각형의 정의: 직사각형은 두 쌍의 마주 보는 변이 서로 평행이고, 그 길이가 같다.
- 새 창을 연다.
- 구성 화면을 (Perspectives)-Basic Geometry로 바꾼다.
- 화면에 새로 찍히는 점들의 이름만 보이도록 설정한다. (Menu--Option--Labeling--New Points Only)

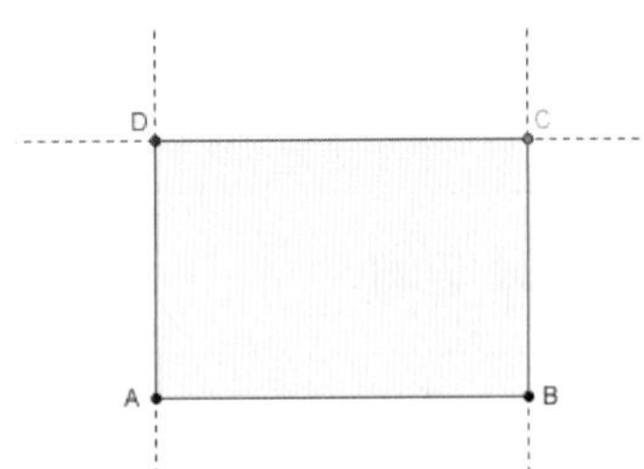

2) 새로운 활용 도구

1	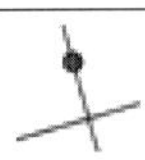	• 수직선/Perpendicular Line 이미 존재하는 선과 한 점을 클릭하여, 그 점을 지나는 수직선을 그리는 도구.
2		• 수평선/Parallel Line 이미 존재하는 선과 한 점을 클릭하여, 그 점을 지나는 수평선을 그리는 도구.
3		• 두 객체의 교점/Intersect Two Objects 두 객체가 교차하는 점에 클릭하여 교점을 찍는 도구. 두 객체가 교차하는 점이 여러 개인 경우, 두 객체를 클릭하면 모든 교점이 한꺼번에 생긴다.

*** 도구 사용법을 모르는 경우, 도움말을 읽고, 구성 전에 새로 사용하게 되는 도구들은 미리 시험사용을 해본다.

3) 구성 단계

1	• 선분 AB를 그린다.
2	• 선분 AB에 수직이면서 점B를 지나는 선을 그린다.
3	• 수직선 위에 새로운 점 C를 찍는다.
4	• 선분 AB에 평행하면서 점 C를 지나는 선을 그린다.
5	• 선분 AB에 수직이면서 점A를 지나는 선을 그린다.
6	• 교점 D를 찍는다.
7	• 사각형 ABCD를 그린다. • 사각형을 완성하기 위해서는 시작점A를 마지막에 다시 찍는다.
8	점 A와 D, D와 C, D와 B를 지나는 세 직선을 시각적으로 보완하는 작업을 한다. Note: 그래픽 구성창 상단에 있는 스타일바를 이용하여 색과 스타일을 조정한다. 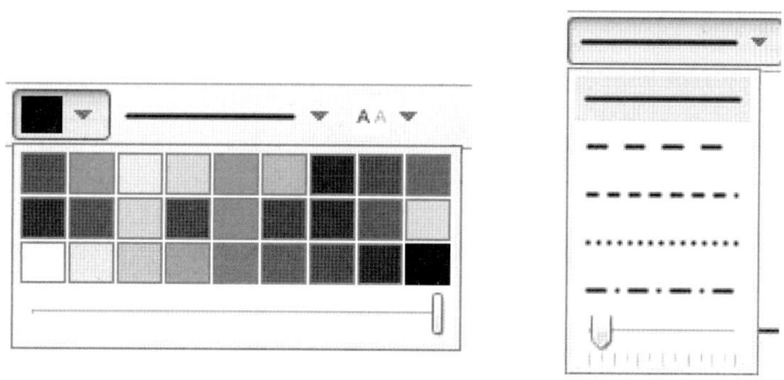
9	바르게 구성되었는지 확인하는 드래그 테스트(Drag Test)를 한다.

No.	Name	Too...	Command	Value
1	Point A			A = (1, 2)
2	Point B			B = (5, 2)
3	Segment a		Segment[A, B]	a = 4
4	Line b		PerpendicularLine[B, a]	b: x = 5
5	Point C		Point[b]	C = (5, 4.54)
6	Line c		Line[C, a]	c: y = 4.54
7	Line d		PerpendicularLine[A, a]	d: x = 1
8	Point D		Intersect[c, d]	D = (1, 4.54)
9	Quadrilateral poly1		Polygon[A, B, C, D]	poly1 = 10.16
9	Segment a_1		Segment[A, B, poly1]	$a_1 = 4$
9	Segment b_1		Segment[B, C, poly1]	$b_1 = 2.54$
9	Segment c_1		Segment[C, D, poly1]	$c_1 = 4$
9	Segment d_1		Segment[D, A, poly1]	$d_1 = 2.54$

9. 평행사변형 [MA02]

Parallelogram

1) 학습 준비

- 구성을 시작하기 전에 평행 사변형의 수학적 의미를 먼저 이해해 본다.
- 평행 사변형의 정의: 평행사변형은 마주 보는 변의 길이가 서로 같고, 서로 평행하다. 또, 평행사변형의 한 대각선은 다른 대각선을 이등분한다.

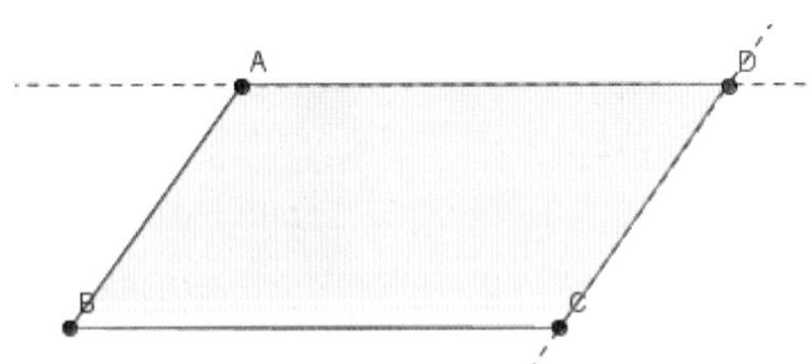

- 새 창을 연다.
- 구성 화면을 (Perspectives)-Basic Geometry로 바꾼다.
- 화면에 새로 찍히는 점들의 이름만 보이도록 설정한다. (Menu--Option--Labeling--New Points Only)

2) 구성 단계

1	• 새로운 점(New Point) 도구를 선택해 • 그래픽 구성창의 서로 다른 위치에 세 점 A, B, C를 찍는다.
2	• 두 점 사이의 선분(Segment between Two Points) 도구를 선택해 선분 AB와 BC를 그린다.
3	• 평행선(Parallel Line) 도구를 선택해 선분 AB와 평행하면서 점 C를 지나는 직선과 선분 BC와 평행하면서 점 A를 지나는 직선을 그린다. 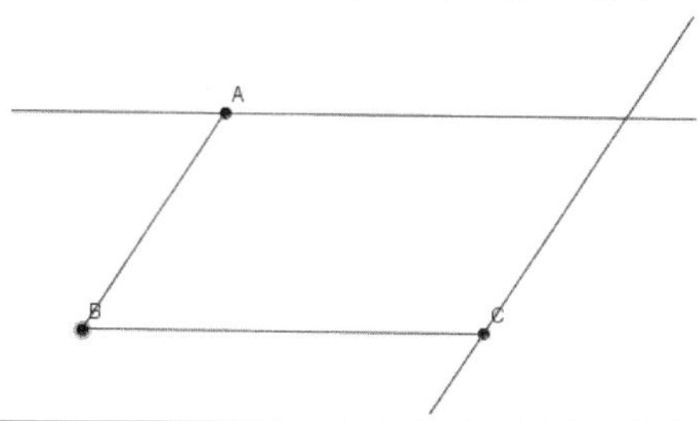
4	• 두 평행선이 만나는 점에 교점 D를 찍는다.
5	• 다각형 도구로 사각형 ABCD를 그린다.
6	• 점 A와 D 그리고 D와 C를 지나는 두 직선을 시각적으로 보완하는 작업을 한다. Note: 그래픽 구성창 상단에 있는 스타일바를 이용하여 색과 스타일을 조정한다.
7	• 바르게 구성되었는지 확인하는 드래그 테스트(Drag Test)를 한다. • 점 A, B, C를 움직였을 때와 점 D를 움직였을 때 어떤 차이가 있는지를 살펴본다.

3) 학습 포인트

① 점 A, B, C는 자유롭게 움직이지만, 점 D는 움직일 수가 없다.
이는 점 D가 독립적으로 생성된 것이 아니라, 다른 세 점에 전적으로 의존하고 있는(Dependent) 객체이기 때문이다.

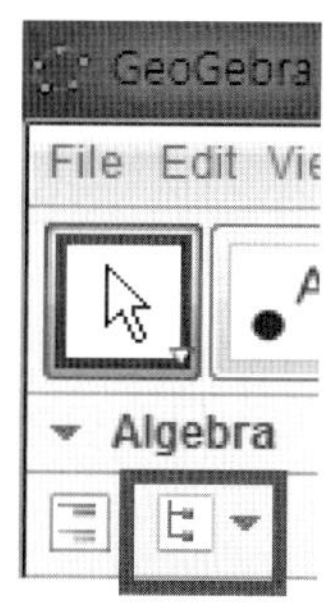

② 점 D와 다른 세 점의 성격을 좀 더 자세히 살펴보기 위해, 대수창(Algebra View)을 열어 대수창 상단 Algebra 옆에 있는 우향 화살표를 클릭--클릭 후에는 화살표 방향이 아래로 향한다--하면, 두 개의 버튼이 아래 나타난다. 이 두 개중 오른쪽 버튼 옆에 아래로 향한 화살표를 다시 클릭하면, 대수창에 표시된 객체들을 어떤 기준으로 분류할지(Sort by)를 선택하는 네 개의 항목, 의존성(Dependency), 객체 유형(Object Type), 레이어(Layer), 구성 순서(Construction Order)가 펼쳐

진다. 초기 설정은 객체 유형(Object Type)을 객체 분류 기준으로 하고 있는데, 이것을 의존성(Dependency)으로 바꾼다. 그러면 그림과 같이 자유 객체(Free Objects)와 종속 객체(Dependent Objects)로 분류된다.

③ 또한 지오지브라는 자유객체인 A, B, C는 파란색으로, D를 포함한 종속 객체들은 검정색으로 표시하여 구분하고 있다.

No.	Name	To...	Command	Value
1	Point A			A = (1.12, 3.92)
2	Point B			B = (-0.52, 1.66)
3	Point C			C = (4.14, 1.64)
4	Segment a		Segment[A, B]	a = 2.79
5	Segment b		Segment[B, C]	b = 4.66
6	Line c		Line[C, a]	c: 2.26x - 1.64y = 6.67
7	Line d		Line[A, b]	d: 0.02x + 4.66y = 18.29
8	Point D		Intersect[c, d]	D = (5.78, 3.9)
9	Quadrilateral poly1		Polygon[A, B, C, D]	poly1 = 10.56
9	Segment a_1		Segment[A, B, poly1]	a_1 = 2.79
9	Segment b_1		Segment[B, C, poly1]	b_1 = 4.66
9	Segment c_1		Segment[C, D, poly1]	c_1 = 2.79
9	Segment d_1		Segment[D, A, poly1]	d_1 = 4.66

10. 마름모 [MA03]

Rhombus

1) 학습 준비

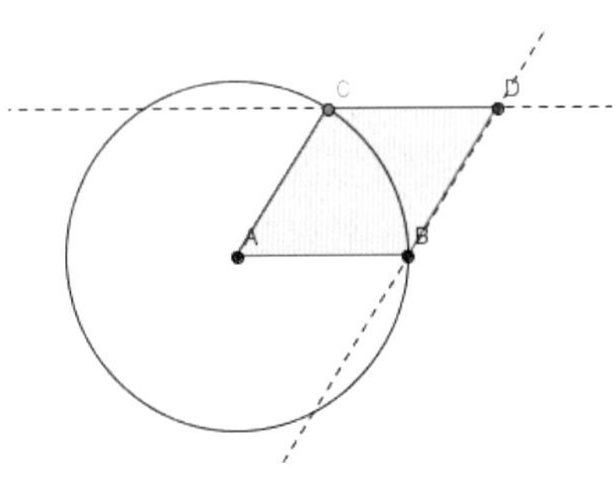

- 구성을 시작하기 전에 마름모의 수학적 의미를 먼저 이해해 본다.
- 마름모의 정의: 두 쌍의 마주 보는 변이 서로 평행이고, 마주 보는 두 각의 크기가 서로 같다. 또한

마름모의 두 대각선은 길이는 서로 다르지만 서로 수직으로 만난다.

- 새 창을 연다.
- 구성 화면은 (Perspectives)-Basic Geometry로 바꾼다.
- 화면에 새로 찍히는 점들의 이름만 보이도록 설정한다.
  (Menu--Option--Labeling--New Points Only)

2) 구성 단계

1		• 두 점 사이의 선분(Segment between Two Points) 도구를 이용해 선분 AB를 그린다.
2		• A를 중심점으로 하고 점B를 지나는 원을 그린다.
3	A	• 원주 위에 새로운 점 C를 찍는다.
4		• 두 점 사이의 선분(Segment between Two Points) 도구를 이용해 선분 AC를 그린다.
5		• 평행선 도구를 선택해서, 선분 AB에 평행하면서 점 C를 지나는 직선과 선분 AC에 평행하면서 점 B를 지나는 직선을 그린다.
6		• 두 직선이 지나는 교점 D를 찍는다. 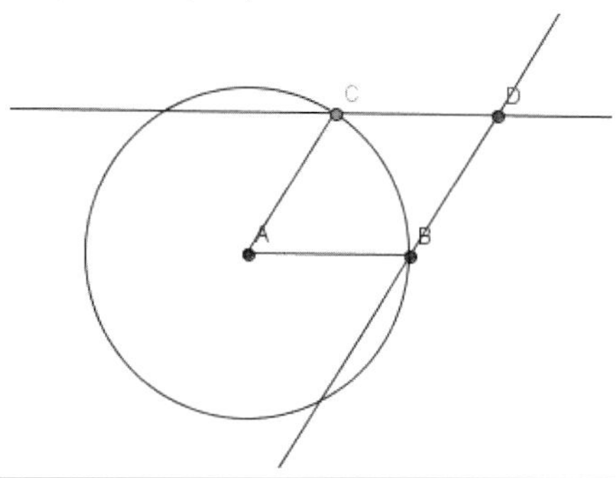
7		• 이제 마름모를 완성하기 위해 사각형 ABDC를 그린다. Note: 반드시 시작점 A를 마지막에 다시 찍어 다각형을 닫아야 사각형이 구성된다.
8		• 그래픽 구성창 상단에 있는 스타일바를 이용하여 점 C와 D 그리고 D와 B를 지나는 직선을 시각적으로 보완한다.
9		• 바르게 구성되었는지 확인하는 드래그 테스트(Drag Test)를 한다.

3) 학습 포인트

- 우리가 도구만을 사용해서 구성한 내용들이 수학적으로는 혹은 수학 공식적으로는 어떤 의미를 갖는지 대수창을 열어 확인해 본다. 원(Conic) c와 직선(Line) d, e는 방정식으로 표시되어 있고, 점(Point)은 좌표로 선분(Segment)은 길이로 표시되어 있다.
- "9. 평행 사변형(Parallelogram)"으로 변경에서 설명했듯이, 자유 객체(A, B)는 파란색으로 종속 객체(D)는 검정색으로 표시되어 있는데, 점 C는 옅은 파란색으로 표시되고 있다. 이것은 완전히 자유롭지도 완전히 구속되지도 않은 객체 "Semi-Free Object"를 의미하는 것이다.

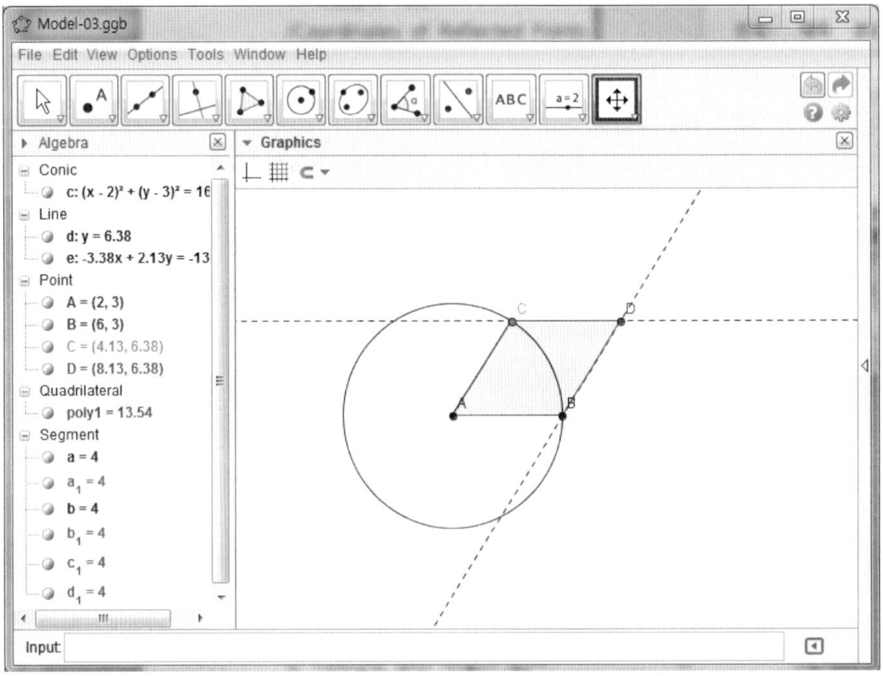

- 우리가 구성 7단계에서 원을 화면에서 숨겼었는데, 대수창에서 원 c의 좌측에 있는 구슬 모양의 버튼을 클릭하면 원이 화면에 다시 나타나게 된다. 이제 이동 도구 모드에서 점 C를 움직여 보면, 점 C는 완전 고정된 점 D와는 달리 움직일 수 있기는 하지만 원주 위에서만 움직이는 것을 확인할 수 있다.

  또한 특별히 사용자가 자신이 구성하는 객체의 이름을 지정하지 않았을 경우, 지오지브라는 알파벳 순서로 점은 대문자로 기타 객체는 소문자로 자동 표기한다.

No.	Name	Tool...	Command	Value
1	Point A			A = (2, 3)
2	Point B			B = (6, 3)
3	Segment a		Segment[A, B]	a = 4
4	Circle c		Circle[A, B]	c: $(x - 2)^2 + (y - 3)^2 = 16$
5	Point C		Point[c]	C = (4.13, 6.38)
6	Segment b		Segment[A, C]	b = 4
7	Line d		Line[C, a]	d: y = 6.38
8	Line e		Line[B, b]	e: -3.38x + 2.13y = -13.91
9	Point D		Intersect[d, e]	D = (8.13, 6.38)
10	Quadrilateral poly1		Polygon[A, B, D, C]	poly1 = 13.54
10	Segment a_1		Segment[A, B, poly1]	$a_1 = 4$
10	Segment b_1		Segment[B, D, poly1]	$b_1 = 4$
10	Segment d_1		Segment[D, C, poly1]	$d_1 = 4$
10	Segment c_1		Segment[C, A, poly1]	$c_1 = 4$

11. 연

[MA04]

Kite

1) 학습 준비

- 구성을 시작하기 전에 연(Kite)의 수학적 의미를 먼저 이해해 본다.
- 연의 정의: 이웃한 변의 길이가 동일한 두 쌍으로 이루어진 사각형
- 새 창을 연다.
- 구성 화면은 (Perspectives)-Basic Geometry로 바꾼다.
- 화면에 새로 찍히는 점들의 이름만 보이도록 설정한다.

  (Menu--Option--Labeling--New Points Only)

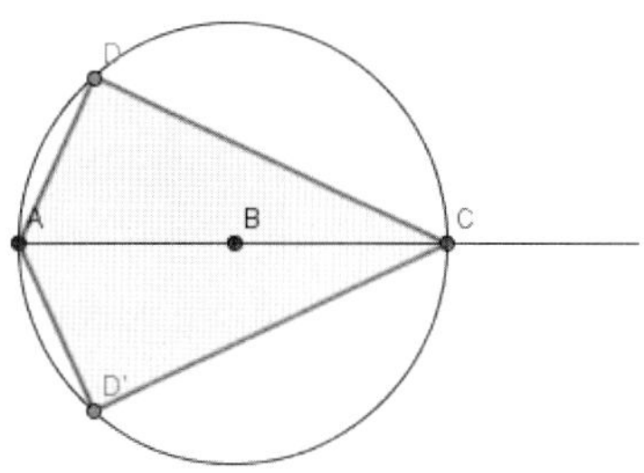

2) 새로운 활용 도구

	• 객체 위의 점/Point on Object •객체 위에 클릭하여 한 점을 찍는 도구.
	• 선대칭/Reflect Object about Line • 먼저 대칭 이동할 객체를 클릭한 후 대칭축이 되는 선을 클릭하면, 대칭하는 객체가 만들어지는 도구.

*** 도구 사용법을 모르는 경우, 도움말을 읽고, 구성 전에 새로 사용하게 되는 도구들은 미리 시험사용을 해본다.

3) 구성 단계

1	• 두 점을 지나는 반직선(Ray through Two Points) 도구를 선택하여, 반직선 AB를 긋는다.
2	• B를 중심점으로 하고 점 A를 지나는 원을 그린다.
3	• 반직선과 원이 만나는 지점에 교점 C를 찍는다. 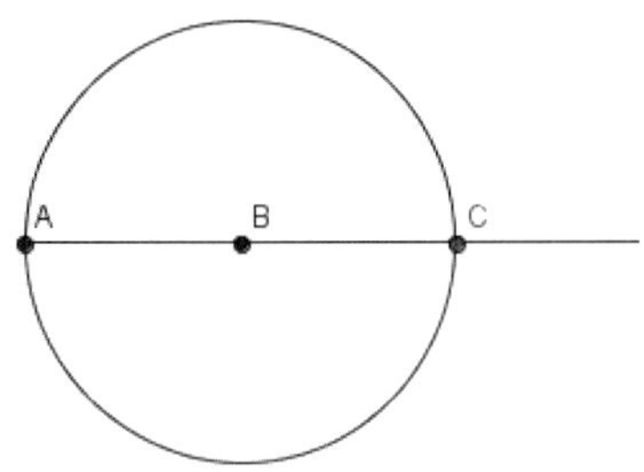
4	• 객체 위의 점(Point on Object) 도구를 선택해, 원주 위에 한 점 D를 찍는다.
5	• 선대칭(Reflect Object about Line) 도구를 선택해서, 점 D를 클릭한 후 반직선 AC를 클릭하면 점 D의 대칭점 D'가 만들어진다.
6	• 사각형 AD'CD를 그린다.
7	• 바르게 구성되었는지 확인하는 드래그 테스트(Drag Test)를 한다.

No.	Name	Tool...	Command	Value
1	Point A			A = (1, 3)
2	Point B			B = (4, 3)
3	Ray a		Ray[A, B]	a: y = 3
4	Circle c		Circle[B, A]	c: $(x - 4)^2 + (y - 3)^2 = 9$
5	Point C		Intersect[c, a, 2]	C = (7, 3)
6	Point D		Point[c]	D = (2.03, 5.26)
7	Point D'		Reflect[D, a]	D' = (2.03, 0.74)
8	Quadrilateral poly1		Polygon[A, D', C, D]	poly1 = 13.56
8	Segment a_1		Segment[A, D', poly1]	a_1 = 2.48
8	Segment d'		Segment[D', C, poly1]	d' = 5.46
8	Segment c_1		Segment[C, D, poly1]	c_1 = 5.46
8	Segment d		Segment[D, A, poly1]	d = 2.48

12. 슬라이더와 마름모 [MA05]

Sliders and Rhombus

1) 학습 준비

- 새 창을 연다.
- 구성 화면 (Perspectives)-Basic Geometry로 바꾼다.
- 화면에 새로 찍히는 점들의 이름만 보이도록 설정한다.
  (Menu--Option--Labeling--New Points Only)

2) 새로운 활용 도구

a = 2	• 슬라이더/Slider 그래픽 구성창을 클릭하여 새로운 슬라이더를 만드는 도구.
a	• 정해진 길이의 선분/Segment with Fixed Length 한 점을 클릭해 나타나는 대화상자에 원하는 길이를 입력하면 입력한 거리만큼 떨어진 곳에 새로운 점이 생성되는 도구.

	• 입력각/Angle with Given Size 한 점(leg point-각 측정 시작점)을 클릭한 다음, 각 꼭지점을 클릭해 팝업되는 대화상자에 원하는 각을 입력하면, 입력한 각만큼 이동한 새로운 점이 생성되는 도구.

*** 도구 사용법을 모르는 경우, 도움말을 읽고, 구성 전에 새로 사용하게 되는 도구들은 미리 시험사용을 해본다.

3) 구성 단계

1 a = 2	• s와 t 두 개의 슬라이더를 만드는데, 슬라이더 s는 마름모의 한 변--마름모는 네 변이 동일한 사각형이다--의 길이를 나타내는 수이고, 슬라이더 t는 사각형의 한 내각을 나타내는 각이다. • 슬라이더(Slider) 도구를 선택해 그래픽 구성창에서 슬라이더를 놓고 싶은 위치에 클릭하면 슬라이더 대화상자가 열린다.
2	• 슬라이더 이름(Name)을 s로 적고, 수(Number)를 선택하고, 최소값(Min)은 0으로 최대값(Max)은 5로, 변화량(Increment)은 그대로 두고, 적용(Apply)을 클릭한다. 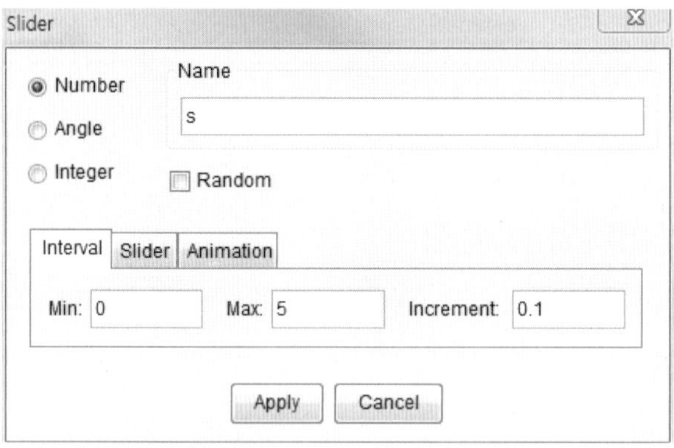
3	• 슬라이더 이름(Name)을 t로 적고, 각(Angle)을 선택하고, 최소값(Min)은 0°로 최대값(Max)은 180°로, 변화량(Increment)은 그대로 두고, 적용(Apply)을 클릭한다. 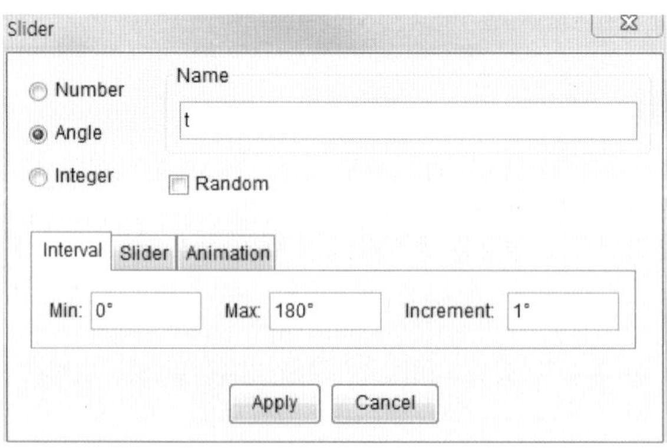

<table>
<tr>
<td>4</td>
<td></td>
<td>• 일정한 길의 선분(Segment with Fixed Length) 도구를 선택해 구성창 빈 곳에 클릭하면 한 점이 찍히면서 길이를 정할 대화상자가 팝업 된다. 여기에 s를 입력하고 OK버튼을 클릭한다.
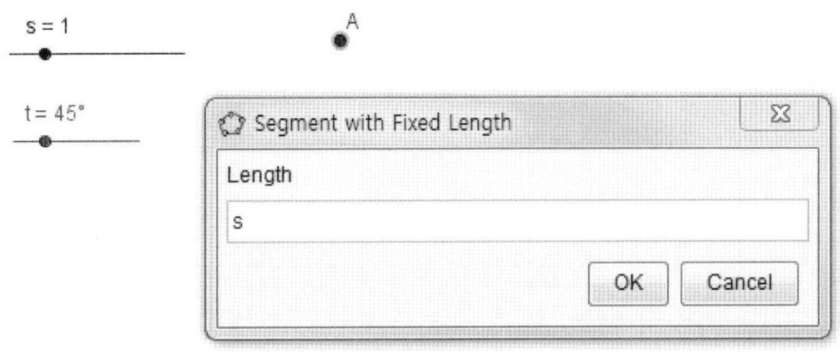
</td>
</tr>
<tr>
<td>5</td>
<td></td>
<td>• 일정한 내각(Angle with Given Size) 도구를 선택해 점 B를 클릭한 뒤 점 A를 클릭하면 각을 정할 대화상자가 나타난다. 여기에 t를 입력하고, 회전방향을 반시계방향(counterclockwise)으로 한 뒤 OK버튼을 클릭한다.
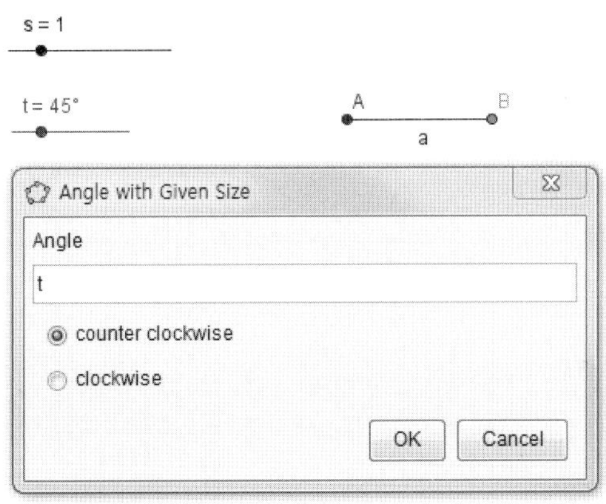

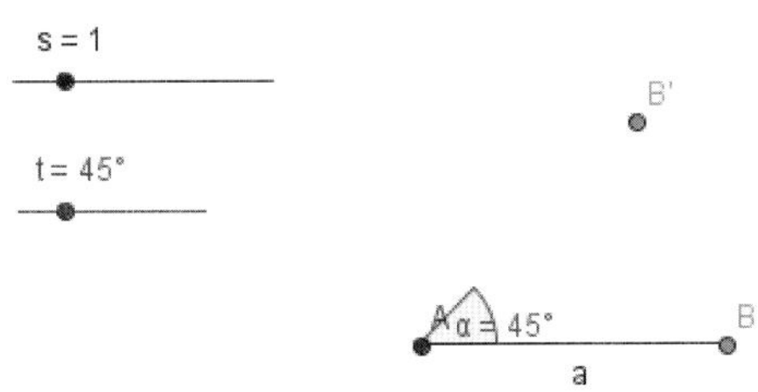
</td>
</tr>
<tr>
<td>6</td>
<td></td>
<td>• 선분 AB'를 긋는다.</td>
</tr>
<tr>
<td>7</td>
<td></td>
<td>• 평행선(Parallel Line) 도구를 사용해 선분 AB에 평행하고 점 B'를 지나는 직선과 선분 AB'에 평행하고 점 B를 지나는 직선을 그린다.</td>
</tr>
</table>

<table>
<tr><td>8</td><td>• 두 직선이 만나는 교점 C를 찍는다.</td></tr>
<tr><td>9</td><td>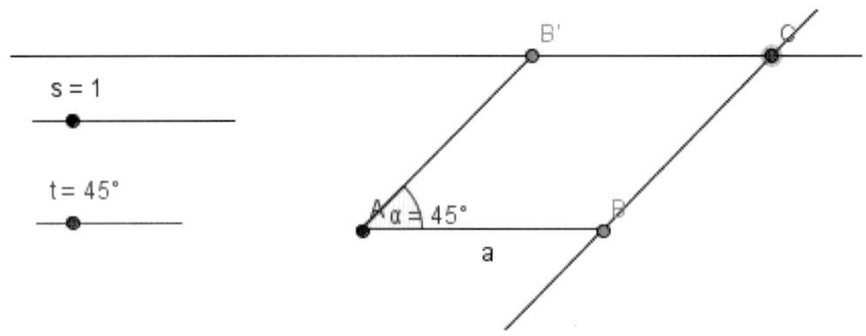

• 이동 도구 모드에서, 두 직선을 숨긴다.
• 두 직선을 마우스 오른쪽 버튼으로 클릭하면 나타나는 객체 환경 설정 메뉴에서 객체 보이기(Show Object) 항목을 클릭하면 된다.</td></tr>
<tr><td>10</td><td>• 선분 B'C와 BC를 긋는다.</td></tr>
<tr><td>11</td><td>• 이동 툴을 이용해서 드래그 테스트(Drag Test)를 해본다.
• 두 슬라이더 s와 t를 움직여 마름모가 어떻게 변화하는지를 관찰하면서 슬라이더의 기능을 이해한다.</td></tr>
</table>

No.	Name	Tool...	Command	Value
1	Number s			s = 1
2	Angle t			t = 45°
3	Point A			A = (1, 3)
4	Point B		Point[Circle[A, s]]	B = (2, 3)
5	Segment a		Segment[A, B]	a = 1
6	Point B'		Rotate[B, t, A]	B' = (1.71, 3.71)
7	Angle α		Angle[B, A, B']	α = 45°
8	Segment b		Segment[A, B']	b = 1
9	Line c		Line[B, b]	c: -0.71x + 0.71y = 0.71
10	Line d		Line[B', a]	d: y = 3.71
11	Point C		Intersect[c, d]	C = (2.71, 3.71)
12	Segment e		Segment[B', C]	e = 1
13	Segment f		Segment[B, C]	f = 1

Chapter 2

지오지브라 도구 일람표

1. 기하 도구
2. CAS 도구
3. 스프레드시트 도구
4. 사용자 도구

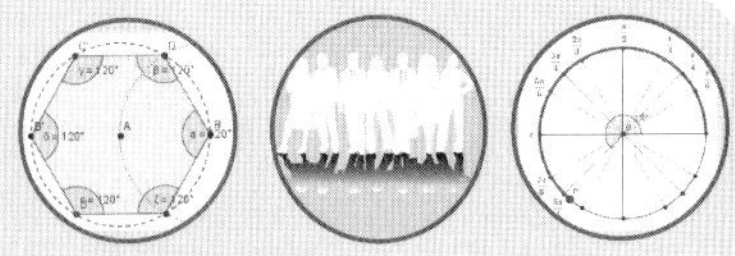

Chapter **02**

지오지브라 도구 일람표

All the Tools

1. 기하 도구

Geometry Tools

A. Movement Tool (이동도구)

1	Move(이동)	TA01
	Drag or select objects.(Esc)	
	객체를 드래그하거나 선택한다.(Esc)	
	• 자유객체를 원하는 위치로 끌어다 놓는 도구. 이 툴을 사용하여 객체를 클릭한 다음, ... 지우기(Delete) 키를 눌러 객체를 지울 수 있고, ... 좌, 우, 상, 하, 화살표 키로 객체를 이동할 수 있다. • Note: Esc 키를 누르면, 마우스 클릭하지 않고 이동(Move) 모드로 빨리 바꿀 수 있다. 또한 슬라이더(Slider)를 움직이기 위해서는 이동(Move) 모드 상태에서 오른쪽 마우스 버튼을 누른 채 드래그 한다.	
2	Rotate around Point(점을 중심으로 회전)	TA02
	Select rotation center point, and then drag object	
	회전축이 되는 점을 정하고 나서, 회전하려는 객체를 드래그 한다.	
	• 우선 회전할 중심점을 선택하고 나서, 이 중심점을 축으로 자유객체를 회전시키는 도구. • 관련명령어 : Rotate	

3	Record to Spreadsheet(스프레드시트에 기록)	TA03
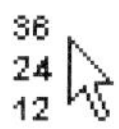	Select object to trace, then change the construction	
	값의 변화를 추적하려는 객체를 선택하고 나서 그 객체에 변화를 준다.	
	• 원하는 객체를 이동시켜, 객체가 이동함에 따라 변화하는 연속된 값들을 자동으로 스프레드시트에 입력시켜주는 도구. • 이 도구는 수, 점, 벡터의 값을 입력하는데 활용된다. • Note: GeoGebra는 자동적으로 비어 있는 최초 두 열(Column)에 선택된 객체의 값을 입력한다.	

B. Point Tool (점 도구)

4	New Point(새로운 점)	TB01
	Click in the Graphics View, or on line, function or curve	
	그래픽 구성창(Graphic View) 또는 선, 함수, 곡선 위에 클릭한다.	
	• 그래픽 구성 화면에 클릭만 하면 새로운 점을 생성시키는 도구. 마우스 버튼을 클릭한 뒤 버튼을 풀면 새로운 점의 좌표가 결정된다. • Note: 만일 이 도구 모드에서 선분, 직선, 다각형, conic section, 함수 또는 곡선과 같은 객체를 클릭하면, 해당 객체의 위에 새로운 점이 생긴다. 그리고 이 점은 해당 객체 위에서만 이동하는 종속객체가 된다. • 교점 도구(Intersect Two Objects)도구나 교점 명령어(Intersect)를 사용하지 않고도 이 도구를 사용해 두 객체가 만나는 지점을 클릭해 새로운 교점을 생성시킬 수 있다. • 관련명령어 : Point	
5	Point on Object(객체 위의 점)	TB02
	Click inside an object or on its perimeter to make a point	
	객체의 내부 또는 그 변 위에 클릭한다.	
	• 객체 위에 클릭하여, 해당 객체 안에서만 이동이 가능한 한 점을 생성시키는 도구. • Note: 타원이나 원 안에 한 점을 찍기 위해서는 우선 점의 불투명도를 높여서 잘 구분이 되도록 할 필요가 있다. • 만일 객체(특히, 원, 타원, 다각형)의 내부가 아니라 경계선에 이 도구를 이용해 점을 찍는 경우, 이 점은 객체의 내부가 아니라 경계선을 따라서만 이동할 수 있다.	

<table>
<tr><td>6</td><td>Intersect Two Objects(두 객체의 교점)</td><td>TB03</td></tr>
<tr><td rowspan="3"></td><td colspan="2">Select two objects or click on intersection directly</td></tr>
<tr><td colspan="2">교점을 만드는 두 객체를 클릭하거나, 직접 두 객체가 만나는 점을 클릭한다.</td></tr>
<tr><td colspan="2">• 두 객체가 만나는 교점을 찍는 도구.
• 교점을 직접 클릭해서 해당 교점만을 생성시킬 수도 있고, 두 객체를 클릭하여, 두 객체 간에 존재하는 모든 교점을 한꺼번에 생성시킬 수도 있다.
• Note: 가끔은 두 객체보다는 교점만을 표시하는 게 유용할 때가 있다. 이럴 경우, 마우스 우측 버튼을 클릭해 나타나는 대화창의 기본(Basic) 탭에서 교점 부근만 보기(Show Trimmed Intersection Lines)를 체크하면, 두 객체는 사라지고 교점 부근의 두 선만 나타난다.
• 관련명령어 : Intersect</td></tr>
<tr><td>7</td><td>Midpoint or Centre(중점/중심점)</td><td>TB04</td></tr>
<tr><td rowspan="3"></td><td colspan="2">Select two points, one segment, line, or circle</td></tr>
<tr><td colspan="2">두 점 또는 선분, 원, 호를 클릭한다.</td></tr>
<tr><td colspan="2">• 두 점 사이 또는 한 선분(구간)의 중점을 찍는 도구.
• 또한 이 도구를 이용해 원 또는 타원과 같은 이차 곡선을 클릭했을 때는 중심점이 생성된다.
• 관련명령어 : Midpoint or Centre</td></tr>
<tr><td>8</td><td>Attach or Detach Point(점 붙이기/떼기)</td><td>TB05</td></tr>
<tr><td rowspan="3">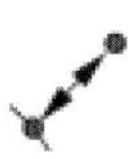</td><td colspan="2">Click on a point(and on an object to attach)</td></tr>
<tr><td colspan="2">점을 클릭하고 나서 점을 부착하려는 객체를 클릭한다.</td></tr>
<tr><td colspan="2">• 한 점을 어떤 선이나 영역에 붙이거나, 역으로 떼어내는 도구.
• 한 점(자유 객체)과 어떤 선이나 영역을 클릭하면 점이 해당 선이나 영역에 붙게 된다. 이 경우, 자유 객체였던 그 점은 해당 선이나 영역에서만 이동할 수 있는 반 종속객체가 된다.
• 객체 위의 점을 떼어 내기 위해서는, 간단하게 점만 클릭하면 된다. 이렇게 분리된 점을 이동 도구를 이용해 자유롭게 이동할 수 있는 자유객체가 된다.</td></tr>
<tr><td>9</td><td>Complex Number(복소수)</td><td>TB06</td></tr>
<tr><td rowspan="3"></td><td colspan="2">Click in the Graphics View to make a complex number</td></tr>
<tr><td colspan="2">그래픽 구성창(Graphic View)를 클릭한다.</td></tr>
<tr><td colspan="2">• 그래픽 구성 화면에 클릭만 하면 새로운 복소수 점을 생성시키는 도구. 마우스 버튼을 클릭한 뒤 버튼을 풀면 새로운 점의 복소수 값이 결정된다.</td></tr>
</table>

C. Line Tool (선 도구)

10	Line through Two Points(두 점을 지나는 직선)	TC01
	Select two points 두 점을 선택한다. • 두점을 클릭하여 두점을 지나는 직선을 그리는 도구. • 관련명령어:Line	

11	Segment between Two Points(두 점 사이의 선분)	TC02
	Select two points 두 점을 선택한다. • 두 점을 클릭하여 두 점을 지나는 선분을 그리는 도구. • Note: 대수창(Algebra View)에는 선분의 길이로 표시된다. • 관련명령어 : Segment	

12	Segment with Given Length from Point(한 점에서 정한 길이의 선분)	TC03
	Select one point and enter segment length 한 점을 선택하고 나서 원하는 길이를 입력한다. • 한 점(시작점)을 클릭하면 나타나는 대화창에 원하는 선분의 길이를 입력하면 해당 길이의 선분을 생성시키는 도구. • Note: 선분이 생성되면서 자동적으로 해당 선분의 끝점도 만들어지는데, 이 점은 이동도구를 이용하면 시작점을 축으로 해서 회전할 수 있다. • 관련명령어 : Segment	

13	Ray through Two Points(두 점을 지나는 반직선)	TC04
	Select the starting point and then a point on the ray 시작점을 선택하고 반직선이 지나는 점을 클릭한다. • 첫 번째 점(시작점)과 두 번째 점(지나는 점)을 클릭하여 반직선을 그리는 도구. • Note: 대수창(Algebra View)에는 직선의 방정식으로 표시된다. • 관련명령어 : Ray	

14	Polyline(다각선)	TC05
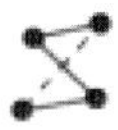	Select all vertices, then click the first vertex again	
	모든 꼭지점을 클릭하고 첫 번째 꼭지점을 다시 클릭한다.	
	• 최소한 두 점(꼭지점)을 연속 클릭하여 다각선을 그리는 도구. • Alt 키를 누른 상태에서 다각선을 그리는 경우, 다각선의 선들이 이루는 각은 15°의 배수가 된다. • 대수창(Algebra View)에서 다각선은 길이로 표시된다.	
15	Vector between Two Points(두 점 사이의 벡터)	TC06
	Select the starting point and then the end point	
	시작점을 선택하고 나서 끝점을 선택한다.	
	• 한 점(시작점)과 또 다른 한 점을 클릭하여 벡터를 생성하는 도구. • 관련명령어 : Vector	
16	Vector from Point(한 점으로부터의 벡터)	TC07
	Select the starting point and then a vector	
	시작점을 선택하고 나서 방향벡터를 선택한다.	
	• 한 점(A)과 한 벡터(v)를 클릭하여 새로운 벡터는 물론 새로운 점(A+v)을 생성하는 도구. • 관련명령어 : Vector	

D. Special Line Tool (특수선 도구)

17	Perpendicular Line(수직선)	TD01
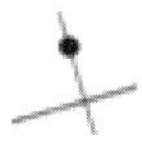	Select a point and perpendicular line	
	한 점과 수직을 이루는 선을 클릭한다.	
	• 한 직선(또는 선분)과 한 점(A)을 클릭하여 점(A)를 지나면서 한 직선(또는 선분)에 수직인 직선을 그리는 도구. • Note: 이 경우 직선의 방향은 수직이 되는 직선(또는 선분)의 방향과 동일하다. • 관련명령어 : PerpendicularLine cf. PerpendicularVector	

18	Parallel Line(평행선)	TD02
	Select a point and parallel line 한 점과 평행을 이루는 선을 클릭한다. • 한 직선(또는 선분)과 한 점(A)을 클릭하여 점(A)를 지나면서 한 직선(또는 선분)에 평행한 직선을 그리는 도구. • Note: 이 경우 직선의 방향은 평행이 되는 직선(또는 선분)의 방향과 동일하다. • 관련명령어 : Line	
19	Perpendicular Bisector(수직 이등분선)	TD03
	Select two points or one segment 두 점 또는 한 선분을 클릭한다. • 한 선분 또는 구간을 클릭하거나 두 점을 클릭하여 그 중간을 이등분하는 직선을 그리는 도구. • 이 경우 직선의 방향은 수직이 되는 선분(또는 구간) 벡터의 방향과 동일하다. • 관련명령어 : PerpendicularLine cf. PerpendicularVector	
20	Angle Bisector(각 이등분선)	TD04
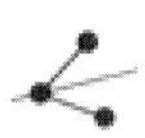	Select three points or two lines 세 점 또는 두 선을 선택한다. • 세 점을 클릭하거나 두 직선을 클릭하여, 각을 이등분하는 직선을 그리는 도구. • 세 점을 클릭해 각 이등분선을 그리는 경우, 두 번째 클릭하는 점이 꼭지점이 된다. • Note: 모든 각 이등분선의 방향벡터는 길이가 1이 된다. • 관련명령어 : AngleBisector	
21	Tangents(접선)	TD05
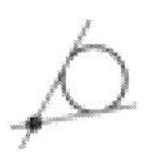	Select point or line, then circle, conic or function 점 또는 선을 선택하고 나서, 원, 이차곡선, 함수를 클릭한다. • 접선을 그리는 도구. • 접선을 그리는 여러 방법들이 있다. • 한 점(A)과 한 원형 객체(c)를 클릭하면, 한 점(A)을 지나고 이차곡선 객체(c)에 접하는 접선이, 한 직선(g)과 원형 객체(c)를 클릭하면, 직선 g에 평행하고 이차곡선 객체(c)에 접하는 접선이, 한 점(A)과 함수(f)를 클릭하면, 한 점(A)를 지나고 함수(f)에 접하는 접선이, 두 원을 클릭하면 두 원에 접하는 공통의 접선이 생성된다. • 관련명령어 : Tangent	

22	Polar or Diameter Line(극선/지름)	TD06
	Select point or line, then circle or conic	
	점 또는 선을 선택하고 나서, 원 또는 이차곡선을 클릭한다.	
	• 한 점과 이차 곡선을 클릭하여 극선을 그리거나, 한 직선 또는 벡터와 이차 곡선을 클릭하여 지름을 그리는 도구. • 관련명령어 : Polar	
23	Best Fit Line(최적선)	TD07
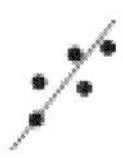	Select points using selection rectangle, or list of points	
	여러 점을 그래픽 구성창에서 선택하거나, 점의 목록을 대수창에서 선택한다.	
	• 일련의 여러 점들의 최적선을 그리는 도구. • 여러 점들을 선택할 때는, 이동 도구를 이용해서 일련의 점들이 사각형의 선택 영역에 포함되도록 드래그하거나, 대수창(Algebra View)에서 점들의 목록(List)을 선택한다. • 관련명령어 : FitLine	
24	Locus(자취)	TD08
	Select locus point, then point on object or slider	
	자취의 한 점을 클릭하고 나서 객체 또는 슬라이더 위의 한 점을 클릭한다.	
	• 이 도구를 이용해서 한 점(A)에 의존하는 점 B의 자취를 그리려면, 우선 점 B를 클릭하고 다음 점 A를 클릭한다. • Note: 이때, 점 A는 직선, 선분, 원과 같은 객체 위에 있는 점이어야 한다. • 예를 들어, f(x)=x·2-2x-1 함수를 입력하고, x-축에 새로운 점 A와 이 점 A에 의존하는 점 B=(x(A), f'(x(A)))를 입력했을 때, 이 도구를 이용해서 점 A를 클릭하고 나서 점 B를 클릭하면 점 B의 자취가 나타나는데, 점 A를 x-축을 따라 움직이면 점 B가 생성된 자취선을 따라 움직이는 것을 볼 수 있다. • Warning: 만일 한 점(B)이 두 개의 매개변수를 갖는 Point 명령어나 PathParameter 명령어로 입력한 점(A)에 의존하는 경우에는, 자취선은 생성되지 않는다. • 관련명령어: Locus cf. PathParameter cf. Point	

E. Polygon Tool (다각형 도구)

25	Polygon(다각형)	TE01
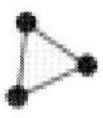	Select all vertices, then click the first vertex again	
	모든 꼭지점을 클릭하고 첫 번째 꼭지점을 다시 클릭한다.	
	• 최소한 세 점(꼭지점)을 연속 클릭하여 다각형을 그리는 도구. • 다각형을 완성하려면 첫 번째 클릭한 점을 마지막에 다시 클릭해야 한다. • Alt 키를 누른 상태에서 다각형을 그리는 경우, 다각형의 내각은 15°의 배수가 된다. • 대수창(Algebra View)에서 다각형은 면적으로 표시된다. • 관련명령어 : Polygon	
26	Regular Polygon(정다각형)	TE02
	Select two vertices, then enter the number of vertices	
	두 점을 선택하고 나서 꼭지점의 개수를 입력한다.	
	• 두 점을 클릭하고, 나타나는 대화창에 꼭지점의 개수를 입력하여 정다각형을 그리는 도구. • 관련명령어 : Polygon	
27	Rigid Polygon(불변 다각형)	TE03
	Select all vertices, then click the first vertex again (just click a polygon to make a rigid copy)	
	모든 꼭지점을 클릭하고 첫 번째 꼭지점을 다시 클릭하거나, 이미 만들어진 다각형의 내부를 클릭한다.	
	• 최소한 세 점(꼭지점)을 연속 클릭하여 다각형을 그리는 도구. • 다각형을 완성하려면 첫 번째 클릭한 점을 마지막에 다시 클릭해야 한다. • 이렇게 만들어진 다각형은 모양과 크기가 변하지 않는다. 다만 두 개의 꼭지점을 드래그하여 다각형을 이동하거나 회전할 수는 있다. • Alt 키를 누른 상태에서 다각형을 그리는 경우, 다각형의 내각은 15°의 배수가 된다. 대수창(Algebra View)에서 다각형은 면적으로 표시된다. • 관련명령어 : RigidPolygon	
28	Vector Polygon(다각형 벡터)	TE04
	Select all vertices, then click the first vertex again	
	모든 꼭지점을 클릭하고 첫 번째 꼭지점을 다시 클릭한다.	
	• 최소한 세 점(꼭지점)을 연속 클릭하여 다각형을 그리는 도구. • 다각형을 완성하려면 첫 번째 클릭한 점을 마지막에 다시 클릭해야 한다. • 이렇게 만들어진 다각형은 모양과 크기가 변하지 않는다. 다만 두 개의 꼭지점을 드래그하여 다각형을 이동하거나 회전할 수는 있다. • Alt키를 누른 상태에서 다각형을 그리는 경우, 다각형의 내각은 15°의 배수가 된다. • 대수창(Algebra View)에서 다각형은 면적으로 표시된다.	

F. Circle and Arc Tool(원호 도구)

29	Circle with Centre through Point(중심에서 한 점을 지나는 원)	TF01
	Select the center point, then point on the circle	
	중심점을 선택하고 나서 원이 지나는 점을 클릭한다.	
	• 중심점(M)을 클릭하고 원이 지나는 점(P)를 클릭하여 원을 그리는 도구. • 관련 명령어: Circle	
30	Circle with Centre and Radius(중심에서 반지름을 정한 원)	TF02
	Select the center point, the enter radius	
	중심점을 선택하고 나서 원의 반지름을 입력한다.	
	• 중심점(M)을 클릭하고, 나타나는 대화창에 반지름을 입력하여 원을 그리는 도구. • 관련 명령어: Circle	
31	Compasses(컴퍼스)	TF03
	Select two points or one segment, then click on the center point	
	반지름이 되는 선분 또는 두 점을 선택하고 나서 중심점을 선택한다.	
	• 먼저 하나의 선분이나 두 점을 클릭해서 반지름을 결정한 다음, 중심점을 클릭해서 원을 그리는 도구.	
32	Circle through Three Points(세 점을 지나는 원)	TF04
	Select three points on the circle	
	원이 지나는 세 점을 클릭한다.	
	• 세 점을 클릭하여 원을 그리는 도구. • Note: 세 점이 한 직선상에 위치하면, 원은 생성되지 않고 직선이 된다. • 관련 명령어: Circle	
33	Semicircle through Two Points(두 점을 지나는 반원)	TF05
	Select two end points	
	두 끝점을 선택한다.	
	• 두 점을 클릭하여 반원을 그리는 도구. • 관련 명령어: SemiCircle	

34	Circular Arc with Centre between Two Points(중심에서 두 점 사이의 원호)	TF06
	Select center and two points	
	중심점을 선택하고 나서 두 점을 클릭한다.	
	• 먼저 원호의 중심(M)을 클릭한 다음, 호의 시작점을 클릭하고 마지막 한 점을 클릭하여 호를 그리는 도구. • Note: 시작점은 호 위의 점이어야 하지만, 마지막 점은 호의 길이를 결정하는 역할을 하기 때문에 반드시 호 위에 있을 필요는 없다. • 관련 명령어: CircularArc	
35	Circumcircular Arc through Three Points(세 점을 지나는 원호)	TF07
	Select three points on arc	
	호가 지나는 세 점을 클릭한다.	
	• 세 점을 클릭하여 원호를 그리는 도구. • Note: 세 점은 모두 호 위에 존재한다. • 관련 명령어: CircumcircularArc	
36	Circular Sector with Centre between Two Points(중심에서 두 점 사이의 부채꼴)	TF08
	Select center and two points	
	중심점을 선택하고 나서 두 점을 클릭한다.	
	• 먼저 부채꼴의 중심(M)을 클릭한 다음, 부채꼴의 시작점을 클릭하고 마지막 한 점을 클릭하여 부채꼴을 그리는 도구. • Note: 시작점은 부채꼴 위의 점이어야 하지만, 마지막 점은 부채꼴의 넓이를 결정하는 역할을 하기 때문에 반드시 호 위에 있을 필요는 없다. • 관련 명령어: CircularSector	
37	Circumcircular Sector through Three Points(세 점을 지나는 부채꼴)	TF09
	Select three points on sector	
	부채꼴의 호가 지나는 세 점을 클릭한다.	
	• 세 점을 클릭하여 부채꼴을 그리는 도구. • Note: 세 점은 모두 부채꼴의 호 위에 존재한다. • 관련 명령어: CircumcircularSector	

G. Conic Section Tool(이차곡선 도구)

38	Ellipse(타원)	TG01
	Select two foci and then point on ellipse	
	두 초점과 타원 위의 한 점을 클릭한다.	
	• 두 초점을 클릭한 다음, 타원이 지나는 한 점을 클릭하여 타원을 그리는 도구. • 관련 명령어: Ellipse	
39	Hyperbola(쌍곡선)	TG02
	Select two foci and then point on hyperbola	
	두 초점과 쌍곡선 위의 한 점을 클릭한다.	
	• 두 초점을 클릭한 다음, 쌍곡선이 지나는 한 점을 클릭하여 쌍곡선을 그리는 도구. • 관련 명령어: Hyperbola	
40	Parabola(포물선)	TG03
	Select point and directrix	
	한 점과 준선을 클릭한다.	
	• 하나의 초점을 클릭한 다음, 준선을 클릭하여 포물선을 그리는 도구. • 관련 명령어: Parabola	
41	Conic through Five Points(다섯 점을 지나는 이차 곡선)	TG04
	Select five points on conic	
	곡선 위의 다섯 점을 선택한다.	
	• 다섯 개의 점을 클릭하여 그 모든 점을 지나는 이차 곡선을 그리는 도구. • Note: 만일 다섯 개의 점들 중 네 개의 점이 한 직선 위에 있으면, 이차곡선은 생성되지 않는다. • 관련 명령어: Conic	

H. Measurement Tool(측정 도구)

42	Angle(각)	TH01
	Select three points or two lines	
	세 점 또는 두 선을 선택한다.	
	• 각을 그리는 도구. • 각을 그리는 방법에는 여러 가지가 있다. • 세 점을 클릭하는 방법, 두 선분을 클릭하는 방법, 두 직선을 클릭하는 방법, 두 벡터를 클릭하는 방법, 다각형의 내부를 클릭하는 방법 등. • Note: 만일 다각형이 반 시계 방향으로 그려졌다면, 이 도구로 다각형의 내부를 클릭했을 때, 내각이 생성되지만, 시계 방향으로 다각형이 그려진 경우, 각 꼭지점에는 외각이 생성된다. • 만일 한 각의 크기를 180°로 제한하려면, 객체 속성 창의 기본(Basic) 탭에서 우각 허용(Allow Reflex Angle)으로 되어 있는 체크를 해제한다. • 관련 명령어: Angle	
43	Angle with Given Size(입력각)	TH02
	Select leg point, then vertex, and then enter angle	
	두 점을 클릭하고 나서 원하는 각을 입력한다.	
	• 두 점을 클릭하고, 나타나는 대화창에 원하는 각을 입력하여 세 점이 이루는 각을 그리는 도구. • Note: 대화창에 원하는 각을 입력하면 자동적으로 세 번째 점이 생성되는데, 이때 두 번째 꼭지점에 시계 반대방향으로 각이 그려진다. • 관련 명령어: Angle	
44	Distance or Length(거리/길이)	TH03
	Select two points, segment, polygon, or circle	
	두 점 또는 한 선분, 다각형, 원을 클릭한다.	
	• 두 점간, 혹은 두 직선간, 혹은 한 점과 한 직선간의 거리를 다이내믹 텍스트(Dynamic Text)로 보여주는 도구. • 또한 이 도구를 이용해서, 선분(혹은 구간), 원주, 다각형의 변을 클릭하면 길이를 구할 수 있다. • 관련 명령어: Distance or Length	

45	Area(넓이)	TH04
	Select polygon, circle, or conic 다각형, 원, 이차곡선을 선택한다. • 다각형, 원 또는 타원의 넓이를 다이내믹 텍스트(Dynamic Text)로 보여주는 도구. • 관련 명령어: Area	
46	Slope(기울기)	TH05
	Select line 선을 선택한다. • 직선의 기울기를 직각 삼각형으로 구성 화면에 나타내는 도구. • 기울기 삼각형의 크기는 객체 속성창에서 조절할 수 있다. • 만일 직선이 두 점을 클릭하여 만들어 졌다면, 기울기 삼각형을 첫 번째 클릭한 점에 생성되고, 만일 입력창을 통해서 일차 방정식(ex, x+2y=3)으로 만들어진 직선이라면, 직선의 y-절편(0, 3/2)에 기울기 삼각형이 생성된다. • 만일 다른 곳에 기울기 삼각형을 위치시키려면, 1. 두 점을 클릭하여 새로운 직선을 만든다. 2. 기울기 삼각형을 만든다. (직선을 만들 때 첫 번째로 클릭했던 점(A)에 삼각형이 생긴다.) 3. 직선을 만들 때 두 번째로 클릭했던 점은 구성 화면에서 숨긴다. 4. 점 A를 움직여 기울기 삼각형을 원하는 곳에 위치시킨다. • 관련 명령어: Slope	
47	Create List(리스트 만들기)	TH06
	Drag selection rectangle around points 리스트로 만들려는 객체들을 선택한다. • <그래픽 구성창> 이동 도구를 이용해서 리스트로 만들고 싶은 객체들이 사각형의 선택 영역에 포함되도록 드래그한 뒤, 이 도구 아이콘을 클릭하면 리스트가 만들어 진다. • <스프레드시트창> 이동 도구를 이용해서 리스트로 만들고 싶은 셀들을 선택한 뒤, 이 도구 아이콘을 클릭하면 대화창이 나타나면, 리스트의 이름을 입력해 리스트를 만든다. • Note: 이렇게 만들어진 리스트는 대수창(Algebra View)에 표시된다.	

I. Transformation Tool(변환 도구)

48	Reflect Object in Line(선 대칭)	TI01
	Select an object to reflect, then the line of reflection	
	객체를 선택하고 나서 선을 클릭한다.	
	• 대칭 이동하려는 객체를 클릭한 뒤 대칭축이 되는 직선을 클릭하여 미러이미지(Mirror Image)를 만드는 도구. • 관련 명령어: Reflect	
49	Reflect Object in Point(점 대칭)	TI02
	Select an object to reflect, then the center point of reflection	
	객체를 선택하고 나서 점을 클릭한다.	
	• 대칭 이동하려는 객체를 클릭한 뒤 대칭축이 되는 점을 클릭하여 미러이미지(Mirror Image)를 만드는 도구. • 관련 명령어: Reflect	
50	Reflect Object in Circle(원 대칭)	TI03
	Select an object to reflect, then circle	
	객체를 선택하고 나서 원을 클릭한다.	
	• 대칭 이동하려는 객체를 클릭한 뒤 대칭축이 되는 원을 클릭하여 미러이미지(Mirror Image)를 만드는 도구. • 관련 명령어: Reflect	
51	Rotate Object around Point by Angle(각 회전)	TI04
	Select an object to reflect, then the center point of reflection, and enter angle	
	객체를 선택하고, 중심점을 선택하고 나서 각을 입력한다.	
	• 회전 이동하려는 객체를 클릭한 뒤, 회전의 중심축이 되는 점을 클릭하고, 나타나는 대화창에 회전각을 입력하여 객체를 회전 이동시키는 도구. • 관련 명령어: Rotate	
52	Translate Object by Vector(벡터에 의한 평행 이동)	TI05
	Select an object to reflect, then the vector of translation	
	객체를 선택하고 나서 벡터를 클릭한다.	
	• 이동하려는 객체를 클릭한 뒤, 방향 벡터를 클릭하거나 두 점을 클릭하여(새로운 방향 벡터를 만들어) 객체를 이동시키는 도구. • 지오지브라 4.0.15.0부터는 이 도구를 이용해서 객체를 그냥 클릭한 후 드래그해 이동하려는 위치에 가져다 놓으면, 위와 동일한 효과를 가져올 수 있다. • 관련 명령어: Translate	

53	Enlarge Object from Point by Factor(비율에 의한 점으로부터 확대)	TI06
	Select an object to dilate, then the center point, and enter factor	
	객체를 선택하고, 중심점을 선택하고 나서 배율을 입력한다.	
	• 확대할 객체를 클릭한 뒤, 확대의 축이 될 점을 클릭하고, 나타나는 대화창에 확대비율을 입력하여 객체를 확대하는 도구. • 관련 명령어: Enlarge	

J. Special Object Tool(특수객체 도구)

54	Insert Text(텍스트)	TJ01
ABC	Click in the Graphics View or on a point to specify the position	
	그래픽 구성창(Graphic View) 또는 한 점을 클릭한다.	
	• 구성 화면에 텍스트(Dynamic, Static, LaTex)을 삽입하는 도구. • 텍스트를 삽입할 위치는 원하는 위치에 마우스를 클릭하거나, 새로운 점을 만들어 그 점에 텍스트를 붙여 결과적으로 텍스트의 위치를 이동할 수 있다. • Note: 화면의 확대, 축소, 이동에 전형 영향을 받지 않으면서 항상 구성화면 상에 그 자리를 유지(절대 위치)하도록, 혹은 반대로 화면 변화에 따라 확대, 축소, 이동(상대 위치)할 수 있도록 설정할 수 있다. • 텍스트를 삽입할 때 나타나는 대화창의 편집(Edit)창에 직접 입력하는 텍스트들은 객체의 변화에 영향을 받지 않는 Static 텍스트이고, 객체의 변화에 따라 변화하는 Dynamic 텍스트는 객체 목록에서 원하는 객체를 선택하면 된다. • Dynamic 텍스트는 편집(Edit)창에 조그만 회색 사각형 속에 객체의 이름으로 보여지는데, 객체를 목록에서 고르지 않고 원하는 대수식이나 지오지브라 명령어를 직접 그 회색 사각형 속에 기입해서 Dynamic 텍스트를 만들 수도 있다. • 시각적으로 가장 좋은 수학적 텍스트를 보여주려면 LaTex를 사용하는 것이 좋은데, LaTex 버튼을 클릭해 박스 목록에서 원하는 공식이나 형태를 선택하기만 하면 된다. 또한 다양한 수학 기호들로 기호(Symbol) 박스 목록에서 선택해 사용할 수 있다.	
55	Insert Image(그림)	TJ02
	Click in the Graphics View or on a point to specify the position	
	그래픽 구성창(Graphic View) 또는 한 점을 클릭한다.	
	• 그래픽 구성창에 이미지를 삽입하는 도구. • 그래픽 구성창의 원하는 위치를 클릭해 저장된 그림파일을 불러들인다. 이때, 클릭한 그 지점에 삽입하려는 그림의 왼쪽 아래 꼭지점이 위치하게 된다.	

<table>
<tr><td></td><td colspan="2">
• Note: 지오지브라는 투명 GIF파일이나 PNG파일을 지원하고 있지만, PNG파일이 경우, IrfanView 프로그램을 사용하거나, PNGOUT 플러그인을 사용해 저장하거나, RGB+Alpha를 선택해서 이미지가 알파채널(alpha channel)을 가지도록 편집이 필요할 수도 있다.
• 또한 그림의 속성창을 열어 위치(Position) 탭에서 그림의 위치를 지정할 수도 있다. 이렇게 꼭지점을 특정하여 그림을 크기를 쉽게 조정하고, 회전하거나 비틀 수 있다.
• 그림 속성창의 위치 탭에 보이는
Corner 1은 그림의 아래 왼쪽 꼭지점을,
Corner 2는 그림의 아래 오른쪽 꼭지점을,
(Note: 이 Corner2는 그림의 폭을 결정하는 역할을 하게 된다.)
Corner 4는 그림의 위 왼쪽 꼭지점을
(Note: 이 Corner4는 그림의 높이를 결정하는 역할을 하게 된다.)
• Note: 화면의 확대, 축소, 이동에 전형 영향을 받지 않으면서 항상 구성화면 상에 그 자리를 유지(절대 위치)하도록, 혹은 반대로 화면 변화에 따라 확대, 축소, 이동할 수 있도록 설정할 수 있다.
• Note: 그림을 화면 구성창의 배경으로 설정할 수 있는데, 객체 속성창의 기본 탭에서 그림을 배경(Background Image)으로 선택하면 된다. 이 경우, 더 이상 그림을 마우스로 선택할 수 있다.
• Note: 그림을 구성창의 배경으로 하는 경우 다른 객체들이 그림 때문에 잘 보이지 않거나 구분하기 어려울 수가 있다. 따라서 이때는 배경 이미지의 투명도를 높여야 하는데, 속성창의 스타일(Style) 탭에서 투명도를 조절할 수 있다.
</td></tr>
<tr><td>56</td><td>Pen(펜)</td><td>TJ03</td></tr>
<tr><td rowspan="3"></td><td colspan="2">Write freely in the Graphics View</td></tr>
<tr><td colspan="2">그래픽 구성창(Graphic View)에 자유롭게 글을 적거나 선을 그린다.</td></tr>
<tr><td colspan="2">
• 그래픽 구성창에 자유롭게 메모나 그림을 그릴 수 있도록 해주는 도구.
• 이 도구는 지오지브라로 프레젠테이션을 할 때 유용하게 쓸 수 있는 도구이다.
• 지오지브라는 펜 도구를 이용해 생성한 메모나 그림을 이미지로 저장하기 때문에, 이동, 회전, 삭제와 같이 이미지에 수행할 수 있는 모든 기능이 적용될 수 있다.
• 펜의 초기 설정된 색깔은 검정색으로, 색깔이나 두께 및 모양은 객체 속성창이나 그래픽 구성창의 스타일바를 이용해 조정할 수 있다.
• 펜 도구를 이용해 그린 그림이나 메모는 마우스의 오른쪽 버튼을 누르면 나타나는 사각형으로 지울 수 있다.
• 펜 도구로 쓰거나 그려 넣은 이미지를 지우려면, 대수창(Algebra View)에 보조객체들이 표시되도록 한 다음, 지우려는 이미지(보조객체)에 마우스를 놓고 우측 버튼 클릭으로 나타나는 메뉴에서 삭제를 선택하면 된다.
</td></tr>
</table>

57	Relation between Two Objects(두 객체의 관련성)	TJ04
a ?= b	Selecttwoobjects	
	두 객체를 선택한다.	
	• 두 객체를 클릭하면, 두 객체간에 존재하는 관련성을 팝업 창으로 보여주는 도구. • 관련 명령어: Relation	
58	Probability Calculator(확률 계산기)	TJ05
	Click on this tool to open the dialog box to compute probabilities	
	대화창에 데이터를 입력한다.	
	• 아이콘을 클릭해 확률분포를 계산하고 그래프로 표현해낼 수 있는 대화창을 여는 도구. • 분포도를 바꾸려면, 분포(Destribution) 메뉴 상자를 클릭해 메뉴 목록의 하나를 선택한 다음, 인접한 텍스트 박스에 확률분포를 위한 매계 변수들을 입력한다. • 확률 계산을 위해서는, 확률(Probability) 메뉴 상자를 클릭해 구간(Interval) 유형을 선택한 다음, 인접한 텍스트 박스에 확률분포를 위한 매계 변수들을 입력한다. 그래프 상의 점들을 움직여 각 점들에서의 확률을 구할 수 있다. • 이 도구는 옵션을 설정할 수 있는 스타일바를 가지고 있다. 이 스타일바(Stylebar)를 사용해서 반올림/내림 설정을 바꾸거나, 누적 확률를 사용하거나 그래프를 내보내기 할 수 있다.	
59	Function Inspector(함수 관리자)	TJ06
	Select a function	
	함수를 클릭한다.	
	• 분석하고자 하는 함수를 클릭하면 해당 함수에 대한 정보(최소값, 최대값, 근 등)를 팝업 창으로 보여주는 도구. • 정보창의 포인트(Points) 탭에, 함수 위의 여러 점들이 그래프 상에 주어지는데, 이 점들의 간격을 조정할 수 있다. 특히 이러한 점들에서의 기울기, 접선 등을 볼 수 있다.	

K. Action Object Tool(동작객체 도구)

60	Slider(슬라이더)	TK01
a = 2	ClickintheGraphicsViewtospecifytheposition	
	그래픽 구성창(Graphic View)를 클릭하여 슬라이드가 놓일 위치를 정한다.	

	• 구성 화면에서 원하는 위치에 마우스 클릭하여, 슬라이더(수 또는 각)를 생성시키는 도구. • 나타나는 슬라이더 속성창에서 슬라이더의 방향, 길이 및 애니메이션 속도와 반복재생 설정은 물론, 슬라이더의 이름, 범위(최소값, 최대값), 변화량도 특정할 수 있다. • Note: 슬라이더 속성창에서 각의 범위와 변화량을 (°) 또는 파이(π)로 입력할 때, 단축키를 사용하면 편하다 (°): Alt-O, (π):Alt-P • 슬라이더의 절대적/상대적 위치 슬라이더는 화면의 확대, 축소, 이동에 전형 영향을 받지 않으면서 항상 구성화면 상에 그 자리를 유지할 수 있고(절대 위치), 화면 변화에 따라 슬라이더도 확대, 축소, 이동할 수도 있다.(상대 위치) • 슬라이더 고정 화면이 이동하거나 확대되어도 슬라이더가 화면에서 절대 사라지지 않는 절대적 위치와는 다른 개념으로, 단순히 구성된 좌표나 그림 속에 슬라이더를 고정시키는 것이어서, 화면을 이동하거나 확대했을 때 화면에서 보이지 않게 될 수 있다. 또한, 객체 숨기기 도구를 통해서 아예 슬라이더를 화면에서 숨길 수도 있다.	
61	Check Box to Show/Hide Objects(체크박스)	TK02
	Click in the Graphics View to specify the position	
	그래픽 구성창(Graphic View)를 클릭하여 체크박스를 삽입할 위치를 정한다.	
	• 구성 화면에서 원하는 위치에 마우스 클릭하여, 체크박스를 생성시키는 도구. • 체크박스 속성창 목록에서 원하는 하나 또는 여러 객체를 선택하면, 해당 객체를 숨기거나 나타나게 하는 기능을 한다. • Note: 체크박스는 여러 객체들을 단순히 목록에서 선택만 하면, 그에 대한 불린 변수(Boolean variable)를 한꺼번에 편리하게 입력할 수 있는 수단으로서 불린변수를 시각적으로 나타내주는 도구이다. 과거라면, 이와 동일한 효과를 내기위해서는 모든 객체를 선택해서 각각의 불린 변수를 입력해주어야 했을 것이다.	
62	Insert Button(버튼)	TK03
OK	Click in the Graphics View to insert a button	
	그래픽 구성창(Graphic View)를 클릭하여 체크박스를 삽입할 위치를 정한다.	
	• 구성 화면에서 원하는 위치에 마우스 클릭하여, 버튼을 생성시키는 도구. • 나타나는 버튼 속성창에 버튼에 표시되는 캡션과 버튼 클릭시 실행되는 명령어(Onclick Script)를 입력한다.	
63	Insert Textfield(텍스트 필드)	TK04
a = 1	Click in the Graphics View to insert a textfield	
	그래픽 구성창(Graphic View)를 클릭하여 텍스트 입력 상자를 삽입할 위치를 정한다.	
	• 구성 화면에서 원하는 위치에 마우스 클릭하여, 텍스트 입력상자를 생성시키는 도구. • 나타나는 속성창에서 입력창 앞에 표시되는 캡션과 입력창에 표시될 객체를 선택한다.	

L. General Tool(일반 도구)

64	Move Graphics View(화면 이동)	TL01
	Drag the Graphics View or one axis	
	그래픽 구성창 또는 좌표축을 드래그한다.	
	• 그래픽 구성 화면을 드래그해 원하는 위치에 끌어다 놓는 도구. • Note: 어떤 모드에서건 Shift키를 누른 채로 마우스를 드래그해서 화면을 이동시킬 수 있다. • 이 도구 모드에서 좌표축(x 혹은 y)에 마우스를 올려놓으면 양방향 화살표로 변하는데, 이때 마우스를 드래그하면 좌표 스케일을 조정할 수 있다.	
65	Zoom In/Out(확대/축소)	TL02
	Click in the Graphics View or move mouse wheel	
	그래픽 구성창을 클릭한다.	
	• 그래픽 구성 화면의 원하는 점을 클릭해 화면을 확대 또는 축소하는 도구. • Note: 이때 화면에 클릭한 지점이 확대 또는 축소의 중심이 된다.	
66	Show/Hide Object(객체 보이기/숨기기)	TL03
	Select objects to hide, then switch to another tool	
	숨기려는 객체를 클릭하고 나서 다른 도구를 클릭한다.	
	• 객체를 선택한 후, 다른 도구 모드를 선택하면 해당 객체를 숨기거나 보이게 할 수 있는 도구. • Note: 이 도구를 클릭하면, 숨겨져 보이지 않았던 객체들이 구성 화면에 다시 나타나, 사용자가 다시 보이기 할 객체를 선택할 수 있도록 돕는다. 다시 보이기하려는 객체를 클릭한 뒤 다른 도구 모드를 선택만 하면 된다.	
67	Show/Hide Label(객체 이름 보이기/숨기기)	TL04
A A	Select object	
	객체를 선택한다.	
	객체를 클릭해 객체의 이름을 숨기거나 보이게 하는 도구.	
68	Copy Visual Style(스타일 복사)	TL05
	Select the object to copy, then other objects	
	복사하려는 객체를 클릭하고 나서 대상이 되는 다른 객체를 클릭한다.	
	• 한 객체의 색깔, 크기, 모양을 다른 객체들에 똑같이 복사하는 도구. • 복사하고자 하는 객체를 클릭한 뒤 복사한 스타일을 적용하려는 객체를 클릭하면 된다.	

69	Delete Object(삭제)	TL06
	Select object	
	객체를 선택한다.	
	• 객체를 클릭해 개체를 구성 내용에서 삭제하는 도구. • Note: 되돌리기 버튼(Undo)을 클릭해서도 동일한 효과를 얻을 수 있다. • 관련 명령어: Delete	

2. CAS 도구

CAS[Computer Algebra System] Tool

70	Evaluate(연산)	TM01
=	Exact evaluation	
	연산을 한다.	
	• 연산하려는 수식을 입력하고 나서, 이 도구를 클릭하면, 입력한 수식을 연산하는 도구.	
71	Numeric(수치 연산)	TM02
≈	Numeric evaluation	
	수치 연산을 한다.	
	• 연산하려는 수식을 입력하고 나서, 이 도구를 클릭하면, 연산 값을 수치로 보여주는 도구. • Note: 소수점 아래 자릿수는 옵션(Option) 메뉴의 소수점 자리(Rounding)에서 선택한 자리수에 따른다.	
72	Keep Input(수식 유지 확인)	TM03
✓	Keeps and checks input	
	입력 자료를 유지하고 확인한다.	
	• 수식을 입력하고 나서, 이 도구를 클릭해, 연산, 인수분해, 전개 등을 하지 않고 단순히 입력 상태로 유지하고 체크하는 도구.	
73	Factor(인수분해)	TM04
15 3·5	Finds factors	
	인수를 구한다.	
	• 인수 분해하려는 수식을 입력하고 나서, 이 도구를 클릭하면, 수식을 인수 분해하는 도구.	

74	Expand(전개)	TM05
(( ))	Expands brackets	
	수식을 전개한다.	
	• 괄호가 있는 수식을 입력하고 나서, 이 도구를 클릭하면, 괄호를 풀어 수식을 전재하는 도구.	
75	Substitute(치환)	TM06
7↘□	Replaces a part of expression	
	수식의 일부를 치환한다.	
	• 입력한 수식을 클릭하고 나서 이 도구를 클릭하면, 나타나는 대화창에 치환하려는 변수를 입력해 치환된 변수로 수식을 연산 또는 수치 연산하는 도구.	
76	Solve(해 구하기)	TM07
x =	Solves one or more equations	
	하나 이상의 방정식의 해를 구한다.	
	• 방정식을 입력하고 나서, 이 도구를 클릭하면, 입력한 방정식의 해를 구하는 도구.	
77	Solve Numerically(수치 해 구하기)	TM08
x ≈	Solves one or more equations numerically	
	하나 이상의 방정식의 수치 해를 구한다.	
	• 방정식을 입력하고 나서, 이 도구를 클릭하면, 입력한 방정식의 해를 수치로 보여주는 도구.	
78	Derivative(미분)	TM09
∂	Finds the first derivative	
	1차 미분 값을 구한다.	
	• 미분하려는 수식을 입력하고 나서, 이 도구를 클릭하면, 입력한 수식을 미분하는 도구.	
79	Integral(적분)	TM10
∫	Finds indefinite integral	
	부정적분 값을 구한다.	
	• 적분하려는 수식을 입력하고 나서, 이 도구를 클릭하면, 입력한 수식을 적분하는 도구.	

3. 스프레드시트 도구

Spreadsheet Tools

80	One Variable Analysis(단변수 분석)	TN01
	Analyze number values from selected cells	
	선택된 셀들로부터 값을 분석한다.	
	• 스프레드시트에 숫자 값이 들어가 있는 셀 또는 열을 선택한 다음, 이 도구를 클릭해서 나타나는 정보창에 선택한 숫자들을 분석한 다양한 그래프와 통계적 해석 값들을 보여주는 도구. • 이 정보창은 네 개의 서로 다른 창들-선택한 데이터, 통계적 해석 값, 두가지 유형의 그래프-로 구성되어 있다. 데이터를 보여주는 창과 두 번째 유형의 그래프 창은 처음에는 보이지 않고, 옵션 상단의 아이콘을 클릭하면 볼 수 있다.	

81	Two Variable Regression Analysis(이변수 회귀 분석)	TN02
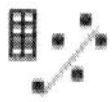	Analyze paired number values from selected cells	
	선택된 셀들로부터 쌍을 이루는 값을 분석한다.	
	• 스프레드시트에 쌍을 이루는 숫자 값이 들어가 있는 두 열을 선택한 다음, 이 도구를 클릭해서 나타나는 정보창에 선택한 숫자들을 분석한 다양한 그래프와 통계적 이변수 해석 값들을 보여주는 도구. • 이 정보창은 네 개의 서로 다른 창들--선택한 데이터, 통계적 해석 값, 두 가지 유형의 그래프--로 구성되어 있다. 데이터를 보여주는 창과 두 번째 유형의 그래프 창은 처음에는 보이지 않고, 옵션 상단의 아이콘을 클릭하면 볼 수 있다. • 정보창은 처음에 산포도 그래프로 열리는데, 그래프 아래 Drop-down 메뉴에서 서로 다른 유형의 회귀 모델을 선택할 수 있다. 그래프 유형을 선택하면 해당 그래프가 그려지면서 아래에 그래프의 수식이 빨간색으로 표시된다.	

82	Multiple Variable Analysis(다변수 분석)	TN03
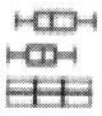	Analyze two or more data sets from selected columns	
	선택된 열들로부터 두 개 이상의 데이터를 분석한다.	
	• 스프레드시트에 숫자 값이 들어가 있는 하나 또는 두 개 이상의 열을 선택한 다음, 이 도구를 클릭해서 나타나는 정보창에 선택한 숫자들을 분석한 Stacked BoxPlots 그래프와 통계적 해석 값들을 보여주는 도구.	

83	Create List of Points(좌표점 리스트 만들기)	TN04
{•••}	Select cells and then click this tool button	
	셀들을 선택한 뒤 이 도구버튼을 누른다.	
	• 스프레드시트에 서로 쌍을 이루는 숫자 값이 들어가 있는 두 열 또는 두 행을 선택한 다음, 이 도구를 클릭해서 나타나는 대화창에 만들려는 리스트의 이름을 기입하면, 선택된 셀들을 점으로 그래픽 구성 화면에 표시하고 대수창(Algebra View)에는 리스트(List) 객체를 생성시키는 도구.	

84	Create Matrix(행렬 리스트 만들기)	TN05
1 2 3 4	Select cells and then click this tool button	
	셀들을 선택한 뒤 이 도구버튼을 누른다.	
	• 스프레드시트에 원하는 일련의 셀들을 선택한 다음, 이 도구를 클릭해서 나타나는 대화창에 만들려는 행렬(Matrix)의 이름을 기입하면, 선택된 셀들을 대수창(Algebra View)에 행렬 리스트(List) 객체로 생성시키는 도구.	

85	Create Table(표 만들기)	TN06
1 2 3 4	Select cells and then click this tool button	
	셀들을 선택한 뒤 이 도구버튼을 누른다.	
	• 스프레드시트에 원하는 일련의 셀들을 선택한 다음, 이 도구를 클릭해서 나타나는 대화창에 만들려는 표의 이름을 기입하면, 선택된 셀들을 그래픽 구성창에 표(다이내믹 텍스트--스프레드시트의 값을 바꾸면 자동적으로 그래픽 화면의 표의 값도 변한다)로 표시하고 대수창(Algebra View)에는 텍스트(Text) 객체로 생성시키는 도구. • Note: 이렇게 만들어진 표는 물론 각 셀의 값은 각각 하나의 보조 객체--표는 Text, 셀 값은 Number--로서 존재하게 된다. 따라서 대수창에서 이들을 보려면 보조 객체(Auxiliary Objects) 아이콘을 클릭해야만 볼 수 있다.	

86	Create Polyline(다각선 만들기)	TN07
	Select cells for points and then click this tool button	
	점의 좌표가 들어 있는 셀들을 선택한 뒤 이 도구버튼을 누른다.	
	• 스프레드시트에 서로 쌍을 이루는 숫자 값이 들어가 있는 두 열 또는 두 행을 선택한 다음, 이 도구를 클릭해서 나타나는 대화창에 만들려는 다각선의 이름을 기입하면, 선택된 셀들을 점과 그 점들을 잇는 다각선으로 그래픽 구성 화면에 표시하고 대수창(Algebra View)에는 점(Point)과 다각선(Polyline) 객체들을 생성시키는 도구.	

87	Sum(합 구하기)	TN08
Σ	Select a set of cells	
	일련의 셀들을 선택한다.	
	• 이 도구는 스프레드시트창에서만 사용할 수 있는 도구로, 두 가지 방식으로 사용할 수 있다. 1. 셀들의 합을 표시하기 원하는 셀(Destination Cell)을 먼저 클릭한 다음, 이 도구를 클릭하고, 마지막으로 총합을 구하려는 셀들을 선택하면 그 합이 원했던 셀(Destination Cell)에 표시된다. 2. 두 개 이상의 셀들을 선택하고 이 도구를 클릭한다. 선택한 셀의 범위가 두 행이상이면, 각 열의 아래에 그 열의 합이 표시되고, 선택한 셀의 범위가 한 행이면, 그 행의 오른쪽에 그 행의 합이 표시된다. 만일 두 행 이상 범위를 선택하고 이 도구를 Shift 키를 누른 채로 클릭하면, 각 열의 합이 아니라 각 행의 합이 계산된다.	
88	Mean(평균 구하기)	TN09
$\frac{\Sigma}{n}$	Select a set of cells	
	일련의 셀들을 선택한다.	
	• 이 도구는 스프레드시트창에서만 사용할 수 있는 도구로, 두 가지 방식으로 사용할 수 있다. 1. 셀들의 평균을 표시하기 원하는 셀(Destination Cell)을 먼저 클릭한 다음, 이 도구를 클릭하고, 마지막으로 평균을 구하려는 셀들을 선택하면 그 평균이 원했던 셀(Destination Cell)에 표시된다. 2. 두 개 이상의 셀들을 선택하고 이 도구를 클릭한다. 선택한 셀의 범위가 두 행이상이면, 각 열의 아래에 그 열의 평균이 표시되고, 선택한 셀의 범위가 한 행이면, 그 행의 오른쪽에 그 행의 평균이 표시된다. 만일 두 행 이상 범위를 선택하고 이 도구를 Shift 키를 누른 채로 클릭하면, 각 열의 평균이 아니라 각 행의 평균이 계산된다.	
89	Count(셀 개수 구하기)	TN10
	Select a set of cells	
	일련의 셀들을 선택한다.	
	• 이 도구는 스프레드시트창에서만 사용할 수 있는 도구로, 두 가지 방식으로 사용할 수 있다. 1. 셀들의 개수를 표시하기 원하는 셀(Destination Cell)을 먼저 클릭한 다음, 이 도구를 클릭하고, 마지막으로 개수를 구하려는 셀들을 선택하면 그 개수가 원했던 셀(Destination Cell)에 표시된다.	

	2. 두 개 이상의 셀들을 선택하고 이 도구를 클릭한다. 선택한 셀의 범위가 두 행이상이면, 각 열의 아래에 그 열의 개수가 표시되고, 선택한 셀의 범위가 한 행이면, 그 행의 오른쪽에 그 행의 개수가 표시된다. 만일 두 행 이상 범위를 선택하고 이 도구를 Shift 키를 누른 채로 클릭하면, 각 열의 개수가 아니라 각 행의 개수가 계산된다.	
90	Maximum(최대값 구하기)	TN11
123	Select a set of cells	
	일련의 셀들을 선택한다.	
	• 이 도구는 스프레드시트창에서만 사용할 수 있는 도구로, 두 가지 방식으로 사용할 수 있다. 1. 셀들의 최대값을 표시하기 원하는 셀(Destination Cell)을 먼저 클릭한 다음, 이 도구를 클릭하고, 마지막으로 최대값을 구하려는 셀들을 선택하면 그 최대값이 원했던 셀(Destination Cell)에 표시된다. 2. 두 개 이상의 셀들을 선택하고 이 도구를 클릭한다. 선택한 셀의 범위가 두 행이상이면, 각 열의 아래에 그 열의 최대값이 표시되고, 선택한 셀의 범위가 한 행이면, 그 행의 오른쪽에 그 행의 최대값이 표시된다. • 만일 두 행 이상 범위를 선택하고 이 도구를 Shift 키를 누른 채로 클릭하면, 각 열의 최대값이 아니라 각 행의 최대값이 계산된다.	
91	Minimum(최소값 구하기)	TN12
123	Select a set of cells	
	일련의 셀들을 선택한다.	
	• 이 도구는 스프레드시트창에서만 사용할 수 있는 도구로, 두 가지 방식으로 사용할 수 있다. 1. 셀들의 최소값을 표시하기 원하는 셀(Destination Cell)을 먼저 클릭한 다음, 이 도구를 클릭하고, 마지막으로 최소값을 구하려는 셀들을 선택하면 그 최소값이 원했던 셀(Destination Cell)에 표시된다. 2. 두 개 이상의 셀들을 선택하고 이 도구를 클릭한다. 선택한 셀의 범위가 두 행이상이면, 각 열의 아래에 그 열의 최소값이 표시되고, 선택한 셀의 범위가 한 행이면, 그 행의 오른쪽에 그 행의 최소값이 표시된다. • 만일 두 행 이상 범위를 선택하고 이 도구를 Shift 키를 누른 채로 클릭하면, 각 열의 최소값이 아니라 각 행의 최소값이 계산된다.	

4. 사용자 도구

Custom Tool

<table>
<tr><td>92</td><td>New Tool created by User discretionally</td><td>TO01</td></tr>
<tr><td rowspan="3"></td><td colspan="2">Select output objects, then input objects, and then name the new tool in Dialog Box</td></tr>
<tr><td colspan="2">사용자 도구 만들기 대화상자에 결과 객체와 입력 객체를 선택하고 새로운 툴의 이름을 지정한다.</td></tr>
<tr><td colspan="2">
• GeoGebra는 기존 구성 내용을 토대로 자신만의 툴(도구)를 만들어 사용할 수 있도록 하고 있다. 일단 새로 만들어진 자신의 도구는 마우스와 명령어 입력을 통해서 모두 사용할 수 있다.
• Note: 사용자 툴로 만들어진 결과 객체는 그것이 설령 점(Point)라 할지라도 이동 도구로 움직일 수 없다. 그 결과 객체를 움직일 필요가 있을 때에는, 일련의 명령어들을 규정하고 그렇게 규정된 명령어들을 "Execute" 명령어와 함께 사용하여만 움직일 수 있다.
• 사용자 툴을 만들기 위해서는 상단의 도구(Tools) 메뉴에서 새로운 사용자 도구 만들기(Create new tool)을 선택해서 대화창의 요구에따라 만든다.
• 구성한 내용을 .ggb 파일로 저장하면, 이때 사용된 모든 사용자 툴도 그 속에 함께 저장된다. 만일 사용자 툴을 구성 내용과는 분리된 개별 파일로 저장하려면 상단의 도구(Tools) 메뉴에서 도구 관리(Manage tools...)를 선택하고 저장하기(Save as....)로 따로 저장할 수 있다.
• 지오지브라를 새롭게 시작하거나, 새창(New Window)을 열어서 작업하려면 이전에 사용하였던 사용자 툴이 툴바에 나타나지 않는다. 만일 사용자 둘을 계속 툴바에 유지지 하려면, 상단의 옵션(Options) 메뉴에서 현재 설정 저장(Save Settings)을 선택하면 계속해서 사용자 툴이 툴바에 나타난다.
• Note: 만일 사용자 툴을 툴바에서 없애려면, 상단의 도구(Tools) 메뉴에서 툴바 사용자 정의(Customize Toolbar...)를 선택해 제거(Remove)한 후 다시 옵션(Options) 메뉴에서 현재 설정 저장(Save Settings)을 클릭하거나, 도구 관리(Manage tools...)에서 해당 사용자 툴을 삭제(Delete)하면 된다.
• 만일 사용자 툴을 개별 파일로 저장했다면 언제든지 파일(File) 메뉴의 열기(Open)을 선택하면 자동으로 툴바에 나타난다. 또 다른 방법으로, 파일 매니저(File Manager)의 .ggt 파일을 끌어다가 그냥 지오지브라 창에 떨어뜨려 놓기만 해도 툴바에 삽입된다. 이때 사용자 툴은 구성 내용에는 전혀 영향을 주지 않고 다만 툴바의 일부가 될 뿐이다.
</td></tr>
</table>

Chapter 3

기하학적 구성과 명령어 사용법

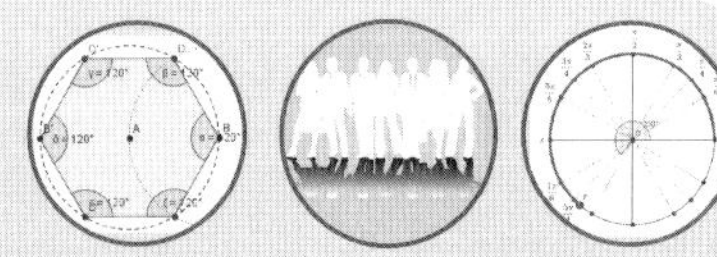

Chapter **03**

기하학적 구성과 명령어 사용법

Geometric Constructions &
Use of Commands

1. 정삼각형 [MA06]

Equilateral Triangle

1) 학습 준비

- 구성 시작 전에 정삼각형의 특성을 요약한다.
- 정삼각형의 의미: 세 변의 길이가 모두 같고, 세 각의 크기가 60°로 같은 삼각형.
- 새 창을 연다.
- 구성 화면을 (Perspectives)-Geometry로 바꾼다.
- 화면에 새로 찍히는 점들의 이름만 보이도록 설정한다. (Menu--Option--Labeling--New Points Only)

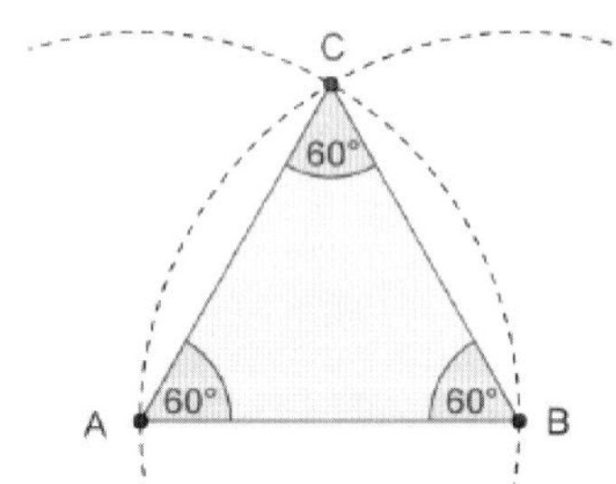

2) 새로운 활용 도구

	• 보이기 및 감추기/Show & Hide Object 이 도구를 먼저 클릭한 다음, 그래픽 화면에서 원하는 객체를 클릭해서 보이지 않게 하거나 다시 보이도록 하는 도구. • Note: 숨기거나 보이기 하려는 객체를 클릭한 다음 다른 도구를 선택해야만 해당 객체가 사라지거나 다시 화면에 보인다.

*** 도구 사용법을 모르는 경우, 도움말을 읽고, 구성 전에 새로 사용하게 되는 도구들은 미리 시험사용을 해본다.

3) 구성 단계

1	• 선분 AB를 그린다.
2	• A를 중심점으로 하고 점B를 지나는 원을 그린다.
3	• B를 중심점으로 하고 점A를 지나는 원을 그린다.
4	• 두 원이 만나는 점에 교점C를 찍는다.
5	• 점 A,BC를 시계 반대방향으로 연결한다.
6	• 두 원을 화면에서 숨긴다.
7	• 삼각형 ABC의 안을 클릭하여 세 내각을 표시한다. 만일 삼각형을 시계방향으로 그렸을 경우 삼각형의 외각이 표시된다.
8	• 바르게 구성되었는지 확인하는 드래그 테스트(Drag Test)를 한다.

No.	Name	Tool...	Command	Value
1	Point A			A = (0, 2)
2	Point B			B = (4, 2)
3	Segment a		Segment[A, B]	a = 4
4	Circle c		Circle[A, B]	c: $x^2 + (y - 2)^2 = 16$
5	Circle d		Circle[B, A]	d: $(x - 4)^2 + (y - 2)^2 = 16$
6	Point C		Intersect[c, d, 1]	C = (2, 5.46)
7	Triangle poly1		Polygon[A, B, C]	poly1 = 6.93
7	Segment c_1		Segment[A, B, poly1]	$c_1 = 4$
7	Segment a_1		Segment[B, C, poly1]	$a_1 = 4$
7	Segment b		Segment[C, A, poly1]	b = 4
8	Angle α		Angle[poly1]	α = 60°
8	Angle β		Angle[poly1]	β = 60°
8	Angle γ		Angle[poly1]	γ = 60°

2. 정사각형 [MA07]

Square

1) 학습 준비

- 정사각형의 기하학적 의미를 먼저 이해한다.
- 정사각형의 의미: 네 각이 모두 직각이고, 네 변의 길이가 모두 같은 사각형.

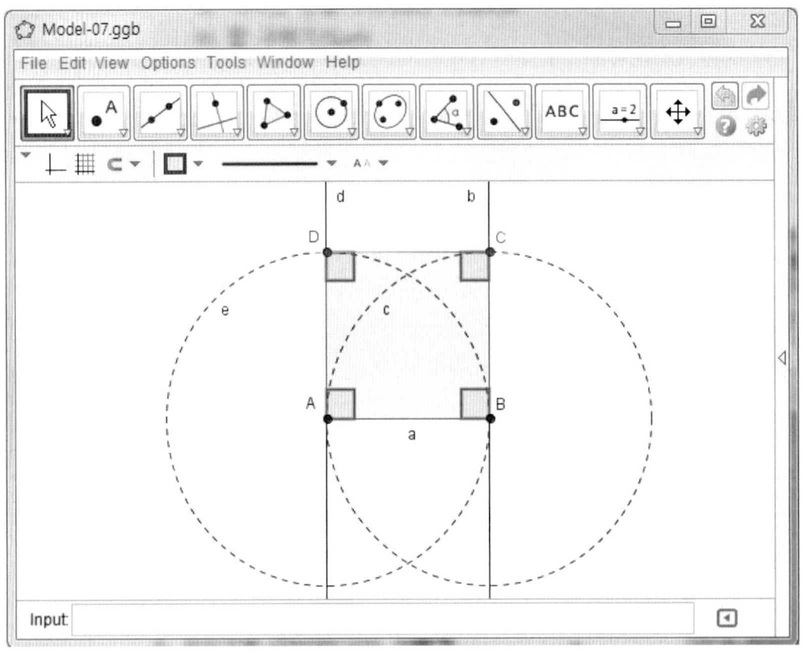

- 새 창을 연다.
- 구성 화면 (Perspectives)-기하창(Geometry)로 바꾼다.
- 화면에 새로 새로 구성되는 모든 객체의 이름들이 보이도록 설정한다.
  (Menu--Option--Labeling--New Points Only)

2) 구성 단계

1		• 점 A와 B사이에 선분 a=AB를 그린다.
2	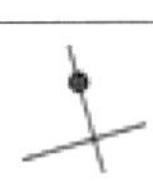	• 선분 AB에 수직하고 점 B를 지나는 직선 b를 그린다.

3		• 점 B를 중심점으로 하고 A점을 지나는 원 c를 그린다.
4		• 수직선 b와 원 c가 만나는 두 교점 C를 찍는다.
5		• 선분 AB에 수직하고 점 A를 지나는 직선 d를 그린다.
6		• 점 A를 중심점으로 하고 B점을 지나는 원 e를 그린다.
7		• 수직선 d와 원 e가 만나는 두 교점 D를 찍는다.
8		• 사각형 ABCD를 그린다. • 다각형을 그릴 때는 반드시 처음 시작점을 마지막에 다시 클릭하여만 도형을 완성할 수 있다.
9		• 사각형의 내부를 클릭하여 내각을 표시한다.
10		• 원과 수직선의 스타일을 조정한다.
11		• 드래그 테스트(Drag Test)를 한다.

No.	Name	Tool...	Command	Value
1	Point A			A = (0, 2)
2	Point B			B = (3, 2)
3	Segment a		Segment[A, B]	a = 3
4	Line b		PerpendicularLine[B, a]	b: x = 3
5	Circle c		Circle[B, A]	c: $(x - 3)^2 + (y - 2)^2 = 9$
6	Point C		Intersect[c, b, 2]	C = (3, 5)
7	Line d		PerpendicularLine[A, a]	d: x = 0
8	Circle e		Circle[A, B]	e: $x^2 + (y - 2)^2 = 9$
9	Point D		Intersect[e, d, 2]	D = (0, 5)
10	Quadrilateral poly1		Polygon[A, B, C, D]	poly1 = 9
10	Segment a_1		Segment[A, B, poly1]	$a_1 = 3$
10	Segment b_1		Segment[B, C, poly1]	$b_1 = 3$
10	Segment c_1		Segment[C, D, poly1]	$c_1 = 3$

10 Segment d_1		Segment[D, A, poly1]	d_1 = 3
11 Angle α		Angle[poly1]	α = 90°
11 Angle β		Angle[poly1]	β = 90°
11 Angle γ		Angle[poly1]	γ = 90°
11 Angle δ		Angle[poly1]	δ = 90°

3. 정오각형 [MA08]

Regular Pentagon

1) 학습 준비

- 정오각형의 기하학적 의미를 먼저 이해한다.
- 정오각형의 의미: 변의 길이와 내각의 크기가 108°로 모두 같은 오각형.
- 새 창을 연다.
- 구성 화면 (Perspectives)-기하창(Geometry)로 바꾼다.
- 화면에 새로 찍히는 점들의 이름만 보이도록 설정한다.
  (Menu--Option--Labeling--New Points Only)

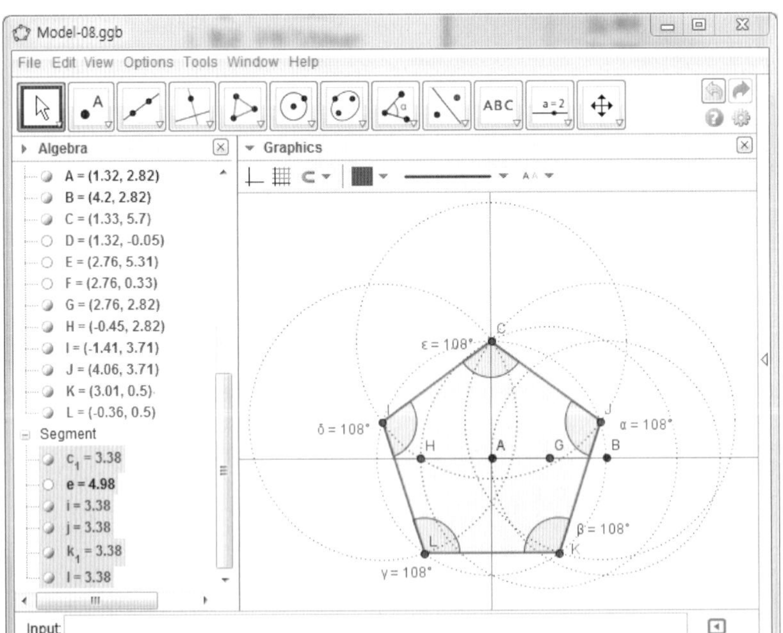

2) 구성 단계

1		• 점 A를 중심으로 하고 B를 지나는 원 c를 그린다.
2		• 두 점을 지나는 직선(Line through Two Points) 도구로 점 A와 B를 지나는 직선 a를 그린다.
3		• 직선 a에 수직하면서 점 A를 지나는 수직선 b를 긋는다.
4		• 수직선 b와 원 c가 만나는 두 교점 C와 D를 찍는다.
5		• 점 B를 중심으로 하고 점 A를 지나는 원 d를 그린다.
6		• 원 c와 d가 만나는 두 교점 E와 F를 찍는다.
7		• 두 점 E와 F 사이의 선분 e를 긋는다.
8		• 선분 e와 직선 a가 만나는 교점 G를 찍는다.
9		• 점 G를 중심으로 하고 점 C를 지나는 원 f를 그린다.
10		• 원 f와 직선 a가 만나는 교점 H를 찍는다.
11		• 점 C를 중심으로 하고 점 H를 지나는 원 g를 그린다.
12		• 원 g와 원 c가 만나는 두 교점 I와 J를 찍는다.
13		• 점 I를 중심으로 하고 점 C를 지나는 원 h를 그린다.
14		• 원 h와 원 c가 만나는 교점 K를 찍는다.
13		• 점 J를 중심으로 하고 점 C를 지나는 원 i를 그린다.
14		• 원 i와 원 c가 만나는 교점 L을 찍는다.
15		• 다각형(Polygon) 도구로 점 C, J, K, L, I를 그리고 마지막으로 점 C를 다시 찍어 정오각형을 그린다.
16		• 드래그 테스트(Drag Test)를 한다.

No.	Name	Tool...	Command	Value
1	Point A			A = (1.32, 2.82)
2	Point B			B = (4.2, 2.82)
3	Circle c		Circle[A, B]	c: (x - 1.32)² + (y - 2.82)² = 8.26
4	Line a		Line[A, B]	a: 0x + 2.87y = 8.11
5	Line b		PerpendicularLine[A, a]	b: -2.87x = -3.81
6	Point C		Intersect[c, b, 2]	C = (1.33, 5.7)
7	Point D		Intersect[c, b, 1]	D = (1.32, -0.05)
8	Circle d		Circle[B, A]	d: (x - 4.2)² + (y - 2.82)² = 8.26
9	Point E		Intersect[c, d, 1]	E = (2.76, 5.31)
10	Point F		Intersect[c, d, 2]	F = (2.76, 0.33)
11	Segment e		Segment[E, F]	e = 4.98
12	Point G		Intersect[e, a]	G = (2.76, 2.82)
13	Circle f		Circle[G, C]	f: (x - 2.76)² + (y - 2.82)² = 10.32
14	Point H		Intersect[f, a, 1]	H = (-0.45, 2.82)
15	Circle g		Circle[C, H]	g: (x - 1.33)² + (y - 5.7)² = 11.41
16	Point I		Intersect[c, g, 1]	I = (-1.41, 3.71)
17	Point J		Intersect[c, g, 2]	J = (4.06, 3.71)
18	Circle h		Circle[J, C]	h: (x - 4.06)² + (y - 3.71)² = 11.41
19	Point K		Intersect[c, h, 2]	K = (3.01, 0.5)
20	Circle k		Circle[I, C]	k: (x + 1.41)² + (y - 3.71)² = 11.41
21	Point L		Intersect[c, k, 2]	L = (-0.36, 0.5)
22	Pentagon poly1		Polygon[C, J, K, L, I]	poly1 = 19.63
22	Segment c_1		Segment[C, J, poly1]	c_1 = 3.38
22	Segment j		Segment[J, K, poly1]	j = 3.38
22	Segment k_1		Segment[K, L, poly1]	k_1 = 3.38
22	Segment l		Segment[L, I, poly1]	l = 3.38
22	Segment i		Segment[I, C, poly1]	i = 3.38
23	Angle α		Angle[C, J, K]	α = 108°

24 Angle β		Angle[J, K, L]	β = 108°
25 Angle γ		Angle[K, L, I]	γ = 108°
26 Angle δ		Angle[L, I, C]	δ = 108°
27 Angle ε		Angle[I, C, J]	ε = 108°

4. 정육각형(1) [MA09]

Regular Hexagon(1)

1) 학습 준비

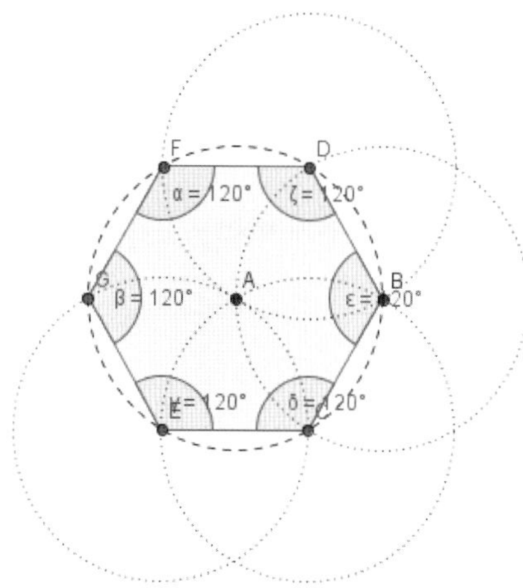

- 정육각형의 기하학적 의미를 먼저 이해한다.
- 정육각형의 의미: 변의 길이와 내각의 크기가 120°로 모두 같은 육각형.
- 새 창을 연다.
- 구성 화면을(Perspectives)-기하창(Geometry)로 바꾼다.
- 화면에 새로 찍히는 점들의 이름만 보이도록 설정한다. (Menu--Option--Labeling--New Points Only)

2) 구성 단계

1		• 점 A를 중심점으로 하고 B점을 지나는 원c를 그린다.
2		• 점B를 중심점으로 하고 A점을 지나는 원d를 그린다.
3	A	• 두 원 c, d가 만나는 교점 C와 D를 찍는다.
4		• 점 C를 중심점으로 하고 A점을 지나는 원 e를 그린다.
5	A	• 새로운 원 e와 원 c가 만나는 교점 E를 찍는다.
6		• 점 D를 중심점으로 하고 A점을 지나는 원 f를 그린다.

7		• 새로운 원 f와 원 c가 만나는 교점 F를 찍는다.
8		•점 E를 중심점으로 하고 A점을 지나는 원 g를 그린다.
9		• 새로운 원 g와 원 c가 만나는 교점 G를 찍는다.
10		• 육각형 FGECBD를 그린다.
11		• 모든 원의 스타일을 조정하여, 정육각형의 기하학적 구성의 시각적 효과를 높인다.
12		• 육각형의 내부를 클릭하여 내각을 구한다.
13		• 드래그 테스트(Drag Test)를 한다.

*** 구성 과정을 설명하고, 원의 반지름이 얼마이며, 왜 그 반지름을 갖는지를 살펴보자.

No.	Name	Tool...	Command	Value
1	Point A			A = (1, 3)
2	Point B			B = (4, 3)
3	Circle c		Circle[A, B]	$c: (x - 1)^2 + (y - 3)^2 = 9$
4	Circle d		Circle[B, A]	$d: (x - 4)^2 + (y - 3)^2 = 9$
5	Point C		Intersect[d, c]	C = (2.5, 0.4)
5	Point D		Intersect[d, c]	D = (2.5, 5.6)
6	Circle e		Circle[C, A]	$e: (x - 2.5)^2 + (y - 0.4)^2 = 9$
7	Point E		Intersect[c, e, 2]	E = (-0.5, 0.4)
8	Circle f		Circle[D, A]	$f: (x - 2.5)^2 + (y - 5.6)^2 = 9$
9	Point F		Intersect[c, f, 1]	F = (-0.5, 5.6)
10	Circle g		Circle[E, A]	$g: (x + 0.5)^2 + (y - 0.4)^2 = 9$
11	Point G		Intersect[c, g, 2]	G = (-2, 3)
12	Hexagon poly1		Polygon[F, G, E, C, B, D]	poly1 = 23.38
12	Segment f_1		Segment[F, G, poly1]	$f_1 = 3$
12	Segment g_1		Segment[G, E, poly1]	$g_1 = 3$
12	Segment e_1		Segment[E, C, poly1]	$e_1 = 3$

12	Segment c_1		Segment[C, B, poly1]	c_1 = 3
12	Segment b		Segment[B, D, poly1]	b = 3
12	Segment d_1		Segment[D, F, poly1]	d_1 = 3
13	Angle α		Angle[poly1]	α = 120°
13	Angle β		Angle[poly1]	β = 120°
13	Angle γ		Angle[poly1]	γ = 120°
13	Angle δ		Angle[poly1]	δ = 120°
13	Angle ε		Angle[poly1]	ε = 120°
13	Angle ζ		Angle[poly1]	ζ = 120°

5. 정육각형(2) [MA10]

Regular Hexagon(2)

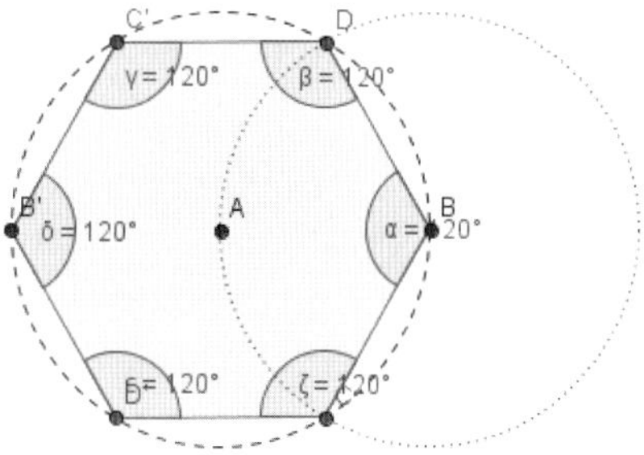

"4. 정육각형(1)"에서는 정육각형이 원에 내접하고 모든 변의 길이가 외접원의 반지름과 동일하다는 기하학적 특징을 바탕으로, 원 위의 한 점에서 그 원과 반지름이 같은 원을 반복하여 그려 생성되는 교점을 연결하는 구성 방법을 사용하였다.

이번에는, 정육각형은 원에 내접하고, 마주 보는 꼭짓점이 외접원의 중심을 축으로 대칭한다는 기하학적 특징을 바탕으로 정육각형을 구성하려고 한다.

1) 새로운 활용 도구

	• 점 대칭/Reflect Object about Point 대칭 이동하려는 객체를 클릭한 다음 대칭축을 클릭하면 새로운 객체가 생성되는 도구.

2) 구성 단계

1		• 점 A를 중심점으로 하고 B점을 지나는 원c를 그린다.

2		• 점 B를 중심점으로 하고 A점을 지나는 원d를 그린다.
3		• 두 원 c, d가 만나는 교점 C와 D를 찍는다.
4		• 점 대칭 도구를 이용하여, 점 A를 대칭축으로 하는 점 B의 대칭점 B'를 찍는다.
5		• 점 C와 D에도 4단계를 반복하여, 점 C'와 D'를 얻는다.
6		• 육각형 BDC' B' D' C를 그린다.
7		• 모든 원의 스타일을 조정하여, 정육각형의 기하학적 구성의 시각적 효과를 높인다.
12		• 육각형의 내부를 클릭하여 내각을 구한다.
13		• 드래그 테스트(Drag Test)를 한다.

No.	Name	Tool...	Command	Value
1	Point A			A = (1.08, 2.8)
2	Point B			B = (4.1, 2.82)
3	Circle c		Circle[A, B]	c: $(x - 1.08)^2 + (y - 2.8)^2 = 9.12$
4	Circle d		Circle[B, A]	d: $(x - 4.1)^2 + (y - 2.82)^2 = 9.12$
5	Point C		Intersect[d, c]	C = (2.61, 0.19)
5	Point D		Intersect[d, c]	D = (2.57, 5.43)
6	Point B'		Reflect[B, A]	B' = (-1.94, 2.78)
7	Point C'		Reflect[C, A]	C' = (-0.45, 5.41)
8	Point D'		Reflect[D, A]	D' = (-0.41, 0.17)
9	Hexagon poly1		Polygon[B, D, C', B', D', C]	poly1 = 23.7
9	Segment b		Segment[B, D, poly1]	b = 3.02
9	Segment d_1		Segment[D, C', poly1]	d_1 = 3.02
9	Segment c'		Segment[C', B', poly1]	c' = 3.02
9	Segment b'		Segment[B', D', poly1]	b' = 3.02
9	Segment d'		Segment[D', C, poly1]	d' = 3.02
9	Segment c_1		Segment[C, B, poly1]	c_1 = 3.02

10 Angle α	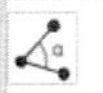	Angle[poly1]	α = 120°
10 Angle β		Angle[poly1]	β = 120°
10 Angle γ		Angle[poly1]	γ = 120°
10 Angle δ		Angle[poly1]	δ = 120°
10 Angle ε		Angle[poly1]	ε = 120°
10 Angle ζ		Angle[poly1]	ζ = 120°

6. 삼각형의 무게중심 [MA11]

Centroid

1) 학습 준비

- 삼각형의 무게중심이 갖는 기하학적 의미를 먼저 이해한다.
- 삼각형의 무게중심: 삼각형 ABC의 세 중선은 만나는 점으로서, 세 중선의 길이를 꼭지점으로부터 각각 2 : 1로 나눈다.

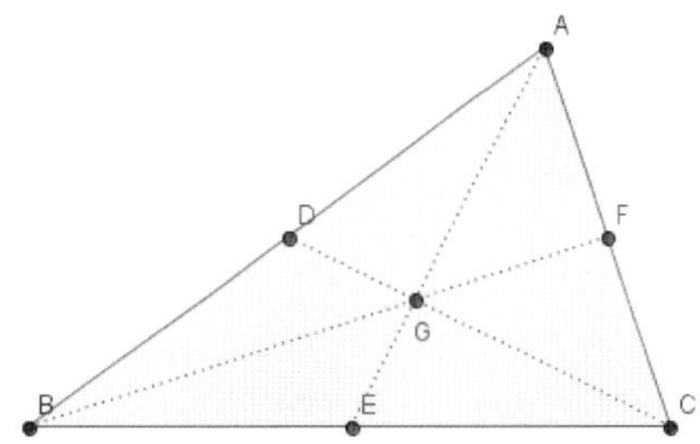

- 새 창을 연다.
- 구성 화면을 (Perspectives)-기하창(Geometry)로 바꾼다.
- 화면에 새로 찍히는 점들의 이름만 보이도록 설정한다. (Menu--Option--Labeling--New Points Only)

2) 새로운 활용 도구

	• 중점 및 중심/Midpoint or Centre 두 점, 한 선분, 원, 이차곡선을 클릭하면 해당 객체의 중점 또는 중심점이 생성되는 도구.

*** 도구 사용법을 모르는 경우, 도움말을 읽고, 구성 전에 새로 사용하게 되는 도구들은 미리 시험사용을 해본다.

3) 구성 단계

1 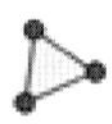	• 임의의 삼각형 ABC를 그린다.

2	• 중점 및 중심 도구로 삼각형의 세 변을 클릭하여 중점 D, E, F를 찍는다.
3	• 세 꼭짓점에서 마주보는 변의 중점을 연결하는 선분 d, e, f를 그린다.
4	• 세 선분이 만나는 교점 G를 찍는다.
5	• 구성이 맞게 되었는지 드래그 테스트를 한다.

No.	Name	Tool...	Command	Value
1	Point A			A = (3, 4.84)
2	Point B			B = (-1, 2)
3	Point C			C = (4, 2)
4	Triangle poly1		Polygon[A, B, C]	poly1 = 7.1
4	Segment c		Segment[A, B, poly1]	c = 4.91
4	Segment a		Segment[B, C, poly1]	a = 5
4	Segment b		Segment[C, A, poly1]	b = 3.01
5	Point D		Midpoint[c]	D = (1, 3.42)
6	Point E		Midpoint[a]	E = (1.5, 2)
7	Point F		Midpoint[b]	F = (3.5, 3.42)
8	Segment d		Segment[D, C]	d = 3.32
9	Segment e		Segment[E, A]	e = 3.21
10	Segment f		Segment[F, B]	f = 4.72
11	Point G		Intersect[d, e]	G = (2, 2.95)

7. 삼각형의 수심 [MA12]

Orthocenter

1) 학습 준비

- 삼각형의 수심이 갖는 기하학적 의미를 먼저 이해한다.
- 삼각형의 수심: 삼각형의 5심의 하나로서 삼각형의 세 꼭짓점에서 그 각각의 대변에 내

린 세 수선이 만나는 점.

- 새 창을 연다.
- 구성 화면 (Perspectives)-기하창(Geometry)로 바꾼다.
- 화면에 새로 찍히는 점들의 이름만 보이도록 설정한다.
  (Menu--Option--Labeling--New Points Only)

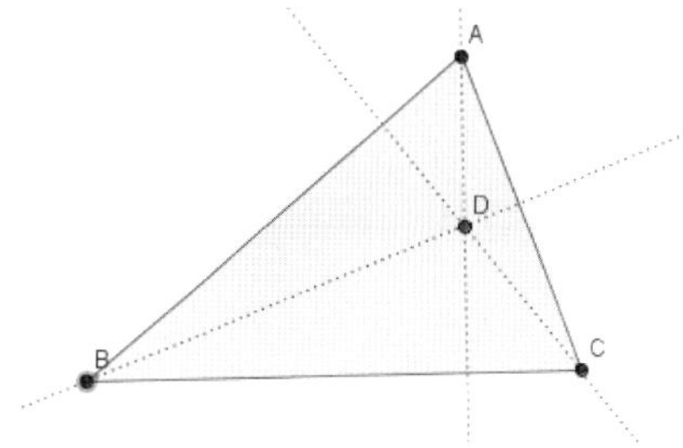

2) 구성 단계

1	• 임의의 삼각형 ABC를 그린다.
2	• 삼각형의 한 꼭짓점을 지나 마주보는 변에 수직하는 직선 d를 그린다. • 수직선(Perpendicular Line) 도구를 이용해, 선분 AB를 클릭한 다음 점 C를 클릭한다.
	• 구성 2단계를 선분 BC와 CA에 적용한다.
3	• 수직 이등분선이 만나는 교점 D를 찍는다.
4	• 구성이 맞게 되었는지 드래그 테스트를 한다.

No.	Name	Tool...	Command	Value
1	Point A			A = (4.82, 5.36)
2	Point B			B = (0.72, 1.9)
3	Point C			C = (6.15, 2.03)
4	Triangle poly1		Polygon[A, B, C]	poly1 = 9.14
4	Segment c		Segment[A, B, poly1]	c = 5.37
4	Segment a		Segment[B, C, poly1]	a = 5.44
4	Segment b		Segment[C, A, poly1]	b = 3.59
5	Line d		PerpendicularLine[C, c]	d: 4.1x + 3.46y = 32.26
6	Line e		PerpendicularLine[A, a]	e: -5.43x - 0.13y = -26.9
7	Line f		PerpendicularLine[B, b]	f: 1.33x - 3.33y = -5.36
8	Point D		Intersect[d, e]	D = (4.86, 3.55)

8. 삼각형의 내심 [MA31]

Incenter

1) 학습 준비

- 삼각형의 내심이 지니는 기하학적 의미를 먼저 요약한다.
- 삼각형의 내심: 삼각형 세 각 이등분선이 만나는 점으로서, 내심에서 삼각형의 세 변에 이르는 거리가 내접원의 반지름으로 동일하다.
- 새 창을 연다.
- 구성 화면 (Perspectives)-기하창(Geometry)로 바꾼다.

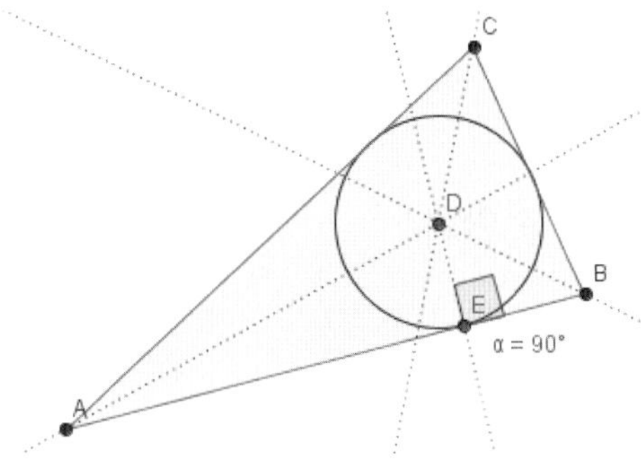

- 화면에 새로 찍히는 점들의 이름만 보이도록 설정한다. (Menu--Option--Labeling--New Points Only)

2) 구성 단계

1		• 다각형 도구로 시계 반대 방향으로 세 점을 찍어 임의의 삼각형 ABC를 그린다.
2		• 각 이등분선(Angle Bisector) 도구를 이용해 세 꼭짓점의 각 이등분선을 긋는다. • Note: 꼭짓점 A에서의 각 이등분선을 긋기 위해서는 점 C, A, B 순서로, 꼭짓점 B에서의 각 이등분선을 긋기 위해서는 점 A, B, C 순서로, 꼭짓점 C에서의 각 이등분선을 긋기 위해서는 점 B, C, A 순서로 세 점을 찍는다.
3		• 세 각 이등분선이 만나는 교점에 점 D를 찍는다.
4		• 점 D를 지나고 삼각형의 한 변에 수직인 직선 g를 긋는다. • Note: 사용자가 선분 또는 직선의 이름을 특정하지 않았을 경우, 지오지브라는 구성 순서에 따라 알파벳 소문자로 직선 또는 선분의 이름을 자동 배정한다. 따라서 이 구성 단계를 올바르게 밟았다면, 4단계의 수직선은 g가 된다.
5		• 수직선 g와 수직인 변--이번 Model에서는 선분 AB--이 만나는 교점 E를 찍는다.
6		• 점 D를 중심으로 하고 점 E를 지나는 원 h를 그린다.

7		• 각(Angle) 측정 도구로 수직선 g와 선분 AB를 클릭하여 수직선 g와 선분 AB가 만나는 각이 직각임을 표시한다.
8		• 구성이 맞게 되었는지 드래그 테스트를 한다.

No.	Name	Tool...	Command	Value
1	Point A			A = (-0.72, -0.32)
2	Point B			B = (5.7, 1.28)
3	Point C			C = (4.32, 4.26)
4	Triangle poly1		Polygon[A, B, C]	poly1 = 10.67
4	Segment c		Segment[A, B, poly1]	c = 6.62
4	Segment a		Segment[B, C, poly1]	a = 3.28
4	Segment b		Segment[C, A, poly1]	b = 6.81
5	Line d		AngleBisector[C, A, B]	d: -0.47x + 0.88y = 0.06
6	Line e		AngleBisector[A, B, C]	e: -0.43x - 0.9y = -3.62
7	Line f		AngleBisector[B, C, A]	f: 0.98x - 0.2y = 3.39
8	Point D		Intersect[d, e]	D = (3.89, 2.15)
9	Line g		PerpendicularLine[D, c]	g: -5.17x - 1.29y = -22.91
10	Point E		Intersect[g, c]	E = (4.2, 0.91)
11	Circle h		Circle[D, E]	h: $(x - 3.89)^2 + (y - 2.15)^2 = 1.63$
12	Angle α		Angle[c, g]	α = 90°

9. 삼각형의 외심 [MA14]

Circumcenter

1) 학습 준비

- 삼각형의 외심이 갖는 기하학적 의미를 먼저 이해한다.
- 삼각형의 외심: 삼각형 세 변의 수직 이등분선이 만나는 점으로, 외심에서 꼭짓점에 이르는 거리는 같다.
- 새 창을 연다.

• 구성 화면 (Perspectives)-기하창(Geometry)로 바꾼다.
• 화면에 새로 찍히는 점들의 이름만 보이도록 설정한다.
(Menu--Option--Labeling--New Points Only)

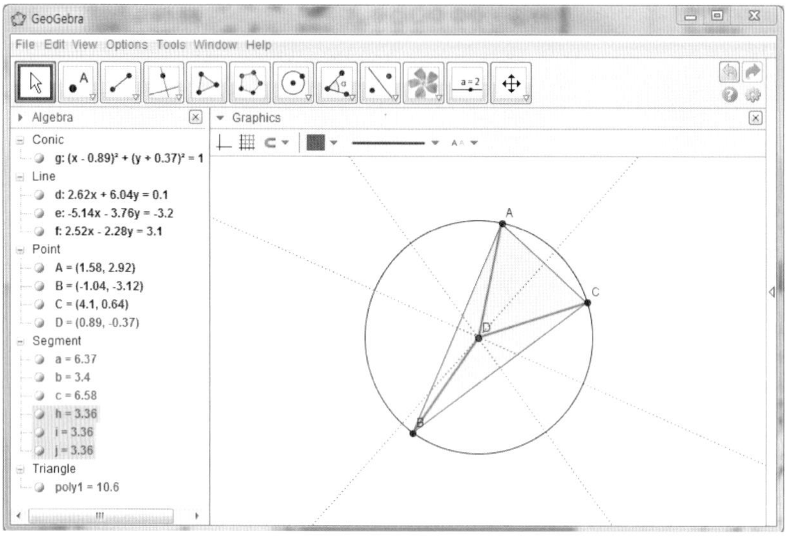

2) 구성 단계

1		• 삼각형 하나를 임의로 그린다.
2		• 삼각형의 두 변을 이등분하는 수직선을 그린다. • Perpendicular Bisector 도구를 이용하여 세 변을 클릭하면 된다.
3		• 두 수직이등분선이 만나는 점에 교점 D를 찍는다.
4		• 교점 D를 중심점으로 하고 삼각형ABC의 세 꼭짓점 중 하나를 지나는 원을 그린다.
5		• 외심에서 세 꼭짓점에 이르는 선분을 긋는다. • Note: 세 선분의 길이가 동일함을 보이기 위해서, 세 선분의 색을 녹색으로 통일하였다. 따라서 우측 대수창에 보이는 h,bi, j도 녹색으로 동일한 길이를 나타내고 있다.
5		• 드래그 테스트(Drag Test)를 한다.

3) 학습 포인트

- 삼각형의 외심이 삼각형의 바깥에 위치할 수도 있는가? 외심이 바깥에 위치하는 삼각형이 갖는 특성은 무엇인가?
- 삼각형의 외심을 구하는데 있어서 수직이등분선을 이용하는 이유를 설명해보자.

No.	Name	Tool...	Command	Value
1	Point A			A = (1.58, 2.92)
2	Point B			B = (-1.04, -3.12)
3	Point C			C = (4.1, 0.64)
4	Triangle poly1		Polygon[A, B, C]	poly1 = 10.6
4	Segment c		Segment[A, B, poly1]	c = 6.58
4	Segment a		Segment[B, C, poly1]	a = 6.37
4	Segment b		Segment[C, A, poly1]	b = 3.4
5	Line d		PerpendicularBisector[c]	d: 2.62x + 6.04y = 0.1
6	Line e		PerpendicularBisector[a]	e: -5.14x - 3.76y = -3.2
7	Line f		PerpendicularBisector[b]	f: 2.52x - 2.28y = 3.1
8	Point D		Intersect[d, e]	D = (0.89, -0.37)
9	Circle g		Circle[D, C]	g: (x - 0.89)² + (y + 0.37)² = 11.3
10	Segment h		Segment[D, A]	h = 3.36
11	Segment i		Segment[D, B]	i = 3.36
12	Segment j		Segment[D, C]	j = 3.36

10. 삼각형의 방심 [MA15]

Excenter

1) 학습 준비

- 구성 시작 전에 삼각형의 방심의 특성을 요약한다.
- 정삼각형의 방심의 의미: 삼각형의 한 내각의 각 이등분선과 다른 두 외각의 각 이등분선이 만나는 점으로, 삼각형의 방심은 3개가 존재하게 된다.
- 새 창을 연다.

- 구성 화면 (Perspectives)- Algebra & Graphics로 바꾼다.
- 좌표축은 화면에서 숨긴다.
- 화면에 새로 찍히는 점들의 이름만 보이도록 설정한다.
  (Menu--Option--Labeling--New Points Only)

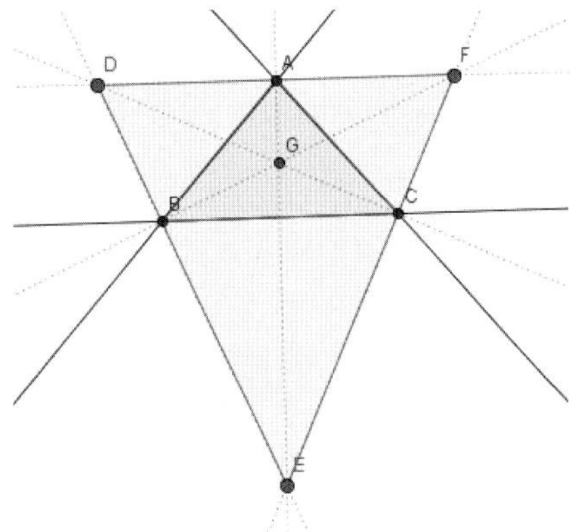

2) 구성 단계

1		• 임의의 세 점 A, B, C를 찍는다.
2		• 두 점을 지나는 직선(Line through Two Points) 도구로, 점 A와 B를 지나는 직선 a, 점 B와 C를 지나는 직선 b, 점 C와 A를 지나는 직선 c를 긋는다.
3		• 각 이등분선(Angle Bisector) 도구로 직선 c와 a를 클릭해서 각 이등분선 d와 e를, 직선 a와 b를 클릭해서 각 이등분선 f와 g를, 직선 b와 c를 클릭해서 각 이등분선 h와 i를 긋는다. • Note: 각 이등분선 도구로 두 직선을 선택하면, 지오지브라는 자동적으로 두 직선이 교차하며 만드는 두 각에 대하여 두 개의 각 이등분선을 생성한다. 또한 직선의 이름은 알파벳 순서로 소문자로 자동 부여한다.
4		• 두 객체의 교점(Intersect Two Objects) 도구로 각 이등분선 d, f, i가 만나는 교점 D를 각 이등분선 e, f, h가 만나는 교점 E를 각 이등분선 d, g, h가 만나는 교점 F를 찍는다. • 바로 이 세 교점 D, E, F가 삼각형 ABC의 방심이 된다. • Note: 대수창(Algebra View)가 열린 상태에서는 마우스가 모든 객체를 지나갈 때 해당 객체를 식별할 수 있는 텍스트 박스가 나타난다. 따라서 마우스가 교점 위에 있으면 그 교점에서 어떤 선들이 만나고 있는지가 조그만 텍스트 박스로 팝업 된다.
5		• 삼각형 ABC 내부에서 이등분선 e, g, i가 만나는 교점 G를 찍는다.
6		• 각 이등분선 d, e, f, g, h, i의 스타일을 조정하여 삼각형과 구별되도록 한다.
7	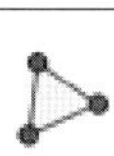	• 다각형 도구를 선택해 삼각형 ABC와 세 방심을 연결하는 삼각형 EDF를 그린다.

3) 학습 포인트

- 점 G는 삼각형 ABC의 내심(삼각형의 세 내각의 각 이등분선이 만나는 점)이다.
- 세 방심을 연결한 삼각형 DEF의 수심(삼각형의 세 꼭짓점에서 대변에 내린 수선이 만나는 점)이 된다.
  즉, 꼭짓점 D에서 대변 EF에 내린 수선, 꼭짓점 E에서 대변 FD에 내린 수선, 꼭짓점 F에서 대변 DE에 내린 수선이 만나는 점이 된다.

8 	• 수직선 도구를 선택해, 점 D와 선분 EF를 클릭하면 수직선이 그어지는데, 이 수직선이 점 G를 지나는지를 확인한다. • 같은 방식으로 점 E와 점 F도 대변과 수직하는 선을 그었을 때, 그 수직선이 점 G를 지나는지를 확인한다.
9 	• 세 방심 D, E, F의 색과 스타일을 조정한다.

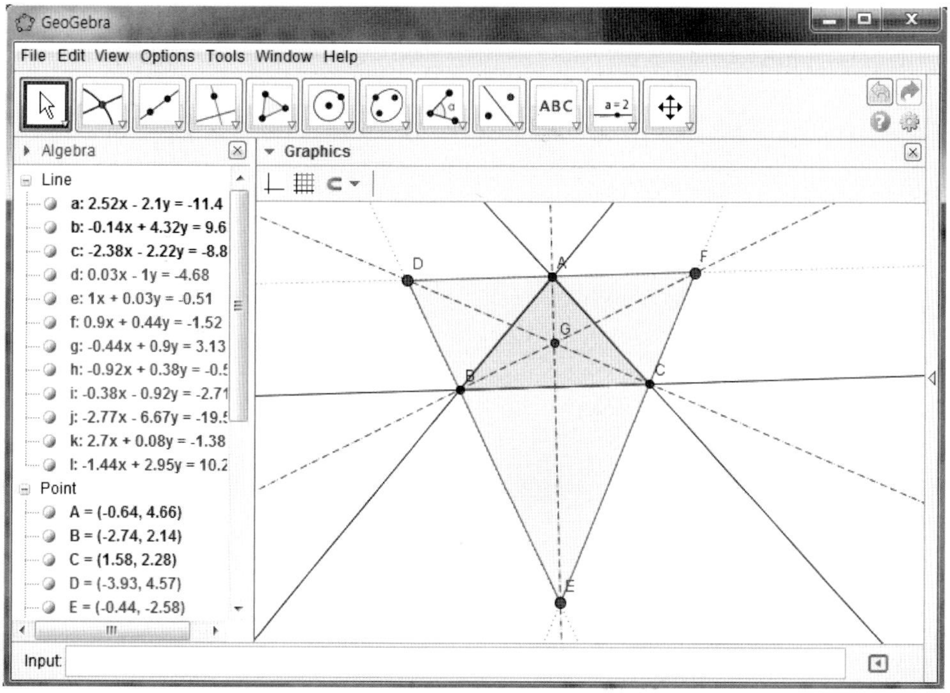

No.	Name	Tool...	Command	Value
1	Point A			A = (-0.64, 4.66)
2	Point B			B = (-2.74, 2.14)
3	Point C			C = (1.58, 2.28)
4	Line a		Line[A, B]	a: 2.52x - 2.1y = -11.4
5	Line b		Line[B, C]	b: -0.14x + 4.32y = 9.63
6	Line c		Line[C, A]	c: -2.38x - 2.22y = -8.82
7	Line d		AngleBisector[c, a]	d: 0.03x - 1y = -4.68
7	Line e		AngleBisector[c, a]	e: 1x + 0.03y = -0.51
8	Line f		AngleBisector[a, b]	f: 0.9x + 0.44y = -1.52
8	Line g		AngleBisector[a, b]	g: -0.44x + 0.9y = 3.13
9	Line h		AngleBisector[b, c]	h: -0.92x + 0.38y = -0.58
9	Line i		AngleBisector[b, c]	i: -0.38x - 0.92y = -2.71
10	Point D		Intersect[d, f]	D = (-3.93, 4.57)
11	Point E		Intersect[e, f]	E = (-0.44, -2.58)
12	Point F		Intersect[d, g]	F = (2.61, 4.75)
13	Point G		Intersect[e, g]	G = (-0.6, 3.19)
14	Triangle poly1		Polygon[A, B, C]	poly1 = 5.3
14	Segment c_1		Segment[A, B, poly1]	c_1 = 3.28
14	Segment a_1		Segment[B, C, poly1]	a_1 = 4.32
14	Segment b_1		Segment[C, A, poly1]	b_1 = 3.25
15	Triangle poly2		Polygon[D, E, F]	poly2 = 23.65
15	Segment f_1		Segment[D, E, poly2]	f_1 = 7.95
15	Segment d_1		Segment[E, F, poly2]	d_1 = 7.93
15	Segment e_1		Segment[F, D, poly2]	e_1 = 6.54
16	Line j		PerpendicularLine[D, d_1]	j: -2.77x - 6.67y = -19.59
17	Line k		PerpendicularLine[E, e_1]	k: 2.7x + 0.08y = -1.38
18	Line l		PerpendicularLine[F, f_1]	l: -1.44x + 2.95y = 10.27

11. 탈레스의 정리 [MA16]

The Theorem of Tales

• 탈레스의 정리: 원의 지름을 한 선분으로 하고 원주 위의 한 점을 꼭짓점으로 하는 삼각형은 항상 직각삼각형이 된다.

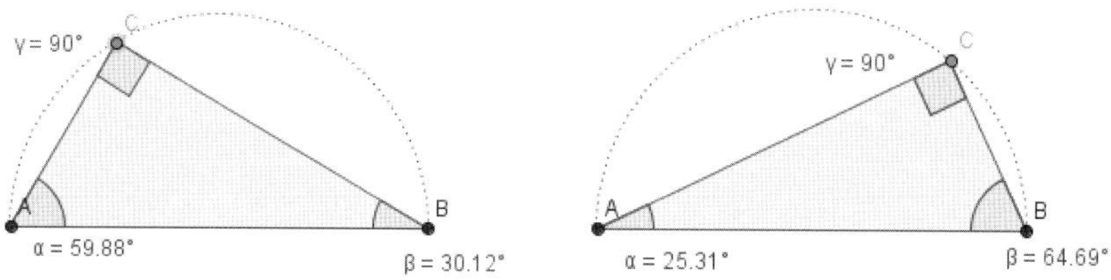

1) 학습 준비

• 새 창을 연다.
• 구성 화면 (Perspectives)-기하창(Geometry)로 바꾼다.
• 화면에 새로 찍히는 점들의 이름만 보이도록 설정한다.
(Menu--Option--Labeling--New Points Only)

2) 새로운 활용 도구

	• 두 점을 지나는 반원/Semicircle through Two Points 두 점을 클릭하기만 하면 반원이 생성되는데, 두 점을 찍을 찍는 순서에 따라 반원의 위치가 달라진다.

*** 도구 사용법을 모르는 경우, 도움말을 읽고, 구성 전에 새로 사용하게 되는 도구들은 미리 시험사용을 해본다.

3) 구성 단계

1		• 임의의 선분 AB를 그린다.
2		• A와 B점을 지나는 반원을 그린다.
3		• 반원 위에 새로운 점C를 찍는다. • C점이 반원 위에 위치하고 있는가를 드래그 테스트(Drag Test)한다.
4		• 시계 반대방향으로 삼각형 ABC를 그린다.
5		• 삼각형의 내각을 표시한다. • 각(Angle) 도구를 이용해 삼각형의 내부를 클릭하면 된다.

6	• 드래그 테스트(Drag Test)를 한다.

No.	Name	Tool...	Command	Value
1	Point A			A = (2, 2)
2	Point B			B = (7, 2)
3	Segment a		Segment[A, B]	a = 5
4	Arc c		Semicircle[A, B]	c = 7.85
5	Point C		Point[c]	C = (3.26, 4.17)
6	Triangle poly1		Polygon[A, B, C]	poly1 = 5.43
6	Segment c_1		Segment[A, B, poly1]	c_1 = 5
6	Segment a_1		Segment[B, C, poly1]	a_1 = 4.32
6	Segment b		Segment[C, A, poly1]	b = 2.51
7	Angle α		Angle[poly1]	α = 59.88°
7	Angle β		Angle[poly1]	β = 30.12°
7	Angle γ		Angle[poly1]	γ = 90°

12. 원의 접선 [MA17]

Tangents to A Circle

■ 마우스나 터치패드가 작동하지 않는다면…

- 마우스나 터치패드가 작동하지 않을 때를 대비해서 GeoGebra는 직접 명령어를 입력할 수 있는 대수 입력창(Algebra Input Bar)를 제공하고 있다.
- Note: GeoGebra는 마우스나 터치패드로 이용할 수 있는 도구(Geometry Tools:이하 도구 혹은 툴)보다 훨씬 많은 명령어를 제공하고 있기 때문에 모든 명령어 해당하는 툴이 존재하는 것은 아니다.
- 입력창(Input Bar) 옆에 있는 화살표 아이콘을 클릭하면 모든 명령어들의 목록을 볼 수 있으며, 우리가 마우스나 터치패드로만 사용했던 도구가 어떤 명령어를 지니고 있는지를 확인할 수 있다.

- 지금까지는 툴을 이용해서 구성하였지만, 이번에는 입력창을 통해 명령을 기입해서 작업해본다.

1) 학습 준비

- 새 창을 연다.
- 입력창(Input Bar)를 통해 명령어를 입력하고, 그것이 어떻게 구현되는지를 확인하기 위해 대수창이 필요하다. 따라서, 구성 화면을 (Perspectives)- 대수 및 기하창 (Algebra & Geometry)으로 바꾼다.
- 구성 화면에 입력창(Input Bar)이 나타나도록 만든다. (Menu--View--Input Bar)

2) 구성 단계

1	A = (0, 0)	• 내용을 입력하고 엔터키를 누르면, 점 A가 생긴다. • Note: 입력할 때, 좌측 괄호 "("만 입력하면 우측 괄호는 자동적으로 생성된다.
2	(3, 0)	• 점 B를 찍는다. • Note: 구성 1단계에서 "A="처럼 사용자가 객체의 이름을 특정하지 않으면, 지오지브라는 알파벳 순서대로 이름을 자동 배정한다.
3	Circle [A, B]	• 점 A를 중심점으로 하고 점 B를 지나는 원 c를 그린다. • Note: 이 원 c는 종속 객체(Dependent Object)이다.

*** GeoGebra는 종속 객체와 자유 객체를 구분하고 있다. 자유 객체는 마우스나 키보드 입력을 통해서 바로 수정이 가능한데 반해, 종속 객체는 그 상위에 있는 모 객체(Parent Object)의 변화에 종속된다. 그러나 객체를 마우스로 구성했는지 키보드 입력으로 구성했는지는 종속 객체와 자유 객체의 구분과는 무관하다.

- Note: 이동(Move) 툴을 이용하여 대수창(Algebra View)에 있는 객체를 더블 클릭하면 해당 객체의 수식을 키보드로 변경할 수 있다. 키보드 입력이 다 된 후에 엔터(Enter) 키를 친다.
- Note: 키보드의 화살표 키를 이용하여 자유 객체를 좀 더 세밀하게 움직일 수 있다. 대수창(Algebra View)이나 그래픽 화면 어디에서건 자유 객체를 마우스로 선택한 후 키보드의 화살표 키를 이용해 원하는 대로 객체를 움직일 수 있다.

4	C = (5,4)	• 점 C를 찍는다.
5	s = Segment [A, C]	• 선분 AC를 그린다.

6 D = Midpoint [s]	• 선분 AC의 중점 D를 찍는다.
7 d = Circle [D, C]	• 점 D를 중심점으로 하고 C점을 지나는 원 d를 그린다.
8 Intersect [c, d]	• 두 원 c, d가 만나는 지점에 교점 E와 F를 찍는다.
9 Line [C, E]	• 점 C와 점E를 지나는 접선을 그린다.
10 Line [C, F]	• 점 C와 점F를 지나는 접선을 그린다.
11	• 구성이 올바르게 되었는지를 판단하는 드래그 테스트(Drag Test)를 하고, 색깔, 선의 두께, 장식 등을 변경하여 구성한 작업을 시각적으로 풍성하게 만들어 저장한다. • Note: 그래픽 구성창에 그려진 객체와 대수창에 보이는 수식의 색깔도 일치하게 된다.

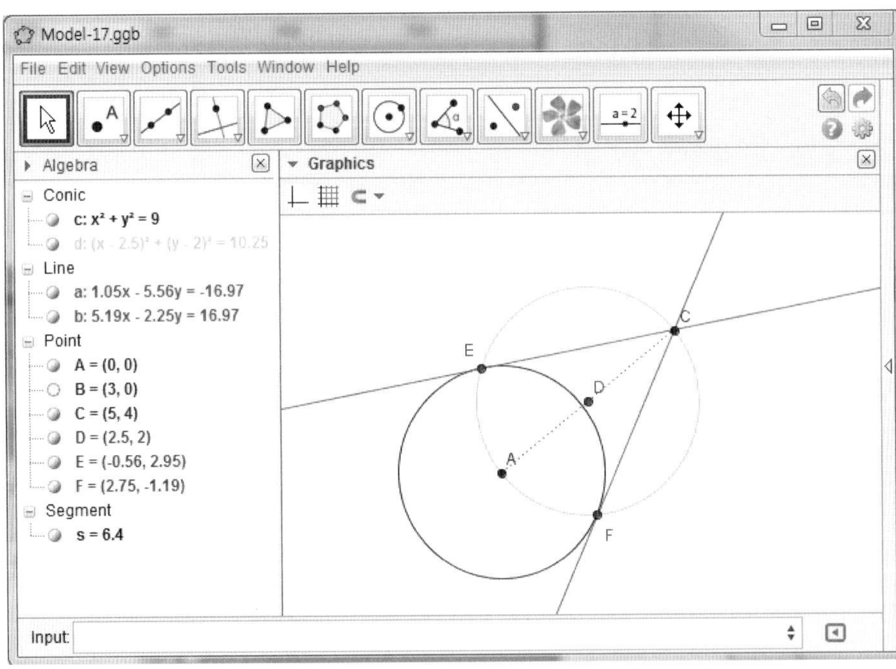

No.	Name	Tool...	Command	Value
1	Point A			A = (0, 0)
2	Point B			B = (3, 0)
3	Circle c		Circle[A, B]	c: $x^2 + y^2 = 9$
4	Point C			C = (5, 4)
5	Segment s		Segment[A, C]	s = 6.4
6	Point D		Midpoint[s]	D = (2.5, 2)
7	Circle d		Circle[D, C]	d: $(x - 2.5)^2 + (y - 2)^2 = 10.25$
8	Point E		Intersect[c, d]	E = (-0.56, 2.95)
8	Point F		Intersect[c, d]	F = (2.75, -1.19)
9	Line a		Line[C, E]	a: 1.05x - 5.56y = -16.97
10	Line b		Line[C, F]	b: 5.19x - 2.25y = 16.97

13. 이차 다항식의 매개변수

Parameters of a Quadratic Polynomial

1) 학습 준비

- 새 창을 연다.
- 구성 화면을 (Perspectives)- 대수 및 기하창(Algebra & Geometry)으로 바꾼다.

2) 구성 단계

1	• 입력창(Input Bar)에 f(x) =x·2 를 입력한다.
2	• 이동(Move) 툴을 이용하여 대수창(Algebra View)에서 입력한 함수를 클릭한다.
3 ↑ ↓	• 키보드의 상, 하 화살표 키를 눌러 화면의 함수 그래프가 어떻게 움직이는지를 확인한다.
4	• 다시 대수창(Algebra View)의 함수를 클릭한다.
5 ← →	• 키보드의 좌, 우 화살표 키를 눌러 그래프의 움직임을 확인한다.

6		• 이동 툴로 대수창(Algebra View)의 함수를 더블 클리하여 f(x) =x·2 함수식을 f(x) = 3 x·2로 바꾼다. 이런 식으로 매개변수 값을 다양하게 바꿔본다.

14. 슬라이더를 활용한 매개변수

Using Sliders to Modify Parameters

1) 학습 준비

- 새 창을 연다.
- 구성 화면은 (Perspectives)- 대수 및 기하창(Algebra & Geometry)으로 바꾼다.

2) 구성 단계

1		• 변수 a=1을 입력
2		• 변수 a의 슬라이더가 화면에 보이도록 만든다. • 대수창(Algebra View)에서 a 앞에 있는 o 클릭한다. 슬라이더를 마우스로 움직여 숫자가 변하는지를 본다.
3		• 이차 다항식 f(x) = a*x·2를 입력한다. • 매개변수 a와 X·2 사이를 한 칸 띄우거나 *를 입력하는 것을 잊지 않도록 한다.
4		• 이번엔 슬라이더(Slider) 도구를 이용해서 슬라이더 b를 만든다. • 슬라이더 툴을 이용해 화면에 클릭하면 슬라이더 설정창이 나타나는데, 디폴트(Default) 상태로 적용한다.
5		• 입력창에 f(x)= a*x·2 + b를 입력하면 대수창(Algebra View)의 함수f(x) = a*x·2가 자동으로 f(x)= a*x·2 + b로 바뀐다.

3) 학습 포인트

- 객체의 이름을 입력: “이름= ”
  예를 들어, P=(3,2)를 입력하면 점 P가, X=(3,2)를 입력하면 점X가 생성된다.
- 곱셈: 별표(*) 또는 한 칸을 스페이스바로 띄운다.

- GeoGebra는 객체 이름에서 대문자와 소문자를 엄격하게 구분한다.
  점의 이름은 항상 대문자로 나타내며, 벡터, 선, 원, 함수식의 이름은 항상 소문자이다.
  또한 함수식의 변수 x와 원의 방정식의 x,y는 항상 소문자이다.
- 만일 대수식에 어떤 객체를 사용하려면 반드시 그 객체는 이미 존재하고 있는 객체만 사용할 수 있다.
  예를 들어, f(x)= a*x·2 + b라는 대수식을 입력하기 위해서는 반드시 매개변수 a 와 b 라는 객체가 생성되어 있어야 한다. 또 Line[A,B]를 입력하기 위해서는 점 A와 B가 이미 존재해야 한다.
- 대수식이 올바르게 입력되었는지는 엔터키(Enter)를 치면 된다. 올바르게 입력되지 않은 경우, 대수식을 입력할 수 없다는 창이 뜬다.
- 명령어는 직접 키보드 입력을 하거나 입력창 우측에 있는 화살표를 눌러 나타나는 명령어 목록에서 선택할 수 있다. 또한 명령어에 대한 자세한 정보를 얻으려면 "온라인 도움말(Show Online Help)"버튼을 클릭하면 된다.(다만, 아직 도움말이 한국어로는 지원이 되지 않는다.)
- 입력창에 명령어의 철자를 2개 이상 입력하면 GeoGebra는 자동적으로 그와 관련된 명령어들을 입력창 바로 위에 나타나도록 하여 사용자의 명령어 입력을 돕는다. 그렇게 나타난 명령어들 중에서 원하는 명령어를 마우스로 클릭하면 해당 명령어가 입력창 안으로 들어온다.

15. 다항식의 매개변수

Parameters of Polynomials

앞서 작업한 내용(7)을 토대로:

- 매개변수 a의 슬라이더를 마우스로 움직여 ⓐ a의 값이 1보다 클 때, ⓑ 0과 1 사이에 있을 때, ⓒ 0보다 작을 때, 그래프의 모양이 어떻게 변하는지를 본다.
- 매개변수 b의 변화의 따른 그래프 변화도 관찰한다.
- 새로운 슬라이더 c를 만들어, 함수 f(x)= a*x·2 + b*x +c를 입력한 후, 매개변수 c의 변화에 따른 그래프의 변화를 읽는다.

16. 그래프와 슬라이더 [MA18]

Graph and Slider

1) 학습 준비

- 새 창을 연다.
- 구성 화면을 (Perspectives) - Algebra & Graphics로 바꾼다.
- 화면에 새로 찍히는 점들의 이름만 보이도록 설정한다.
  (Menu--Option--Labeling--New Points Only)
- 명령어를 입력할 입력창(Input Box)이 나타나도록 초기 설정되어 있지 않은 경우, 메뉴바의 보기(View)메뉴를 클릭해 나타난 선택 항목 중 입력창(Input Box)를 체크한다.

2) 구성 단계

1	• 입력창에 a=1, h=1, k=1를 기입하고 엔터키를 누른다.
2	• 대수창(Algebra View)에 a, h, k가 자유객체(Free Objects) 그룹에 분류되어 있는지를 확인한다. • Note: 대수창은 객체 유형(Object Type)을 기준으로 분류하도록 초기 설정되어 있기 때문에, 필요에 따라 사용자가 분류 기준을 바꿀 필요가 있다. 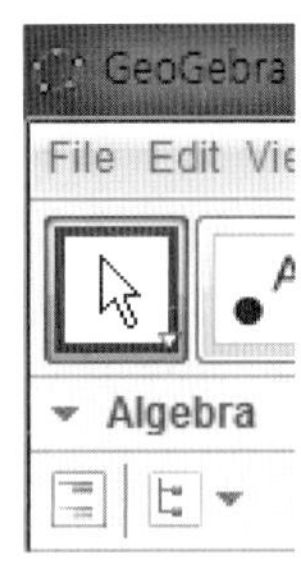 • 대수창 상단 Algebra 옆에 있는 우향 화살표를 클릭--클릭 후에는 화살표 방향이 아래로 향한다--하면, 두 개의 버튼이 아래 나타난다. 이 두 개중 오른쪽 버튼 옆에 아래로 향한 화살표를 다시 클릭하면, 대수창에 표시된 객체들을 어떤 기준으로 분류할지(Sort by)를 선택하는 네 개의 항목, 의존성(Dependency), 객체 유형(Object Type), 레이어(Layer), 구성 순서(Construction Order)가 펼쳐진다. • 여기서 의존성(Dependency)을 클릭하면, 객체들을 자유 객체(Free Object)와 종속 객체(Dependent Object)로 분류해 표시한다.
3	• 슬라이더(Slider) 도구를 이용해 구성할 때와는 달리, 입력창을 통해 만든 슬라이더는 그래픽 구성창에 나타나지 않고 단지 대수창에만 표시된다. 따라서 이 슬라이더를 그래픽 화면에 나타나도록 하려면, 원하는 슬라이더 객체 위에 마우스 커서를 올려놓고 우측 버튼을 클릭하면 나타나는 메뉴에서 객체 보이기(Show Object)을 선택한다. • 만일 분류되어 있는 어떤 그룹 전체를 한꺼번에 화면에 표시하거나 숨기기 하려면, 분류 그룹제목--여기서는 자유객체(Free Object)--위에 마우스 커서를 올려놓고 우측 버튼을 클릭해 나타나는 메뉴에서 객체 보이기(Show Object)을 선택하면 된다.

	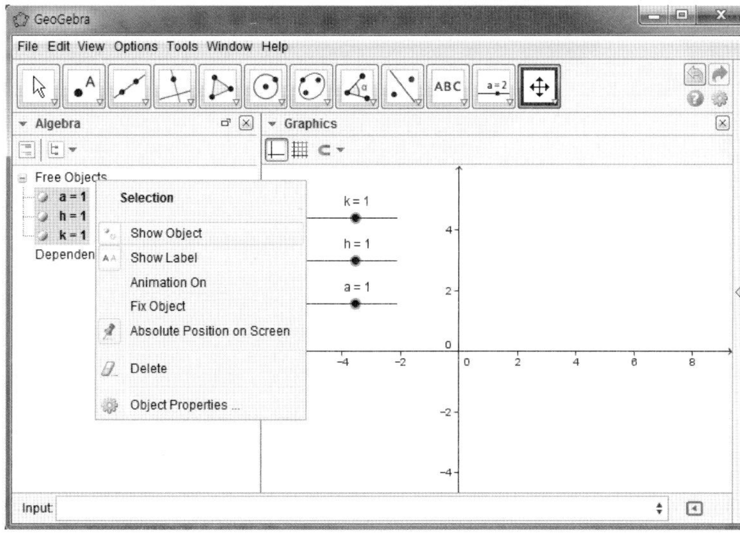
4	• 입력창에 y=a*(x-h)·2+k를 입력한 뒤 엔터키를 누른다. 슬라이더 a, h, k를 변화시킴에 따라 그래픽 화면에 나타난 그래프가 어떻게 변화하는지를 관찰한다. 또 사용자가 입력창에 입력한 식이 대수창에서는 어떤 형식으로 표시되는지도 확인한다.
5 	• x-좌표축에 점 A를 찍는다.
6 	• x-좌표축에 수직하면서 점 A를 지나는 직선 b를 그린다.
7 	• 직선 b와 y=a*(x-h)·2+k가 만나는 교점 B를 찍는다.
8 	• 선분 AB를 긋는다.
9 	• 점 A를 움직이면서 선분 AB의 길이가 어떻게 변하는지를 대수창을 통해 관찰한다. • Note: 선분 AB의 길이가 가장 짧아지는 B의 좌표가 이차함수 y=a*(x-h)·2+k의 꼭짓점이 된다.

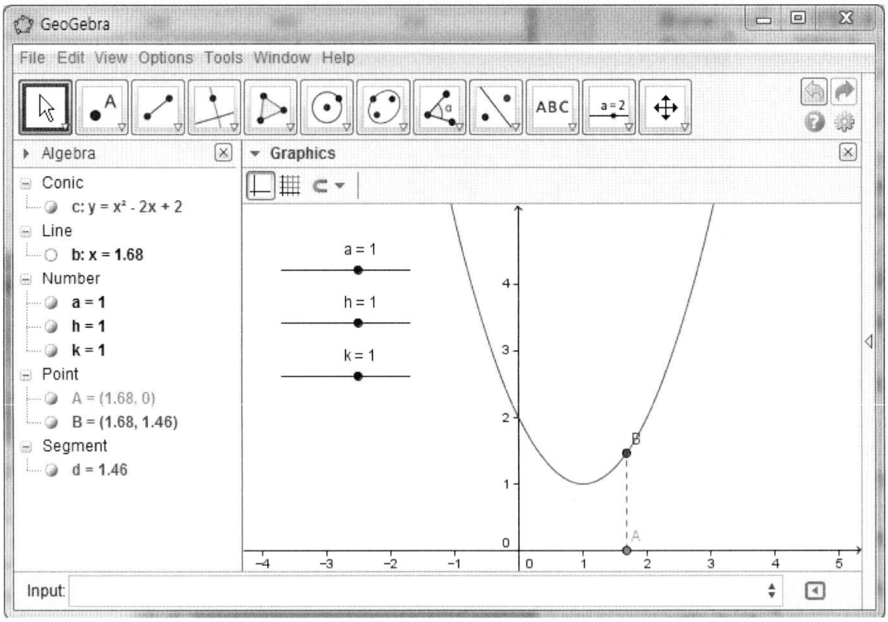

No.	Name	Tool...	Command	Value
1	Number a			a = 1
2	Number h			h = 1
3	Number k			k = 1
4	Parabola c		y = a (x - h)² + k	c: y = x² - 2x + 2
5	Point A		Point[xAxis]	A = (1.68, 0)
6	Line b		PerpendicularLine[A, xAxis]	b: x = 1.68
7	Point B		Intersect[c, b, 1]	B = (1.68, 1.46)
8	Segment d		Segment[A, B]	d = 1.46

17. 다이내믹 컬러 [MA19]

Dynamic Colors

1) 학습 준비

- 새 창을 연다.
- 구성 화면 (Perspectives)- 기하창(Geometry)로 바꾼다.

2) 구성 단계

1	a=2	• 최대값=1, 최소값=0, 변화량=0.1로 설정된 수 슬라이더 a를 만든다.
2	a=2	• 최대값=1, 최소값=0, 변화량=0.1로 설정된 수 슬라이더 b를 만든다.
3	a=2	• 최대값=1, 최소값=0, 변화량=0.1로 설정된 수 슬라이더 c를 만든다.
4		• 그래픽 구성창에 원을 하나 그린다.
5		• 원을 우 클릭하여 나타나는 메뉴에서 속성창(Object Properties..)를 선택하고, 속성창의 스타일(Style) 탭에서 채우기(filling)가 표준(Standard)상태인지 확인하고, 고급(Advanced) 탭에서 Red 창에 a, Green 창에 b, Blue 창에 c를 마지막으로 불투명도(Opacity)=1를 로 설정한다.
6		• 원을 그리면서 자동적으로 생겼던 점 A와 B를 숨기고, 슬라이더를 움직여 원의 색깔이 어떻게 변하는지를 관찰한다.

No.	Name	Tool...	Command	Value
1	Number a	a=2		a = 0.2
2	Number b	a=2		b = 0.3
3	Number c	a=2		c = 0.2
4	Point A	A		A = (1.3, 2.44)
5	Point B	A		B = (-0.78, 3.74)
6	Circle d		Circle[A, B]	d: $(x - 1.3)^2 + (y - 2.44)^2 = 6.02$

18. 원의 궤적 [MA20]

Trace of A Rolling Circle

1) 학습 준비

- 새 창을 연다.
- 구성 화면 (Perspectives)- Algebra & Graphics로 바꾼다.
- 화면에 새로 찍히는 점들의 이름만 보이도록 설정한다.

  (Menu--Option--Labeling--New Points Only)

2) 새로운 활용 도구

	• 중심에서 반지름을 정한 원 (Circle with Centre and Radius) 중심점(M)을 클릭하고, 나타나는 대화창에 반지름을 입력하여 원을 그리는 도구.
	• 각 회전 (Rotate Object around Point by Angle) 회전 이동하려는 객체를 클릭한 뒤, 회전의 중심축이 되는 점을 클릭하고, 나타나는 대화창에 회전각을 입력하여 객체를 회전 이동시키는 도구.
	• 중심에서 두 점 사이의 원호 (Circular Arc with Centre between Two Points) 먼저 원호의 중심(M)을 클릭한 다음, 호의 시작점을 클릭하고 마지막 한 점을 클릭하여 호를 그리는 도구.
	• 스타일 복사(Copy Visual Style) 한 객체의 색깔, 크기, 모양을 다른 객체들에 똑같이 복사하는 도구. • 복사하고자 하는 객체를 클릭한 뒤 복사한 스타일을 적용하려는 객체를 클릭하면 된다.

3) 구성 단계

1		• 두 객체의 교점(Intersect Two Objects) 도구로, x-축과 y-축을 클릭해서 좌표의 원점에 점 A를 찍는다.
2		• y-축의 양의 방향으로 y-축 위에 한 점 B를 찍는다.
3		• 두 점을 지나는 반직선(Ray through Two Points)도구로, 점 A를 시작점으로 해서 점 B를 지나는 반직선을 긋는다. • 그런 다음, 점 B를 화면에서 숨긴다.
4		• 반직선 위에 점 C를 찍는다. • 그러나 점 C가 y-축 위에 있지 않도록 하기 위해서, 우선 y-축을 숨긴 다음에 반직선 위에 새로운 점(New Point) 도구를 선택해 점을 찍는다. • Note: 1단계부터 지금까지는 결국 점 C를 y-축의 양의 방향에 위치시키고 원점 A를 원의 하단 끝점에 놓기 위한 과정이었다. • 만일 이러한 과정 없이 점 B를 사용하는 경우, 점 B는 y-축을 자유로이 이동하게 되어버린다.
5		• 슬라이더 도구로, 원의 회전량을 결정할 각(Angle) 슬라이더 α를 만든다. • 최소값=0°, 최대값=360°, 변화량=1°로 설정한다.
6		• r=Distance[A, C]를 입력창에 입력한다. • r은 점 A와 C의 거리이면서 동시에 원의 반지름이 된다.

7	• 각(°)을 라디안으로 바꾸기 위해 θ=(α/°)*(pi/180)를 입력창에 입력한다. • Note: °, α, 또는 θ는 입력창 우측 "α"버튼을 클릭해 나타나는 목록에서 선택하면 된다.
8	• 입력창에 s=r*θ를 입력한다. • s는 반지름이 r인 원의 θ만큼의 호의 길이를 나타낸다.
9	• 입력창에 P=(s, y(C))를 입력해 회전하는 원의 중심을 결정한다.
10 	• 중심점과 반지름을 입력해서 원을 그리는(Circle with Centre and Radius) 도구를 선택해, 중심을 점 P로 하고 반지름이 r인 원을 그린다. • Note: 이 도구를 이용해 중심점(P)을 정하면 반지름을 묻는 대화창이 나타난다. 여기에 "r"을 입력한다.
11 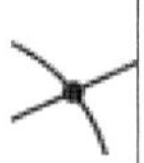	• 두 객체의 교점(Intersect Two Objects) 도구로 원과 x-축을 클릭해 교점 D를 찍는다. • Note: 이 점 D는 회전의 시작점 구실을 하게 된다.
12 	• 각 회전(Rotate Object around a Point by Angle) 도구를 선택해 점 D와 P를 차례로 클릭하면 회전할 각을 묻는 대화창이 나타난다. • 여기에 회전각을 α로 입력하고 방향은 시계방향을 선택한 뒤 적용 버튼을 누른다. • 그러면, 점 D를 r만큼 회전한 점 D'가 생성된다.
13 	• 중심에서 두 점 사이의 원호 (Circular Arc with Centre between Two Points) 도구를 선택해, 점 P, D, D'를 차례로 클릭하면, 원호 d가 생성된다.
14 	• 13단계에서 구성한 호의 색깔을 변경한다. • Note: 대수창에서 원호(d)를 우클릭해서 객체 속성창을 열고, 속성창의 색(Color) 탭에서 색깔을 변경할 수 있다.
15	• 원호 d를 뺀 나머지 원주의 길이를 계산하기 위해 d'=circumference[c]-d를 입력한다.
16 	• 점 D를 숨긴다.
17 	• 한 점에서 정한 길이의 선분 (Segment with Given Length from Point) 도구로, 점 A를 클릭하면 열리는 대화상자에 d'를 입력하면, 점 A로부터 점 E에 이르는 선분 b가 생성된다. • Note: 이 과정을 거치면, 지오지브라는 점 E를 생성시키는데 이는 이 전 단계에서 숨겼던 점 D와 일치한다.

18		• 스타일 복사 도구로 원호 d를 클릭한 다음 선분 AE(b)를 클릭하면, 원호 d와 동일한 색깔로 변한다.
19		• 슬라이더를 움직여, 슬라이더 값이 0이 아니면 원호 d와 선분 b의 값이 어떻게 변화하는지를 확인한다.

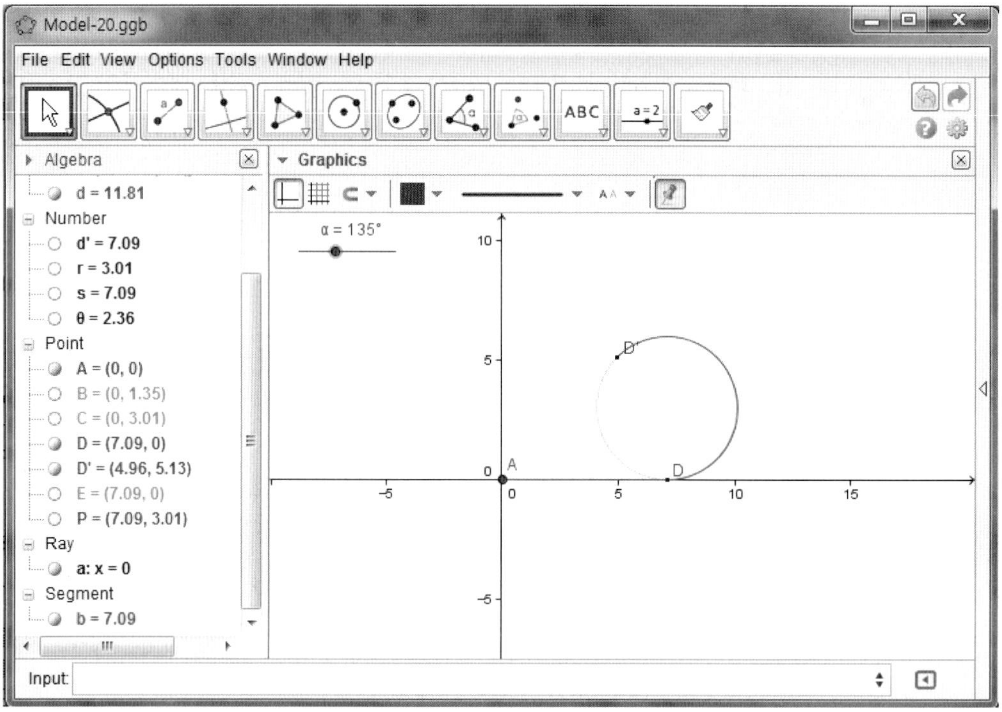

No.	Name	Tool...	Command	Value
1	Point A		Intersect[yAxis, xAxis]	A = (0, 0)
2	Point B		Point[yAxis]	B = (0, 1.35)
3	Ray a		Ray[A, B]	a: x = 0
4	Point C		Point[a]	C = (0, 3.01)
5	Angle α			α = 135°
6	Number r		Distance[A, C]	r = 3.01
7	Number θ		α / ° π / 180	θ = 2.36
8	Number s		r θ	s = 7.09

9	Point P		(s, y(C))	P = (7.09, 3.01)
10	Circle c		Circle[P, r]	c: $(x - 7.09)^2 + (y - 3.01)^2 = 9.04$
11	Point D		Intersect[c, xAxis]	D = (7.09, 0)
12	Point D'		Rotate[D, -α, P]	D' = (4.96, 5.13)
13	Arc d		CircularArc[P, D, D']	d = 11.81
14	Number d'		Circumference[c] - d	d' = 7.09
15	Point E		Point[Circle[A, d']]	E = (7.09, 0)
16	Segment b		Segment[A, E]	b = 7.09

19. 종이 접기 [MA21]

Paper Folding

1) 학습 준비

- 새 창을 연다.
- 구성 화면 (Perspectives)- Algebra & Graphics로 바꾼다.
- 격자선도 화면에 표시 한다. (위 그래픽 구성창 스타일바의 격자선 버튼을 클릭하면 된다.)

- 화면에 새로 찍히는 점들의 이름만 보이도록 설정한다.

  (Menu--Option--Labeling--New Points Only)

2) 새로운 활용 도구

	• 객체 위의 점(Point on Object) 객체 위에 클릭하여, 해당 객체 안에서만 이동이 가능한 한 점을 생성시키는 도구.

3) 구성 단계

1	• 네 개의 점, A, B, C, D를 입력창을 통해 만든다. A=(0, 4), B=(6, 4), C=(6, 0), D=(0 0)

2	• 이 네 개의 점이 움직이지 않도록 고정한다. • 각 점을 우 클릭해 나타나는 메뉴(객체 환경 설정 메뉴)에서 객체 속성창(Object Properties)를 선택하면 팝업되는 속성창의 기본(Basic) 탭에서 객체 고정(Fix Object)를 클릭한다. • Note: 객체를 고정시키기 전에는 이동 도구 모드에서 점을 이동할 수 있지만 지금은 점이 움직이지 않는다. • 드래그 테스트(Drag Test)를 해서 확인한다.
3	• 다각형(Polygon)도구로, 사각형을 점 A, B, C, D 순서대로 그린다. • 그리고 반드시 시작점 A를 다시 클릭한다.
4	• 객체 위의 점(Point on Object) 도구로, 사각형 내부에 점 E를 찍는다.
5	• 점 E를 드래그해서 좌표 (4,2)에 가져다 놓는다. • Note: 점 B가 점 E로 접혔을 때, 점 B와 점 E를 지나는 선은 접힌 선을 수직 이등분하도록 설정하는 과정이다.
6	• 수직 이등분선 도구를 선택해 점 B와 점 E를 클릭하면, 수직 이등분선 e가 만들어진다.
7	• 두 객체의 교점 도구로, 수직 이등분선과 선분 AB가 만나는 교점 F와 수직 이등분선과 선분 BC가 만나는 교점 G를 찍는다.
8	• 점 E를 좌표점 (5,0)으로 이동해 수직 이등분선이 선분 AD와 만나는 교점 H를 찍고, 점 E를 좌표점 (1,3)으로 이동해 수직 이등분선이 선분 CD와 만나는 교점 I를 찍는다. 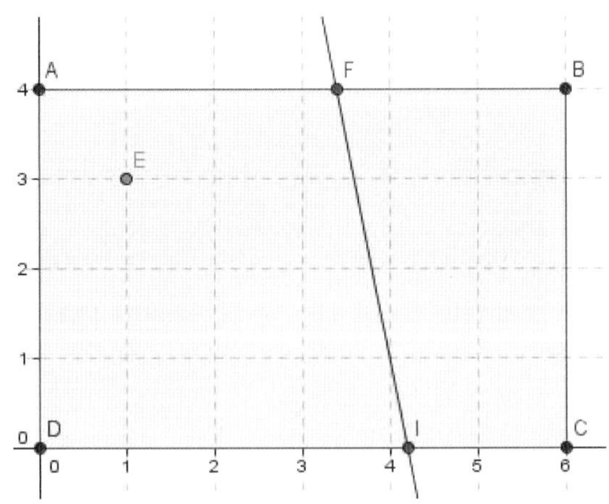 • 그런 다음 수직 이등분선을 화면에서 숨긴다.

9		• 점 E를 좌표점 (5,1)에 놓고, 다각형 도구를 이용하여 삼각형 FEG를 그린다. 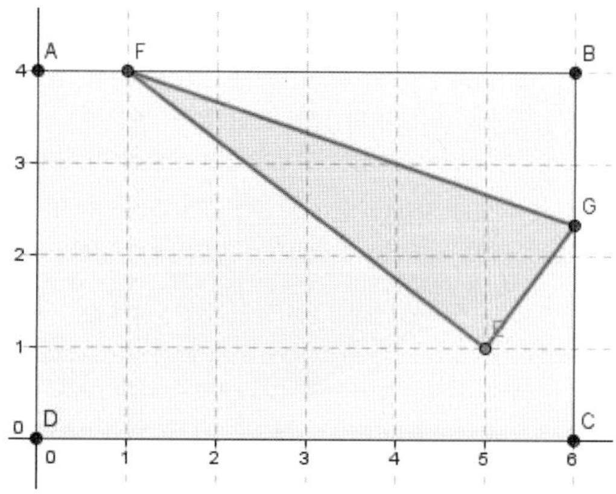
10		• 점 E를 좌표점 (5,0)으로 이동해 보면, 9단계에서 만든 삼각형이 사라진다. 이것은 점 F 때문인데, 점 F가 선분 AB와의 교점인 관계로 AB와 교차하지 않을 때는 점 F가 존재하지 않고 따라서 점 F에 종속하는 삼각형 FEG도 존재하지 않게 된다.
11		• 점 E가 좌표점 (5,0)인 상태에서, 수직선 도구를 이용해 선분 GE에 수직하면서 점 E를 지나는 수직선 h를 그린다.
12		• 평행선 도구를 이용해서 선분 GE에 평행하면서 점 H를 지나는 평행선 i를 그린다.
13		• 수직선 h와 팽행선 i가 만나는 교점 J를 찍는다.
14		• 두 직선 h와 i를 숨기고, 다각형 도구를 이용해 사각형 EGHJ를 그린다. 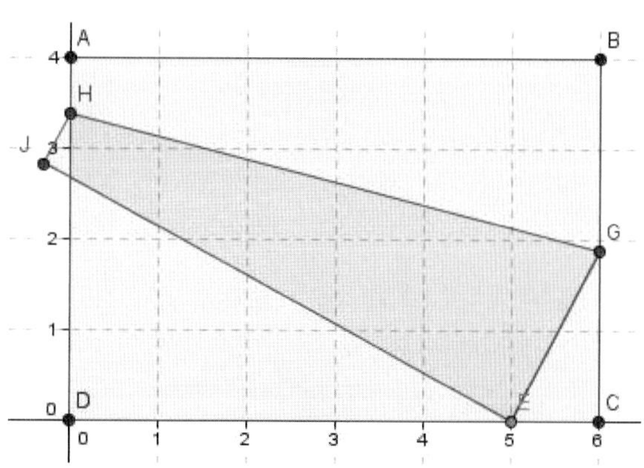

15		• 다시 점 E를 좌표점 (1,3)에 가져다 놓으면, 14단계에서 만든 사각형이 사라진다. 그 이유는 10단계에서 설명한 바와 동일하다. • 따라서 11단계부터 13단계와 유사한 방식으로 선분 EF에 수직하고 점 E를 지나는 수직선 k와 선분 EF에 평행하면서 점 I를 지나는 평행선 l(소문자 엘)을 긋고, 두 직선 k와 l의 교점 K를 찍는다.
16		• 두 직선 k와 l을 숨기고 다각형 도구를 이용해 사각형 EFIK를 그린다..
17		• 점 E를 드래그 테스트(Drag Test) 한다.

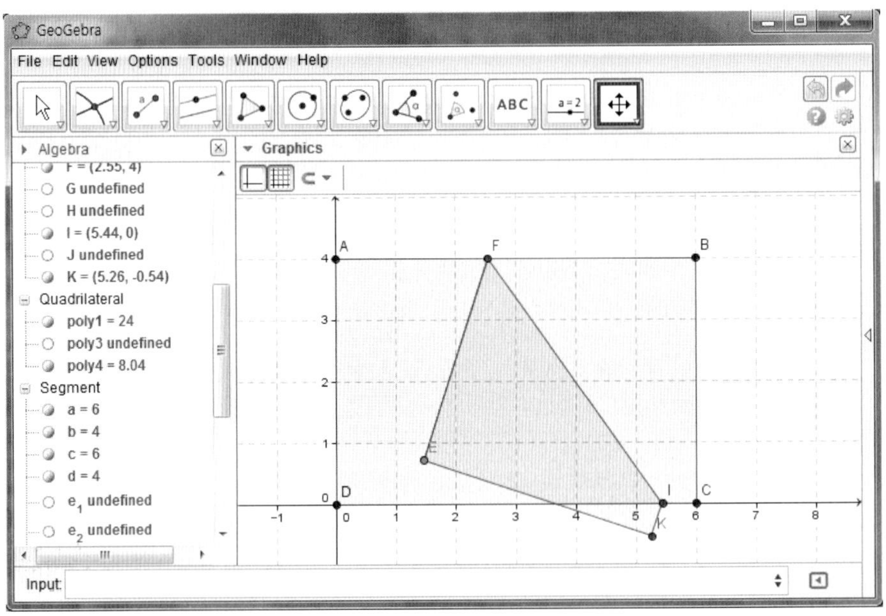

No.	Name	Tool...	Command	Value
1	Point A			A = (0, 4)
2	Point B			B = (6, 4)
3	Point C			C = (6, 0)
4	Point D			D = (0, 0)
5	Quadrilateral poly1		Polygon[A, B, C, D]	poly1 = 24
5	Segment a		Segment[A, B, poly1]	a = 6
5	Segment b		Segment[B, C, poly1]	b = 4

5	Segment c		Segment[C, D, poly1]	c = 6
5	Segment d		Segment[D, A, poly1]	d = 4
6	Point E		PointIn[poly1]	E = (1.46, 0.72)
7	Line e		PerpendicularBisector[B, E]	e: 4.54x + 3.28y = 24.68
8	Point F		Intersect[e, a]	F = (2.55, 4)
9	Point G		Intersect[e, b]	G undefined
10	Point H		Intersect[e, d]	H undefined
11	Point I		Intersect[e, c]	I = (5.44, 0)
12	Triangle poly2		Polygon[F, E, G]	poly2 undefined
12	Segment g		Segment[F, E, poly2]	g = 3.45
12	Segment f		Segment[E, G, poly2]	f undefined
12	Segment e_1		Segment[G, F, poly2]	e_1 undefined
13	Line h		PerpendicularLine[E, f]	h undefined
14	Line i		Line[H, f]	i undefined
15	Point J		Intersect[h, i]	J undefined
16	Quadrilateral poly3		Polygon[E, G, H, J]	poly3 undefined
16	Segment e_2		Segment[E, G, poly3]	e_2 undefined
16	Segment g_1		Segment[G, H, poly3]	g_1 undefined
16	Segment h_1		Segment[H, J, poly3]	h_1 undefined
16	Segment j		Segment[J, E, poly3]	j undefined
17	Line k		PerpendicularLine[E, g]	k: 0.96x + 3.28y = 3.92
18	Line l		Line[I, g]	l: 86.2x - 25.28y = 480.75
19	Point K		Intersect[k, l]	K = (5.46, -0.41)
20	Quadrilateral poly4		Polygon[E, F, I, K]	poly4 = 7.68
20	Segment e_3		Segment[E, F, poly4]	e_3 = 3.42
20	Segment f_1		Segment[F, I, poly4]	f_1 = 5
20	Segment i_1		Segment[I, K, poly4]	i_1 = 0.42
20	Segment k_1		Segment[K, E, poly4]	k_1 = 4

Chapter 4

지오지브라 사용자 인터페이스의 이해

1. 사용자 인터페이스 주요 구성요소
2. 사용자 구성 창
3. 대화상자

Chapter **04**

지오지브라 사용자 인터페이스의 이해

GeoGebra User Interface

1. 사용자 인터페이스 주요 구성요소

Main Components

1) 메뉴바(Menubar)

메뉴바(Menubar)는 항상 지오지브라창(GeoGebra window)의 상단에 위치한다. 그러나 애플릿 또는 다이내믹 워크시트로 내보내기 할 때는 사용자가 이것을 애플릿에서 제거할지를 결정할 수 있다.

다음은 메뉴바에 포함된 메뉴들과 그 하부 항목들에 대한 기본적인 설명이다.

A. 파일 메뉴/File Menu

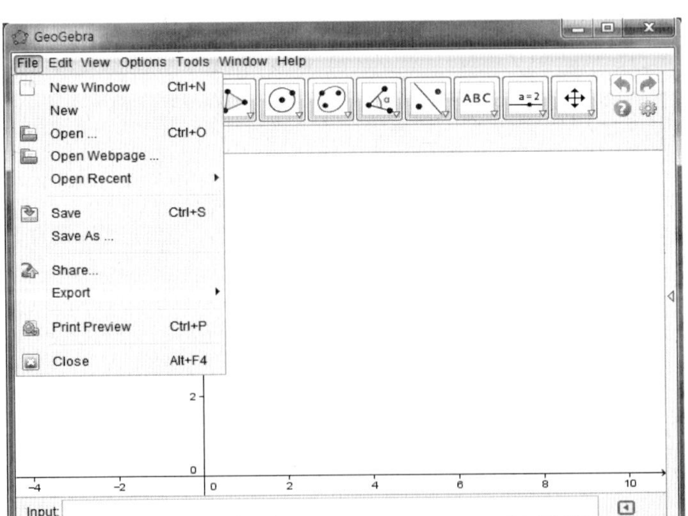

■ New Window/새창 열기

- 단축키: Ctrl + N (MacOS: Cmd + N)
- 초기 설정값(Default)으로 새로운 지오지브라창을 여는 메뉴.
- Note: 초기 설정값을 수정하여 사용자가 지정한 설정 상태로 새 창을 열게 할 수 있다.

■ New/새로고침

- 동일한 지오지브라창에서 기존 구성 내용을 모두 지우고, 새롭게 화면을 시작하게 하는 메뉴.
- 새로운 빈 화면을 열기 전에 기존에 구성한 내용을 저장할 것인지 묻는 창이 뜬다.
- Note: 이렇게 정리된 새 화면은 이전에 구성을 위해 설정했던 상태를 그대로 유지한다. 예를 들어, 이전에 좌표를 숨긴 채로 구성을 하였다면, 새로운 화면도 좌표가 숨겨진 채로 시작된다.

■ Open.../열기

- 단축키: Ctrl + O (MacOS: Cmd + O)
- 컴퓨터에 저장된 지오지브라 파일(.ggb), 지오지브라 사용자 툴(.ggt), 또는 지오지브라 다이내믹 워크시트(.html)를 지오지브라창으로 불러 들이는 메뉴.
- Note: 파일 관리자 상자의 파일을 마우스로 드래그해서 지오지브라 창에 떨어뜨려 놓아도 해당 파일을 열기할 수 있다.

■ Open Webpage.../웹페이지 열기

- 대화창에 지오지브라 애플릿이 포함된 웹페이지 주소를 입력하면 해당 페이지의 애프릿을 불러들이는 메뉴.

■ Open Recent/최근 파일

- 최근에 구성했던 파일 목록을 8개까지 보여주는 메뉴.

■ Save/저장

- 단축키: Ctrl + S (MacOS: Cmd + S)
- 현재 구성 내용을 지오지브라 파일(.ggb)로 컴퓨터에 저장하는 메뉴.

■ Save as.../다른 이름으로 저장

- 현재 구성 내용을 새로운 이름의 지오지브라 파일(.ggb)로 컴퓨터에 저장하는 메뉴.

■ Share

• 구성 내용을 바로 지오지브라튜브(GeoGebraTube)로 업로드해 공개하는 메뉴.

■ Export /내보내기

• 하위의 여러 선택 항목들을 통해 사용자가 원하는 형태로 구성내용을 저장하는 메뉴.
• 다이내믹 워크시트로/ Dynamic Worksheet as Webpage (html)...: 구성 내용을 웹페이지로 만들어 저장
• 그림으로/ Graphics View as Picture (png, eps)…: 현재 구성 화면을 그림으로 저장
• 클립보드로/ Graphics View to Clipboard: 현재 구성 화면을 클립보드에 저장
• ...기타

■ Print Preview/인쇄 미리보기

• 단축키: Ctrl + P (MacOS: Cmd + P)
• 현재 구성된 내용 화면에 제목, 만든 사람, 날짜, 인쇄 크기(cm)를 지정하여 인쇄하는 메뉴.
• Note: 지정한 상태의 인쇄를 미리보기 하려면 엔터(Enter)키를 누른다.

■ Close/닫기

• 단축키: Alt + F4 (MacOS: Cmd + W)
• 지오지브라 창을 닫는 메뉴.
• 구성 내용을 저장하지 않았으면, 저장 여부를 묻는 대화창이 나타난다.

B. 편집 메뉴/ Edit Menu

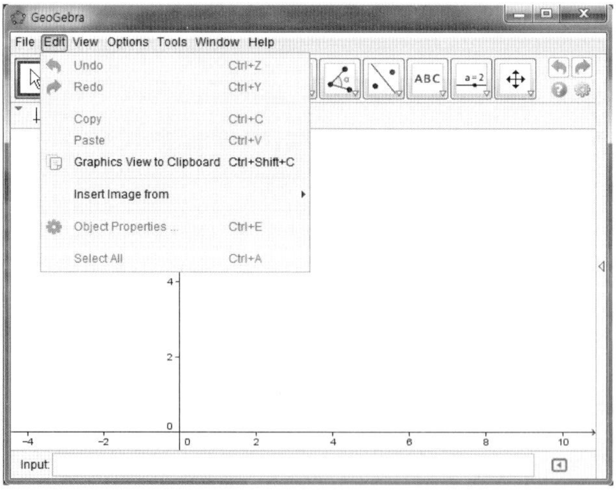

■ Undo/되돌리기

- 단축키: Ctrl + Z (MacOS: Cmd + Z)
- 실행한 구성 내용을 역순으로 차례차례 삭제해 나가는 메뉴.
- Note: 툴바(Toolbar) 오른쪽에 위치.

■ Redo/재실행

- 단축키: Ctrl + Y (MacOS: Cmd + Shift + Z)
- 되돌리기로 삭제한 내용을 다시 순서대로 원상 복구시키는 메뉴.
- Note: 되돌리기 아이콘(Redo) 우측에 위치.

■ Object Properties…/객체 속성

- 단축키: Ctrl + E (MacOS: Cmd + E)
- 객체 속성을 수정하기 위한 대화상자를 나타나게 하는 메뉴.

■ Select All/모두 선택

- 단축키: Ctrl + A (MacOS: Cmd + A)
- 현재 구성중인 모든 객체를 선택하는 메뉴.

■ Select Current Layer/현재 레이어 선택

- 단축키: Ctrl + L (MacOS: Cmd + L)
- 선택한 객체와 동일한 레이어 위에 있는 모든 객체들을 선택하는 메뉴.
- Note: 이 메뉴를 선택하기 전에 선택할 레이어에 있는 하나의 객체를 먼저 선택해야 한다.

■ Select Descendants/파생 객체 선택

- 단축키: Ctrl + Shift + Q (MacOS: Cmd + Shift + Q)
- 선택한 모객체(parent object)로부터 파생된 모든 하위 객체들을 선택하는 메뉴.
- Note: 이 메뉴를 선택하기 전에 모객체(parent object)를 먼저 선택한다.

■ Select Ancestors/모객체 선택

- Keyboard shortcut: Ctrl + Q
- 선택한 파생 또는 종속 객체의 모체가 되는 모든 상위 객체들을 선택하는 메뉴.
- Note: 이 메뉴를 선택하기 전에 파생 또는 종속 객체를 먼저 선택한다.

■ Invert Selection/역선택

- 단축키: Ctrl + I

- 현재 선택된 객체들과 선택되지 않은 객체들을 역으로 바꿔 선택하는 메뉴.

■ **Show / Hide Objects/객체 표시 및 숨기기**

- 단축키: Ctrl + G
- 선택된 객체를 화면에 표시하거나 화면에서 숨기는 메뉴.

■ **Show / Hide Labels/객체 이름 표시 및 숨기기**

- 단축키: Ctrl + Shift + G
- 선택된 객체의 이름을 화면에 표시하거나 화면에서 숨기는 메뉴.

■ **Graphics View to Clipboard/구성 화면을 클립보드에 복사**

- 단축키: Ctrl + Shift + C (MacOS: Cmd + Shift + C)
- 구성된 내용 화면을 클립보드에 복사에 두었다가, MS Word와 같은 다른 문서 작업에 이미지로 쉽게 불러들이기 할 수 있는 메뉴.

■ **Delete/삭제**

- 단축키: Delete
- 선택된 객체와 그로부터 파생된 하위 객체들 모두를 삭제하는 메뉴.
- Note: 우선 삭제하려는 객체를 먼저 선택한 뒤 이 도구를 사용한다.

C. 사용자 구성창 메뉴/View Menu

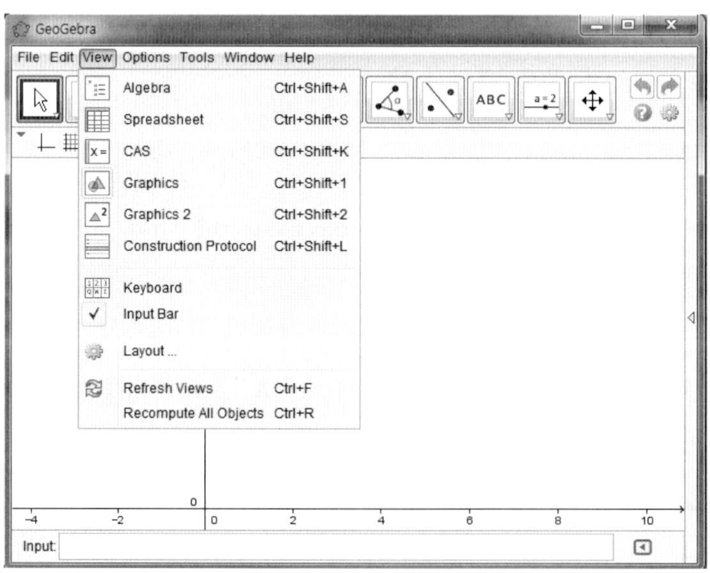

■ ⊥ Axes/좌표축

- 그래픽 구성창(Graphics View) 위에 좌표축을 표시하거나 숨기는 메뉴.

■ ▦ Grid/격자선

- 그래픽 구성창(Graphics View) 위에 격자선을 표시하거나 숨기는 메뉴.

■ Graphics/그래픽 구성창

- 단축키: Ctrl + Shift + 1 (MacOS: Cmd + Shift + 1)
- 그래픽 구성창(Graphics View)을 표시하거나 숨기는 메뉴.

■ Algebra/대수창

- 단축키: Ctrl + Shift + A (MacOS: Cmd + Shift + A)
- 그래픽 구성창(Graphics View) 옆에 대수창을 표시하거나 숨기는 메뉴.

■ Spreadsheet/스프레드시트창

- 단축키: Ctrl + Shift + S (MacOS: Cmd + Shift + S)
- 그래픽 구성창(Graphics View) 옆에 스프레드시트창을 표시하거나 숨기는 메뉴.

■ CAS창

- 단축키: Ctrl + Shift + D (MacOS: Cmd + Shift + D)
- 그래픽 구성창(Graphics View) 옆에 CAS 입력창을 표시하거나 숨기는 메뉴.

■ Graphics 2/제2 그래픽 구성창

- 단축키: Ctrl + Shift + 2 (MacOS: Cmd + Shift + 2)
- 제2 그래픽 구성창(Graphics View)을 표시하거나 숨기는 메뉴.

■ Construction Protocol/구성 프로토콜

- 그래픽 구성창(Graphics View) 우측에 또는 독립적으로 구성 프로토콜창을 나타나게 하거나 숨기는 메뉴.

■ Keyboard/가상 키보드

- 가장 빈번하게 사용되는 기호와 연산자는 물론, 일반 키보드 글자를 포함하는 반투명의 가상 키보드를 마우스나 다른 포인팅 도구를 이용해서 스크린에 나타나게 하거나 숨기는 메뉴.
- 이 도구는 특히 지오지브라를 이용한 프레젠테이션이나 멀티미디어 수업에 활용될 수 있다.

■ Input Bar/입력창

- 그래픽 구성창(Graphics View) 아래에 명령어를 입력하거나 명령어 목록을 보여주는 입력창을 표시하거나 숨기는 메뉴.

■ Toolbar/툴바

- 그래픽 구성창(Graphics View) 아래나 또는 위에 툴바를 표시하거나 숨기는 메뉴.

■ Navigation Bar for Construction Steps/내비게이션바

- 지오지브라로 구성한 내용을 단계적으로 쉽게 확인할 수 있도록 해주는 내비게이션바를 표시하거나 숨기는 메뉴.

■ Refresh Views/화면 정리

- 단축키: Ctrl + F (MacOS: Cmd + F)
- 그래픽창에 어지럽게 그려진 구성 객체의 자취들을 지워 화면을 정리하는 메뉴.

■ Recompute All Objects/

- 단축키: F9
- 지오지브라 파일 속에 사용된 모든 객체들의 값을 다시 계산하는 메뉴.
- Note: 지오지브라 파일에 난수가 포함되어 있을 때 이 메뉴를 이용하여 새로운 난수를 만들어 낸다.

D. 옵션 메뉴/Options Menu

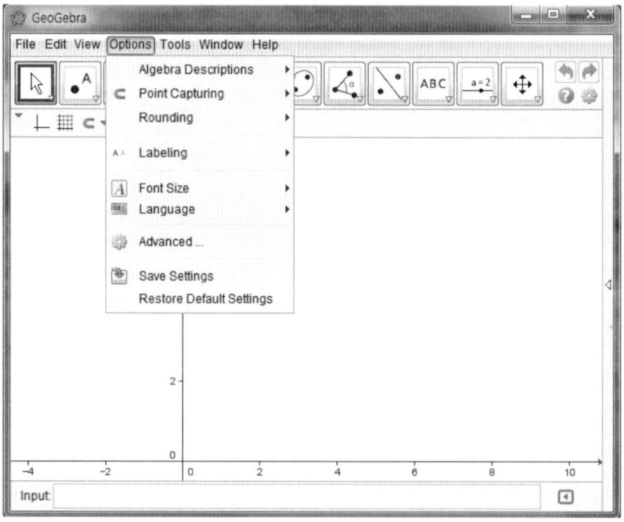

■ **Algebra Descriptions/대수창 표기 방식**

- 대수창(Algebra View)에 객체를 어떤 방식으로 표현할 것인가를 결정하는 메뉴로, 세 가지 옵션이 있다.
- 객체값(Value)
- 객체의 현재값을 보여준다.
- 객체 정의(Definition)
- 가령 "a와 b의 교점"처럼 사용자가 알아보기 쉽도록 객체에 대한 설명을 보여준다.
- 명령어(Command)
- "Intersect[a,b]"와 같이 해당 객체를 생성하기 위해 사용한 명령어를 보여준다.

■ **Point Capturing/포인트 캡처링**

- 이 메뉴는 사용자가 점을 찍을 때 그 점을 격자선의 교점으로 포착하는 기능으로, 네 가지 옵션을 제공하고 있다:
- 자동(Automatic)
- 격자선이나 좌표를 그래픽 구성창에 표시하면 자동적으로 이 기능을 실행하고, 격자선이나 좌표를 표시하지 않으면 실행하지 않도록 설정.
- 자동 포착(Snap to Grid)
- 어떤 점이 격자선 교점에 충분히 근접하면 자동적으로 교점에 찍히도록 설정.
- 고정(Fixed to Grid)
- 격자선 교점에만 점이 찍히도록 설정.
- 끄기(Off)
- 이 기능을 사용하지 않도록 설정.
- Note: 자동 포착(SnaptoGrid)이나 고정(FixedtoGrid options)옵션을 선택했을 때는 격자선이 구성창에 표시되지 않을 때에도 해당 기능이 여전히 적용된다.

■ **Rounding/소수점 자릿수**

- 사용할 소수점 자릿수와 유효숫자를 결정하는 메뉴.

■ **AA Labeling/객체 이름 표시**

- 새롭게 생성되는 객체를 화면에 표시할 것인지를 결정하는 메뉴로서,
- 모두 표시(All New Objects), 표시 안함(No New Objects), 새 점만 표시(New Points Only) 그리고 자동(Automatic), 네 가지 옵션이 있다.

- Note: 자동으로 설정하면, 대수창이 있을 때는 새로운 점의 이름이 표시되고, 대수창이 없으면 표시되지 않는다.

■ **Font Size/글자 크기**

- 글자 크기를 결정하는 메뉴.
- Note: 지오지브라를 프레젠테이션 자료로 활용할 때 유용한 메뉴로서, 청중이 화면의 텍스트를 잘 볼 수 있도록 가독성을 높이는 옵션이다.

■ **Language/사용언어**

- 지오지브라에 사용되는 모든 입력내용, 명령어, 결과를 선택된 언어로 표시토록 하는 메뉴.

■ **Settings ...(Version 4.2: Advanced···)/고급 설정**

- 더 세부적인 설정을 위한 대화상자를 여는 메뉴.
- Note: 객체에 마우스 커서를 놓고 오른쪽 버튼을 눌러(Mac OS: Ctrl-click)서도 동일한 설정을 할 수 있다.

■ **Save Settings/설정 저장**

- 현재 사용자가 설정한 내용을 지오지브라가 기억해서 다음에 프로그램을 실행할 때도 동일한 설정 상태를 유지하도록 하는 메뉴.

■ **Restore Default Settings/설정 초기화**

- 사용자가 임의로 설정한 옵션들을 초기값으로 되돌리는 메뉴.

E. 도구 메뉴/Tools Menu

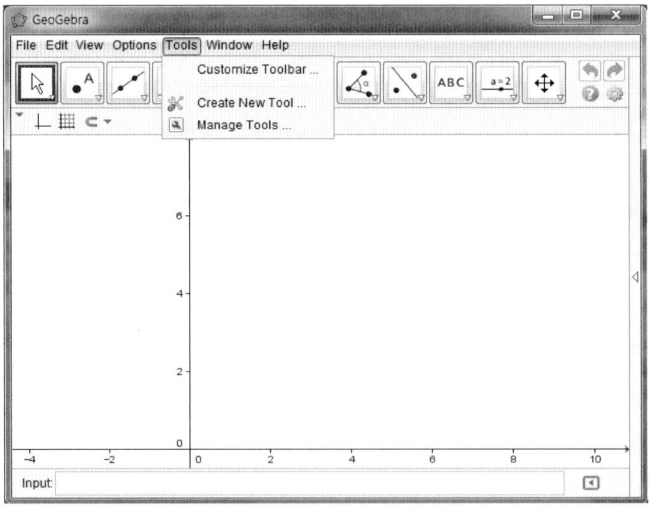

■ Create New Tool…/사용자 툴 만들기

- 지오지브라에서 구성한 내용을 토대로 사용자가 자신의 도구를 직접 만들어 사용할 수 있도록 해주는 메뉴.
- 이 메뉴를 눌러 나타나는 대화창에서 사용자가 만들려고 하는 도구의 입력 객체와 결과 객체를 결정하고, 툴의 이름과 그것에 해당하는 명령어를 결정한다.
- Note: 이렇게 만들어진 사용자 툴은 마우스 클릭과 입력창에 명령어를 입력하는 두 방식 모두 사용 가능하며, 자동적으로 .ggb파일 안에 저장된다.

■ Manage Tools…/툴 관리

- 관리 대화창을 이용해서 도구들을 삭제하거나, 이름 또는 아이콘 변경을 가능하게 해주는 메뉴.
- 선택한 툴은 .ggt 파일로 저장하였다가 파일메뉴의 열기(File>Open)를 통해 다시 불러들일 수 있다.
- Note: (.ggb) 파일과는 달리, (ggt) 파일을 불러 들여도 현재 구성 중인 내용에는 아무런 영향을 미치지 않는다.

■ Customize Toolbar…/툴바 사용자 지정

- "툴바 사용자 지정(Customize Toolbar Dialog)" 대화상자 참고.

F. 도움말 메뉴/Help Menu

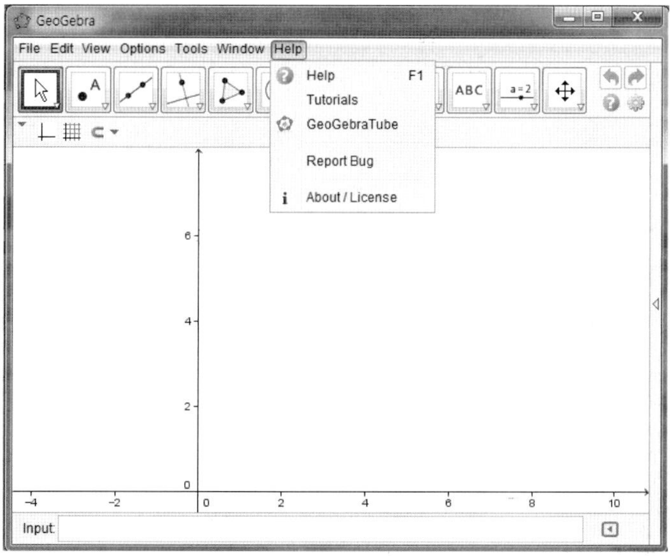

- Note: 다음 네 가지 메뉴는 인터넷에 접속한 상태에서만 가능한 메뉴들이다. 따라서, offline 상태에서 도움말에 접속하려면, PDF version 을 다운로드 해야 한다. 또한 지오지브라 프로그램 학습 자료는 GeoGebra Introductory Book을 다운로드해서 읽을 수 있다.

■ Help/도움말

- HTML방식의 지오지브라 도움말을 웹페이지로 보여주는 메뉴. 이 도움말은 " GeoGebraWiki" 매뉴얼(Mannual)의 일부이다.

■ Tutorials/프로그램 학습

- "GeoGebraWiki" 프로그램 학습(tutorial part) 파트의 일부를 웹페이지로 보여주는 메뉴.

■ GeoGebra Forum/지오지브라 포럼

- 이 메뉴를 클릭하면, 지오지브라와 관련된 다양한 질문과 답변이 게시되어 있는 지오지브라 포럼(GeoGebra User Forum)으로 이동한다.

■ www.geogebra.org/지오지브라 공식 싸이트

- 지오지브라 공식 싸이트로 이동하는 메뉴.

■ About / License/지오지브라 관련 저작권

- 지오지브라 관련 저작권 정보와 함께 여러 다양한 방식(프로그래밍, 번역 등)으로 지오지브라 프로젝트를 지원하는 사람들과 단체들이 기록된 창을 여는 메뉴.

2) 툴바(Toolbar)

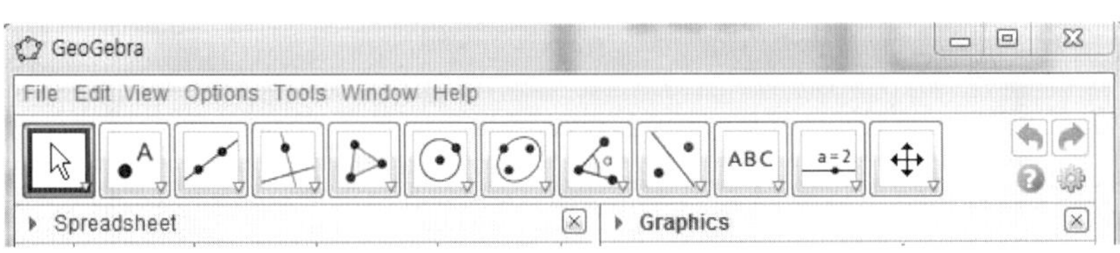

<그래픽 구성창>

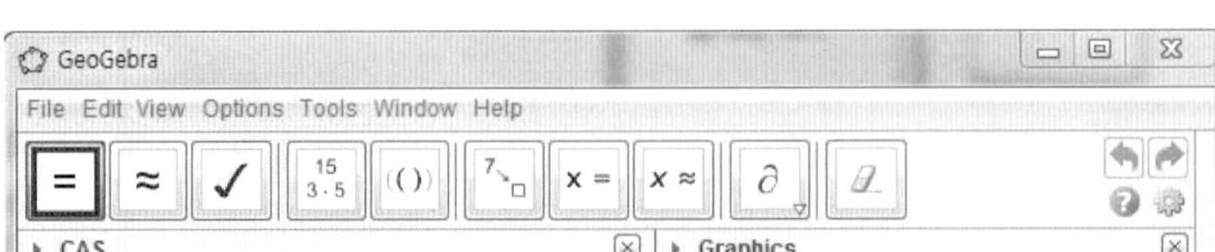

<CAS창>

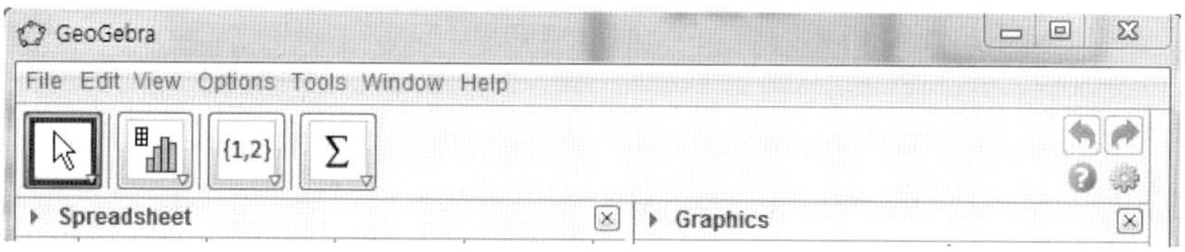

<스프레드시트창>

- 툴바는 메뉴바(Menubar)의 바로 아래에 위치하도록 초기 설정되어 있다. 이 툴바는 다시 여러 개의 개별 툴박스로 나눠져 있는데, 각각의 툴박스에는 하나 이상의 하위 툴(도구)이 들어 있다. 툴바의 위치를 바꾸려면 화면 보기 메뉴(View Menu)의 배치(Layout)을 클릭하면 나타나는 창에서 툴바의 위치를 선택하면 된다.

■ Toolbar Help/툴바 도움말

- 툴바의 오른쪽에 있는 아이콘을 클릭하면 현재 선택한 도구의 간단한 설명과 함께, 해당 도구에 대한 도움말을 볼 수 있는 웹페이지로 이동할 수 있다.

■ Toolbars for different views/툴바의 종류

- 지오지브라는 그래픽 구성창, 스프레드시트창, CAS창 등, 어떤 창을 화면에 표시하느냐에 따라 서로 다른 세 종류의 툴바를 가지고 있다.

■ Customizing the Toolbar/툴바 사용자 지정

- 이 메뉴를 통해 사용자가 원하는 방식으로 툴바를 편집할 수 있다. 이 메뉴를 선택해 나타나는 대화상자에서 편집을 원하는 창의 툴바를 선택하고, 제거(remove) 또는 추가(insert) 버튼을 이용하여 자유롭게 원하는 도구를 원하는 위치로 이동할 수 있다.
- Note: 대화창의 좌측 하단에 있는 툴바 초기화(RestoreDefaultToolbar)버튼을 눌러 편집한 툴바를 원래 상태로 되돌릴 수 있다.
- 다이내믹 워크시트(Dynamic Worksheets)에 툴바를 보이게 하거나 숨기는 설정도 가능하다.

3) 객체 환경 설정 메뉴(Context Menu)

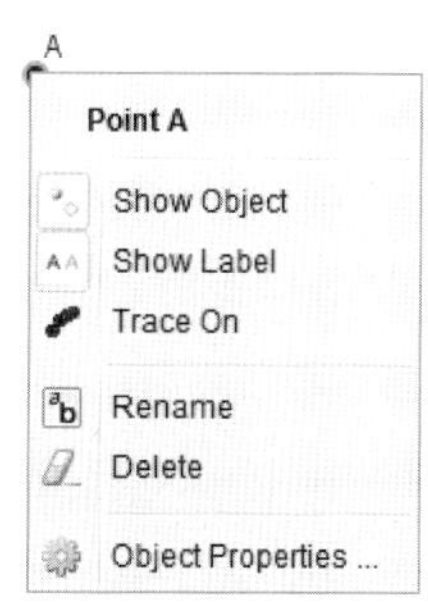

- 객체의 환경과 속성을 빠르게 수정할 수 있도록 해주는 메뉴. 객체 위에 마우스 커서를 놓고 우측 버튼을 클릭하면(Mac OS: Ctrl-click), 이 메뉴가 나타난다. 여기서 객체의 대수 표기법(예를 들어, 극좌표로 할 것인지, 데카르트 방식으로 할 것인지 또는 음함수 표기를 할 것인지 양함수 표기를 할 것인지)을 곧바로 선택

할 수 있고, 이름바꾸기(ªb rename), 객체 삭제(Delete), 자취 그리기(Trace On), 애니메이션 켜기(Animation On), 또는 입력창에 복사하기(Copy to Input Bar) 같은 기능을 빠르게 실행할 수 있게 해준다.

- Note: 한 점(Point)의 환경 설정 메뉴를 열었을 때, 스프레드시트창이 열려 있는 경우에만, 스프레드시트로 자취 입력(Trace to Spreadsheet) 기능이 보인다. 이 기능을 선택하면, 그 점의 위치가 변함에 따라 그 좌표값이 스프레드시트에 자동 기록된다.
- Note: 객체 속성(Object Properties…)를 선택하면 객체에 대한 모든 세부적인 설정을 할 수 있는 대화창이 열린다.

4) 내비게이션바(Navigation Bar)

내비게이션바(NavigationBar)는 화면의 하단에 위치하는데, 이것을 이용해 구성 내용을 단계적으로 살펴 볼 수 있도록 해준다.

그래픽 구성창의 빈 공간에 마우스 커서를 놓고 우측 버튼을 클릭하면(Mac OS: Ctrl-click) 나타나는 선택 사항에서 내비게이션바를 클릭한다.

내비게이션바에는 구성 단계를 이동할 수 있는 버튼들과 현재 구성 단계를 보여주는 숫자(예를 들어, 2 / 7 는 현재 전체 7개의 구성 단계 중 두 번째 단계)가 들어 있다.

- button: 첫 번째 단계로 이동.
- button: 한 단계 뒤로 이동.
- button: 한 단계 앞으로 이동.
- button: 마지막 단계로 이동.
- ▷ Play: 한 단계씩 자동 실행.
- Note: 플레이 버튼(▷ Play button) 바로 옆에 있는 창에 실행 속도를 초단위로 입력할 수 있다.
- Pause: 자동 실행 멈춤.
- Note: 이 버튼은 자동 실행을 했을 때만 나타난다.
- button: 구성 프로토콜(Construction Protocol)버튼
- Note: 구성 프로토콜 버튼은 지오지브라 속성창 그래픽(Graphics) 기본 선택사항(Basic)에 구성 프로토콜 버튼(Button to open construction protocol)이 체크되어 있을 때만 보인다.

5) 입력창(Input Bar)

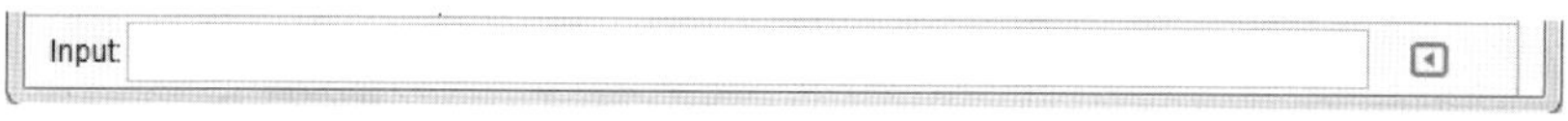

입력창은 지오지브라 화면 하단에 위치하도록 초기 설정되어 있고, 화면 보기(View Menu)메뉴에서 숨기거나 다시 보이게 할 수 있다.

- 입력창을 통해서, 직접 대수식(수식, 좌표, 함수 등)을 바로 기입하거나(대수창에 입력한 대수식이 기록된다).
- 명령어를 사용할 수 있다.
- Note: 원하는 내용을 기입하고 엔터(Enter) 키를 누르면, 해당 객체가 그래픽에 그려지고 다시 입력창에 커서가 깜박이므로, 입력창에 명령어를 입력하기 위해 다시 마우스 클릭을 할 필요가 없다.
- Example: 입력창에 A=(1,1) 입력하면, 좌표가 (1,1)인 자유 객체 점이 생성된다.
- 입력창에 A=Midpoint[(2,0),(4,0)]를 입력하면, 이전의 점A는 좌표가 (3,0)인 종속 객체로 바뀐다.

■ Display Input Bar History/입력 내용 이력

입력창 우측에 있는 화살표를 클릭하면 최근한 입력한 내용들의 목록이 입력창 위로 나타난다. 화살표를 이용해 목록 중에서 원하는 명령어나 대수식을 선택할 수 있다.

■ Insert Name, Value, or Definition of an Object into the Input Bar/ 객체 이름, 값, 정의를 입력창에 복사

- 객체 이름: 이동 툴(Move Tool)을 선택하고 그래픽 구성창의 원하는 객체를 클릭한 후, 키보드의 F5 를 누른다.
- 객체 값: 이동 툴(Move Tool)을 선택하고 그래픽 구성창의 원하는 객체를 클릭한 후, 키보드의 F4 를 누른다.
- 객체 정의: 두 가지 방법이 있다. 이 경우, 두 방법 모두 입력창에 있던 이전 내용은 모두 사라지고 해당 객체 정의만 남는다.
- Alt 키를 누른 채로 원하는 객체를 클릭한다.
- 이동 툴(Move Tool)을 선택하고 그래픽 구성창의 원하는 객체를 클릭한 후, 키보드의 F4를 누른다.

2. 사용자 구성 창

Views

1) 대수 창(Algebra View)

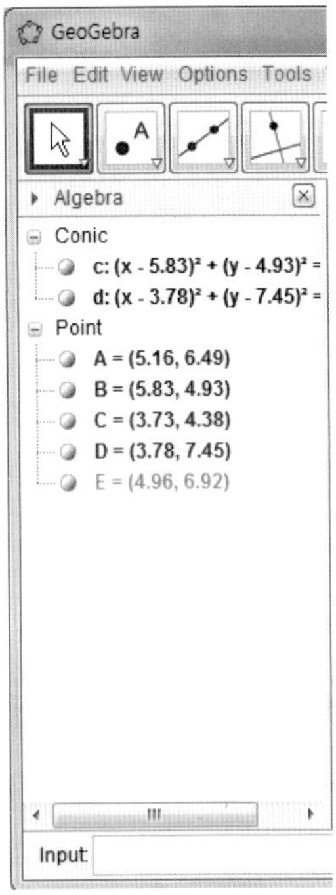

입력창(Input Bar)을 이용해서 직접 대수식을 기입하고 엔터키를 누르면 그 수식은 대수창에 그리고 그래프는 그래픽 구성창에 나타난다.

지오지브라의 객체들은 자유 객체와 종속 객체로 정리된다. 만일 기존 객체를 사용하지 않고 새로운 객체를 만들었다면, 그 객체는 자유객체로, 만일 기존 객체를 사용해서 만들어진 새로운 객체라면, 그 객체는 종속객체로 분류된다.

💡 Hint: 만일 어떤 객체를 대수창에서 보이지 않도록 하려면, 해당 객체를 보조 객체로 특정하면 된다. 그 방법은, 마우스 커서를 놓고 우측 버튼을 클릭하면(Mac OS: Ctrl-click) 나타나는 메뉴에서 객체 속성(Properties)를 클릭하면 객체 속성을 보조 객체로 바꿀 수 있는 대화상자가 나타난다. 기본적으로 보조객체는 대수창에 표시되지 않지만, 대수창 위의 화살표를 클릭하면, 보조객체를 보이거나 숨기는 아이콘(Styling Bar)이 나타난다.

또한 대수창에서도 직접 객체를 수정할 수 있다:

이동 툴(↖ Move Tool) 상태에서 대수창의 원하는 자유 객체를 더블 클릭하면, 대수식을 바로 수정할 수 있도록 텍스트 박스로 변환된다. 수정후 엔터키를 누르면, 대수식은 물론 그래픽 구성창의 그래프도 자동적으로 수정된 대수식에 맞춰 변화된다.

그러나 자유객체가 아닌, 종속 객체를 더블 클릭하면, 텍스트 박스로 변환되지 않고 객체의 재설정 대화창이 팝업된다.

지오지브라는 입력창에 기입할 수 있는 다양한 명령어들의 목록을 제공하고 있다. 입력창의 오른쪽에 따로 있는 화살표 버튼을 클릭해 나타나는 목록에서 원하는 명령어를 선택하면 목록의 하단 박스에 해당 명령어의 입력 구문이 나타난다. 또한 F1키를 눌러 해당 명령어에 대한 자세한 정보를 웹페이지로 확인할 수 있다.

■ Styling Bar/스타일 바

- 대수창의 스타일바는 두 개의 버튼으로 구성되어 있다.
- Auxiliary objects/보조 객체 보이기/숨기기

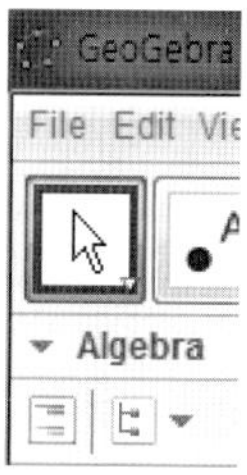

- 첫 번째 버튼은 보조 객체를 보이게 하거나 숨기도록 하는 버튼.
- Sort Objects by Type/객체 분류 기준 선택
- <버전 4.2에서는 네 가지 분류 기준으로 수정되어 있다.>
  - 의존성(Dependency): 자유 객체인지 종속 객체인지 보조 객체인지에 따라
  - 객체유형(Object Tyle): 점인지, 선인지, 다각형인지 등에 따라
  - 레이어(Layer): 객체가 위치하고 있는 레이어에 따라
  - 구성 단계(Construction Order): 구성 단계의 순서대로

2) CAS 창(CAS View)

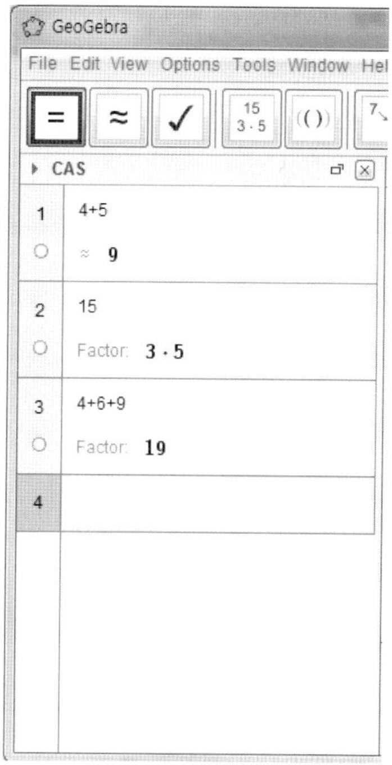

지오지브라는 수학 기호를 통한 연산을 원활히 하기 위해 CAS창을 따로 제공하고 있다. 각 셀은 위쪽에 입력 부분과 아래쪽에 표시부분으로 나뉜다.

- CAS 입력방식은 입력창(Input Bar)을 통한 입력 방식과 다음에서 차이가 있다.
- 아무 값도 지정되어 있지 않은 변수를 사용할 수 있고, 미결정된 변수를 그대로 연산할 수 있다. 예를 들어, (a+b)·2를 a^2+2*a*b+b^2로 연산할 수 있다.
- 곱셈을 할 때, 입력창(Input Bar)에서는 a(b+c)와 a*(b+c)가 모두 가능하지만, CAS에서는 후자만 가능하다.

■ Toolbar/툴바

- 툴바의 도구를 클릭하면, 현재 편집 중인 셀의 명령문을 실행하게 된다.
- 한 셀에 있는 수식 명령의 전체가 아니라, 수식의 일부만을 선택해서 연산이 가능하다.

■ Variables/변수

Assignments & Connection with GeoGebra/변수값의 할당과 연계

- 변수값 할당 기호는 :=이다. 예를 들어, b :=5 또는 a(n) :=2n+3
- 변수 이름을 풀려면, Delete[b]를 입력한다.
- 함수 또는 변수를 재설정하려면, 반드시 해당 셀에서 해야 한다. 그렇지 않은 경우, 새로운 변수로 인식해서 이름이 바뀌져 표시된다.

- CAS에서 사용한 변수는 다른 지오지브라 창에서도 공유한다. 따라서, CAS에서 사용한 변수 b :=5 또는 함수 f(x)=x^2를 다른 지오지브라 창에서도 사용할 수 있다.

■ Row References/다른 셀 인용

정적 인용과 동적 인용, 두 방법으로 다른 셀의 내용을 가져와 사용할 수 있다.

- 정적(Static)인 인용을 했을 때, 인용한 셀의 값에 변화가 있어도 현재 셀에서는 값의 변화가 없다.
- 이전 결과값을 현재 셀에 인용.
- 다섯 번째 셀의 결과값을 현재 셀에 인용.
- 동적(Dynamic)인 인용을 했을 때, 인용한 셀의 값에 변화가 있으면 현재 셀에서도 값이 변화한다.
- $ 이전 결과값을 현재 셀에 인용.
- $ 다섯 번째 셀의 결과값을 현재 셀에 인용.

3) 그래픽 구성 창(Graphics View)

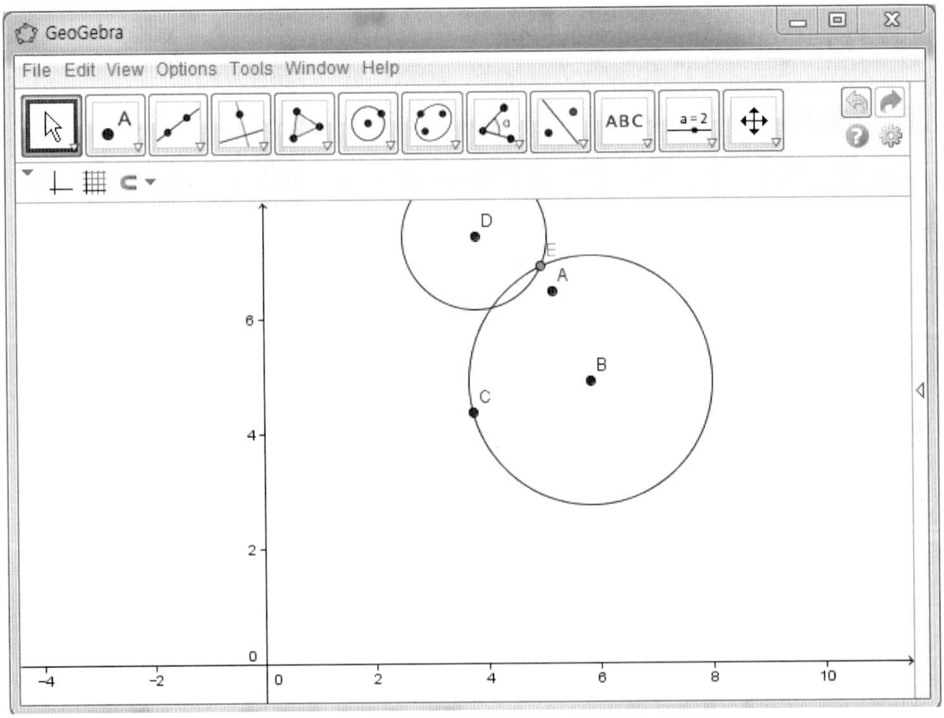

그래픽 구성 창에서 마우스로 툴바의 도구들을 이용해 다양한 기하학적 구성을 할 수 있다. 툴바의 도구를 클릭하면 우측에 나타나는 해당 툴의 도움말을 통해 사용자는 원하는 도구(툴)의 사용법을 이해할 수 있다. 또한 사용자가 그래픽 구성 창에만 구성한 객체를 지오지브라는 자동으로 대수창(Algebra View)에도 표시한다.

격자선과 좌표축을 다양한 방식으로 그래픽 구성창에 표시할 수 있으며, 화면 설정 대화상자(Customizing the Graphics View)를 통해 세부적인 옵션들을 적용할 수 있다.

■ **Stylebar/스타일바**

- 그래픽 구성창의 좌측 상단에 있는 스타일바(Stylebar) 화살표 버튼을 클릭해 스타일바를 숨기거나 나타나게 할 수 있다. 이 스타일바는 선택한 객체에 따라 서로 다른 버튼들로 구성되지만, 기본적으로는 격자선과 좌표축을 표시하는 버튼과 포인트 캡처링(Point Captureing) 옵션 버튼으로 구성되어 있다. 여기에 추가적으로 색상, 점과 선 모양, 객체 이름 스타일, 투명도, 글자 폰트 설정 버튼 등이 있다.

■ **Second Graphics View/제2 그래픽 구성창**

- 구성 화면(View Menu) 메뉴에서 제2 그래픽 구성창을 열 수 있다. 두 구성창이 열려 있게 되더라도 둘 중 하나의 구성창만 활성화되어 있고, 활성화되어 있는 구성창(Graphics)의 창이름이 굵은 글씨로 표시된다. 그리고 입력창으로 명령어를 입력했을 때, 활성화 된 구성창에서만 입력한 명령이 실행된다.

■ **Copy & Paste/복사 및 붙여넣기**

- 단축키Ctrl + C and Ctrl + V (Mac OS:Cmd + C and Cmd + V)를 통해서 선택한 객체—단, 좌표축에 종속된 객체는 제외--를 복사해 다른 곳에 갖다 붙이기 할 수 있다. 이 경우 선택한 객체뿐만 아니라 그 객체의 모객체들도 함께 복사되어 붙게 되지만, 선택되지 않은 객체들은 화면에 표시되지 않는다. 예를 들어, 슬라이더에 종속된 어떤 객체를 복사해 붙이는 경우, 해당 객체뿐만 아니라 슬라이더도 복사는 되지만 구성 화면에 표시되지는 않는다.

4) 스프레드시트 창(Spreadsheet View)

지오지브라 스프레드시트 창에서 각각의 셀은 고유한 이름을 가지게 된다. 가령, A열의 1행은 A1이 되는데, 이 고유한 이름을 사용해 수식이나 명령어에 그 셀의 내용을 입력할 수 있게 된다.

스프레드시트의 셀에는, 숫자뿐만 아니라 지오지브라가 지원하는 모든 형태의 객체들(점의 좌표, 함수, 명령어)을 입력할 수 있다. 스프레드시트 셀에 객체를 입력하면, 지오지브라는 그 즉시 해당 객체를 그래픽 구성창에 구현하고, 화면에 구현된 객체의 이름은 스프레드시트 셀 이름과 동일하게 된다.

- Note: GeoGebra는 스프레드시트(Spreadsheet)에 입력되는 객체를 기본적으로 보조 객체로 분류하기 때문에 대수창(Algebra View)에서는 보이지 않는다. 이들 객체를 보려면 대수창 위에 있는 보조 객체(Auxiliary Objects) 아이콘을 클릭하면 된다.

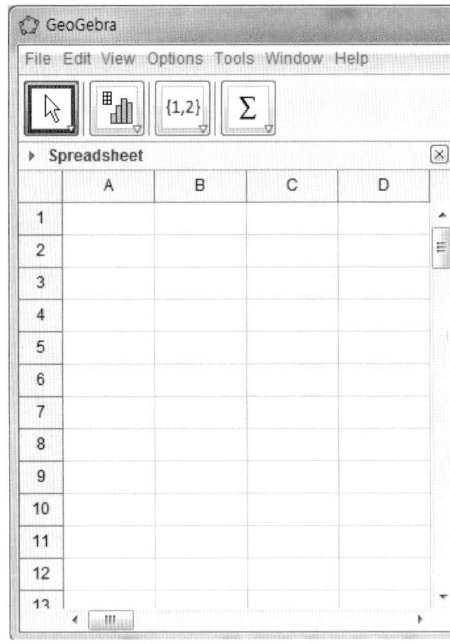

■ Relative cell names/셀 이름의 상대성

- 초기 설정 상태에서, 만일 하나의 셀을 다른 셀에 복사하면, 복사되어 인용된 셀 내용은 새롭게 복사된 셀 위치에 상대적으로 반응한다.
- 예를 들어, Example: 셀A1=1, 셀A2=2를 입력하고, 셀 B1 에 (A1, A1)를 입력한 뒤, 셀 B1을 셀 B2에 복사하면, 셀 B2에는 (A1, A1)이 아니라, (A2, A2)가 된다.
- 이런 상대적인 반응을 없게 하려면, 인용되는 셀의 열 또는 행 앞에 $ 기호를 삽입하면 된다.

■ Getting data into the spreadsheet/데이터를 스프레드시트로

- 직접 스프레드시트 셀에 내용을 입력하는 것 말고, FillCoumn, FillRow 또는 FillCells과 같은 명령어를 이용해 스프레스시트에 입력할 수 있다.

■ Using spreadsheet data in other views/스프레드시트 데이터를 다른 창에서 사용

- 스프레드시트의 여러 셀들을 한꺼번에 선택하고, 오른쪽 마우스 클릭을 하면 나타나는 메뉴에서 만들기(Creat)를 선택한 뒤 그 하위 옵션들—리스트, 점 리스트, 행렬, 표, 다각선--중 하나를 클릭하여 그것을 다른 창에서 처리할 수 있다.

3. 대화상자

Dialogs

1) 객체 속성 대화상자(Properties Dialog)

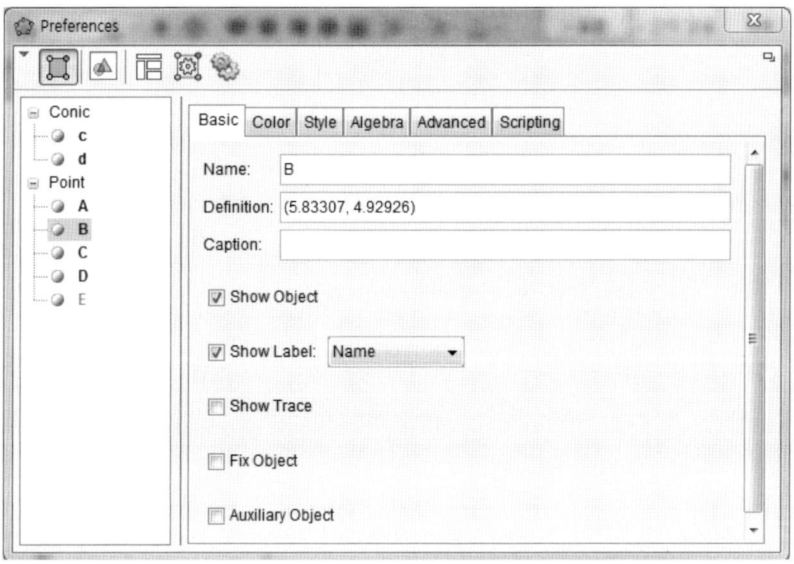

객체 속성 대화상자를 통해 사용자는 객체를 자동 실행하는 것뿐만 아니라, 객체의 성질 즉, 크기, 색, 스타일, 두께 등을 수정할 수 있다.

이 대화상자를 여는 방법으로는,

- 객체 위에 마우스 커서를 놓고 오른쪽 버튼을 클릭(Mac OS: Ctrl-click) 한 뒤, 나타나는 메뉴에서 객체 속성(Object Properties…)을 선택한다.
- 지오지브라 화면 상단 편집메뉴(Edit Menu)에서 객체 속성(Object Properties…)을 선택한다.
- 이동 툴(Move Tool) 상태에서 객체를 더블 클릭하면, 재설정 대화창이 나타나는데, 여기서 개체 속성(Object Properties…)을 선택한다.
- GeoGebra 4.2버전부터는 툴바의 오른쪽 끝에 있는 개체 속성(Object Properties…) 아이콘을 선택해서도 대화창을 열 수 있다.
- 객체 속성 대화상자 좌측에 객체 유형별로 분류된 목록이 있어서, 각 유형의 분류 머릿말—점, 선, 원 등—을 클릭하면 한꺼번에 여러 객체들을 쉽게 선택할 수 있고, 우측의

여러 탭(기본, 색, 스타일, 대수, 고급, 스크립 언어)에서 선택된 객체들의 속성을 수정할 수 있다.

- Note: 우측의 탭은 선택된 객체가 어떤 유형이냐에 따라서 다른 탭들이 표시된다.

2) 구성프로토콜(Construction Protocol)

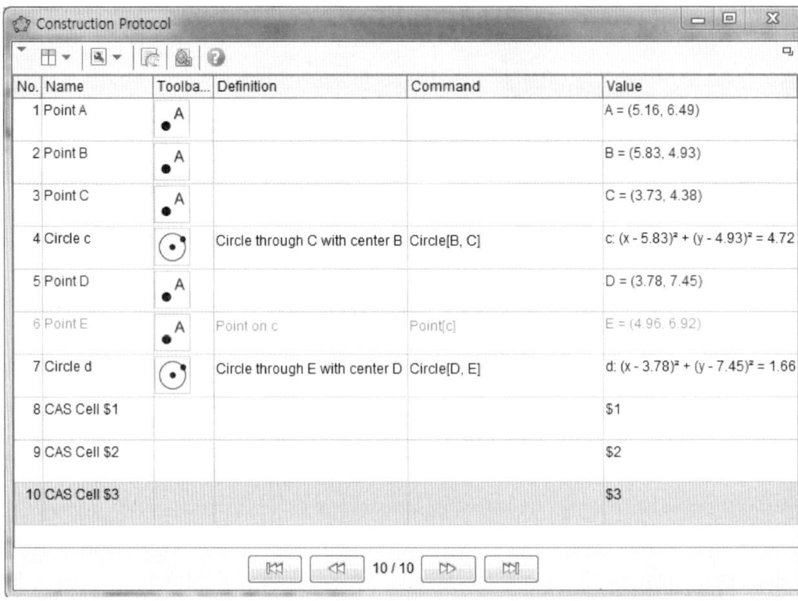

키보드의 화살표를 이용해 구성프로토콜(Construction Protocol) 단계들을 이동할 수 있다.

- ↑ : 이전 구성 단계로 이동.
- ↓ : 다음 구성 단계로 이동.
- Home : 첫번째 구성 단계로 이동.
- End : 마지막 구성 단계로 이동.
- Delete : 구성 단계 삭제.
- Note: 하나의 구성 단계를 삭제할 경우, 삭제된 구성 단계에 의존하고 있는 종속적인 구성 단계들도 영향을 받게 된다.
- 또한 마우스를 이용해서도 구성프로토콜(Construction Protocol) 단계들을 사용자가 임의로 이동할 수 있다.
- 이동하려는 구성 단계를 더블 클릭한다.
- 구성 단계를 드래그해서 원하는 자리에 가져다 놓아 구성 순서를 바꿀 수 있다. 그러나 늘 그렇듯 해당 구성 단계와 다른 구성 단계의 의존성에 따라 순서를 바꾸는 것이 불가능할 수 있다.

- 새로운 구성 단계를 중간에 삽입할 수도 있다. 삽입을 원하는 위치의 바로 아래 구성 단계를 더블 클릭해 선택하고, 구성프로토콜창을 열어 놓은 채로 새로운 객체를 생성하면, 즉시 선택한 위치에 해당 객체가 배치된다.
- 구성프로토콜(Construction Protocol) 창에서 휴지점(Breakpoint)을 설정하면 구성 단계들을 그룹으로 만들 수 있다. 이렇게 하면, 여러 단계들을 하나의 구성 단계처럼 다룰 수 있게 된다.
- 구성프로토콜창 상단의 열(Column) 메뉴를 아래로 펼쳐서(drop-down) Breakpoint 체크하면 Breakpoint를 체크할 수 있는 열이 새롭게 프로토콜 창에 생긴다.
- 그룹으로 만들고자 하는 단계의 마지막 단계의 Breakpoint 박스를 체크한다.
- 구성 프로토콜 창의 Option 메뉴를 아래로 펼쳐서(drop-down) Breakpoint만을 프로토콜 창에 나타나도록 한다.
- Exporting the Construction Protocol as a Webpage/구성 프로토콜을 웹페이지로 내보내기 구성프로토콜창 상단의 메뉴에서 웹페이지로 내보내기(Export as a webpage)를 선택한다. 이렇게 해서 나타난 대화상자에 웹페이지 제목, 만든 사람, 날짜를 입력하고, 웹페이지에 그래픽 구성창만 게시할 건지, 열려있는 모든 창들을 함께 담을 건지를 선택하고 내보내기 한다.
- 추가적으로 구성프로토콜 단계들의 색깔을 그래픽 구성창의 객체 색깔과 일치하도록 선택할 수 있고, 내비게이션바를 함께 웹페이지에 표시하도록 선택할 수도 있다.
- 이 웹페이지는 다양한 웹브라우저(Firefox, Internet Explorer….)에서 열어 볼 수 있고, MS 워드와 같은 다른 텍스트 처리 프로그램으로 편집이 가능하다.

3) 사용자 도구 만들기 대화상자(Tool Creation Dialog)

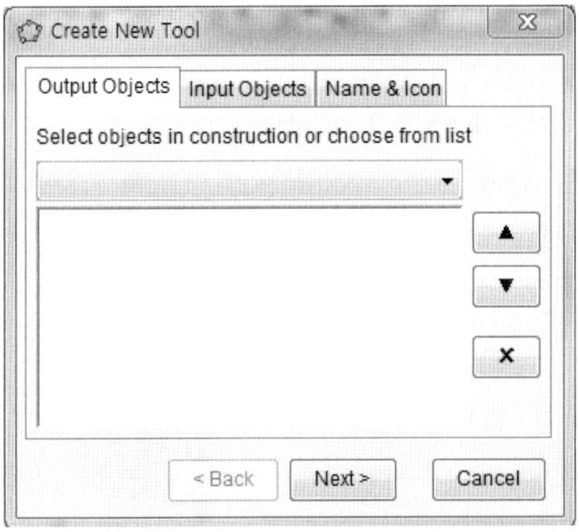

- GeoGebra는 사용자가 직접 자신의 툴을 만들어 사용할 수 있도록 하고 있다.
- 우선, GeoGebra 실행 화면 상단의 메뉴에서 도구(Tools)를 클릭한 뒤 새 도구 생성(Create New Tool)을 선택한다. 그러면 새 도구 생성을 위한 대화창이 결과 객체(Output Objects) 탭이 활성화된 상태로 나타난다. 여기서 결과 객체를 선택한 이후, 입력객체와 사용자 툴의 이름과 아이콘을 입력하여 자신만의 사용자 툴을 만들 수 있다.
- Example: 그래픽 구성창에 새로운 점 두 개를 찍거나, 기존의 점 두 개를 선택하면 정사각형이 생기는 사용자 툴을 만들어 보자.
- 우선 두 점으로 시작하여 다각형 도구(Polygon)를 이용해 정사각형을 만든다.
- 도구 메뉴의 새 도구 만들기(Create New Tool)를 선택한다.
- 결과 객체(Output Objects)를 특정하는데, 드롭다운(Drop-down) 객체 목록에서 정사각형과 정사각형의 꼭지점을 선택한다.
- 입력 객체(Input Objects)를 특정하는데, 지오지브라(GeoGebra)는 결과 객체의 선택에 따라 자동으로 입력 객체들을 선택해 놓는다. 물론 객체 목록에서 사용자가 임의로 입력 객체들을 선택할 수도 있다.
- 새 툴의 이름과 아이콘을 결정한다.
- 새로 만든 툴의 도움말(Toolbar Help)도 사용자가 임의로 입력할 수 있다.

4) 도구 관리 대화상자(Tool Manager Dialog)

사용자가 만든 사용자 툴을 다른 지오지브라 창에서 실행시킬 수 있다.

우선, 창 상단의 툴 메뉴(Tools Menu)에서 도구 관리(Manage Tools)를 선택하면 열리는 대화 상자에서 만들어 놓은 사용자 툴을 컴퓨터에 저장(Save As…)한다. 이렇게 저장된 사용자 툴 파일은 ".ggt" 확장자를 갖게 되어, 보통의 지오지브라 파일(.ggb)과 구분된다.

이 도구 관리 대화상자는 또한 저장한 사용자 툴을 수정하거나 삭제할 수 있도록 해주는데, 열기(Open) 버튼을 클릭하면 새로운 지오지브라 창에 사용자 툴을 만들 당시의 구성 내용이 나타난다. 이 창에서 내용을 수정하고 사용자 툴을 만들 때와 동일한 과정으로 사용자 툴(Create new tool) 만들기 과정을 반복하면 된다.

5) 재설정 대화상자(Redefine Dialog)

재설정 대화상자를 통해 다양하게 구성 내용을 변경할 수 있다. 이 대화 상자는 또한 구성 프로토콜 상의 구성 단계 순서를 변경할 수 있도록 해준다.

지오지브라에는 하나의 객체를 재설정하는 다양한 방법이 존재한다.

- 이동 툴(Move Tool)을 선택한 다음 대수창(Algebra View)에서 재설정을 원하는 객체를 더블 클릭한다.
- 더블 클릭한 객체가 자유 객체면, 대수창에서 바로 원하는 내용을 재 설정하고 엔터키를 누른다
- 만일 더블 클릭한 객체가 종속 객체면, 재설정을 위한 대화상자가 나타난다.
- 이동 툴 상태에서 그래픽 구성창(Graphics View)의 원하는 객체를 더블 클릭하면 재설정 대화상자가 열린다.
- 대화상자에 새로운 이름과 새로운 내용을 입력한다.
- 더 세부적인 사항을 재설정하려면 객체 속성 대화상자(Properties Dialog) 버튼을 클릭해서 속성 대화상자에서 재설정을 하면 된다.
- Example: 기존 객체를 입력창(Input Bar)을 통해서 바로 재설정할 수도 있다. 예를 들어, 직선 a가 존재할 때 입력창에 a:Segment[A, B] 를 입력하고 엔터키를 누르면 a는 직선에서 선분으로 바뀐다.
- Example: 이미 존재하는 직선 h 위로 이미 존재하는 자유 객체 점 A를 옮기려면, 우선 점 A를 더블클릭해서 재설정 대화상자를 연다. 그런 다음 를 입력하고 Enter를 누른다.
- 반대로 선 위의 점을 자유 객체로 풀어주기 위해서는, 그 선이 지나지 않는 좌표를 입력하면 된다.

6) 그림으로 저장 대화상자(Export Graphics Dialog)

파일 메뉴(File Menu)의 그래픽 구성을 그림으로 (Graphics View as Picture (png, eps)….) 내보내기 항목을 클릭한다.

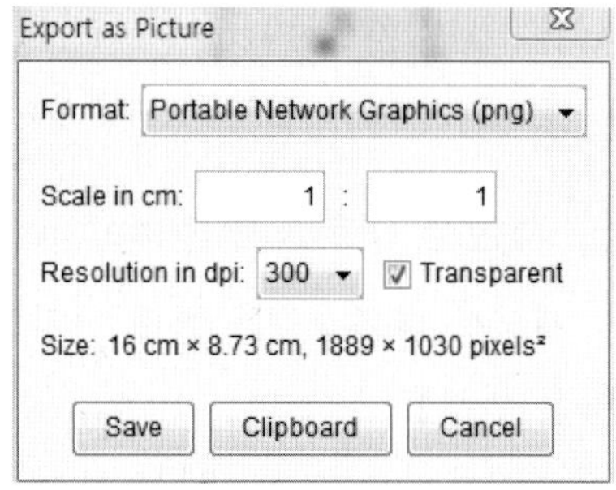

- 단축키: Ctrl + Shift + P (Mac OS: Cmd + Shift + P)
- 이 대화상자를 통해 저장할 그림의 규격(cm), 해상도(dpi) 등을 결정해서 구성한 지오지브라 내용을 그림 파일로 컴퓨터에 저장할 수 있다.
- Note: 만일 사용자가 점 Export_1 과 점 Export_2를 만들어 놓으면, 지오지브라는 두 점을 기준으로 직사각형에 들어가는 부분만을 그림으로 저장하고 그렇지 않으면, 그래픽 구성창 전체를 저장하게 된다.

그림 파일 양식:

■ PNG – Portable Network Graphics

- 해상도가 높은 파일 양식으로서 웹페이지(web pages (HTML)와 워드 프로세스 작업에 적합하다.
- Note: 이 파일(PNG)은 규격을 변화시켰을 때 품질이 떨어지는 단점이 있으므로, 워드 프로세스 문서에 삽입할 때는, 크기를 100%로 하는 것을 권장한다.

■ EPS – Encapsulated Postscript

- 규격에 변화를 주어도 그림의 품질이 떨어지지 않기 때문에 Corel Draw와 같은 벡터 그래픽 프로그램이나 LaTeX와 같은 전문적인 문서 작업에 적합하다.
- EPS의 해상도는 항상72dpi로, 이 해상도 값은 그림의 실제 크기를 계산할 때만 사용되기 때문에 그림의 품질과는 무관하다.
- Note: EPS 양식의 그림은 다각형이나 원 또는 원뿔 곡선 내부의 채우기 투명도를 변화시키는 기능을 적용할 수 없다.

■ 기타

- PDF – Portable Document Format
- SVG – Scalable Vector Graphic
- EMF – Enhanced Metafile

7) 워크시트 만들기 대화상자(Export Worksheet Dialog)

지오지브라(GeoGebra)는 사용자로 하여금 자신이 구성한 내용을 소위 다이내믹 워크시트라는 웹페이지로 작성할 수 있도록 해준다.

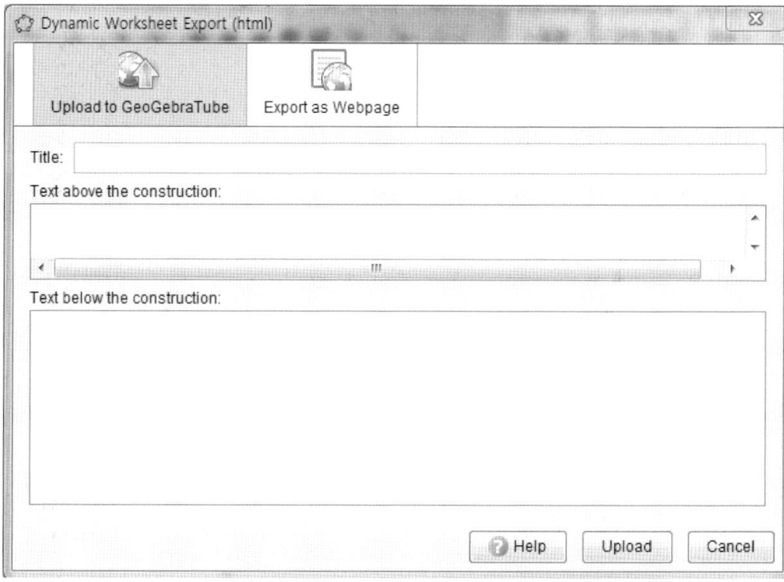

파일(File)메뉴에서 내보내기(Export)를 선택하고 하위 메뉴에서 다이내믹 워크시트를 웹페이지로 Dynamic Worksheet as Webpage (html))항목을 클릭하면 대화상자가 열린다.

■ Upload to GeoGebraTube/지오지브라튜브로 업로드

- 대화상자에는 두 개의 탭이 있는데, 이 탭에서 워크페이지의 제목과 머리말과 꼬리말을 작성하여 지오지브라튜브로 업로드 한다.
- Note: GeoGebraTube에 업로드 하려면, 미리 계정 등록이 되어 있어야 한다.

■ Export as (html) Webpage/웹페이지로 내보내기

- 이 탭을 선택해 컴퓨터에 저장할 수 있다. 자세한 사항은 웹페이지로 내보내기(Export as html Webpage)를 참조.

8) 인쇄 설정 대화상자(Printing Preview Dialog)

■ Printing the Graphics View

- 그래픽 구성창의 구성 내용을 프린트할 수 있다.
- 파일메뉴에서 프린트 미리 보기를 선택하면 대화상자가 열리는데, 여기에 제목, 만든 사람, 날짜 등을 입력해서 프린트 할 수 있다. 추가적으로, 프린트 규격과 프린트 방향 등의 조정도 가능하다.

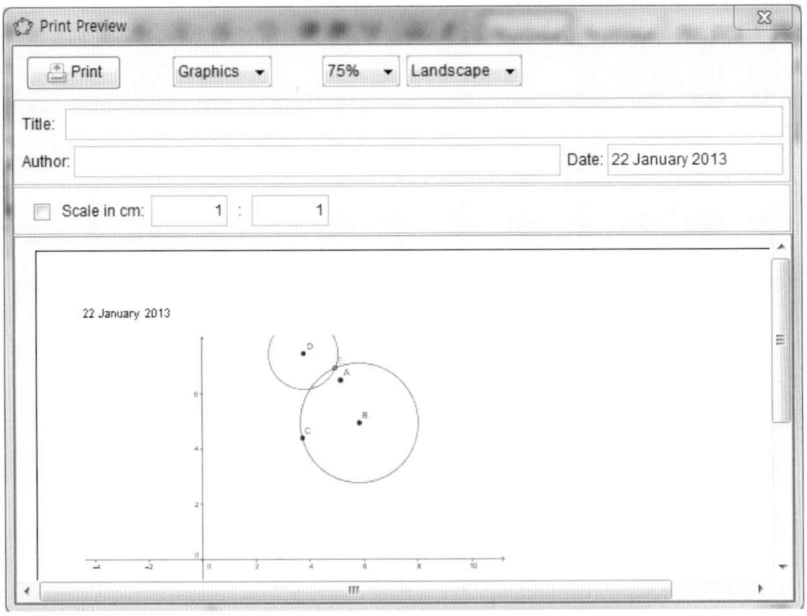

■ Printing the Construction Protocol

- 구성 프로토콜(Construction Protocol)을 프린트 하기 위해서는 우선 구성 프로토콜 창을 연 뒤에, 이 창의 상단에 있는 프린트 버튼을 클릭하면 프린트를 위한 대화상자가 열린다.
- 이 대화상자는 구성 프로토콜 인쇄 페이지의 프린트 여백과 프린트 방향 등을 조정할 수 있도록 해준다.
- Note: 구성 프로토콜 창 상단 가장 좌측의 버튼을 클릭하면 나오는 항목들 — 이름(Name), 객체 정의(Definition), 명령어(Command), 대수식(Algebra), 그리고 휴지점(Breakpoint) — 을 사용자가 원하는 대로 지정하여 프린트할 수 있다.

Chapter 5

명령어 입력, 함수 및 구성내용 복사

Chapter **05**

명령어 입력, 함수 및 구성내용 복사

Algebraic Input, Functions & Export of Pictures to the Clipboard

1. 직선의 방정식의 매개변수 [MA22]

Parameters of a Linear Equation

1) 학습 준비

- 새 창을 연다.
- 구성 화면을 (Perspectives)- Algebra & Geometry로 바꾼다.

2) 새로운 활용 도구

	• 기울기/Slope 선을 클릭하면 선의 기울기를 나타내는 도구.

*** 도구 사용법을 모르는 경우, 도움말을 읽고, 구성 전에 새로 사용하게 되는 도구들은 미리 시험사용을 해본다.

3) 구성 단계

1	a = 2	• 초기 설정(Default) 상태에서 슬라이더 m과 b를 만든다. • Note: 초기 설정 상태는 수(Number), 최소값(Min)=-5, 최대값=5, 변화량(Increment)=0.1이다.
2		• 입력창에 직선의 방정식 line: y = m*x + b 입력한다. • Note: "line:"은 사용자가 특정한 직선의 이름이 된다.

3	• 직선 y와 y-축이 만나는 교점A를 찍는다. • 명령어 Intersect[line, yAxis]를 입력하여도 가능하다.
4	• 원점에 점 B를 찍는다.
5	• 점 A와 B를 잇는 선분AB를 그린다. • y축과 선분AB가 겹쳐서 보이지 않으면, 선분의 두께나 색을 조정한다.
6	• 기울기(Slope)도구를 선택해 직선 line을 클릭하여, 선의 기울기를 만든다.
7	• 슬라이더 m과 b를 움직여, 직선의 기울기 m_1이 어떻게 변화하는지, y-절편의 y-좌표가 되는 선분 AB는 어떻게 변화하는지를 관찰한다.
8	• Style-Bar를 이용해 시각적인 효과를 높인다.

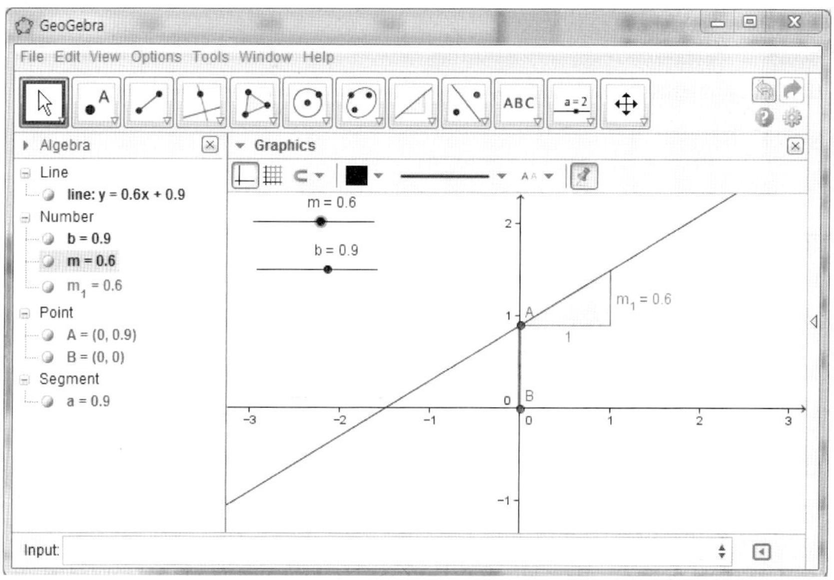

No.	Name	Tool...	Command	Value
1	Number m			m = 0.6
2	Number b			b = 0.9
3	Line line		y = m x + b	line: y = 0.6x + 0.9
4	Point A		Intersect[line, yAxis]	A = (0, 0.9)
5	Point B		Intersect[xAxis, yAxis]	B = (0, 0)
6	Segment a		Segment[A, B]	a = 0.9
7	Number m_1		Slope[line]	m_1 = 0.6

2. 함수의 종류: 절대값 함수 [MA23]

Library of Functions Absolute Values

GeoGebra는 다항식은 물론 다른 형태의 함수들(삼각함수, 절대값함수, 지수함수)도 지원한다. 각각의 함수는 하나의 객체로 인식되며 기하적인 구성들과 함께 활용할 수 있다.

1) 학습 준비

- 새 창을 연다.
- 구성 화면 (Perspectives)- 대수 및 기하창(Algebra & Geometry)으로 바꾼다.

2) 구성 단계

1	• 절대값 함수 f(x)= abs(x)를 입력한다.
2	• 상수 함수 g(x)=3을 입력창에 입력한다.
3 	• 두 함수 f(x)와 g(x)가 만나는 교점 A, B를 찍는다.
4 	• 이동 도구 모드에서, 그래픽 구성창의 객체를 클릭하면 나타나는 재설정 대화상자(Redefine Dialog)에 있는 객체 설정(Object Properties...)을 선택하면, 객체의 속성을 설정할 수 있는 창이 팝업된다. • 이 객체 속성창을 이용해 화면의 시각적인 효과를 높인다.

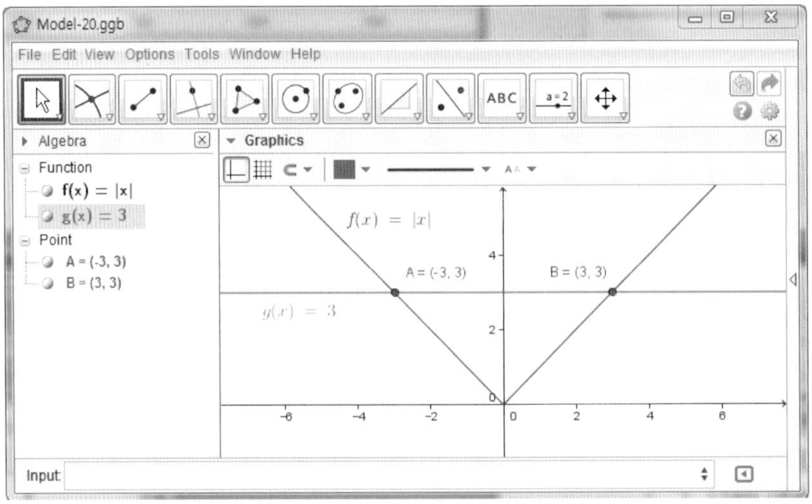

No.	Name	Tool...	Command	Value
1	Function f			f(x) = abs(x)
2	Function g			g(x) = 3
3	Point A		Intersect[f, g, (-3, 3)]	A = (-3, 3)
4	Point B		Intersect[f, g, (3, 3)]	B = (3, 3)

3. 함수의 종류: Sine함수와 그 중첩 [MA24]

Library of Functions–Superposition of Sine Waves

물리학적인 음파가 수학적으로는 sine 함수를 결합하여 구현될 수 있다. 모든 음정 또한 y(t)= a sine(ωt + φ) 형식을 갖는 몇 개의 sine 함수로 구성되어 있다.

a가 진폭으로서 음의 크기(volume)를 나타내는 반면, ω는 주파수로서 음의 높이(pitch)를 나타내고, φ는 소리의 상(phase)으로 음의 이동을 나타난다.

두 개의 sine 파가 교섭하면 중첩이 일어나는데, 이것은 한 sine 파가 다른 sine 파를 증폭시키거나 감소시키는 것을 의미한다. GeoGebra는 자연적으로 일어나는 이러한 현상들을 기하적 대수적으로 구현해 낼 수 있다.

1) 학습 준비

- 새 창을 연다.
- 구성 화면은 (Perspectives)- Algebra & Geometry로 바꾼다.

2) 구성 단계

1 a = 2	• 수(Number) 슬라이더 α_1, ω_1, φ_1을 초기설정 상태로 만든다. • Note: 그리스어는 슬라이더 입력창 우측에 있는 그리스어 아이콘을 클릭하여 입력할 수 있다.
2	• sine 함수 g(x) = α_1 sin (ω_1*x + φ_1)를 입력
3 a = 2	• 또 다른 세 개의 수(Number) 슬라이더α_2, ω_2, φ_2을 초기 설정 상태로 만든다.

4	• 또 다른 sine 함수 h(x)= α_2 sin (ω_2*x + φ_2)
5	• 두 함수를 합한 sum(x) = g(x) + h(x)를 만든다.
6	• 식별하기 쉽도록 각 그래프의 색깔을 바꾼다.

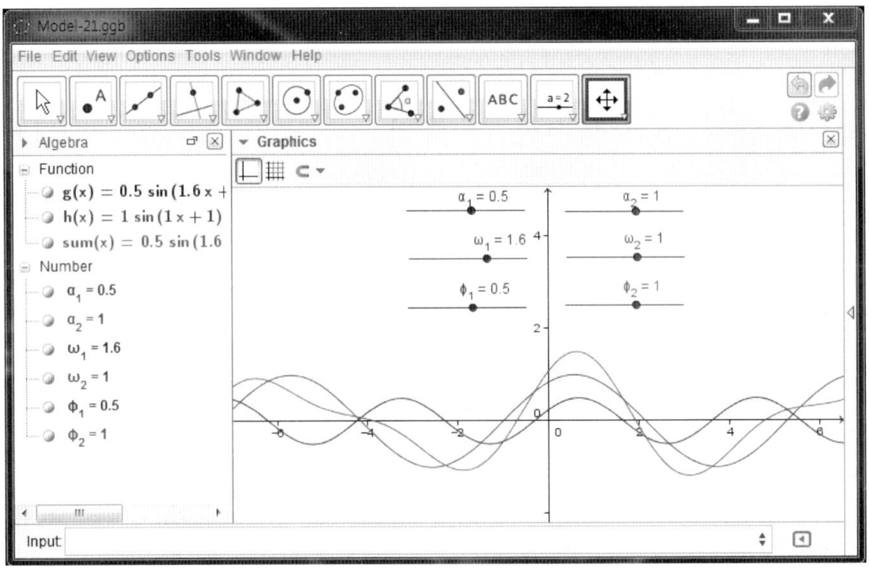

No.	Name	Tool...	Command	Value
1	Number α_1	a=2		$\alpha_1 = 0.5$
2	Number ω_1	a=2		$\omega_1 = 1.6$
3	Number ϕ_1	a=2		$\phi_1 = 0.5$
4	Function g		$g(x) = \alpha_1 \sin(\omega_1 x + \phi_1)$	g(x) = 0.5sin(1.6x + 0.5)
5	Number α_2	a=2		$\alpha_2 = 1$
6	Number ω_2	a=2		$\omega_2 = 1$
7	Number ϕ_2	a=2		$\phi_2 = 1$
8	Function h		$h(x) = \alpha_2 \sin(\omega_2 x + \phi_2)$	h(x) = sin(x + 1)
9	Function sum		sum(x) = g(x) + h(x)	sum(x) = 0.5sin(1.6x + 0.5) + sin(x + 1)

4. 함수의 종류: 미분-기울기 함수 [MA25]

Introducing Derivatives: The Slope Function

1) 학습 준비

- 새 창을 연다.
- 구성 화면을 (Perspectives)- Algebra & Geometry로 바꾼다.

2) 새로운 활용 도구

	• 접선/Tangents • 객체와 그 객체 위의 한 점을 클릭하여 접선을 그리는 도구. • 한 점 또는 직선을 클릭한 다음 원, 이차곡선, 함수를 클릭하면 그 객체에 접하는 접선을 생성한다.

3) 구성 단계

1	• 함수식 f(x) = x·2/2 +1
2	• 객체 f 위에 점A를 찍는다. • 객체 위에 점이 찍혔는지를 드래그 테스트(Drag Test)로 확인한다.
3	• 접선(Tangents) 도구를 이용하여 점A에서의 접선 t를 그린다.
4	• 명령어 slope=Slope[t]를 입력해 접선의 기울기를 만든다.
5	• 새로운 점 S를 입력창에 S = (x(A), slope)를 입력하여 만든다.
6	• 점 A와 S를 연결하는 선분을 그리고 선분을 잘 볼 수 있도록 색깔과 스타일을 시각적으로 보완한다.
7	• 점 A를 움직였을 때, 점 S가 움직이는지를 확인한다.
8	• 점S에 마우스 커서를 올려놓고 우측 버튼을 클릭해 나타나는 메뉴에서 Trace On을 클릭하면, 화면에 점S가 움직이는 자취가 연속된 점으로 그려진다. • Note: 접선의 방정식을 구해서 그것을 입력했을 때 그려지는 직선과 점S가 그려낸 자취가 일치하는지를 확인한다.

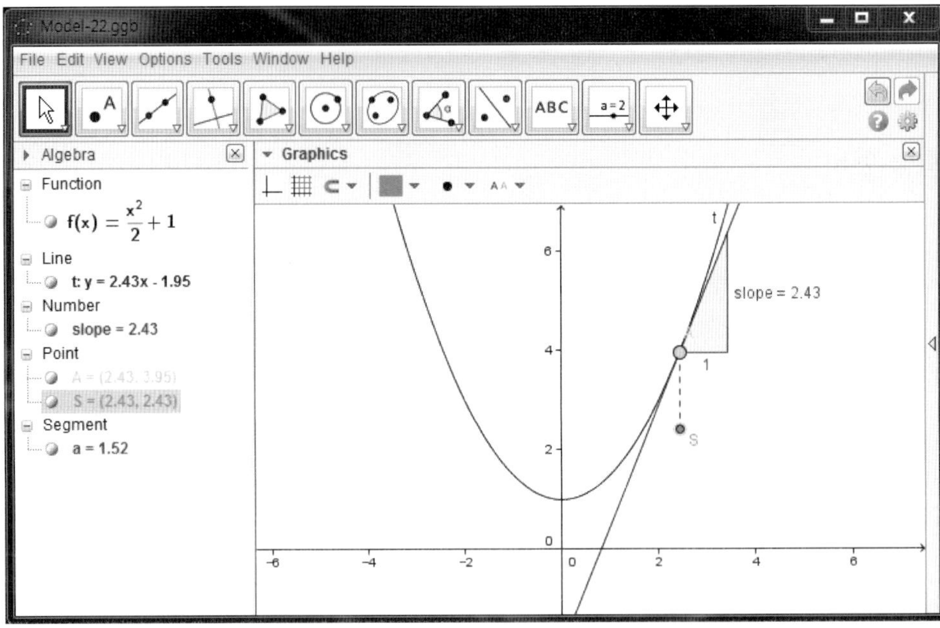

No.	Name	Tool...	Command	Value
1	Function f			f(x) = x² / 2 + 1
2	Point A		Point[f]	A = (2.43, 3.95)
3	Line t		Tangent[A, f]	t: y = 2.43x - 1.95
4	Number slope		Slope[t]	slope = 2.43
5	Point S		(x(A), slope)	S = (2.43, 2.43)
6	Segment a		Segment[A, S]	a = 1.52

5. 싸인 함수 미분 [MA26]

Derivative of Sine

1) 학습 준비

- 새 창을 연다.
- 구성 화면 (Perspectives)-Algebra & Graphics로 바꾼다.
- 화면에 새로 찍히는 점들의 이름만 보이도록 설정한다.
  (Menu--Option--Labeling--New Points Only)

2) 구성 단계

1	• 입력창에 함수 f(x)=sin(x)를 입력한다.
2	• 함수 f(x) 위에 점 A를 찍는다. • Note: 드래그 테스트를 통해 점 A가 함수 위에서만 움직이는지를 확인한다.
3	• 접선(Tangent) 도구로, • 점 A를 클릭한 후 함수 f를 클릭해 싸인함수의 접선을 그린다.
4	• 기울기 도구로, • 점 A를 클릭해 기울기를 구성창에 표시한다. • Note: 도구를 통해 기울기를 만들 경우, • 지오지브라는 자동적으로 기울기 객체에 m이라는 이름을 부여한다. • 따라서 기울기에 마우스를 놓고 우 클릭해 나타나는 메뉴에서 객체 속성창을 선택해 연다. • 속성창 기본(Basic) 탭에서 이름을 m에서 s로 바꾸고, 색(Color)에서 원하는 색으로 조절한다.
5	• 입력창에 B=(x(A), s)를 입력한다.
6	• 입력창에 Derivative[f]를 입력해서 싸인 함수의 1차 미분 그래프 f'(x)를 그린다. • Note: f(x) 그래프와 f'(x) 그래프를 구별하기 쉽도록 스타일을 조정한다.
7	• 드래그 테스트를 통해 점 B가 f'(x) 위에서만 움직이는지를 확인한다.

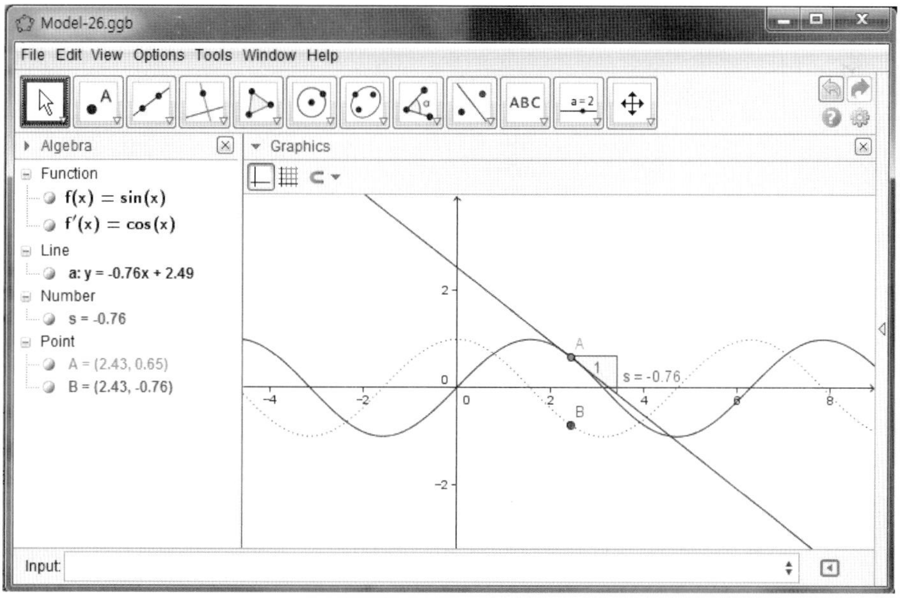

No.	Name	Tool...	Command	Value
1	Function f			f(x) = sin(x)
2	Point A		Point[f]	A = (2.43, 0.65)
3	Line a		Tangent[A, f]	a: y = -0.76x + 2.49
4	Number s		Slope[a]	s = -0.76
5	Point B		(x(A), s)	B = (2.43, -0.76)
6	Function f'		Derivative[f]	f'(x) = cos(x)

6. 삼차함수의 그래프 [MA27]

Cubic Function

1) 학습 준비

- 새 창을 연다.
- 구성 화면을 (Perspectives)- 대수 및 기하창(Algebra & Geometry)으로 바꾼다.

2) 구성 단계

1	• 삼차함수 f(x) = 0.5 x·3 + 2 x·2 - 1을 입력한다.
2	• R= Root[f] 삼각함수 f의 근을 구한다. • 근의 이름을 R로 입력했을 때, 만일 근의 개수가 2개 이상이면 GeoGebra는 자동적으로 근의 이름을 R1, R2, R3....로 입력한다.
3	• 명령어 E= Extremum[f]를 입력하여 함수 f의 극점 E_1과 E_2를 찍는다. • 영국식 영어 명령어 TurningPont로도 같은 극점을 구할 수 있다.
4	• 극점 E1, E2에서의 접선을 그린다. • Note: 접선 도구를 선택한 후, 극점을 먼저 클릭한 다음 삼차 곡선을 클릭하면 극점에서의 접선이 그려진다.
5	• 명령어 I= InflectionPoint[f]를 입력하여 함수 f의 변곡점 I를 찍는다.
6	• 변곡점 I에서의 접선을 그린다.
7	• 객체의 속성들(색깔, 선의 모양, 이름 등)을 변경하여 시각적인 효과를 보완한다.

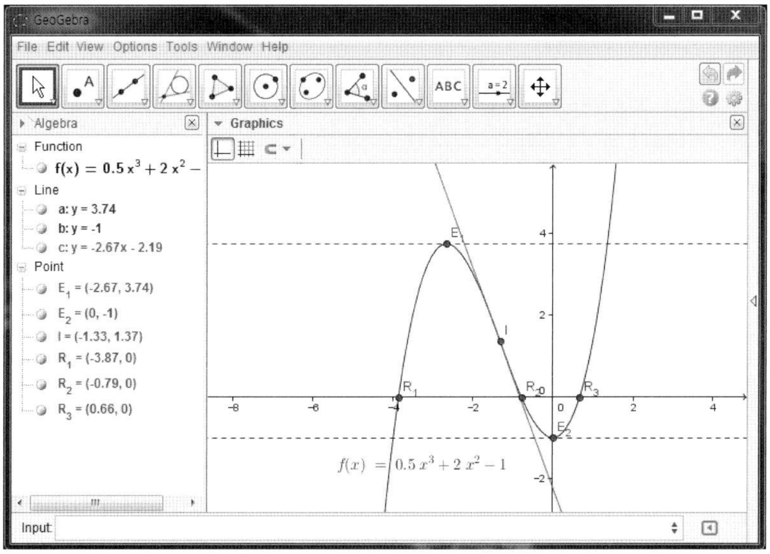

No.	Name	Tool...	Command	Value
1	Function f			$f(x) = 0.5x^3 + 2x^2 - 1$
2	Point R_1		Root[f]	R_1 = (-3.87, 0)
2	Point R_2		Root[f]	R_2 = (-0.79, 0)
2	Point R_3		Root[f]	R_3 = (0.66, 0)
3	Point E_1		Extremum[f]	E_1 = (-2.67, 3.74)
3	Point E_2		Extremum[f]	E_2 = (0, -1)
4	Line a		Tangent[E_1, f]	a: y = 3.74
5	Line b		Tangent[E_2, f]	b: y = -1
6	Point I		InflectionPoint[f]	I = (-1.33, 1.37)
7	Line c		Tangent[I, f]	c: y = -2.67x - 2.19

7. 구성한 그림을 클립보드로 보내기

Exporting a Picture to the Clipboard

GeoGera에서 구성한 화면을 컴퓨터 클립보드에 그림으로 저장했다가 다른 문서 파일 또는 프레젠테이션 파일에 쉽게 붙여넣기를 할 수 있다.

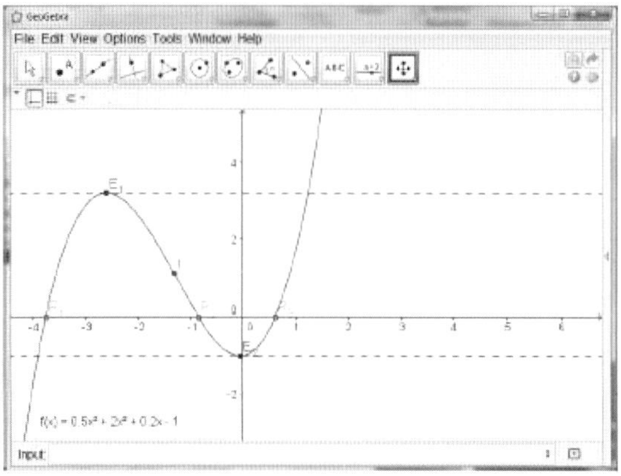
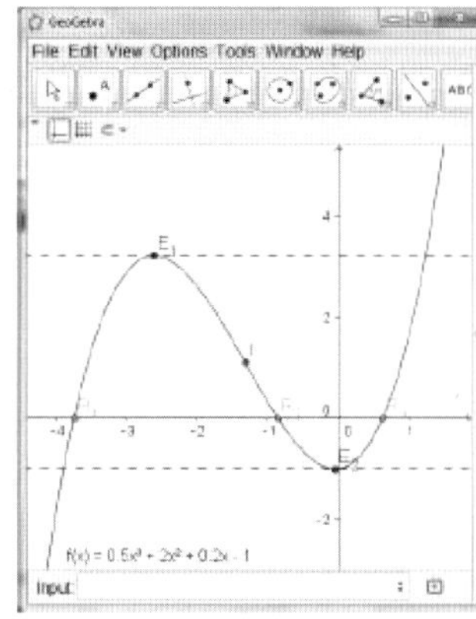

그림에서 보듯이, GeoGera는 그래픽 화면에 나타나는 모든 부분을 그림으로 저장하기 때문에 불필요한 부분을 없애기 위해서 화면의 크기를 조절하면 된다.

파일(File) 메뉴에서 내보내기(Export)를 클릭한 다음 그래픽화면을 클립보드(Graphics View to Clipboard)로를 선택하면 GeoGera 화면이 그림으로 저장되어서 다른 문서에 붙여넣기를 할 수 있게 된다.

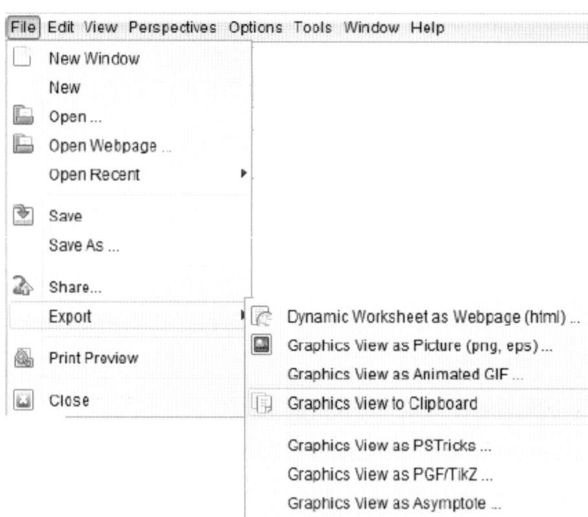

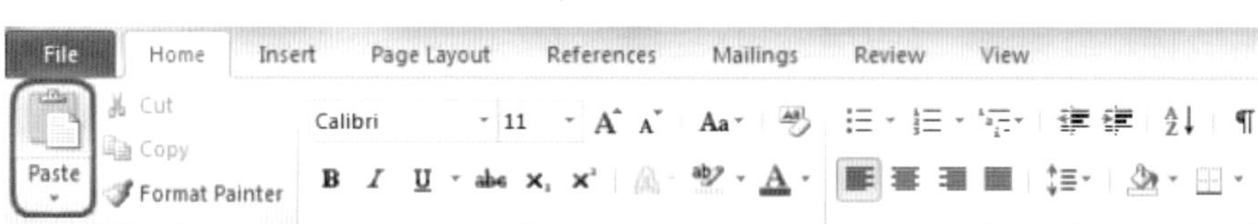

8. 문서 파일에 GeoGera 구성 그림 붙여넣기

Inserting Pictures into a Text Processing Document

MS word 문서에 그림을 붙여 넣기 하는 경우,

- MS word를 실행시키고
- 홈(Home) 메뉴에서 붙여넣기(Paste)를 선택하면 커서가 놓인 위치에 그림이 삽입된다. 또는 단축키 Ctrl+v를 사용할 수 있다.
- 붙여넣기를 한 뒤에 불필요한 부분은 그림 편집 도구를 이용해서 편집하면 된다.
- 다른 문서 파일이나 프레젠테이션 파일에서도 동일하거나 비슷한 방식으로 클립보드에 저장된 GeoGera 구성 내용을 붙여넣기 할 수 있다.

9. 부등식의 영역 [MA28]

Area of An Inequality

1) 학습 준비

- 새 창을 연다.
- 구성 화면을 (Perspectives)-Algebra & Graphics로 바꾼다.
- 화면에 새로 찍히는 점들의 이름만 보이도록 설정한다. (Menu--Option--Labeling--New Points Only)
- 입력창이 없는 경우, 화면 하단에 입력창(Input Bar)를 만든다. (Menu--View--Input Bar)

2) 구성 단계

1	• 수(Number) 슬라이더 a, h, k, p, q, r을 만든다. • 입력창(Input Bar)에 "슬라이더 이름=Slider[최소값, 최대값, 변화량]"을 입력하면, 대수창과 그래픽 구성창 모두 슬라이더가 표시된다. • 이때 모드 슬라이더의 최소값(Min)은 1, 최대값(Max)은 5, 변화량(Increment)는 1로 한다. • Tip: 모두 동일한 명령어를 사용하고 있기 때문에 단축키 "Ctrl+C"로 복사해서 "Ctrl+V"로 붙여 넣기 하면 빠르게 슬라이더를 만들 수 있다.
2	• 입력창(Input Bar)에 "y > a*x·2 + h*x+ k"를 입력하고 엔터키를 누르면 다음과 같은 화면이 된다.

<table>
<tr><td></td><td>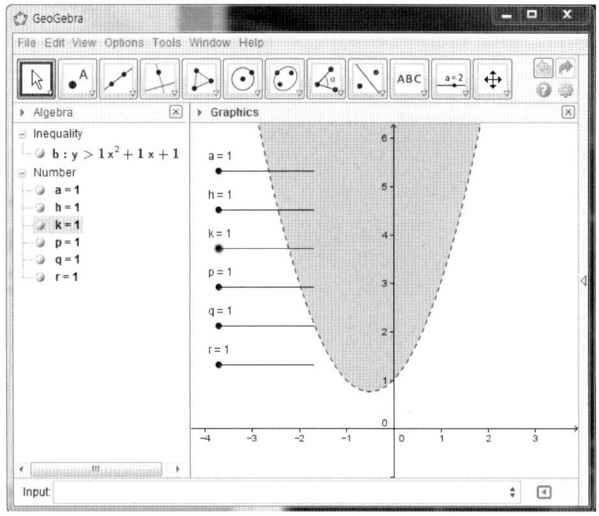

• 푸른색으로 나타나는 부분이 부등식의 영역이 되는데, 지오지브라는 사용자가 객체의 이름을 특별히 정하지 않으면 알파벳 순서대로 객체의 이름(b)을 자동 배정한다.</td></tr>
<tr><td>3</td><td>• 이동 도구를 선택해서 부등식의 매개 변수인 슬라이더 a, h, k를 차례차례 움직여 본다.
• 마우스 휠로 화면을 확대 축소해 가면서 좀 더 자세히 그래프의 변화를 관찰할 수 있다.</td></tr>
<tr><td>4</td><td>• 또 다른 부등식 “p*x·2 + q*y·2 < r”을 입력창(Input Bar)에 입력하고 엔터키를 누른다.
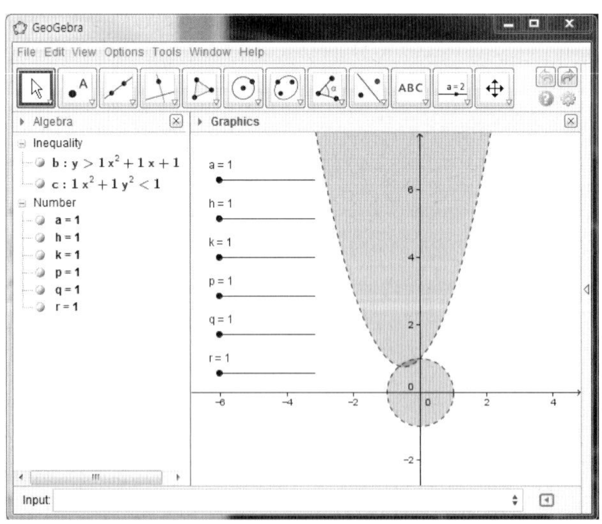
</td></tr>
</table>

<table>
<tr><td></td><td>• 역시 이동 도구를 선택해서 부등식의 매개 변수인 슬라이더 p, q, r을 차례차례 움직여 본다.</td></tr>
<tr><td>5</td><td>• Alt키를 누른 상태에서 대수창에 있는 “b:”를 클릭하면 부등식이 입력창에 복사된다.
• 여기서 기호 “ >”를 “ >= ” 또는 “<”로 바꿔 가면서 엔터키를 눌러 화면이 어떻게 변화하는지를 관찰한다.</td></tr>
<tr><td>6</td><td>• 마찬가지로 “c:”도 구성 5단계를 반복해 관찰해 본다.</td></tr>
<tr><td>7</td><td>• 계속해서 이동 도구 모드에서 부등식 b의 그래프 위에 마우스를 놓고 우측 버튼을 클릭해 나타나는 메뉴에서 객체 속성(Object Properties...)을 선택한다.
• 색(Color) 탭에서 부등식 영역의 색깔을 사용자가 바꿀 수 있음은 물론이고, 스타일(Style) 탭에서 현재 표준(Standard)로 되어 있는 채우기(Filling) 드롭다운 박스를 클릭하면, 빗금 또는 원하는 이미지(Image)로 부등식의 영역을 채울 수 있다.
• 그럼, 빗금(Hatch)를 선택해 본다. 빗금을 선택하면 아래에 빗금의 각도(Angle)와 간격(Spacing)을 사용자가 원하는 대로 조종할 수 있는 옵션이 다시 나타나는 것을 볼 수 있다.
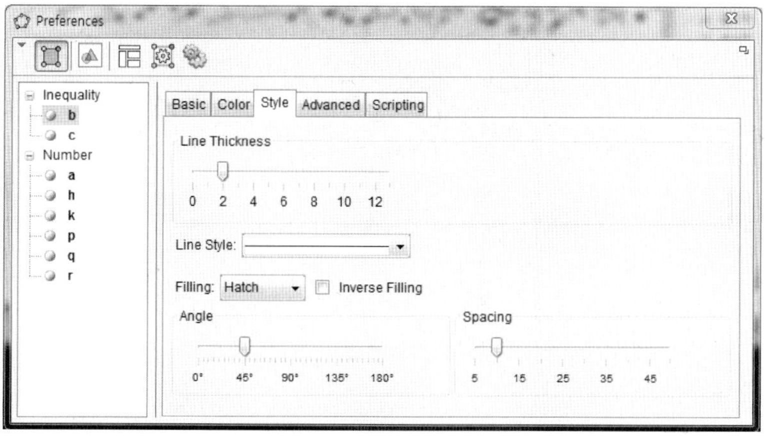
</td></tr>
<tr><td>8</td><td>• 이번에는, 두 부등식이 겹치는 부분을 보기 위해 입력창에 “(y > a*x·2 + h*x+k)·(p*x·2 + q*y·2 < r)”를 입력하고 엔터키를 누르면, 두 부등식이 만나는 부분의 영역을 나타내는 새로운 객체 “d:”가 생긴다.</td></tr>
</table>

<table>
<tr>
<td></td>
<td>
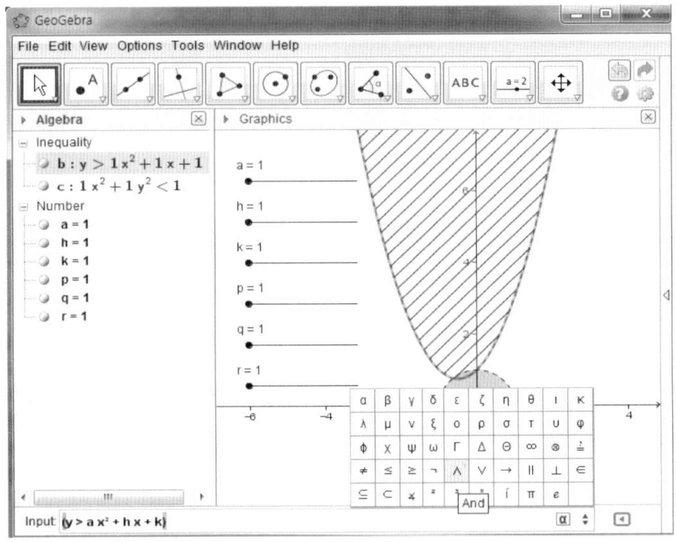

• 이때 두 부등식이 겹치는 부분을 의미하는 연산 기호 "∧"는 입력창 우측에 보이는 α 버튼을 클릭하면 나타나는 그리스어와 연산 기호 목록에서 선택한다.
• 이 영역만을 좀 더 자세히 보기 위해서 두 부등식을 화면에서 숨기는데, 대수창의 두 부등식 좌측에 있는 구슬 모양의 버튼을 클릭하면 두 부등식의 영역은 화면에서 사라진다.

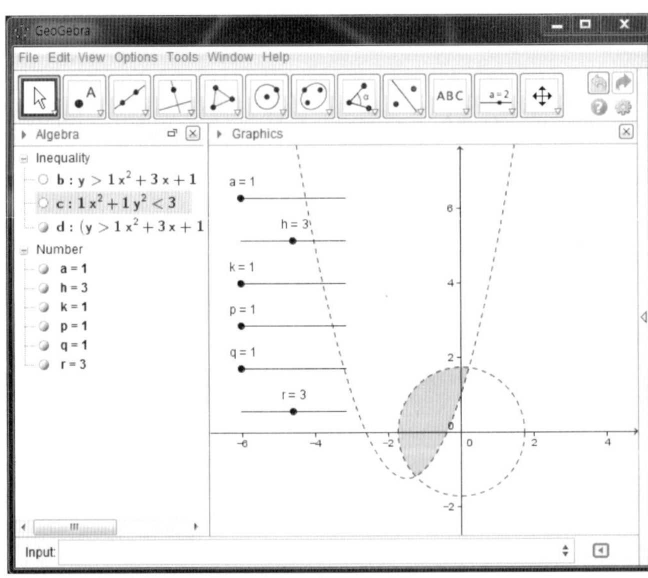

</td>
</tr>
<tr>
<td>9.</td>
<td>• 마지막으로 모든 슬라이더를 움직여 가면서 두 부등식이 겹치는 영역이 어떻게 달라지는지를 관찰한다.</td>
</tr>
</table>

No.	Name	Tool...	Command	Value
1	Number a			a = 1
2	Number h			h = 3
3	Number k			k = 1
4	Number p			p = 1
5	Number q			q = 1
6	Number r			r = 1
7	Inequality b		$y > a\,x^2 + h\,x + k$	b: $y > x^2 + 3x + 1$
8	Inequality c		$p\,x^2 + q\,y^2 < r$	c: $x^2 + y^2 < 1$
9	Inequality d		$(y > a\,x^2 + h\,x + k) \wedge (p\,x^2 + q\,y^2 < r)$	d: $(y > x^2 + 3x + 1) \wedge (x^2 + y^2 < 1)$

10. 함수 관리자

Function Inspector

지오지브라 4.0 이후부터 새롭게 도입된 도구로서, 함수에 대한 다양한 정보를 제공한다.

예를 들어, 입력창(Input Bar)에 함수 f(x)=x·3를 입력하고 툴바에서 함수 관리자 도구를 선택한 뒤 함수 f(x)를 클릭하면, 함수에 대한 정보창이 열린다.

이 정보창의 구간(Interval) 탭에는, 함수의 최대, 최소, 근(Root), 넓이(Area), 곡선의 길이(Length) 등의 값이 표시되어 있다.

점(Point) 탭에서는, x-좌표에 대한 함수값, 즉 y-좌표값을 계산할 수 있다. 이렇게 계산된 점은 그래픽 구성창에 표시되지만, 객체는 아니기 때문에 대수창에 표시되지 않는다.

또한 이 탭의 하단에는 네 개의 버튼이 있다.

첫 번째 버튼은 함수 위의 여러 점들의 좌표를 보여주는 버튼으로, 여기서 x-좌표의 간격(Step)을 사용자가 조절하여 원하는 점들의 좌표를 얻을 수 있다.

두 번째 버튼은 첫 번째 버튼에서 선택한 한 점을 그래프에 표시해주는 기능한다.

세 번째 버튼은 역시 첫 번째 버튼에서 선택한 한 점에서의 접선을 그려주는 기능을 하는 것으로서, 점과 마찬가지로 이 접선은 그래픽 구성창에 표시는 되지만, 객체는 아니기 때문에 대수창(Algebra View)에 표시되지 않는다.

네 번째 버튼은 선택한 점과 접선에 접하는 접촉원을 그려준다.

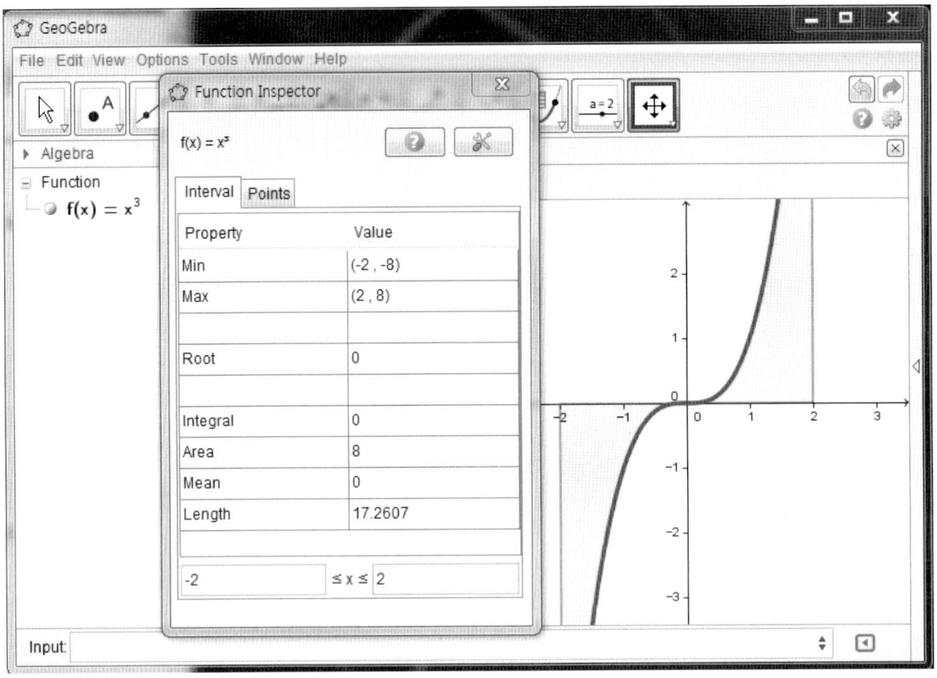
GeoGebra
File Edit View Options Tools Window Help
Function Inspector
f(x) = x³
Interval
Points
Property
Value
Min
(-2 , -8)
Max
(2 , 8)
Root
0
Integral
0
Area
8
Mean
0
Length
17.2607
-2
≤ x ≤
2
Algebra
Function
f(x) = x³
Input:

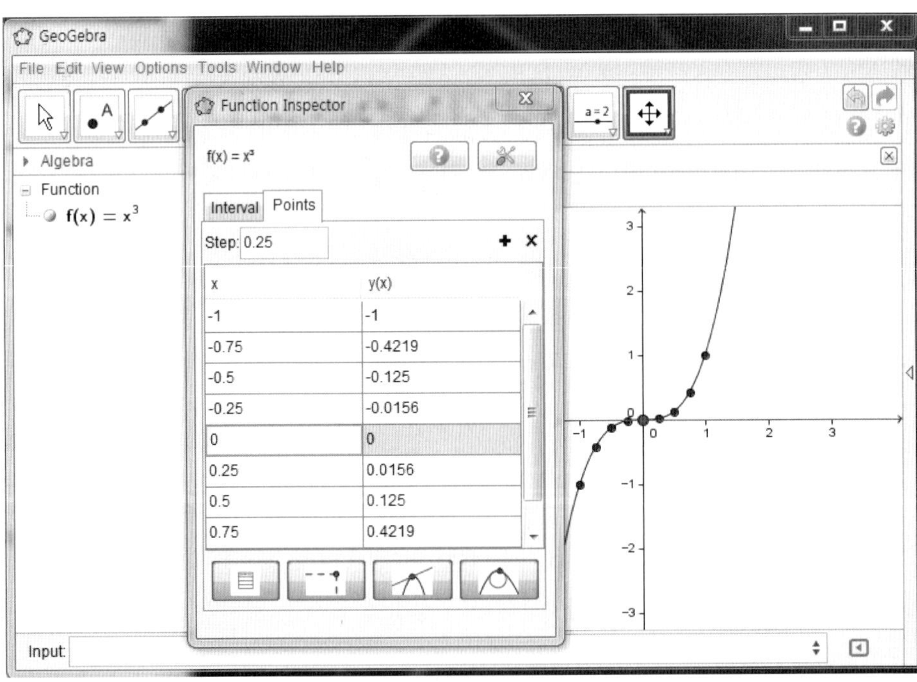
GeoGebra
File Edit View Options Tools Window Help
Function Inspector
f(x) = x³
Interval
Points
Step: 0.25
x
y(x)
-1
-1
-0.75
-0.4219
-0.5
-0.125
-0.25
-0.0156
0
0
0.25
0.0156
0.5
0.125
0.75
0.4219
Algebra
Function
f(x) = x³
Input:

마지막으로 점(Point) 탭의 상단 "+"를 클릭하면 드롭다운(drop-down) 목록이 펼쳐진다. 이 목록에 있는 메뉴--1차 미분(Derivative), 2차 미분(2nd Derivative), Different(계차), Curvature(곡률)--를 선택하면 해당 값을 정보창에 표시한다.

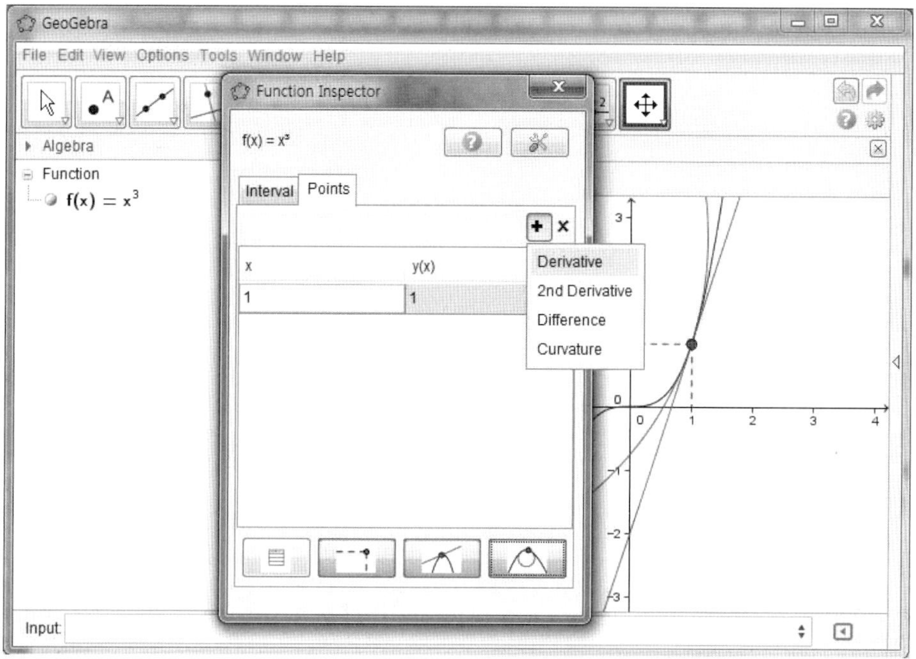

Chapter 6

구성 내용 변형 및 그림 삽입

Chapter **06**

구성 내용 변형 및 그림 삽입

Transformations & Inserting Pictures into the Graphics View

1. 함수 도미노 게임

Function Domin Game

GeoGera에서 구성한 여러 함수 그래프를 클립보드에 저장한 후 문서 파일에서 불러 들여 게임을 만들어보자.

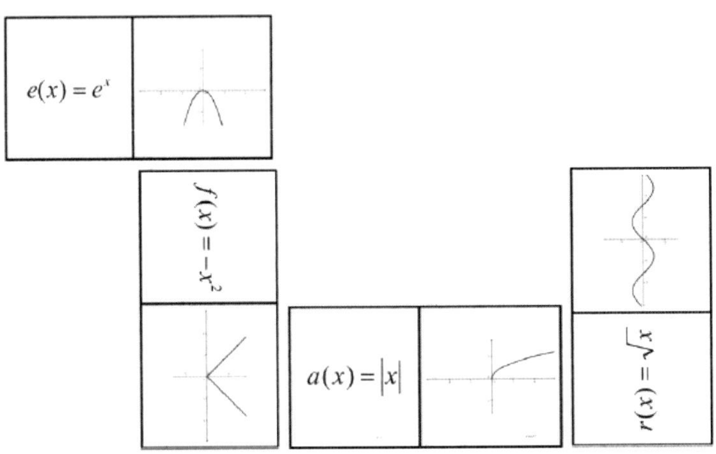

1) 학습 준비

- 새 창을 연다.

• 구성 화면 (Perspectives)- 대수 및 기하창(Algebra & Geometry)으로 바꾼다.

2) GeoGera에서 함수 그래프 구성

1	• 원하는 함수를 입력한다. • 예를 들어, e(x) = exp(x) 또는 f(x) = sin(x)
2	• 그래픽 화면 이동 툴을 이용해서 구성 화면을 좌측 위쪽으로 적절하게 이동시킨다.
3	• 원하는 부분만 화면에 나타나도록 화면을 축소시킨다.
4	• 클립보드로 내보내기 한다. (File--Export--Graphics View to Clipboard)

3) MS Word에서 게임 구성

1	• 새로운 MS Word 페이지를 연다.
2	• 삽입(Insert) 메뉴에서 표(Table)을 선택하여 2열로 된 표를 작성한다.
3	• 표의 모든 칸을 지정한 뒤 마우스 우측 버튼을 클릭하여 표의 속성창(Table Properties)을 연다.
4	• 행(Row)을 선택하여 행의 높이를 2로 한다.
5	• 열(Column)을 선택하여 열의 폭을 2로 한다.
6	• 칸(Cell)을 선택하여 정렬 상태를 중앙(Center)로 설정한다.
7	• 모든 설정을 마친 뒤 OK 버튼을 클릭한다.
8	• 표의 원하는 셀에 커서를 가져다 놓고 GeoGera 구성 그림을 클립보드에서 불러 들인다. • Home--Paste 또는 단축키 Ctrl+v
9	• 그림의 크기를 조정한다. • 그림을 더블 클릭하여 Format 탭을 연 뒤 크기를 선택해 그림의 크기를 높이, 폭 모두 1.9로 설정한다.
10	• 삽입된 그림 옆에 다른 함수를 입력한다.

2. 도형 암기 게임

Geometric Figures Memory Game

1) 학습 준비

- 새 창을 연다.
- 구성 화면 (Perspectives)- Algebra & Geometry로 바꾼다.

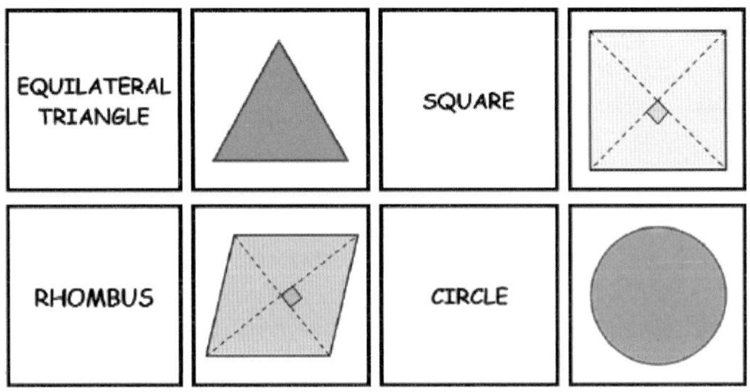

2) GeoGera에서 함수 그래프 구성

1	• 도형을 구성한다. • 예를 들어, 이등변 삼각형이나 정사각형 같은....
2	• Style-Bar를 이용해서 구성한 도형의 시각적으로 구별이 잘 되도록 수정한다.
3	• 그래픽 화면 이동 툴을 이용해서 구성 화면을 좌측 위쪽으로 적절하게 이동시킨 뒤 원하는 부분만 화면에 나타나도록 화면을 축소시킨다.
4	• 클립보드로 내보내기 한다. File--Export--Graphics View to Clipboard

3) MS Word에서 게임 구성

1	• 새로운 MS Word 페이지를 연다.
2	• 삽입(Insert) 메뉴에서 표(Table)을 선택하여 2열로 된 표를 작성한다.
3	• 표의 모든 칸을 지정한 뒤 마우스 우측 버튼을 클릭하여 표의 속성창(Table Properties)을 연다.
4	• 행(Row)을 선택하여 행의 높이를 2로 한다.

5	• 열(Column)을 선택하여 열의 폭을 2로 한다.
6	• 칸(Cell)을 선택하여 정렬 상태를 중앙(Center)로 설정한다.
7	• 모든 설정을 마친 뒤 OK 버튼을 클릭한다.
8	• 표의 원하는 셀에 커서를 가져다 놓고 GeoGera 구성 그림을 클립보드에서 불러 들인다. Home--Paste 또는 단축키 Ctrl+v
9	• 그림의 크기를 조정한다. • 그림을 더블 클릭하여 Format 탭을 연 뒤 크기를 선택해 그림의 크기를 높이, 폭 모두 1.9로 설정한다.
10	• 삽입된 그림 옆 셀에 도형 이름을 입력한다.

3. 대칭 구성 [MA29]

Symmetry with GeoGebra

1) 학습 준비

- 화면에 삽입할 그림 파일이 컴퓨터에 저장되어 있는지를 확인한다.
- 새 창을 연다.
- 구성 화면 (Perspectives)-기하창(Geometry)로 바꾼다.
- 화면에 새로 구성되는 객체들의 이름이 보이지 않도록 설정한다. (Menu--Option--Labeling--No New Object)

2) 새로운 활용 도구

A A	• 이름 보이기 및 숨기기/Show & Hide Label • 객체의 이름을 화면에 보이게 하거나 숨기는 도구,

*** 도구 사용법을 모르는 경우, 도움말을 읽고, 구성 전에 새로 사용하게 되는 도구들은 미리 시험사용을 해본다.

3) 구성 단계

1 •A	• 새로운 점A를 찍는다.

2	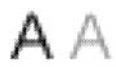	• 점A의 이름이 화면에 나타나도록 한다. • 원하면, Style-Bar를 이용해 점A의 이름 또는 색깔 등을 수정한다.
3		• 두 점을 지나는 직선을 그린다.
4		• 위에서 그린 직선을 중심으로 점A의 대칭점 A'를 찍는다.
5		• 점A와 점A'를 잇는 선분 AA'를 그린다.
6		• 두 점에 대해서 마우스로 우측 버튼을 클릭하여 움직이는 자취를 연속되는 점으로 표시해주는 자취 보기(Trace On)를 선택한다.
7		• 점A를 움직여 도형을 그려본다. • 점A의 대칭점인 A'는 어떤 자취를 그려내는지 본다.
8		• 원하는 그림을 삽입한다. (편집/Edit--그림삽입/Insert Image from--파일에서/File)
9		• 삽입한 그림의 위치를 조절한다.
10		• 그림을 화면의 배경으로 설정한다. • Note: 마우스를 그림에 대고 우측 버튼을 클릭하여 객체 속성창이 나타나면 기본(Basic) 탭에서 배경이미지(Background Image) 체크박스를 클릭한다. 그림이 배경이미지로 바뀌면 더 이상 그림을 그래픽 창에서 선택할 수 없게 된다.
11		• 그림 객체 속성창의 색깔(Color) 탭에서 그림의 투명도를 조절한다.

*** 자취 보기(Trace On)의 특성

- Trace On에 의해서 만들어 지는 자취는 화면을 변경하면 사라진다.
- 자취는 저장할 수 없으며, 하나의 객체가 아니기 때문에 대수창에 객체로 나타나지 않는다.
- 자취를 없애기 위해서는 보기(View) 메뉴에서 화면지우기(Refresh Vews)를 선택하거나, 단축키 Ctrl-F를 사용하면 된다.

No.	Name	Tool...	Command	Value
1	Point A			A = (2, 3)
2	Point B			B = (0.34, 2.02)
3	Point C			C = (7.34, 2.02)
4	Line a		Line[B, C]	a: y = 2.02
5	Point A'		Reflect[A, a]	A' = (2, 1.04)
6	Segment b		Segment[A, A']	b = 1.96
7	Point D			D = (0.42, -2.51)
8	Point E			E = (7.52, -2.51)
9	Image pic1			pic1

4. 그림의 크기조절, 대칭 및 뒤틀림

Resizing, Reflecting and Distorting a Picture

1) 학습 준비

- 화면에 삽입할 그림 파일이 컴퓨터에 저장되어 있는지를 확인한다.
- 새 창을 연다.
- 구성 화면을 (Perspectives)- 기하창(Geometry)로 바꾸고, 하단에 입력창(Input Bar)이 나타나도록 한다.

2) 구성1: 그림의 크기 조절 및 Mirror Image

1	원하는 그림을 삽입한다. (편집/Edit--그림삽입/Insert Image from--파일에서/File)
2	그림의 좌측 아래 지점에 점A를 찍는다.
3	점A를 그림의 첫번째 모서리로 설정한다. 그림의 속성창을 열어 위치(Position) 탭을 클릭하면 나오는 모서리(Corner)1의 입력창에 A를 입력한다.

4	명령어 B= A + (10,0)를 입력하여 새로운 점B를 찍는다.
5	점B를 그림의 두번째 모서리로 설정한다. 그림의 속성창을 열어 위치(Position) 탭을 클릭하면 나오는 모서리(Corner)2의 입력창에 B를 입력한다. 이때 그림의 우측 아래 모서리가 점B로 이동하며 그림의 크기가 바뀌게 된다.
6	두 점 C와 D를 지나는 직선을 그린다.
7	위에서 그린 직선을 대칭축으로 그림의 Mirror Image를 만든다. 원래 그림과의 구별을 위해서 대칭된 그림의 투명도를 조정한다.

3) 구성2: 그림 뒤틀기

1	점B를 삭제해 그림을 원래 크기로 되돌린다.
2	회복된 그림의 우측 아래 모서리에 점B를 찍는다.
3	그림의 속성창을 열어 위치(Position) 탭을 클릭하면 나오는 모서리(Corner)2의 입력창에 B를 입력한다.
4	그림의 좌측 위 모서리에 새로운 점E를 찍는다.
	그림의 속성창을 열어 위치(Position) 탭을 클릭하면 나오는 모서리(Corner)4의 입력창에 E를 입력한다.
5	각각의 점들을 Drag Test해본다. 구성1에서와는 달리 그림이 뒤틀리는 것을 확인할 수 있다.

5. 대칭의 특성 [MA30]

Exploring Properties of Reflection

1) 구성 단계

1	원하는 그림을 삽입한다. (편집/Edit--그림삽입/Insert Image from--파일에서/File)
2	그림의 좌측 아래 지점에 점A를 찍는다.
3	점A를 그림의 첫번째 모서리로 설정한다. 그림의 속성창을 열어 위치(Position) 탭을 클릭하면 나오는 모서리(Corner)1의 입력창에 A를 입력한다.
4	명령어 B= A + (10,0)를 입력하여 새로운 점B를 찍는다.
5	점B를 그림의 두번째 모서리로 설정한다. 그림의 속성창을 열어 위치(Position) 탭을 클릭하면 나오는 모서리(Corner)2의 입력창에 B를 입력한다. 이때 그림의 우측 아래 모서리가 점B로 이동하며 그림의 크기가 바뀌게 된다.
6	두 점을 지나는 직선 a를 그린다.
7	그림의 상단 좌측에 점 E를 찍는다. 그림의 속성창을 열어 위치(Position) 탭을 클릭하면 나오는 모서리(Corner)4의 입력창에 E를 입력한다.
8	직선 a를 대칭축으로 그림의 Mirror Image를 만든다. 원래 그림과의 구별을 위해서 대칭된 그림의 투명도를 조정한다.
9	도구를 이용하여 점 A, B, E의 대칭점 A', B', E'를 찍는다.
9	각각의 대칭점들의 선분을 그린다.
10	대칭의 중심선과 세 선분이 이루는 각을 표시한다.

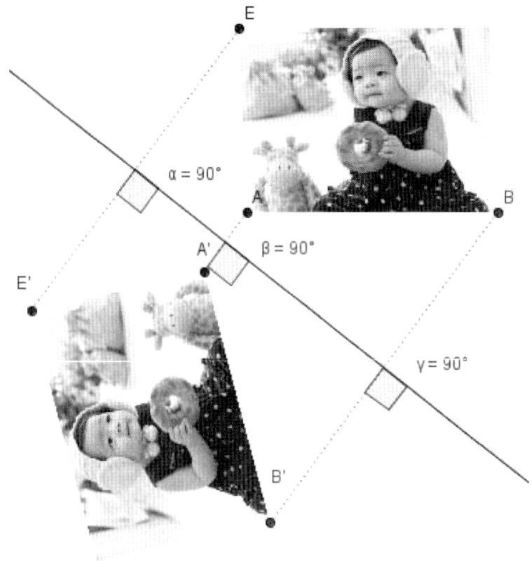

No.	Name	Tool...	Command	Value
1	Image pic1			pic1
2	Point A			A = (-4.28, -11.64)
3	Point B		A + (10, 0)	B = (5.72, -11.64)
4	Point C			C = (-11.84, -7.63)
5	Point D			D = (-2.93, -14.45)
6	Line a		Line[C, D]	a: 6.82x + 8.91y = -148.69
7	Point E			E = (-4.61, -4.55)
8	Image pic1'		Reflect[pic1, a]	pic1'
9	Point E'		Reflect[E, a]	E' = (-12.92, -15.42)
10	Point A'		Reflect[A, a]	A' = (-5.99, -13.88)
11	Point B'		Reflect[B, a]	B' = (-3.38, -23.53)
12	Segment b		Segment[E, E']	b = 13.69
13	Segment c		Segment[A, A']	c = 2.82
14	Segment d		Segment[B, B']	d = 14.98
15	Angle α		Angle[b, a]	α = 90°
16	Angle β		Angle[c, a]	β = 90°
17	Angle γ		Angle[d, a]	γ = 90°

6. 그림(객체)의 이동 [MA31]

Translating Pictures

1) 학습 준비

- 화면에 삽입할 그림 파일이 컴퓨터에 저장되어 있는지를 확인한다.
- 새 창을 연다.
- 구성 화면 (Perspectives)- Algebra & Graphics로 바꾸고, 격자(Grid)선이 나타나도록 한다.
- 포인트 캡처링(Point Capturing) 메뉴를 격자에 구속(Fixed to Grid)되도록 설정한다.

2) 새로운 활용 도구

	• 두 점사이의 벡터/Vector between Two Points • 첫 번째 클릭으로 벡터의 시점을 결정하고 두 번째 클릭으로 벡터의 종점을 결정하는 도구.
	• 벡터에 의한 객체 이동/Translate Object by Vector • 이동한 객체를 선택하고 나서 이동 벡터를 클릭해 객체를 이동시키는 도구.

*** 도구 사용법을 모르는 경우, 도움말을 읽고, 구성 전에 새로 사용하게 되는 도구들은 미리 시험사용을 해본다.

3) 구성 단계

1		• 원하는 그림을 삽입한다. • 편집/Edit--그림 삽입/Insert Image from--파일/File
2		• 세 점 A=(1,1) B=(6,1) D=(1,5)를 찍는다.
3		• 그림의 속성창을 열어 위치(Position) 탭을 선택한 다음, A는 Corner1에 B는 Corner2에 D는 Corner4로 설정한다.
4		• 새로운 점 O=(0,0)과 P=(6,-4)를 찍는다.
5		• 두 점사이의 벡터(Vector between Two Points) 도구를 이용해 OP를 긋는다. • Note: 명령어 u=Vector[O,P]를 입력하여 동일한 벡터를 만들 수 있다.
6		• 벡터 u에 의한 그림의 이동을 실행시킨다.
7		• 벡터 u에 의한 세 점 A, B, D의 이동을 실행시켜, 점 A', B', D'를 만든다.
8		• 점O를 화면에서 숨겨 혹시 잘못 이동되지 않도록 한다. • Note: 이 도구를 선택해서 점 O를 클릭한 후, 다른 도구를 선택하기 전까지 객체는 화면에서 사라지지 않는다.
9		• 이동한 그림과 원래 그림을 구분하기 위해서 • 이동한 그림의 속성창을 열어 색(Color) 탭에서 그림의 투명도를 조정한다.

No.	Name	Tool...	Command	Value
1	Point A			A = (1, 1)
2	Image pic1			pic1
3	Point B		Point[Circle[A, 5]]	B = (6, 1)
4	Point D		A + 0Vector[A, B] + 0.8PerpendicularVector[Segment[A, B]]	D = (1, 5)
5	Point O			O = (0, 0)
6	Point P			P = (6, -4)
7	Vector u		Vector[O, P]	u = (6, -4)
8	Image pic1'		Translate[pic1, u]	pic1'
9	Point A'		Translate[A, u]	A' = (7, -3)
10	Point D'		Translate[D, u]	D' = (7, 1)
11	Point B'		Translate[B, u]	B' = (12, -3)

7. 다각형의 회전(1) [MA32]

Rotating Polygons(1)

1) 학습 준비

- 새 창을 연다.
- 구성 화면 (Perspectives)- 기하창(Geometry)로 바꾸고, 좌표축과 격자선이 나타나도록 한다.
- 툴바 우측에 있는 설정(Preferences) 아이콘을 클릭해 나타나는 메뉴에서 화면 (Graphics) 설정을 선택하면 대화창이 나타난다. 이 대화창의 x-축 탭(xAxis)의 거리(Distance)를 1로 설정하고 마찬가지로 y-축 탭(yAxis)의 거리도 1로 설정한다.

2) 새로운 활용 도구

	• 한 점을 축으로 한 객체의 정각 회전 /Rotate Object around Point by Angle • 회전할 객체를 클릭한 후 회전의 중심을 클릭해 나타나는 대화창에 각도를 입력하면 객체를 해당 각도만큼 회전시키는 도구.

*** 도구 사용법을 모르는 경우, 도움말을 읽고, 구성 전에 새로 사용하게 되는 도구들은 미리 시험사용을 해본다.

3) 구성 단계

1	• 삼각형을 자유롭게 그리되, 꼭짓점을 격자가 만나는 점에 찍도록 한다.
2	• 새로운 점D를 좌표의 원점에 찍는다.
3	• 새로운 점D에 마우스를 놓고 우측버튼을 클릭해 나타나는 메뉴에서 Rename를 선택해 O로 이름을 바꾼다.
4	• 각 슬라이더 α를 만든다. • 도구를 이용해 슬라이더를 만들 때 나타나는 대화창에서 각(Angle)을 선택하고 변화량(Increment)은 90°로 설정한다.
5	• 삼각형 ABC를 원전 O를 회전축으로 하여 α만큼 회전한다. • 도구를 사용할 때 나타나는 각도 입력창에 α를 입력하고, 회전 방향은 시계방향으로 정한다. • Note: "α"의 입력은 대화상자 우측에 보이는 "α"버튼을 클릭해 나타나는 그리스어 및 연산자 목록에서 선택한다.

6		• 선분 BO와 B'O를 그린다.
7		• B'OB의 각도를 표시한다. • 시계방향으로 점을 찍고, 화면에 각도는 나타나지 않도록 숨긴다. • Note: 녹색의 각 표시 위에 마우스를 놓고 우 클릭해 나타나는 메뉴에서 이름 보이기/숨기기(Show Label)을 선택한다.
8		• 슬라이드를 움직여 삼각형이 어떻게 회전하는지 관찰한다.

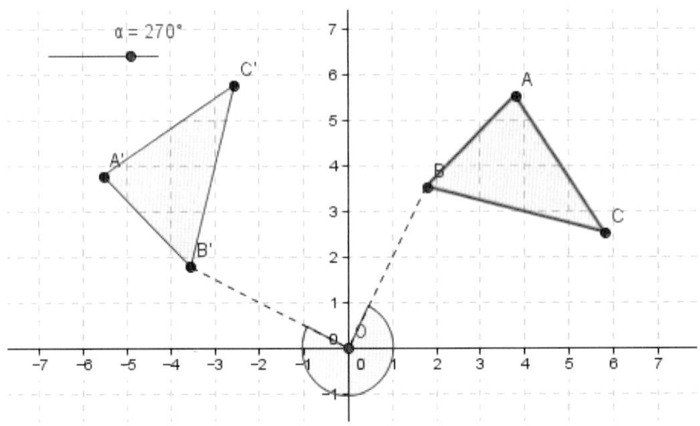

※ **대수창(Algebra View) 정리**

- 복잡한 구성 작업을 하다보면 그래픽 화면보다 대수창이 훨씬 복잡하고 길어지면서 산만해진다. 따라서 불필요한 객체들을 보이지 않게 함으로써 이를 해소할 필요가 있다.
- 툴바 우측에 있는 설정(Preferences) 아이콘을 클릭해 나타나는 메뉴에서 객체(Object) 설정을 선택하면 대화창이 나타난다.
- 이 대화창에서 불필요한 객체들을 보조 객체로 체크하면 체크된 객체들은 대수창에 나타나지 않게 된다.
- 이렇게 숨겨진 객체들은 대수창의 Style-Bar에 있는 보조 객체(Auxiliary Objects) 버튼을 클릭하면 다시 나타나게 할 수 있다.

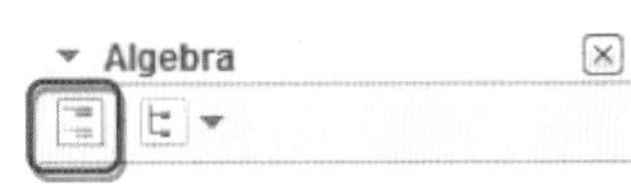

- 이렇게 함으로써 이제 대수창의 다른 여러 객체들에 시선을 빼앗기지 않고, 원하는 객체들만 관찰할 수 있게 된다.

No.	Name	Tool...	Command	Value
1	Point A			A = (3.79, 5.55)
2	Point B			B = (1.79, 3.55)
3	Point C			C = (5.79, 2.55)
4	Triangle poly1		Polygon[A, B, C]	poly1 = 5
4	Segment c		Segment[A, B, poly1]	c = 2.83
4	Segment a		Segment[B, C, poly1]	a = 4.12
4	Segment b		Segment[C, A, poly1]	b = 3.61
5	Point O		Intersect[xAxis, yAxis]	O = (0, 0)
6	Angle α			α = 270°
7	Point A'		Rotate[A, -α, O]	A' = (-5.55, 3.79)
8	Point B'		Rotate[B, -α, O]	B' = (-3.55, 1.79)
9	Point C'		Rotate[C, -α, O]	C' = (-2.55, 5.79)
10	Triangle poly1'		Polygon[A', B', C']	poly1' = 5
10	Segment c'		Segment[A', B', poly1']	c' = 2.83
10	Segment a'		Segment[B', C', poly1']	a' = 4.12
10	Segment b'		Segment[C', A', poly1']	b' = 3.61
11	Segment d		Segment[B, O]	d = 3.98
12	Segment e		Segment[B', O]	e = 3.98
13	Angle β		Angle[B', O, B]	β = 270°

8. 다각형의 회전(2)

[MA33]

Rotating Polygons(2)

1) 학습 준비

- 새 창을 연다.
- 구성 화면 (Perspectives)-Basic Geometry로 바꾼다.
- 화면에 새로 찍히는 점들의 이름만 보이도록 설정한다.
  (Menu--Option--Labeling--New Points Only)

2) 구성 단계

<table>
<tr><td>1</td><td>• 두 점을 지나는 직선(Line through Two Points) 도구를 선택해 직선 AB를 그린다.</td></tr>
<tr><td>2</td><td>• 직선 위가 아닌 한 곳에 점 C를 찍는다.</td></tr>
<tr><td>3</td><td>• 다각형(Polygone) 도구를 클릭해서 점 A에로부터 시작해서 삼각형 ABC를 시계 반대방향으로 연결한다.
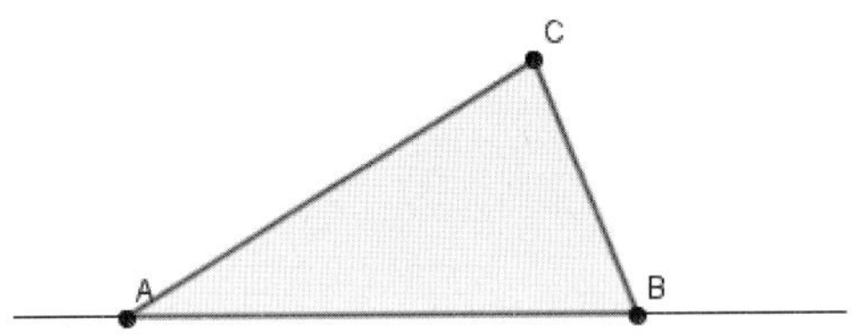
</td></tr>
<tr><td>4</td><td>• 슬라이더(Slider) 도구로 각(Angle) 슬라이더 P와 Q를 만든다.
• 두 슬라이더 모두 슬라이더 대화상자의 범위(Interval) 탭에서 각(Angle)을 선택하고, 최소값(Min)은 0°, 최대값(Max)은 180°, 변화량(Increment)는 1°로 입력한 다음 적용(Apply) 버튼을 눌러 완성한다.
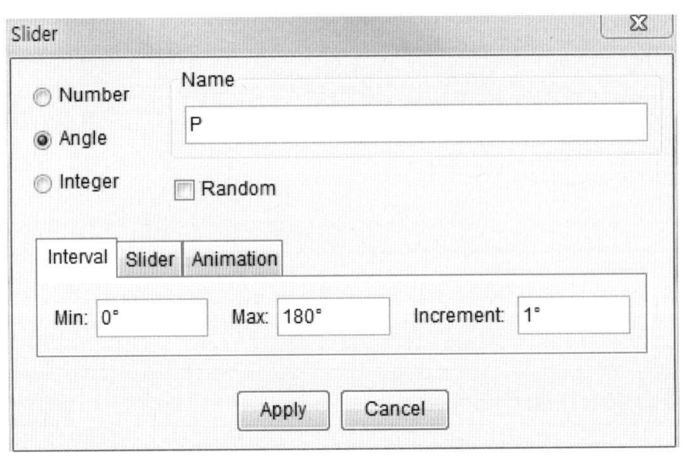
</td></tr>
<tr><td>5</td><td>• 삼각형 ABC의 안을 클릭하여 세 내각을 표시한다.
• 만일 삼각형을 시계방향으로 그렸을 경우 삼각형의 외각이 표시된다.
① 각 측정값을 숨긴다. 표시된 각에 마우스를 대고 우측 버튼을 클릭해 팝업되는 메뉴에서 이름보이기(Show Label)을 클릭해 각 측정값을 숨긴다.
② 각 표시의 색을 조정한다.
• 점(A, B)가 아니라, 표시된 각에 마우스를 대고 우측 버튼을 클릭해 팝업되는 메뉴에서 속성(Properties)을 선택하면 새로운 대화상자가 열린다. 그런 다음</td></tr>
</table>

	색(Coloers) 탭에서 각 A는 빨강, 각 B는 파랑으로 각각 색깔을 변경한다. 각 C는 현재 색깔을 그대로 사용하기로 한다. 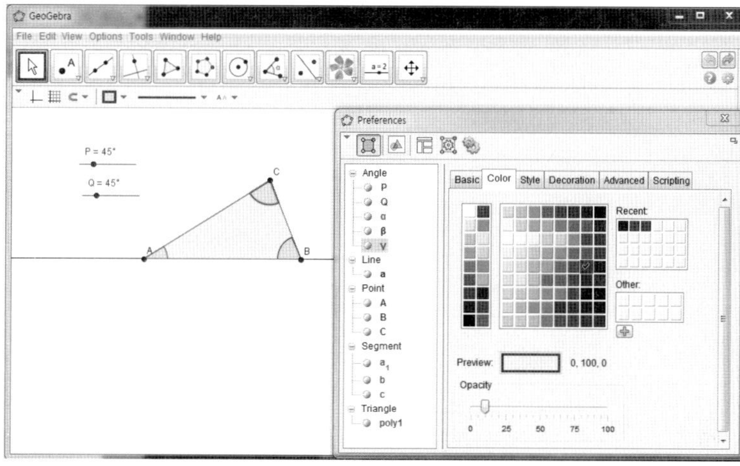
6 	• 중점(Midpoint) 도구를 선택해, 선분 BC의 중점을 찍는다. • 중점을 찍었을 때 점의 이름 D가 나타나면, 이름 보이기/숨기기(Show Label)를 선택해 이름을 지운다.
7 	• 점을 중심축으로 일정한 각 회전(Rotate Object around Point by Angle) 도구를 선택해, 먼저 삼각형의 내부를 클릭(회전할 객체를 선택)하고나서 회전축이 될 점(선분BC의 중점)을 클릭하면 팝업 되는 대화상자에 회전할 각 P와 회전 방향을 시계방향(Clockwise)으로 입력하고 OK버튼을 누른다. 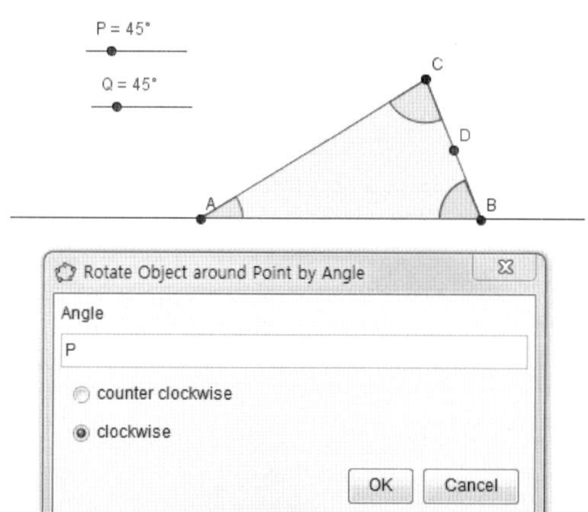

8 	• 이제 이동 도구 상태에서 슬라이더 P를 움직여 삼각형이 어떻게 회전하는지를 보고, 특히 P의 각이 90°일 때와 180°일 때를 관찰한다.
9	• 이제 새로 생긴 삼각형 A'B'C'를 대상으로 구성 5단계를 반복해서 각 A와 각 A'의 색깔과 각 B와 B', 각 C와 C'의 색을 통일시키고, 슬라이더 P의 각을 180°로 움직이면 아래와 같은 그림이 된다. 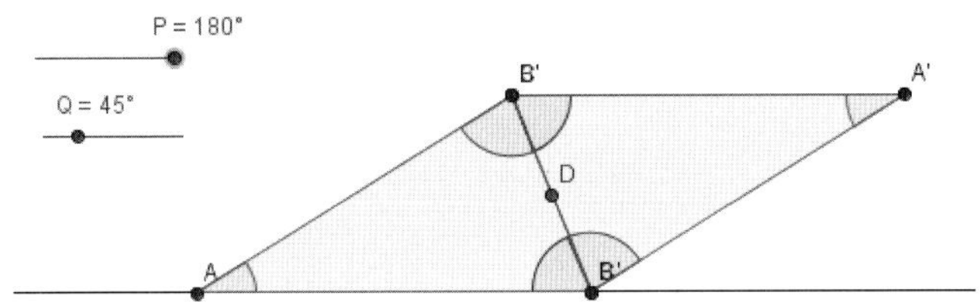

3) 학습 과제

위에서 구성한 내용과 다음 주의할 점들을 고려하여 아래와 같은 그림이 되도록 스스로 완성해 본다.

① 세 번째 삼각형이 그림과 같은 위치가 되려면 어디에 중심축을 두고 회전해야 할까?

② 회전각은 어떻게 얼마만큼이 되어야 할까?

③ 모든 점들을 한꺼번에 숨기려면 어떻게 해야 할까?

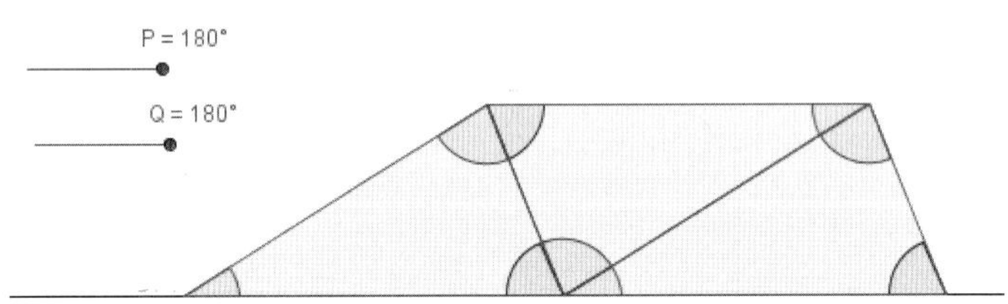

No.	Name	Tool...	Command	Value
1	Point A			A = (1, 2)
2	Point B			B = (6, 2)
3	Line a		Line[A, B]	a: y = 2
4	Point C			C = (5, 4.44)
5	Triangle poly1		Polygon[A, B, C]	poly1 = 6.1
5	Segment c		Segment[A, B, poly1]	c = 5

5	Segment a_1	Segment[B, C, poly1]	a_1 = 2.64
5	Segment b	Segment[C, A, poly1]	b = 4.69
6	Angle P		P = 180°
7	Angle Q		Q = 180°
8	Angle α	Angle[poly1]	α = 31.38°
8	Angle β	Angle[poly1]	β = 67.71°
8	Angle γ	Angle[poly1]	γ = 80.9°
9	Point D	Midpoint[a_1]	D = (5.5, 3.22)
10	Point A'	Rotate[A, -P, D]	A' = (10, 4.44)
11	Point B'	Rotate[B, -P, D]	B' = (5, 4.44)
12	Point C'	Rotate[C, -P, D]	C' = (6, 2)
13	Triangle poly1'	Polygon[A', B', C']	poly1' = 6.1
13	Segment c'	Segment[A', B', poly1']	c' = 5
13	Segment a'	Segment[B', C', poly1']	a' = 2.64
13	Segment b'	Segment[C', A', poly1']	b' = 4.69
14	Angle δ	Angle[poly1']	δ = 31.38°
14	Angle ε	Angle[poly1']	ε = 67.71°
14	Angle ζ	Angle[poly1']	ζ = 80.9°
15	Point E	Midpoint[b']	E = (8, 3.22)
16	Point A''	Rotate[A', -Q, E]	A'' = (6, 2)
17	Point B''	Rotate[B', -Q, E]	B'' = (11, 2)
18	Point C''	Rotate[C', -Q, E]	C'' = (10, 4.44)
19	Triangle poly1''	Polygon[A'', B'', C'']	poly1'' = 6.1
19	Segment c''	Segment[A'', B'', poly1'']	c'' = 5
19	Segment a''	Segment[B'', C'', poly1'']	a'' = 2.64
19	Segment b''	Segment[C'', A'', poly1'']	b'' = 4.69
20	Angle η	Angle[poly1'']	η = 31.38°
20	Angle θ	Angle[poly1'']	θ = 67.71°
20	Angle ι	Angle[poly1'']	ι = 80.9°

9. 벡터와 모자이크 [MA34]

Vector and Tessellation

1) 학습 준비

- 새 창을 연다.
- 구성 화면을 (Perspectives)-Geometry로 바꾼다.
- 화면에 좌표축을 표시한다.

  (화면 상단/툴바 아래--▶ 클릭-- 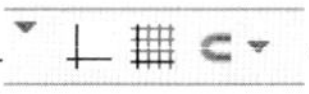 에서 좌표축 클릭)

2) 새로운 활용 도구

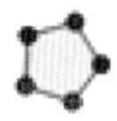	• 정다각형/Regular Polygon • 두 점을 클릭하면 팝업되는 대화상자에 꼭짓점의 개수를 입력하면 해당하는 정다각형을 그리는 도구.

*** 도구 사용법을 모르는 경우, 도움말을 읽고, 구성 전에 새로 사용하게 되는 도구들은 미리 시험사용을 해본다.

3) 구성 단계

1		• 두 점 A=(0, 5), B=(0, 4)을 좌표에 찍는다.
2		• 정다각형(Regular Polygon) 도구를 선택해 • 점 A와 B를 클릭하면 다각형의 꼭짓점 개수를 입력하는 창이 팝업된다. 여기에 8을 입력하고 OK버튼을 누른다. 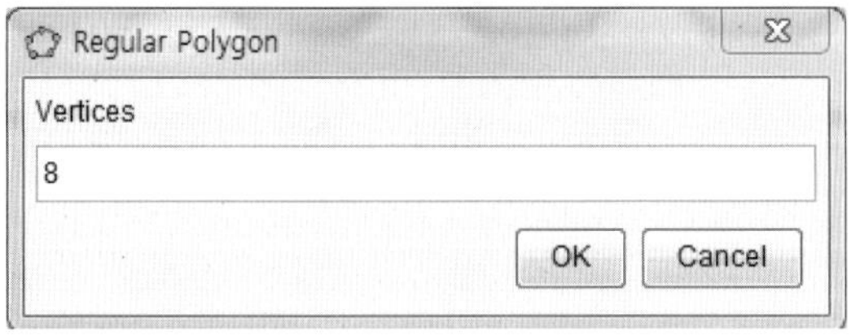 • 정팔각형이 생기면서 함께 표시되는 모든 점들의 이름은 화면에서 숨긴다.
3		• 이제 방향을 나타내기 위한 벡터의 시작점과 끝점을 찍기 위해 새로운 점(New Point) 도구로 좌표의 원점(Origin)과 양의 x-좌표 위의 한 점, 음의 y-좌표 위의 한 점을 찍는다. 아래 그림에서는 (1, 0)과 (0, -1)를 선택했다.

<table>
<tr><td>4</td><td>• 이동 도구 모드에서 각 세 점을 우 클릭(right click)해 나타나는 메뉴에서 이름 바꾸기(Rename)을 선택해, 원점은 O로 x-좌표 위의 점은 P로 y-좌표 위의 점은 Q로 바꾼다.
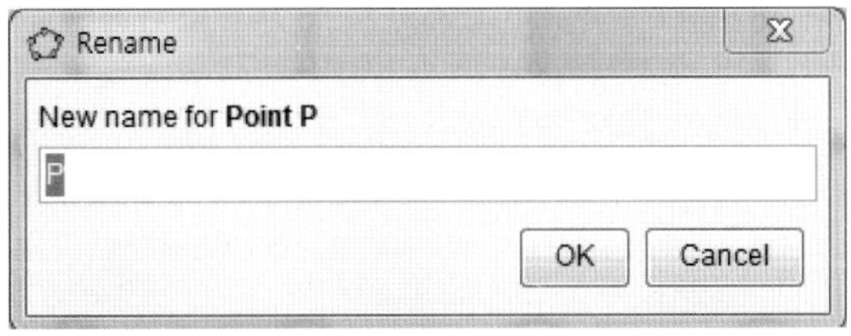
</td></tr>
<tr><td>5</td><td>• 두 점 사이의 벡터(Vector between Two Points) 도구로, 벡터 u=OP, v=OQ를 구성한다.</td></tr>
<tr><td>6</td><td>• 벡터에 의한 평행 이동(Translate Object by Vector) 도구로, 정팔각형(Octagon)의 내부를 클릭한 후 벡터 u를 클릭한다.
• 다시 정팔각형의 내부를 클릭한 후 이번에는 벡터 v를 클릭한다.
• 새롭게 생성된 팔각형은 사용자가 임의로 만든 벡터--u=(1, 0), v=(0, -1)--만큼 평행이동을 한 상태이기 때문에 아래 그림 Figure-1과 같이 새로운 팔각형이 만들어 진다.
• 따라서 팔각형이 서로 겹치지 않도록 하려면, 벡터 u와 v를 이동 도구(Move)로 움직여 팔각형을 배열한다.
• 현재 구성에서는 벡터 u=(1, 0)는 (2.4, 0)으로, 벡터 v=(0, -1)는 (0, -2.4)로 각각 이동하였다.
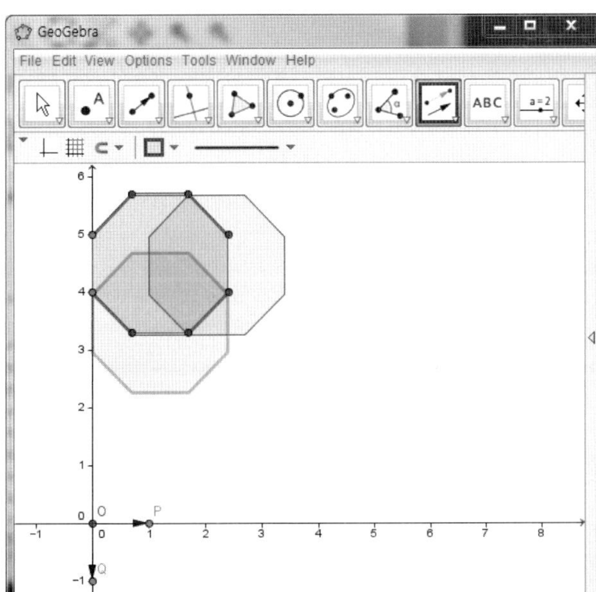
</td></tr>
</table>

7	• 구성 6단계를 반복한다.
8	• 최초 정팔각형의 점들을 보이지 않도록 만든다. • Tip: Ctrl 키를 누른 상태에서 보이는 모든 점들을 클릭한 다음 우 클릭을 해 객체 숨기기/보이기(Show Object)를 선택하면 한꺼번에 모든 점들을 숨길 수 있다.

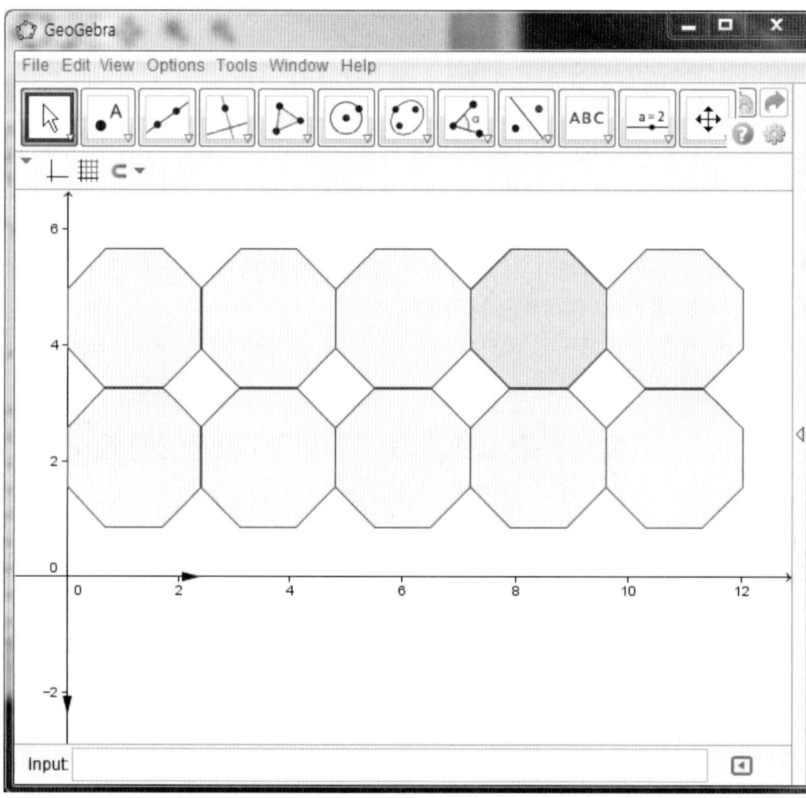

그림: 벡터와 모자이크 (Vector and Tessellation)

No.	Name	Tool...	Command	Value
1	Point A		Point[yAxis]	A = (0, 5)
2	Point B		Point[yAxis]	B = (0, 4)
3	Polygon poly1		Polygon[A, B, 8]	poly1 = 4.83

3	Segment a		Segment[A, B, poly1]	a = 1
3	Segment b		Segment[B, C, poly1]	b = 1
3	Point C		Polygon[A, B, 8]	C = (0.71, 3.29)
3	Point D		Polygon[A, B, 8]	D = (1.71, 3.29)
3	Point E		Polygon[A, B, 8]	E = (2.41, 4)
3	Point F		Polygon[A, B, 8]	F = (2.41, 5)
3	Point G		Polygon[A, B, 8]	G = (1.71, 5.71)
3	Point H		Polygon[A, B, 8]	H = (0.71, 5.71)
3	Segment c		Segment[C, D, poly1]	c = 1
3	Segment d		Segment[D, E, poly1]	d = 1
3	Segment e		Segment[E, F, poly1]	e = 1
3	Segment f		Segment[F, G, poly1]	f = 1
3	Segment g		Segment[G, H, poly1]	g = 1
3	Segment h		Segment[H, A, poly1]	h = 1
4	Point O		Intersect[xAxis, yAxis]	O = (0, 0)
5	Point P		Point[xAxis]	P = (2.41, 0)
6	Point Q		Point[yAxis]	Q = (0, -2.41)
7	Vector u		Vector[O, P]	u = (2.41, 0)
8	Vector v		Vector[O, Q]	v = (0, -2.41)
9	Polygon poly1'		Translate[poly1, u]	poly1' = 4.83
10	Polygon poly1'$_1$		Translate[poly1, v]	poly1'$_1$ = 4.83
11	Polygon poly1''		Translate[poly1', u]	poly1'' = 4.83
12	Polygon poly1''$_1$		Translate[poly1', v]	poly1''$_1$ = 4.83
13	Polygon poly1'''		Translate[poly1'', v]	poly1''' = 4.83
14	Polygon poly1'''$_1$		Translate[poly1'', u]	poly1'''$_1$ = 4.83
15	Polygon poly2		Translate[poly1''', u]	poly2 = 4.83
16	Polygon poly3		Translate[poly1'''$_1$, u]	poly3 = 4.83
17	Polygon poly3'		Translate[poly3, v]	poly3' = 4.83

10. 풍차 [MA35]

Windmill

1) 학습 준비

- 새 창을 연다.
- 구성 화면 (Perspectives)- Algebra & Graphics로 바꾼다.
- 화면에 새로 찍히는 점들의 이름만 보이도록 설정한다.
  (Menu--Option--Labeling--New Points Only)

2) 구성 단계

1		• 두 객체의 교점(Intersect Two Objects) 도구로, x-축과 y-축을 클릭해서 좌표의 원점에 점 O를 찍는다. • Note: 도구를 이용해 원점을 찍을 경우, 지오지브라는 자동적으로 점 A를 생성한다. 따라서 점 A를 우 클릭해 나타나는 메뉴에서 이름 바꾸기 (Rename)을 선택해 대화상자에 O를 입력한다.
2	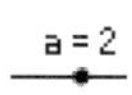	• 슬라이더 도구로 최소값=1, 최대값=5, 변화량=1인 수(Number) 슬라이더 r을 만든다.
3		• 중심에서 반지름을 정한 원 (Circle with Centre and Radius) 도구로 원점 O를 클릭해 나타나는 반지름 입력 대화상자에 r을 입력한다.
4	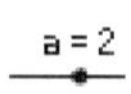	• 슬라이더 도구로 초기 설정 상태 그대로(최소값=0°, 최대값=360°, 변화량=1°)의 각(Angle) 슬라이더 α를 만든다.
5		• 입력창에 세 점 A, B, C를 입력한다. A=(r*cos(α), r*sin(α)) B=(r*cos(α+10°), r*sin(α+10°)) C=(r*cos(α-10°), r*sin(α-10°))
6		• 중심에서 두 점 사이의 부채꼴 (Circular Sector with Centre between Two Points) 도구로, 부채꼴 d=OCB를 만든다.
7		• 각 회전 (Rotate Object around Point by Angle) 도구로, 부채꼴 OCB를 클릭하고 원점 O를 클릭한 후 나타나는 회전각 입력 대화상자에 90°를 입력해 부채꼴 OCB를 90 시계반대 방향으로 회전한 부채꼴 d'를 만들고, 이 과정을 d'에 적용하고, 그렇게 만들어진 d''에 적용해 네 개의 부채꼴을 완성한다.

	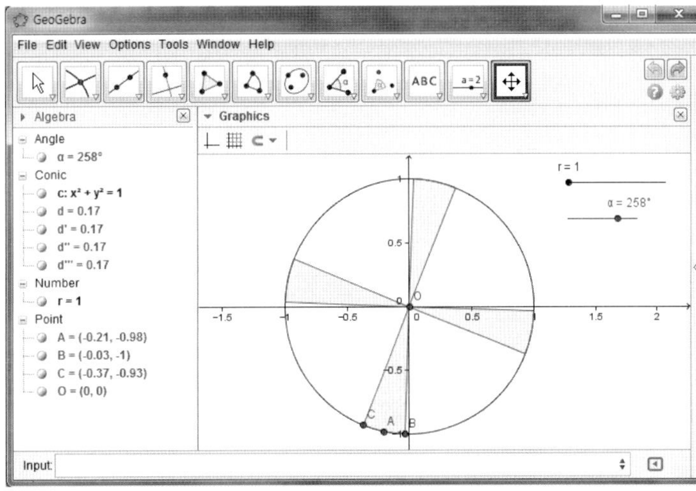
8	• 이동 도구 모드에서 슬라이더 α를 움직여 부채꼴이 함께 회전하는지를 확인한다. • 또한 슬라이더α를 우 클릭하면 나타나는 메뉴에서 애니메이션 실행(Animation On)을 선택한다.
10	• 슬라이더 α의 객체 속성창을 열어, 애니메이션 동작을 세밀하게 조정할 수 있다. • Note: 이것은 뒤 Chapter10에서 자세히 다루기로 한다.
11	• 좌표축과 원, 그리고 점 A, B, C를 화면에서 숨긴다.

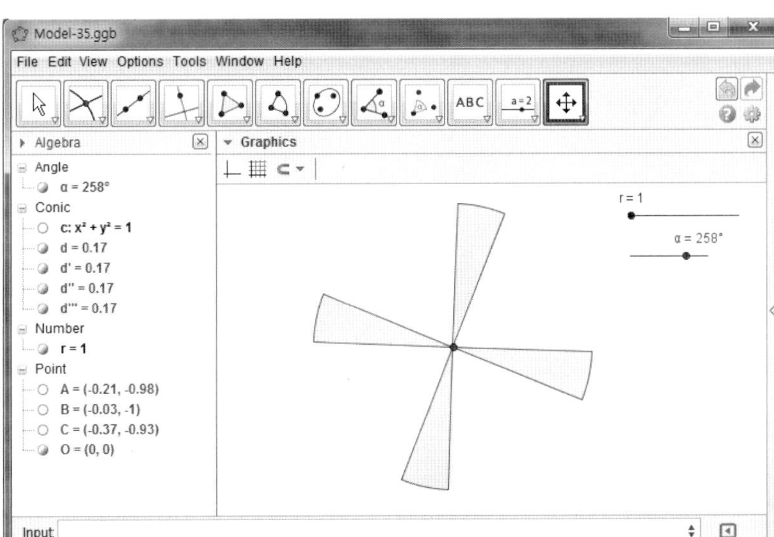

No.	Name	Tool...	Command	Value
1	Point O		Intersect[yAxis, xAxis]	O = (0, 0)
2	Number r			r = 1
3	Circle c		Circle[O, r]	c: x² + y² = 1
4	Angle α			α = 155°
5	Point A		(r cos(α), r sin(α))	A = (-0.91, 0.42)
6	Point B		(r cos(α + 10°), r sin(α + 10°))	B = (-0.97, 0.26)
7	Point C		(r cos(α - 10°), r sin(α - 10°))	C = (-0.82, 0.57)
8	Sector d		CircularSector[O, C, B]	d = 0.17
9	Sector d'		Rotate[d, 90°, O]	d' = 0.17
10	Sector d''		Rotate[d', 90°, O]	d'' = 0.17
11	Sector d'''		Rotate[d'', 90°, O]	d''' = 0.17

11. 네 잎 장미 [MA36]

Four-leaf Rose

1) 학습 준비

- 새 창을 연다.
- 구성 화면 (Perspectives)- Algebra & Graphics로 바꾼다.
- 화면에 새로 찍히는 점들의 이름만 보이도록 설정한다. (Menu--Option--Labeling--New Points Only)

2) 새로운 활용 도구

	• 자취선(Locus) • 점의 자취를 그리는 도구. • 이 도구를 이용해서 한 점(A)에 의존하는 점 B의 자취를 그리려면, 우선 점 B를 클릭한 다음 점 A를 클릭한다.

3) 구성 단계

1		• 두 객체의 교점(Intersect Two Objects) 도구로, x-축과 y-축을 클릭해서 좌표의 원점에 점 A를 찍는다.

2		• 입력창에 Circle[A, 1]을 입력해 원 c를 만든다.
3		• 원 c의 원주 위에 점 B를 찍는다. • Note: 점 B가 원주에서만 움직이는지 드래그 테스트 한다.
4		• 선 대칭(Reflect Object about Line) 도구를 선택한 후, 점 B를 클릭하고 x-축을 클릭해 점 B'를 만든다. • 이제 점 B를 클릭하고 y-축을 클릭해 점 B'_1을 만들고, 점 B'를 클릭하고 y-축을 클릭해 점 B''를 만든다.
5		• 이동 모드에서 점 B를 클릭하고, 그래픽 구성창 상단의 스타일바에서 점 B의 색을 조정한다. • 또한 B'_1는 C로, B''는 D로, B'는 E로 이름을 바꾼다.
6		• 사각형 BCDE를 그린다.
7		• 입력창에 Circle[A, poly1]을 입력한다. • Note: 대수창을 보면, 사각형 BCDE는 이름을 poly1으로 지오지브라가 자동 배정하였고, poly1의 값은 사각형의 면적으로 표시된다. • 따라서, 원 Circle[A, poly1]은 중심을 A로 하고 사각형의 면적을 반지름으로 하는 원을 그리게 된다.
8		• 두 점을 지나는 반직선(Ray through Two Points) 도구로 점 A를 시작점으로 하는 반직선 AB를 그린다. 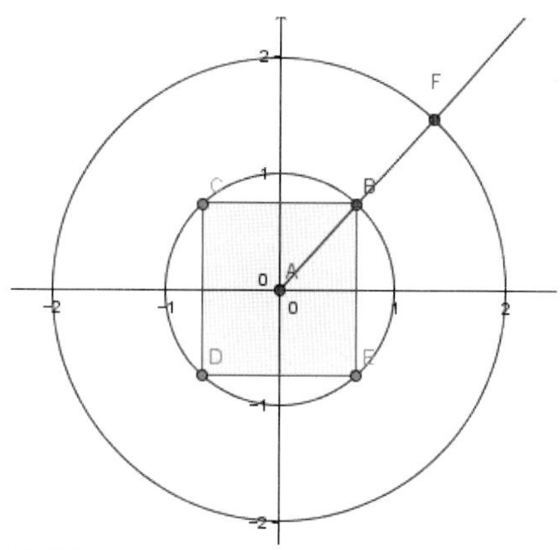
9		• 원 f와 반직선 AB가 만나는 교점 F를 찍는다. • Note: 교점을 구한 뒤, 원 f와 반직선 AB는 화면에서 숨긴다.
10		• 두 점 사이의 선분(Segment between Two Points) 도구로, 선분 AF를 긋는다.
11		• 점 F를 우 클릭해 나타나는 객체 환경 설정 메뉴에서 자취 그리기(Trace On)을 선택한다.

	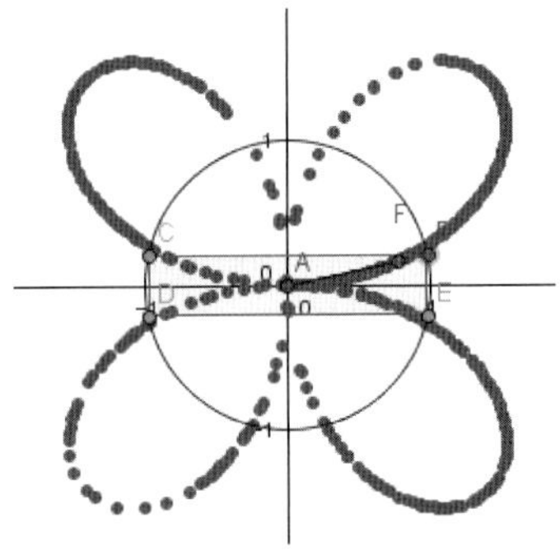 • 그런 다음 점 B를 움직여 점 F의 자취가 어떻게 생성되는지를 확인한다.
12 	• 자취선 도구를 이용해 먼저 점 F를 클릭한 다음 점 B를 클릭한다. • Note: 11단계 자취 그리기(Trace On)으로 만들어진 자취는 객체로서 기능하는 것이 아닌 임시적인 흔적에 지나지 않는다. 따라서 화면 이동을 하거나 화면 보기(View) 메뉴의 Refresh를 클릭하면 지워진다. • 그에 반해 자취선 도구를 통해 그린 자취는 하나의 객체(loc1)가 되며, 삭제하지 않는 한 영구적이다. • Note: 이동 도구 모드에서 점 B를 움직이면 점 F가 그리는 자취가 자취선 도구로 생성된 자취선과 동일한 것을 확인할 수 있다.
13 	• 모든 점의 이름을 보이지 않게 하고, 점 F에 설정한 자취 그리기(Trace On)도 해제를 한다.

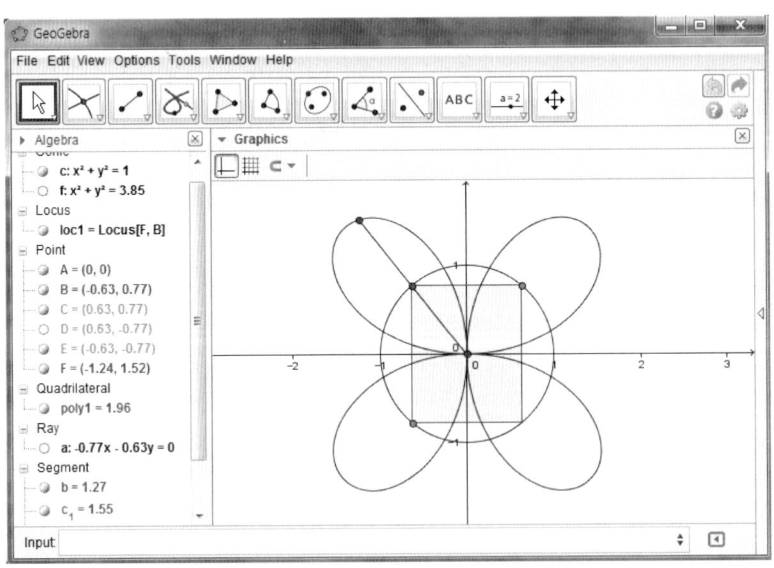

No.	Name	Tool...	Command	Value
1	Point A		Intersect[yAxis, xAxis]	A = (0, 0)
2	Circle c		Circle[A, 1]	c: $x^2 + y^2 = 1$
3	Point B		Point[c]	B = (-0.63, 0.77)
4	Point E		Reflect[B, xAxis]	E = (-0.63, -0.77)
5	Point C		Reflect[B, yAxis]	C = (0.63, 0.77)
6	Point D		Reflect[E, yAxis]	D = (0.63, -0.77)
7	Quadrilateral poly1		Polygon[B, C, D, E]	poly1 = 1.96
7	Segment b		Segment[B, C, poly1]	b = 1.27
7	Segment c_1		Segment[C, D, poly1]	c_1 = 1.55
7	Segment d		Segment[D, E, poly1]	d = 1.27
7	Segment e		Segment[E, B, poly1]	e = 1.55
8	Circle f		Circle[A, poly1]	f: $x^2 + y^2 = 3.85$
9	Ray a		Ray[A, B]	a: -0.77x - 0.63y = 0
10	Point F		Intersect[f, a]	F = (-1.24, 1.52)
11	Segment g		Segment[A, F]	g = 1.96
12	Locus loc1		Locus[F, B]	loc1 = Locus[F, B]

Chapter 7

일반적인 텍스트 및 Dynamic 텍스트 입력

1. 대칭점의 좌표
2. 그래픽 화면에 텍스트 넣기
3. 직선의 방정식
4. 다이내믹 텍스트와 삼각형 내각의 합
5. 기울기 삼각형
6. 다이내믹 분수 만들기 및 객체에 텍스트 달기
7. 시계 만들기 기초
8. 인수분해 공식의 시각적 보완
9. 원의 넓이의 근사값
10. 원의 넓이의 근사값과 외접하는 다각형
11. 적분의 기초

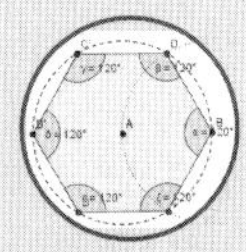

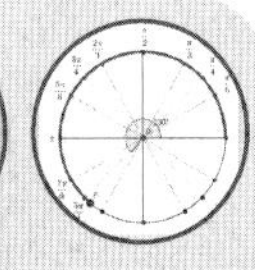

Chapter 07 일반적인 텍스트 및 Dynamic 텍스트 입력

Inserting Static and Dynamic Text into the GeoGebra's Graphics View

1. 대칭점의 좌표

Coordinates of Reflected Points

1) 학습 준비

- 새 창을 연다.
- 구성 화면 (Perspectives)-Algebra & Graphics로 바꾸고 격자(Grid)선이 나타나도록 한다.
- 포인트 캡처링(Point Capturing) 메뉴를 격자에 구속(Fixed to Grid)되도록 설정한다.

2) 구성 단계

1	점 A=(3,1)를 찍는다.
2	직선 a: y=0를 그린다.
3	직선 a를 대칭축으로 하는 점 A의 대칭점 A'를 만든다.
4	직선 b: x=0를 그린다.
5	직선 b를 대칭축으로 하는 점 A의 대칭점 A1'를 만든다.

2. 그래픽 화면에 텍스트 넣기

Inserting Text into the Graphics View

1) 새로운 활용 도구

ABC	• 글자 입력/Insert Text • 글자(Text)를 넣고자 하는 위치에 클릭을 해서 나타나는 입력창에 넣고자 하는 글자를 입력할 수 있도록 하는 도구.

*** 도구 사용법을 모르는 경우, 도움말을 읽고, 구성 전에 새로 사용하게 되는 도구들은 미리 시험사용을 해본다.

2) 일반적인 텍스트(Static Text) 넣기

어떤 구성 작업을 하고 있는지를 그래픽 화면에 나타낼 필요가 있다.

- 텍스트 입력 툴을 이용해서 화면 위쪽을 클릭한다.
- 텍스트 편집(Edit)창이 나타나면 다음 글자들을 입력한다.

"Reflecting a point at the coordinate axes"
- 좌표축을 대칭축으로 하는 대칭점 구하기 -

- Style-Bar를 이용하여 글자의 색깔, 크기, 모양 등을 조정한다.
- 이동(Move) 툴을 이용하여 글자를 원하는 위치로 이동한다.
- 원하는 위치에 갖다 놓았으면 실수로 위치가 변경되지 않도록 텍스트의 위치를 고정시킨다. 객체의 속성창을 열고 기본(Basic) 탭에서 객체 고정(Fix object)을 선택하면 된다.

3) 다이내믹 텍스트(Dynamic Text) 넣기

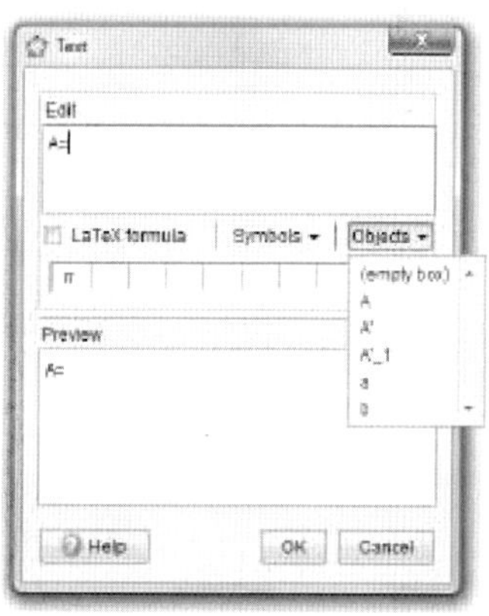

이미 존재하는 객체의 이름을 목록에서 선택함으로써 해당 객체가 변화할 때마다 텍스트도 그에 따라 자동적으로 바뀌지도록 한다.

예를 들어 이미 존재하는 점A=(3,1)가 있을 때,

- 텍스트 입력 툴을 이용해서 화면 위쪽을 클릭한다.
- 텍스트 편집(Edit)창이 나타나면 "A= "을 입력한다. 이 텍스트는 일반적인(Static) 것으로서 점A가 변화하더라도 글자가 바뀌지 않는다.

- 텍스트 편집창 아래 오른쪽에 객체(Objects) 목록을 클릭하면 그래픽 화면에 존재하는 객체들이 아래로 펼쳐져(drop-down) 나타난다. 여기서 "A"를 선택하면 이 A는 고정된 텍스트가 아니라 점A가 변화할 때마다 그에 따라 자동적으로 변화하는 텍스트(Dynamic Text)가 된다.

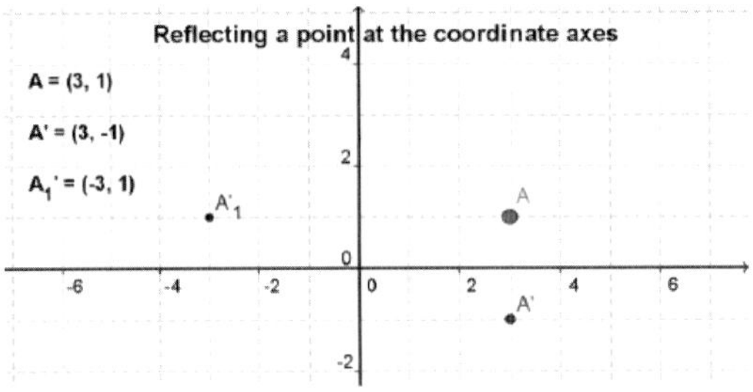

*** 격자선(Grid Lines)의 간격을 조정하려면, 지오지브라 그래픽 화면 설정(→)에서 격자(Grid) 탭을 선택한 다음 간격(Distance)의 값을 변경해주면 된다.

3. 직선의 방정식 [MA37]

Linear Equations

1) 학습 준비

- 새 창을 연다.
- 구성 화면 (Perspectives)-대수 및 기하창(Algebra & Geometry)로 바꾸고 격자(Grid)선이 나타나도록 한다.

2) 구성 단계

1	a = 2	• 슬라이더 툴을 이용하여 초기상태의 수 슬라이더 m_1를 만든다. • Note: 수 슬라이더의 초기상태는, 최소값(Min)=-5, 최대값(Max)=5, 변화량(Increment)=0.1로 설정되어 있다.
2	a = 2	• 초기상태의 수 슬라이더 b_1을 만든다.
3		• 직선의 방정식 line_1: y= m_1*x + b_1을 Input Bar에 입력한다.
4	a = 2	• 슬라이더 툴을 이용하여 초기상태의 수 슬라이더 m_2를 만든다.
5	a = 2	• 초기상태의 수 슬라이더 b_2을 만든다.

6	• 직선의 방정식 line_2: y= m_2 x + b_2을 Input Bar에 입력한다. • 그런 다음 슬라이더를 움직여 직선의 변화를 관찰한다.
7 ABC	• 텍스트 툴을 그래픽 화면에 클릭하여 텍스트 편집(Edit)창에 “Line1:”를 입력하고 객체(Objects) 목록에서 line_1을 선택한다.
8 ABC	• 텍스트 툴을 그래픽 화면에 클릭하여 텍스트 편집(Edit)창에 “Line2:”를 입력하고 객체(Objects) 목록에서 line_2를 선택한다.
9 	• line_1과 line_2가 만나는 지점에 교점 A를 찍는다. • 명령어 Intersect[line_1, line_2]로 입력해도 같은 결과를 얻을 수 있다.
10	• xcoordinate= x(A)를 InputBar 입력한다.
11	• ycoordinate= y(A)를 InputBar 입력한다.
12 ABC	• 텍스트 툴을 그래픽 화면에 클릭하여 텍스트 편집(Edit)창에 “Solution: x=”를 입력하고 객체(Objects) 목록에서 xcoordinate를 선택한다.
13 ABC	• 텍스트 툴을 그래픽 화면에 클릭하여 텍스트 편집(Edit)창에 “y=”으로 변경 입력하고, 아래 객체(Objects) 목록에서 ycoordinate를 선택한다.
14	• 모든 텍스트와 슬라이더를 원하는 위치로 이동하고 고정시킨다.

*** 드래그 테스트(Drag Test)를 통해 Dynamic Text들이 어떻게 변화하는지를 살피고, 시각적 효과를 주기위해 Style-Bar를 이용해 객체들의 스타일을 수정한다.

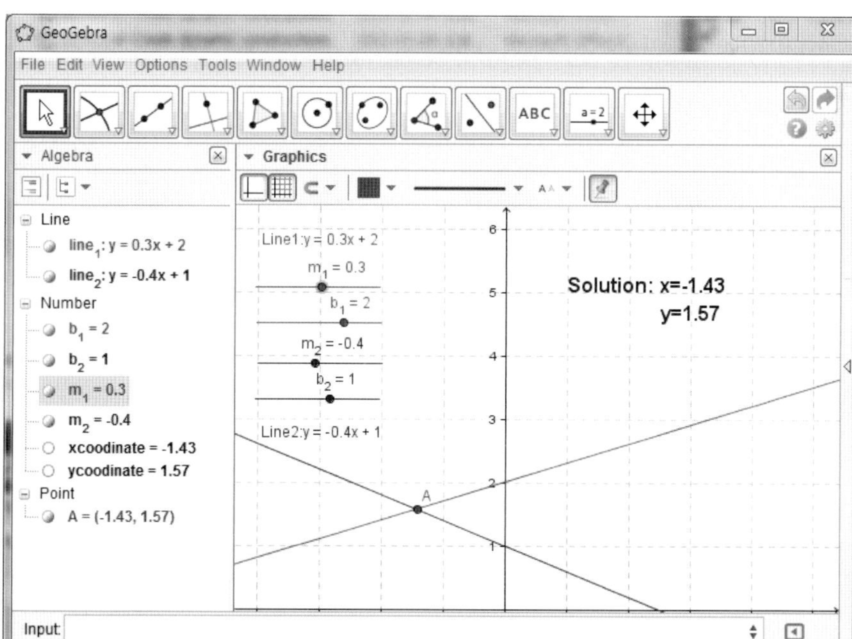

No.	Name	Tool...	Command	Value
1	Number m_1	a=2		m_1 = 0.3
2	Number b_1	a=2		b_1 = 2
3	Line $line_1$		y = m_1 x + b_1	$line_1$: y = 0.3x + 2
4	Number m_2	a=2		m_2 = -0.4
5	Number b_2	a=2		b_2 = 1
6	Line $line_2$		y = m_2 x + b_2	$line_2$: y = -0.4x + 1
7	Text text1	ABC	"Line1:" + $line_1$ + ""	"Line1:y = 0.3x + 2"
8	Text text2	ABC	"Line2:" + $line_2$ + ""	"Line2:y = -0.4x + 1"
9	Point A		Intersect[$line_1$, $line_2$]	A = (-1.43, 1.57)
10	Number xcoodinate		x(A)	xcoodinate = -1.43
11	Number ycoodinate		y(A)	ycoodinate = 1.57
12	Text text3	ABC	"Solution: x=" + xcoodinate + ""	"Solution: x=-1.43"
13	Text text4	ABC	"y=" + ycoodinate + ""	"y=1.57"

4. 다이내믹 텍스트와 삼각형 내각의 합 [MA38]

Dynamic Texts and the Angle Sum in a Triangle

1) 학습 준비

- 새 창을 연다.
- 구성 화면 (Perspectives)-대수 및 기하창(Algebra & Geometry)로 바꾼다.
- 그래픽 하단에 Input Bar가 나타나도록 한다.

■ 보기(View) 메뉴에서 Input Bar를 체크.

- 숫자의 소수점을 0자리로 한다.
- 옵션(Options) 메뉴에서 근사값(Rounding)을 선택한 후 소수점 0자리(0 decimal places)를 클릭한다.

2) 구성 단계

1		• 임의의 삼각형 ABC를 시계 반대방향으로 그린다.
2		• 삼각형 ABC의 내각 α, β, γ을 표시한다.
3	a = 2	• 슬라이더 δ를 만들고, 그 값은 각(angle), 범위는 0°에서180°, 증가량은 10°로 설정한다.
4	a = 2	• 슬라이더 ε를 만들고, 그 값은 각(angle), 범위는 0°에서180°, 증가량은 10°로 설정한다.
5		• 선분 AC의 중점 D와 선분 AB의 중점 E를 찍는다.
6		• 삼각형 ABC를 점D를 축으로 하여 δ만큼 시계방향으로 회전한다.
7		• 삼각형 ABC를 점E를 축으로 하여 ε만큼 반시계방향으로 회전한다.
8		• 두 슬라이더를 움직여 ε, δ의 값이 180°가 되도록 한다.
9		• 삼각형 ABC를 점D를 축으로 하여 δ만큼 시계방향으로 회전한 삼각형의 한 내각 ∠A'C'B'=ζ를 만든다.
10		• 삼각형 ABC를 점E를 축으로 하여 ε만큼 반시계방향으로 회전한 삼각형의 한 내각 ∠C'_1B'_1A'_1=η를 만든다.
11		• Style-Bar 색깔을 조절하여 구별이 용이하도록 한다.
12	ABC	• 텍스트 도구를 이용하여 Dynamic Text를 입력한다. • 예를 들어, 텍스트 툴을 그래픽 화면에 클릭하여 텍스트 편집(Edit)창에 "α=" 를 입력하고 그 아래 객체(Objects) 목록에서 α를 선택한다.
13		• sum= α + β + γ를 Input Bar에 입력한다.
14	ABC	• 텍스트 도구를 이용하여 Dynamic Text를 입력한다. • 텍스트 툴을 그래픽 화면에 클릭하여 텍스트 편집(Edit)창에 "α + β + γ="를 입력하고 그 아래 객체(Objects) 목록에서 sum을 선택한다.
15		• 객체들의 스타일을 조정해서 시각적인 보완을 하고, 텍스트를 원하는 곳에 배치한 후 움직이지 않도록 고정시킨다.

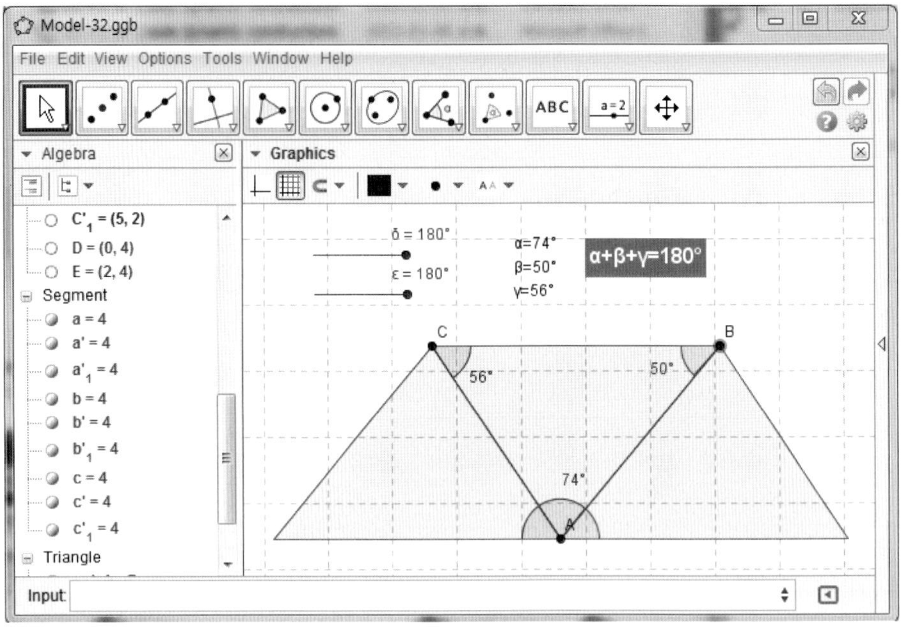

No.	Name	Tool...	Command	Value
1	Point A			A = (1, 2)
2	Point B			B = (3, 5)
3	Point C			C = (-1, 5)
4	Triangle poly1		Polygon[A, B, C]	poly1 = 7
4	Segment c		Segment[A, B, poly1]	c = 4
4	Segment a		Segment[B, C, poly1]	a = 4
4	Segment b		Segment[C, A, poly1]	b = 4
5	Angle α		Angle[poly1]	α = 74°
5	Angle β		Angle[poly1]	β = 50°
5	Angle γ		Angle[poly1]	γ = 56°
6	Angle δ			δ = 180°
7	Angle ε			ε = 180°
8	Point D		Midpoint[b]	D = (0, 4)
9	Point E		Midpoint[c]	E = (2, 4)
10	Point A'		Rotate[A, -δ, D]	A' = (-1, 5)

No.	Name	Icon	Definition	Value
11	Point B'		Rotate[B, -δ, D]	B' = (-4, 2)
12	Point C'		Rotate[C, -δ, D]	C' = (1, 2)
13	Triangle poly1'		Polygon[A', B', C']	poly1' = 7
13	Segment c'		Segment[A', B', poly1']	c' = 4
13	Segment a'		Segment[B', C', poly1']	a' = 4
13	Segment b'		Segment[C', A', poly1']	b' = 4
14	Point A'_1		Rotate[A, ε, E]	A'_1 = (3, 5)
15	Point B'_1		Rotate[B, ε, E]	B'_1 = (1, 2)
16	Point C'_1		Rotate[C, ε, E]	C'_1 = (5, 2)
17	Triangle $poly1'_1$		Polygon[A'_1, B'_1, C'_1]	$poly1'_1$ = 7
17	Segment c'_1		Segment[A'_1, B'_1, $poly1'_1$]	c'_1 = 4
17	Segment a'_1		Segment[B'_1, C'_1, $poly1'_1$]	a'_1 = 4
17	Segment b'_1		Segment[C'_1, A'_1, $poly1'_1$]	b'_1 = 4
18	Angle ζ		Angle[C, A, B']	ζ = 56°
19	Angle η		Angle[C'_1, A, B]	η = 50°
20	Text text1	ABC	"α=" + α + " β=" + β + "	"α=74°β=50°γ=56°"
21	Angle sum		α + β + γ	sum = 180°
22	Text text2	ABC	"α+β+γ=" + sum + ""	"α+β+γ=180°"

5. 기울기 삼각형 [MA39]

Slope Triangle

1) 학습 준비

- 새 창을 연다.
- 구성 화면 (Perspectives)-대수 및 기하창(Algebra & Geometry)로 바꾸고 격자(Grid)선이 나타나도록 한다.
- 포인트 캡처링(Point Capturing) 메뉴를 격자에 구속(Fixed to Grid)되도록 설정한다.
- 화면에 새로 찍히는 점들의 이름만 보이도록 설정한다.
  (Menu--Option--Labeling--New Points Only)

2) 구성 단계

1		• 두 점 A, B를 지나는 직선 a를 그린다.
2		• y-축에 수직하면서 점A를 지나는 직선 b를 그린다.
3		• x-축에 수직하면서 점B를 지나는 직선 c를 그린다.
4		• 직선 b와 c가 만나는 교점C를 찍는다.
5		• 삼각형 ACB를 그린다.
6	A A	• Style-Bar를 이용해 삼각형 세변의 이름을 화면에서 숨긴다.
7		• rise = y(B) - y(A)를 입력한다. • y(B)는 점B의 y좌표, y(A)는 점A의 y좌표이다.
8		• run = x(B) - x(A)를 입력한다. • x(B)는 점B의 x좌표, x(A)는 점A의 x좌표이다.
9	ABC	• 텍스트 도구를 이용하여 Dynamic Text를 입력한다. • 텍스트 툴을 그래픽 화면에 클릭하여 텍스트 편집(Edit)창에 "Rise="를 입력하고 그 아래 객체(Objects) 목록에서 rise를 선택한다.
10	ABC	• 텍스트 도구를 이용하여 Dynamic Text를 입력한다. • 텍스트 툴을 그래픽 화면에 클릭하여 텍스트 편집(Edit)창에 "Run="를 입력하고 그 아래 객체(Objects) 목록에서 run을 선택한다.
11		• slope = rise / run을 입력한다.
12	ABC	• 텍스트 도구를 이용하여 Dynamic Text를 입력한다. • 텍스트 툴을 그래픽 화면에 클릭하여 텍스트 편집(Edit)창에 "Slope=Rise/Run="를 입력하고 그 아래 객체(Objects) 목록에서 slope를 선택한다. • Note: 분수로 표시하는 "Rise/Run"의 텍스트 부분은, 편집창 아래 LaTeX formula의 드롭다운 목록을 클릭하면 수학 공식과 연산 기호 및 부호를 효과적으로 표현할 수 있는 여러 형식들을 선택할 수 있다. 여기서 분수(Fractions)을 선택하여 입력한다.
13		• 객체들의 스타일을 조정하고, 텍스트를 원하는 곳에 배치한 후 움직이지 않도록 고정시킨다.

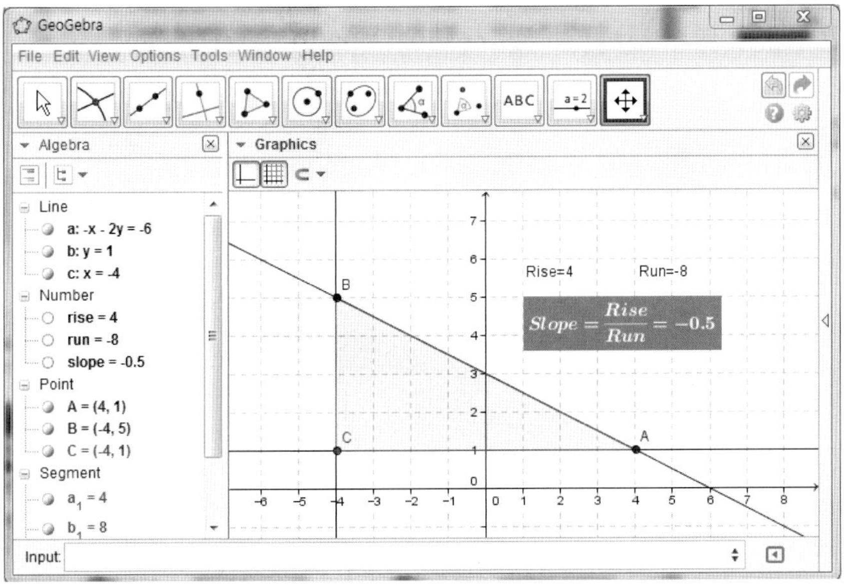

No.	Name	Tool...	Command	Value
1	Point A			A = (4, 1)
2	Point B			B = (-4, 5)
3	Line a		Line[A, B]	a: -x - 2y = -6
4	Line b		PerpendicularLine[A, yAxis]	b: y = 1
5	Line c		PerpendicularLine[B, xAxis]	c: x = -4
6	Point C		Intersect[b, c]	C = (-4, 1)
7	Triangle poly1		Polygon[A, C, B]	poly1 = 16
7	Segment b_1		Segment[A, C, poly1]	b_1 = 8
7	Segment a_1		Segment[C, B, poly1]	a_1 = 4
7	Segment c_1		Segment[B, A, poly1]	c_1 = 8.94
8	Number rise		y(B) - y(A)	rise = 4
9	Number run		x(B) - x(A)	run = -8
10	Text text1	ABC	"Rise=" + rise + ""	"Rise=4"
11	Text text2	ABC	"Run=" + run + ""	"Run=-8"
12	Number slope		rise / run	slope = -0.5
13	Text text3	ABC	"Slope=\frac{Rise}{Run}=" + (FormulaText[slope]) + ""	"Slope=\frac{Rise}{Run}=-0.5"

6. 다이내믹 분수 만들기 및 객체에 텍스트 달기

Dynamic Fractions and Attaching Texts to Objects

1) 값이 변화하는 다이내믹 분수(Dynamic Fractions) 만들기

LaTeX formulas를 이용해서 분수, 거듭제곱 또는 다른 수식들을 그 값이 변화는 텍스트로 구성할 수 있다.

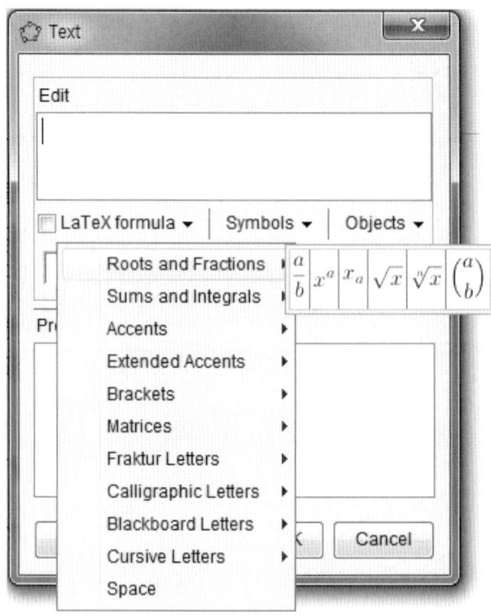

1	텍스트 툴을 구동하여 그래픽 화면을 클릭한다.
2	팝업(pop-up)되는 텍스트 편집(Edit)창에 "slope="를 입력한다.
3	편집창 아래 LaTeX formula를 체크한 뒤 Drop-down되는 목록에서 제곱근 또는 분수(Roots and Fractions)의 a/b를 선택한다.
4	편집창에 나타는 첫 번째 괄호 속의 "a"를 객체(Objects) 목록에 나타나는 rise로 바꾼다.
5	편집창에 나타는 두 번째 괄호 속의 "b"를 객체(Objects) 목록에 나타나는 rundm로 바꾼다.
6	OK 버튼을 클릭한다.

2) 객체에 텍스트 달기

객체와 그것을 나타내는 텍스트가 분리되어 있다면, 객체를 옮길 필요가 있을 때마다 텍스트의 위치 고정을 풀고 이동해서 원하는 위치를 잡고 다시 고정시키고 하는 번거로운 과정을 반복해야 한다. 이런 번거로움을 없애는 작업을 해보자.

1	툴을 이용하여 기울기 삼각형(slope triangle)의 수직 선분에 중점 D를 찍는다.
2	마찬가지로 툴을 이용하여 기울기 삼각형(slope triangle)의 수평 선분에 중점 E를 찍는다.
3	객체 속성창(Objects Properties)을 열어 좌측 객체 목록에서 텍스트 "rise="를 선택한 뒤 우측 창에서 위치(Position) 탭을 선택한다. 그런 다음 시작점(Starting point)을 클릭하면 아래로 펼쳐지는 객체 목록에서 점D를 선택한다.
4	텍스트 "run="도 위와 동일한 과정을 거쳐 시작점을 E로 설정한다.
5	중점 D와 E를 화면에서 숨긴다.

7. 시계 만들기 기초 [MA40]

The mod 3 Clock

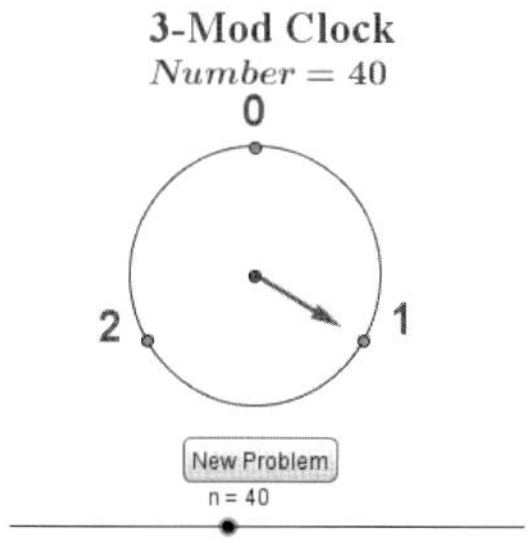

- 이 3-Mod Clock은 0에서 100까지의 수자를 나눴을 때 그 나머지를 나타낸다.
- 0~100까지 설정된 슬라이더를 움직이면 Clock의 바늘이 그 나머지를 가리키도록 구성한다.

1) 학습 준비

- 새 창을 연다.
- 구성 화면 (Perspectives)-Algebra & Graphics로 바꾸고 격자(Grid)선이 나타나도록 한다.

2) 새로운 활용 도구

	• 두 점을 지나는 반직선/Ray through Two Points • 첫 번째 시작점을 클릭하고 두 번째 점을 클릭하면 두 번째 점 방향으로만 무한히 진행하는 직선을 만드는 도구.
	• 클릭버튼 삽입/Insert Button • 그래픽 화면을 클릭하면 나타나는 대화창에 텍스트 입력과 클릭버튼(OnClick Script)을 삽입해주는 도구.

*** 도구 사용법을 모르는 경우, 도움말을 읽고, 구성 전에 새로 사용하게 되는 도구들은 미리 시험사용을 해본다.

3) 구성 단계

단계	도구	내용
1		• 두 점 A=(0,0)와 B=(0,1)를 찍는다.
2		• 점 A를 중심점으로 하고 점 B를 지나는 원 c를 그린다.
3		• 화면을 확대한다.
4		• 점으로부터의 각회전(Rotate Object around Point by Angle)도구로 점 A를 회전축으로 하여 점 B를 120° 시계방향(Clockwise) 회전하여 점 B'를 찍는다.
5		• 점 A를 회전축으로 하여 점 B를 240° 시계방향(Clockwise) 회전하여 점 B'_1를 찍는다.
6	ABC	• 세 고정 텍스트(Static Text) text1 "0", text2 "1", text3 "2"를 만들고 글자의 색깔과 크기를 수정한다.
7		• 객체 속성창을 열어, text1은 점B에 text2는 점B'에 text3는 점B"에 그 위치를 고정시킨다.
8		• number= RandomBetween [0, 100]를 입력한다.
9	ABC	• 텍스트 툴을 그래픽 화면에 클릭하여 텍스트 편집(Edit)창에 "Number="를 입력하고 그 아래 객체(Objects) 목록에서 number를 선택한다.
10	ABC	• 텍스트 툴을 이용하여 고정 텍스트(Static Text) "3-Mod clock"을 만든다.
11	OK	• 버튼 툴을 이용해 캡션(caption)창에는 "New problem"을 입력하고, 아래 GeoGebra Script 창에는 "UpdateConstruction []"를 입력한다. • 버튼을 누를 때마다 Geogebra는 랜덤 숫자에 따라 다시 계산하여 구성을 새롭게 한다. 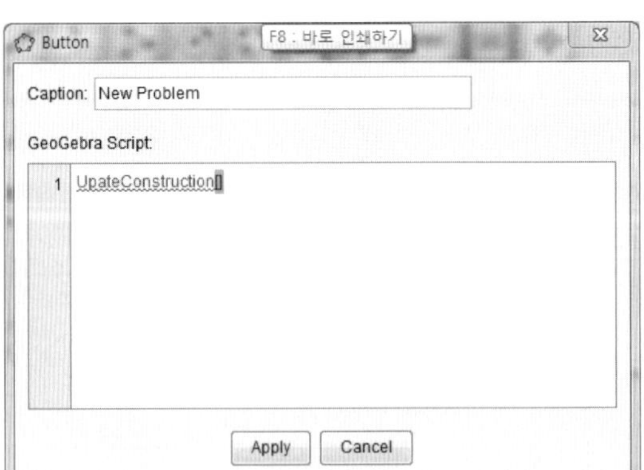

12	• 슬라이더 n을 만들어, 범위(Interval)는 0에서 100으로 증가량(Increment)은 1로 슬라이더의 길이(Width)는 300으로 설정한다.
13	• 점 A를 시작점으로 해서 점 B를 지나는 반직선(Ray)을 그린다.
14	• 점 D=(0, 0.8)을 찍는다.
15	• 점 A를 중심점으로 하고 점 D를 지나는 원 d를 그린다.
16	• 반직선 AB와 원 d를 화면에서 숨긴다.
17	• 벡터 u=AD를 그린다.
18	• 벡터 u를 점 A를 대칭축으로 해서 n*120° 시계방향으로 대칭 이동시킨다.
19	• 벡터 u=AD를 숨긴다. • Note: 벡터 AD에 마우스를 대고 우 클릭해 나타나는 메뉴에서 객체 숨기기/보이기(Show Object)를 선택하거나, 대수창의 벡터 u의 좌측에 있는 구슬 버튼을 누르다.
20	• 구성창의 불필요한 것들--좌표, 격자, 또는 점들의 이름(label) 등--을 화면에서 숨긴다.
21	• 모든 텍스트와 슬라이더의 스타일을 알맞게 변경하고, 원하는 위치로 이동해 고정시킨다.

No.	Name	Tool...	Command	Value
1	Point A		Intersect[xAxis, yAxis]	A = (0, 0)
2	Point B		Point[yAxis]	B = (0, 1)
3	Circle c		Circle[A, B]	c: $x^2 + y^2 = 1$
4	Point B'		Rotate[B, 240°, A]	B' = (0.87, -0.5)
5	Point B'_1		Rotate[B, 120°, A]	B'_1 = (-0.87, -0.5)
6	Text text1	ABC		"0"
7	Text text2	ABC		"1"
8	Text text3	ABC		"2"
9	Number number		RandomBetween[0, 100]	number = 9
10	Text text4	ABC	"Number=" + (FormulaText[number]) + ""	"Number=9"

No.	Name	Icon	Definition	Value
11	Number $number_1$		RandomBetween[0, 100]	$number_1$ = 82
12	Text $text4_1$	ABC		"3-Mod Clock"
13	Button button1	OK		button1
14	Number n	a=2		n = 40
15	Point D	A		D = (0, 0.8)
16	Circle d		Circle[A, D]	d: $x^2 + y^2 = 0.64$
17	Ray a		Ray[A, B]	a: x = 0
18	Vector u		Vector[A, D]	u = (0, 0.8)
19	Vector u'		Rotate[u, -((n 120)°), A]	u' = (0.69, -0.4)

8. 인수분해 공식의 시각적 보완

Visualizing a Binomial Formula

binomial formula.html을 참고하여, 인수 분해 공식을 GeoGebra 화면에 구성에 구성해보자. a와 b의 값이 변화함에 따라 자동적으로 변화하는 다이내믹 텍스트(Dynamic Text)도 구성 내용에 포함시킨다.

- 포인트 캡처링(Point Capturing) 메뉴를 격자에 구속(Fixed to Grid)되도록 설정한다.
- 텍스트(Static Text)를 정사각형의 한 변에 고정시킨다.

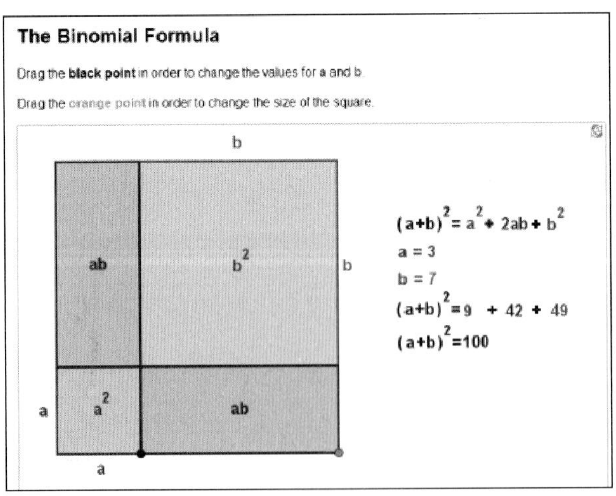

- 제곱근 “2”를 입력하기 위해서는 텍스트 툴 창의 LaTeXformula를 이용한다.
- a와 b의 값이 변화할 때, 글자도 변화하도록 Dynamic Text를 포함시킨다.
- 필요에 따라 텍스트의 위치를 고정시킨다.

9. 원의 넓이의 근사값 [MA41]

Circle-Area Approximation

1) 학습 준비

- 새 창을 연다.
- 구성 화면 (Perspectives)-Algebra & Graphics로 바꾼다.
- 화면에 새로 생기는 모든 객체들의 이름을 표시하도록 설정한다.
  (Menu--Option--Labeling--All New Objects)

2) 구성 단계

1	a = 2	• 슬라이더 도구로 그래픽 구성창을 클릭해 원의 반지름을 결정하게 될 수(Number) 슬라이더 r을 만든다. • 팝업된 슬라이더 대화상자의 최소값(Min)만 0.1로 수정하고, 나머지 최대값(Max:5)과 변화량(Increment:0.1)은 그대로 둔다. 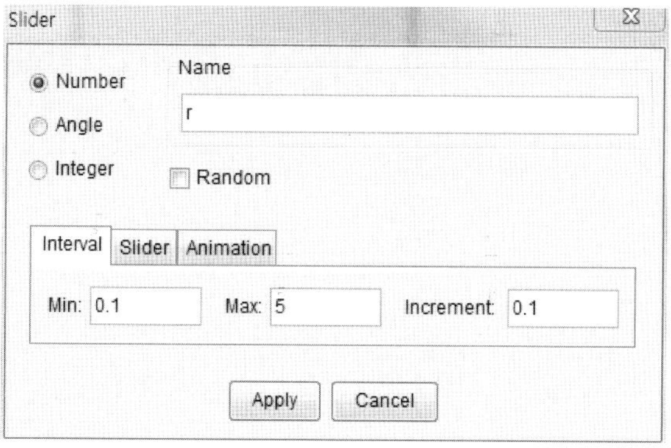
2	a = 2	• 슬라이더 n을 만든다. • 이 슬라이더는 앞으로 만들 원에 내접하는 다각형의 꼭짓점의 개수를 결정하는 것으로, 최소값은 3, 최대값은 30, 변화량은 1로 입력한다.

<table>
<tr><td>3</td><td></td><td>• 두 객체의 교점(Intersect Two Objects) 도구로 x-좌표와 y-좌표를 클릭하면 좌표의 원점 A가 찍힌다.</td></tr>
<tr><td>4</td><td></td><td>• 입력창(Input Bar)에 Circle[A, r]을 입력하고 엔터키를 누르면, 점 A를 중심으로 하고 반지름이 r인 원 c가 생긴다.</td></tr>
<tr><td>5</td><td></td><td>• 원과 x-축이 만나는 교점 B를 찍기 위해, 입력창에 B=(r, 0)를 입력하고 엔터키를 누른다.</td></tr>
<tr><td>6</td><td></td><td>• 이제 내접하는 다각형의 중심각을 나타내는 a=(360/n)°를 입력창에 입력하고 엔터키를 누른다.
• 도(°) 기호는 입력창 우측 α 버튼을 클릭하면 나타나는 목록에서 선택할 수 있다.
• “Ac=pi*r·2”를 입력해 원의 넓이를 나타내는 식을 만든다.
• 지오지브라는 “pi"를 상수인 “3.1416”으로 자동 인식해 계산한다.</td></tr>
<tr><td>7</td><td></td><td>• 입력각(Angle with Given Size) 도구를 이용해 먼저 점 B를 클릭하고 점 A를 클릭하면 입력할 각을 묻는 대화상자가 팝업된다. 여기에 a를 입력하고 각 측정 방향을 시계 반대방향으로 선택한 다음 OK버튼을 누르면 점 B'가 생성된다.
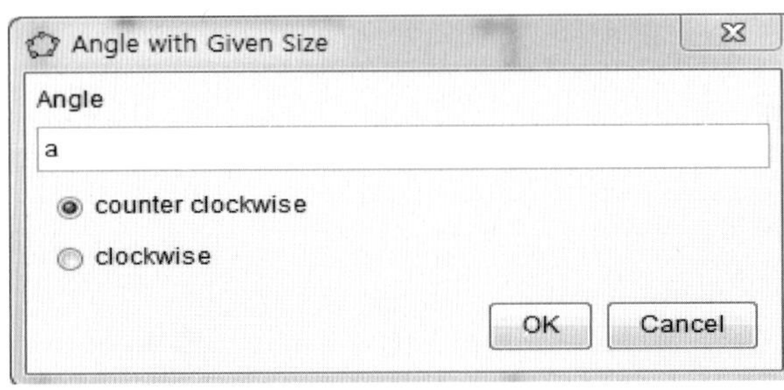

• 현재 슬라이더 n=3이고 r=3인 상태라면 다음과 같은 그림으로 화면에 나타난다.
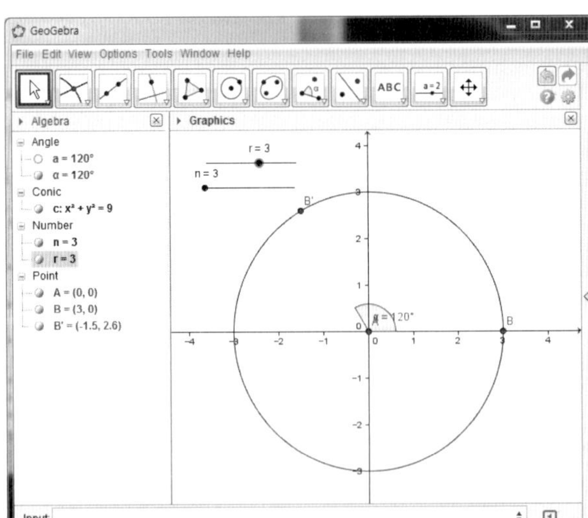
</td></tr>
</table>

<table>
<tr><td>8</td><td></td><td>• 녹색으로 표시되는 각 측정값 a를 화면에서 숨긴다.
• 녹색 각 위에 마우스를 놓고 우 클릭해 객체 숨기기(Show Object)를 클릭한다.</td></tr>
<tr><td>9</td><td></td><td>• 정다각형(Regular Polygon) 도구로 점 B와 점 B'를 클릭하면 다각형의 꼭짓점(Vertices)의 개수를 묻는 대화상자가 나타나는데, 여기에 n을 입력하고 OK버튼을 누른다.
• 그런 다음, 이동 도구 모드에서 슬라이더 n을 최대값인 30까지 움직인다.
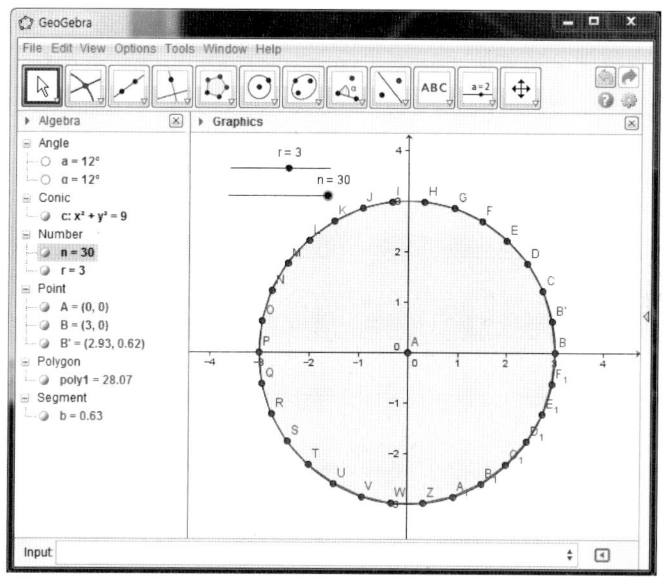</td></tr>
<tr><td>10</td><td></td><td>• 이제 30개나 되는 새로운 점들과 선분들을 화면에서 숨겨야 하는데, 다각형에 마우스를 놓고 우클릭해 나타나는 메뉴에서 객체 속성(Properties)을 선택한다.
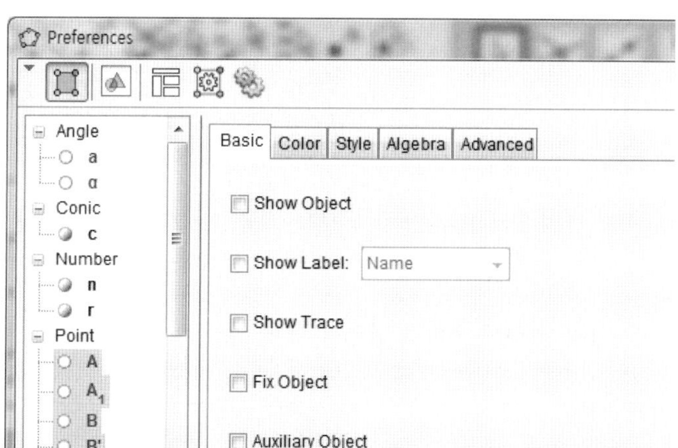</td></tr>
</table>

<table>
<tr><td></td><td></td><td>• 이렇게 팝업된 객체 속성창의 기본(Basic) 탭의 좌측에 열거된 모든 객체 목록에서 점(Point)을 클릭한 뒤 우측의 객체 보이기(Show Object)와 객체 이름 보이기(Show Label)의 체크를 해제한다.</td></tr>
<tr><td>11</td><td>ABC</td><td>• 텍스트(Insert Text) 도구로 텍스를 놓고 싶은 위치에 클릭하면 텍스트 입력을 위한 대화상자가 열리면, 아래와 같이 입력한다.

"The Area of the Circle with Radius r is Ac"
(반지름이 r인 원의 넓이)

• 여기서, "The Area of the Circle with Radius"와 "is" 는 변화가 없는 Static 텍스트이고, r과 Ac는 그 객체값이 변함에 따라 함께 변하는 Dynamic 텍스트이다. Dynamic 텍스트는 그림에서와 같이 객체(Objects) 드롭다운 목록에서 해당 객체를 선택하면 된다.

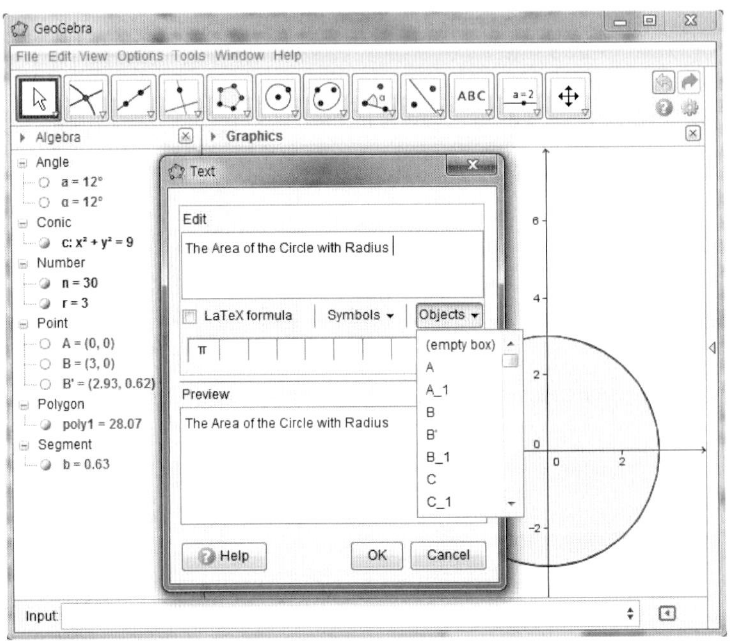

• 또한 텍스트 대화상자의 하단은 미리보기(Preview)창이 있어서 입력한 텍스트가 화면에 어떻게 표시될지를 사용자가 미리 보면서 텍스트를 작성할 수 있다.</td></tr>
<tr><td>12</td><td>ABC</td><td>• 이제 다각형의 넓이를 나타내는 텍스트를 작성해 본다.
• 텍스트 도구로 텍스트 대화상자를 열어, 아래와 같이 입력한다.

"The Area of the Inscribed Polygon is poly1"
(내접하는 다각형의 넓이)</td></tr>
</table>

		• 여기서, "The Area of the Inscribed Polygon is" 는 변화가 없는 Static 텍스트이고, poly1은 그 객체값이 변함에 따라 함께 변하는 Dynamic 텍스트이다. • Note: 우리가 정다각형(Regular Polygon)으로 다각형을 그렸을 때, 지오지브라는 자동으로 그 객체에 "poly1"이라는 이름을 부여하고 그 객체의 값을 다각형의 넓이로 계산한다.
13		• 이동 도구 모드에서 슬라이더 r과 n을 움직여 구성 내용의 변화를 관찰하고, n의 값이 커짐에 따라 내접한 다각형의 넓이와 외접원의 넓이가 가까워지는지를 확인한다.

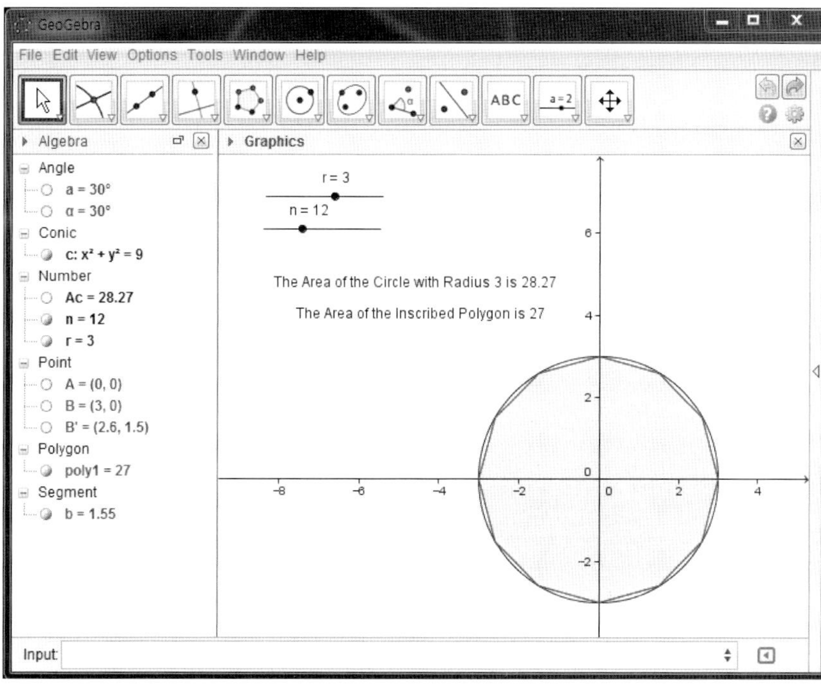

3) 학습 과제

- 화면에 표시되는 텍스트에서 넓이 값이 다른 텍스트와 구별되도록 색을 바꿔본다.
- Note: 텍스트는 하나의 객체이기 때문에 텍스트의 일부만의 색을 바꾸는 것이 불가능하다. 따라서 넓이 값을 나타내는 부분만을 별개의 텍스트로 만들어야 한다.

No.	Name	Tool...	Command	Value
1	Number r	a=2		r = 3
2	Number n	a=2		n = 100
3	Point A		Intersect[xAxis, yAxis]	A = (0, 0)
4	Circle c		Circle[A, r]	c: x² + y² = 9
5	Angle a		(360 / n)°	a = 3.6°
6	Point B		(r, 0)	B = (3, 0)
7	Point B'		Rotate[B, a, A]	B' = (2.99, 0.19)
8	Angle α		Angle[B, A, B']	α = 3.6°
9	Polygon poly1		Polygon[B, B', n]	poly1 = 28.26
9	Segment b		Segment[B, B', poly1]	b = 0.19
9	Segment d		Segment[B', C, poly1]	d = 0.19
9	Point C		Polygon[B, B', n]	C = (2.98, 0.38)
9	Point I_7		Polygon[B, B', n]	I_7 = (2.99, -0.19)
9	Segment e		Segment[C, D, poly1]	e = 0.19
9	Segment f		Segment[D, E, poly1]	f = 0.19
9	Segment l_9		Segment[I_7, B, poly1]	l_9 = 0.19
10	Number Ac		π r²	Ac = 28.27
11	Text text1	ABC	"The Area of the Circle with Radius " + r + " is " + Ac + ""	"The Area of the Circle with Radius 3 is 28.27"
12	Text text2	ABC	"The Area of the Inscribed Polygon is " + poly1 + ""	"The Area of the Inscribed Polygon is 28.26"

10. 원의 넓이의 근사값과 외접하는 다각형 [MA42]

Area of Circumscribed Polygons

1) 학습 준비

- 앞서 "9. 원 넓이의 근사값(Circle-Area Approximation)"에서 구성한 내용을 불러 온다.
- Note: 앞서 구성한 내용을 저장했다면, 해당 파일은 .ggb이라는 확장자를 갖는 파일로 컴퓨터에 저장된다.

2) 구성 단계

1		• 이동 도구를 이용해서 슬라이더 n과 r을 모두 3에 맞춰 놓는다. • 화면에는 원과 그 원에 내접하는 정삼각형 BB'C가 나타난다.
2		• 접선(Tangents) 도구를 이용해, 점 B(0, 3)를 클릭하고 원을 클릭하면, 점 B에서의 원의 접선이 그려진다. • Note: 화면에 점B가 표시되어 있지 않을 경우, 점 B를 클릭하는 것이 어렵기 때문에 대수창의 점 B 좌측에 있는 구슬 모양의 버튼을 클릭해 점 B를 화면에 표시한 다음 접선을 그린다. • 점 B'도 마찬가지이다. • 그러나 점 C의 경우는 정다각형을 그릴 때, 두 점 B와 B'에 의해서 생겨난 보조 객체이기 때문에 대수창에도 표시되어 있지 않다. • 따라서 대수창 위에 보조 객체를 보여주는 버튼을 클릭하여 나타난 보조객체 목록에서 점 C를 찾아 보여주기 구슬 버튼을 클릭한다. 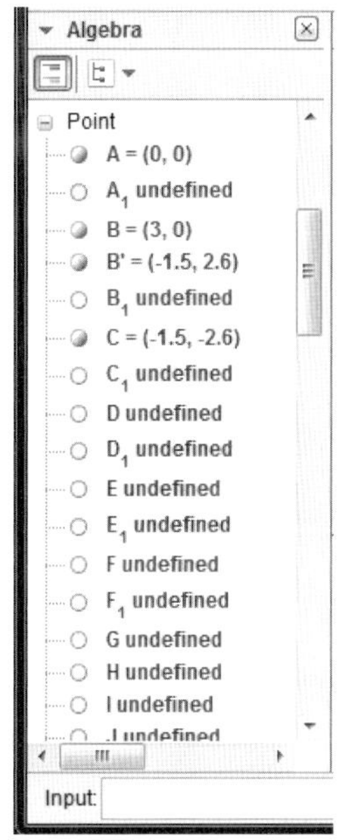
3		• 구성 2단계를 바탕으로 나머지 두 꼭짓점에서의 원의 접선을 긋는다.
4		• 두 객체의 교점(Intersect Two Objects) 도구로 세 접선이 만나는 교점을 찍는다.
5		• 이동 도구 모드에서 세 접선을 화면에서 숨긴다. • Note: 대수창에서 세 접선을 찾아 좌측에 있는 구슬 모양의 버튼을 클릭하는 방법과, 각 객체를 우 클릭해 나타나는 메뉴에서 객체 숨기기/보이기(Show Object)를 선택해 숨기는 방법이 있다.
6	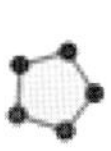	• 정다각형(Regular Polygon) 도구로 세 개의 교점 중 두 개만 클릭하면 다각형의 꼭짓점의 개수를 묻는 대화상자가 열린다. 이 대화상자에 n을 입력한다.

<table>
<tr><td></td><td>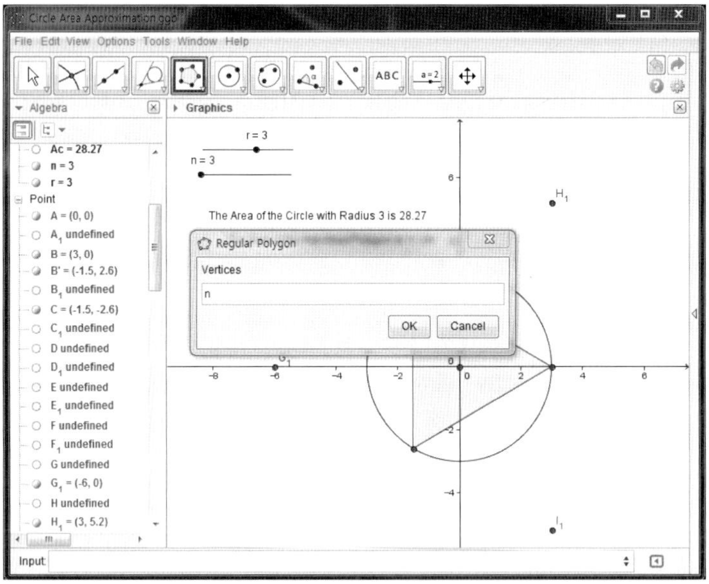</td></tr>
<tr><td>7 ABC</td><td>

• 이제 다각형의 넓이를 나타내는 텍스트를 작성해 본다.
• 텍스트 도구로 텍스트 대화상자를 열어, 아래와 같이 입력한다.

"The Area of the Circumscribed Polygon is poly2"
(외접하는 다각형의 넓이)

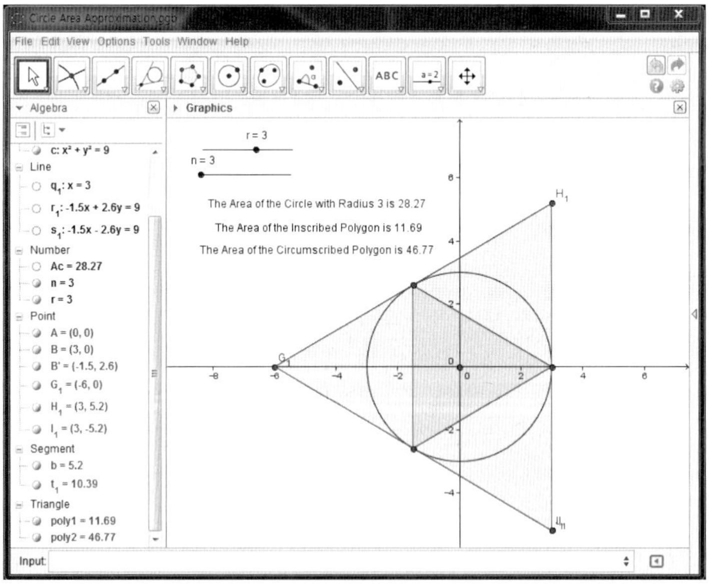
</td></tr>
</table>

단계	도구	설명
		• 여기서, "The Area of the Inscribed Polygon is" 는 변화가 없는 Static 텍스트이고, poly2는 그 객체값이 변함에 따라 함께 변하는 Dynamic 텍스트이다. • Note: 우리가 정다각형(Regular Polygon)으로 다각형을 그렸을 때, 지오지브라는 자동으로 그 객체에 "poly1"이라는 이름을 부여하고 그 객체의 값을 다각형의 넓이로 계산한다.
8		• 이제 이동 도구 상태에서 슬라이더 r과 n을 움직여 변화를 관찰한다.
10	ABC	• 외접하는 다각형의 넓이가 어떻게 변화하는지를 더 뚜렷하게 관찰할 수 있도록 이전에 구성한 텍스트에서 "poly2" 부분을 지우고, "poly2"만을 위한 텍스트를 따로 새롭게 만든다. ① <객체 우 클릭--객체 속성창(Object Properties...)--텍스트(Text) 탭>에서 텍스트를 수정할 수 있다. ② 텍스트 도구를 선택해 그래픽 구성화면을 클릭하면 생기는 텍스트 대화상자에서 단지 객체 목록의 "poly2"만 선택한다.
11		• 만들어진 poly2(text4)를 우 클릭해 객체 속성창(Object Properties...)을 연 다음, 색(Color) 탭에서 빨간색을 선택하고, 텍스트(Text) 탭에서는 글자 크기를 "Large"로 선택한다. 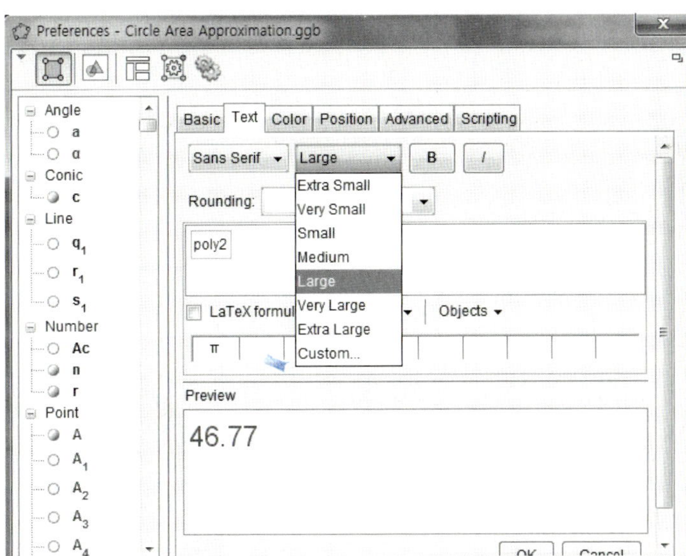
12		• 이제 슬라이더 n의 최대값을 100으로 바꾼다. • Note: 최대값을 변경하기위해서는 슬라이더 객체를 우 클릭해 나타나는 메뉴에서 객체 속성(Object Properties...)fm 선택한다. 이렇게 나타난 객체 속

성창의 슬라이더 탭에서 최대값을 변경할 수 있다.

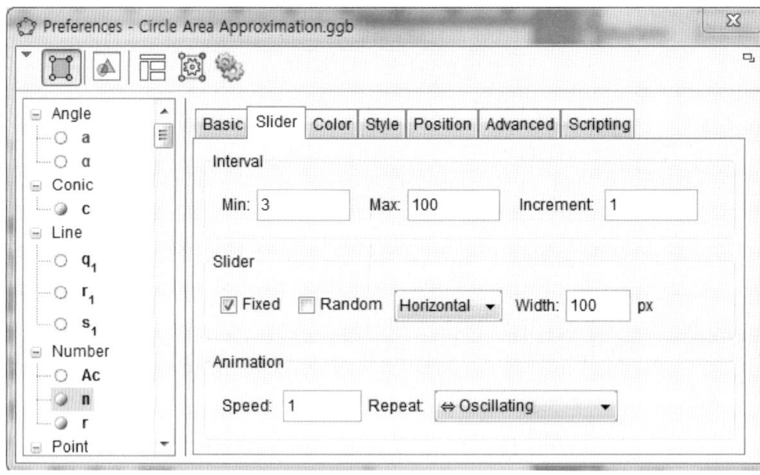

• 이제 슬라이더 n을 100까지 움직였을 때, 원의 넓이와 내접하는 다각형의 넓이와 외접하는 다각형의 넓이가 어떻게 바뀌었는지 확인한다.

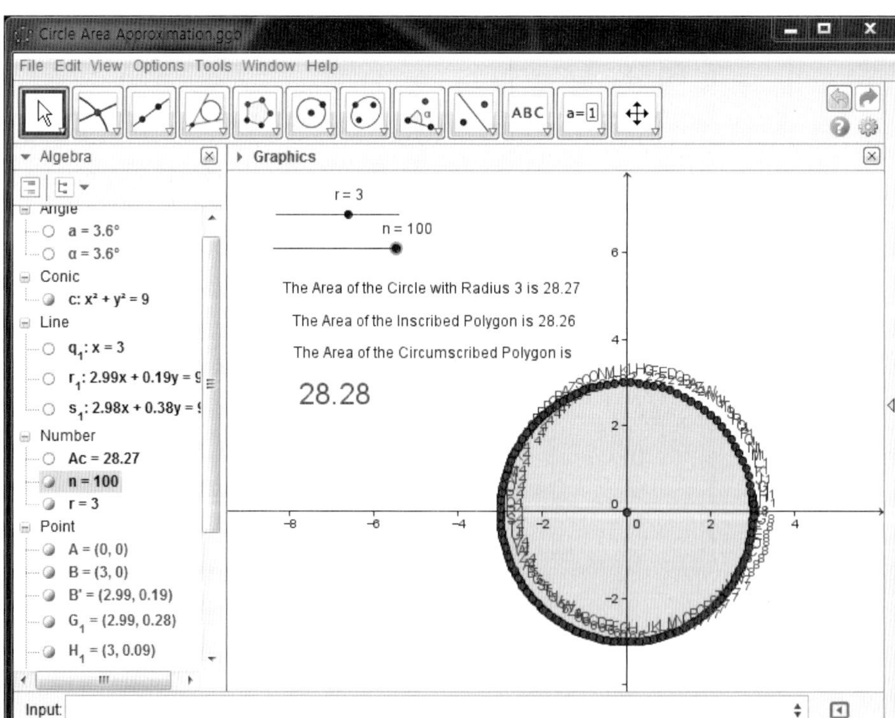

No.	Name	Tool...	Command	Value
1	Number r			r = 3.4
2	Number n			n = 4
3	Point A		Intersect[xAxis, yAxis]	A = (0, 0)
4	Circle c		Circle[A, r]	c: $x^2 + y^2 = 11.56$
5	Angle a		(360 / n)°	a = 90°
6	Point B		(r, 0)	B = (3.4, 0)
7	Point B'		Rotate[B, a, A]	B' = (0, 3.4)
8	Angle α		Angle[B, A, B']	α = 90°
9	Quadrilateral poly1		Polygon[B, B', n]	poly1 = 23.12
9	Segment b		Segment[B, B', poly1]	b = 4.81
9	Segment d		Segment[B', C, poly1]	d = 4.81
9	Point C		Polygon[B, B', n]	C = (-3.4, 0)
9	Point I_7		Polygon[B, B', n]	I_7 undefined
9	Segment e		Segment[C, D, poly1]	e = 4.81
9	Segment I_9		Segment[I_7, B, poly1]	I_9 undefined
10	Number Ac		π r²	Ac = 36.32
11	Text text1	ABC	"The Area of the Circle with Radius " + r + " is " + Ac + ""	"The Area of the Circle with Radius 3.4 is 36.32"
12	Text text2	ABC	"The Area of the Inscribed Polygon is " + poly1 + ""	"The Area of the Inscribed Polygon is 23.12"
13	Line q_1		Tangent[B, c]	q_1: x = 3.4
14	Line r_1		Tangent[B', c]	r_1: y = 3.4
15	Line s_1		Tangent[C, c]	s_1: x = -3.4
16	Point G_1		Intersect[r_1, s_1]	G_1 = (-3.4, 3.4)
17	Point H_1		Intersect[q_1, r_1]	H_1 = (3.4, 3.4)
18	Point I_1		Intersect[q_1, s_1]	I_1 = undefined
19	Quadrilateral poly2		Polygon[H_1, G_1, n]	poly2 = 46.24
19	Segment t_1		Segment[H_1, G_1, poly2]	t_1 = 6.8
19	Segment q_{10}		Segment[H_8, I_8, poly2]	q_{10} undefined

19	Segment r_{10}		Segment[l_8, H_1, poly2]	r_{10} undefined
19	Point J_1		Polygon[H_1, G_1, n]	J_1 = (-3.4, -3.4)
19	Point K_1		Polygon[H_1, G_1, n]	K_1 = (3.4, -3.4)
19	Segment r_{10}		Segment[l_8, H_1, poly2]	r_{10} undefined
20	Text text3	ABC		"The Area of the Circumscribed Polygon is "
21	Text text4	ABC	"" + poly2 + ""	"46.24"

11. 적분의 기초 [MA43]

Riemann Sum

Lower Sum과 Upper Sum을 이용하여 함수와 x-축 간 면적의 근사값을 구해보고, 구분구적분의 개념을 이해한다.

1) 학습 준비

- 새 창을 연다.
- 구성 화면 (Perspectives)- Algebra & Graphics로 바꾼다.

2) 구성 단계

1	• 삼차함수 f(x)=-0.5 x·3 + 2 x·2 -x +1를 입력한다.
2	• x-축에 두 점 A, B를 찍는다. • 이 두 점은 x-축과 함수 f(x) 사이의 면적을 제한하는 범위가 된다.
3 a=2	• 슬라이더 n을 만들어 범위는 1에서 50으로, 증가량은 1로 설정한다.
4	• uppersum= UpperSum[f, x(A), x(B), n]를 입력. • n은 lower sum과 upper sum을 계산하기 위한 직사각형의 개수를 의미한다.
5	• lowersum= LowerSum[f, x(A), x(B), n]를 입력.
6	• integral= Integral [f, x(A), x(B)]를 입력한다.

7		• Upper Sum과 Lower Sum의 차이를 나타내는 difference= uppersum - lowersum 을 입력한다.
8	ABC	• 텍스트 툴을 그래픽 화면에 클릭하여 텍스트 편집(Edit)창에 "Upper Sum="를 입력하고 객체(Objects) 목록에서 uppersum을 선택한다.
9	ABC	• 텍스트 툴을 그래픽 화면에 클릭하여 텍스트 편집(Edit)창에 "Lower Sum="를 입력하고 객체(Objects) 목록에서 lowersum을 선택한다.
10	ABC	• 텍스트 툴을 그래픽 화면에 클릭하여 텍스트 편집(Edit)창에 "Difference ="를 입력하고 객체(Objects) 목록에서 difference를 선택한다.
11	ABC	• 텍스트 툴을 그래픽 화면에 클릭하여 텍스트 편집(Edit)창에 "Integral="를 입력하고 객체(Objects) 목록에서 integral을 선택한다.
12		• 모든 텍스트와 슬라이더의 스타일을 알맞게 변경하고, 원하는 위치로 이동해 고정시킨다.

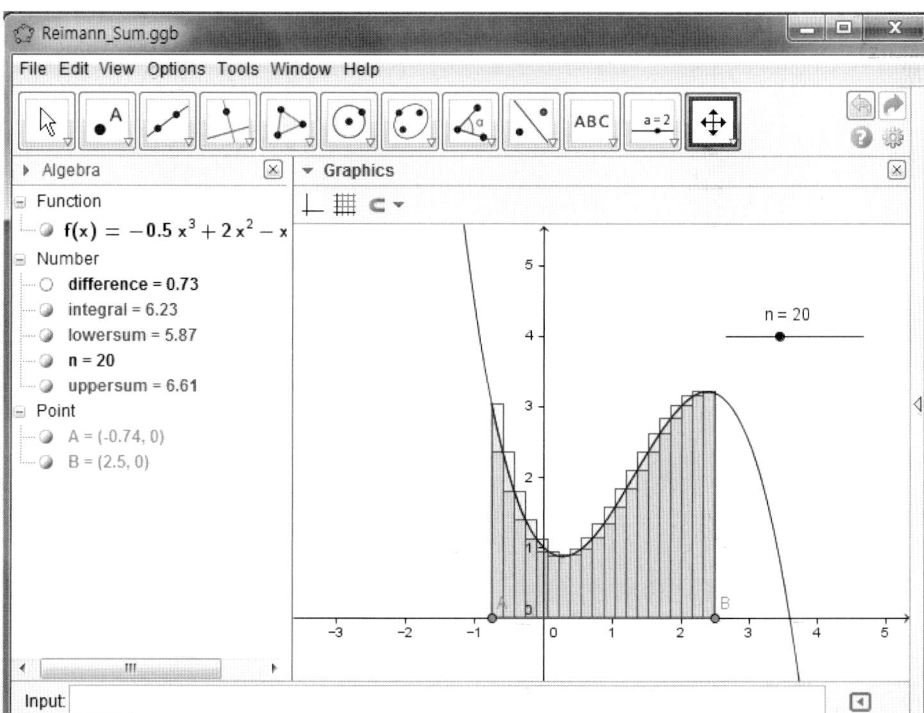

No.	Name	Tool...	Command	Value
1	Function f			f(x) = -0.5 x³ + 2x² - x + 1
2	Point A		Point[xAxis]	A = (-0.74, 0)
3	Point B		Point[xAxis]	B = (2.5, 0)
4	Number n	a=2		n = 6
5	Number uppersum		UpperSum[f, x(A), x(B), n]	uppersum = 7.56
6	Number lowersum		LowerSum[f, x(A), x(B), n]	lowersum = 5.12
7	Number integral		Integral[f, x(A), x(B)]	integral = 6.23
8	Number difference		uppersum - lowersum	difference = 2.43
9	Text text1	ABC	"UpperSum=" + uppersum + ""	"UpperSum=7.56"
10	Text text2	ABC	"LowerSum=" + lowersum + ""	"LowerSum=5.12"
11	Text text3	ABC	"Difference=" + difference + ""	"Difference=2.43"
12	Text text4	ABC	"Integral=" + integral + ""	"Integral=6.23"

Chapter 8

다이내믹 워크시트 만들기 및 시각적 보완

1. 지오지브라튜브와 사용자 포럼
2. 다이내믹 워크시트 만들기
3. 다이내믹 워크시트를 HTML 파일로 내보내기
4. 삼각형의 부등식
5. 다이내믹 워크시트 형식에 대한 지침
6. 탱그램 퍼즐

Chapter **08**

다이내믹 워크시트 만들기 및 시각적 보완

Creating and Enhancing Dynamic Worksheets with GeoGebra

1. 지오지브라튜브와 사용자 포럼

The GeoGebraTube and User Forum

1) 다이내믹 워크시트(Dynamic Worksheets)

GeoGebra는 업로더들(Uploader)로 하여금 자신들이 구성한 내용을 웹페이지로 만들어 다른 사용자들과 상호작용할 수 있는 학습자료, 소위 다이내믹 워크시트(Dynamic Worksheets)를 만들 수 있도록 해준다. 대게 이러한 다이내믹 워크시트(Dynamic Worksheets)는 제목, 짤막한 설명, 애플릿(Applet)과 이에 추가적으로 과제나 정보 등으로 구성되어 있다.

다른 사용자들은 GeoGebra를 어떻게 작동하는지 모른다 할지라도 다이내믹 워크시트(Dynamic Worksheets)로 학습하는데 지장이 없다. 웹페이지는 프로그램과는 독립되어 있으며, 온라인 상태에서는 물론 오프라인 상태에서도 사용할 수 있기 때문이다.

2) GeoGebraTube

GeoGebraTube(http://www.geogebratube.org/)는 전 세계의 업로더들이 창작하고 공유한 학습 자료들을 모아 놓은 곳이다. 자료를 정리하고 접근하기 쉽도록 태그(tag)를 활용하여 분류해 놓았다.

GeoGebraTube의 모든 자료는 Creative Common Attribution-Share Alike License 규정에 따른다. 이 말은 사용자가 자료를 무료고 이용할 수 있으며, 어떤 자료를 수정하여 배포하고 싶을 때에는 원작자를 반드시 언급하고 밝혀야 한다는 것을 의미한다.

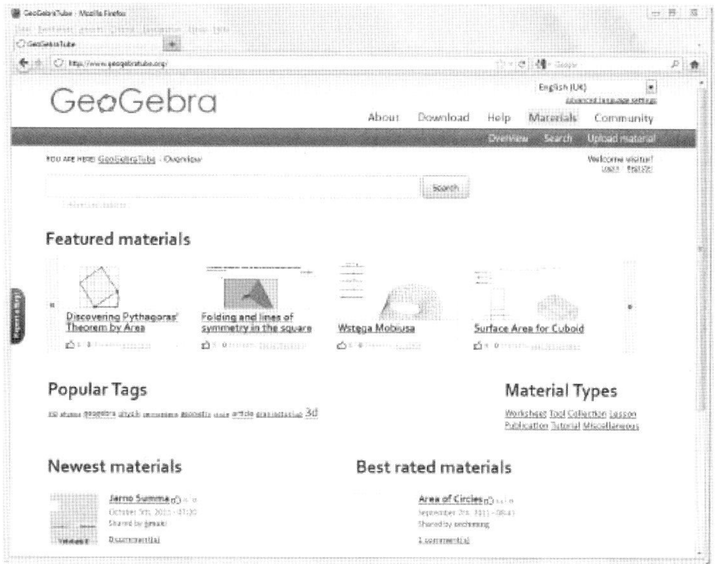

3) 사용자 포럼/User Forum

GeoGebra Forum은 사용자들, 특히 교사들이 GeoGebra와 관련된 질문과 응답을 자유롭게 나누며 서로에게 도움이 되고자 하는 의도로 만들어졌고, 또 교사들에 의해서 관리되고 있다.

또 이곳은 서로 다른 언어로 된 여러 개의 토론방으로 구성되어 있어, 자신의 모국어로 GeoGebra와 관련된 질문과 답변을 게시할 수 있다.

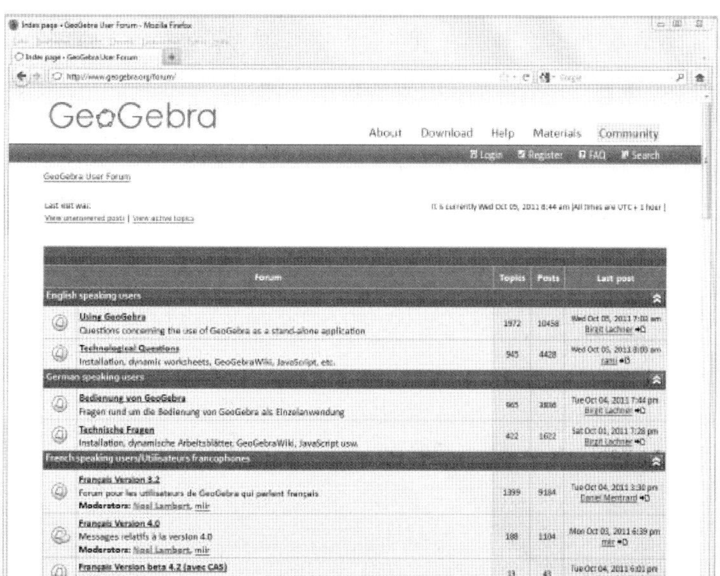

2. 다이내믹 워크시트 만들기

Creating Dynamic Worksheets

1) GeoGebra 화면 조정

GeoGebra는 현재 구성 화면에 보이는 모든 것(대수창, 그래픽 창.....)을 고정된 그림이 아닌 사용자가 입력, 이동, 변형할 수 있는 다이내믹 워크시트의 형태로 내보내기 할 수 있다. 다이내믹 워크시트에 설명이나 과제를 덧붙일 여유 공간을 확보하기 위해서는 GeoGebra 구성창을 축소할 필요가 있다.

- 대수창이 꼭 필요하지 않다고 생각되면 대수창은 화면에서 숨긴다.
- 구성창 좌측 위쪽으로 구성한 내용이나 내보내기 하고 싶은 부분이 오도록 구성창을 이동시키거나 화면을 확대 축소한다.
- GeoGebra 구성창의 크기를 줄인다. 구성창 테두리에 커서를 가져다 대 커서의 모양이 변하면 마우스를 드래그해서 원하는 크기로 줄인다.

2) GeoGebraTube로 업로드하기

- "파일/File--공유/Share"를 선택
- 자료를 업로드하기 전에 로그인 화면으로 이동한다. (계정 등록이 안 되었으면 등록해야 한다.
- 다른 사용자들에게 내줄 과제나 설명을 포함해서 필요한 정보를 채운다. 또한 애플릿에 툴바를 넣을 것인지, 입력창을 넣을 것인지 또는 메뉴 바(Menu Bar)를 보이게 할 것인지는 필요에 따라 선택한다.

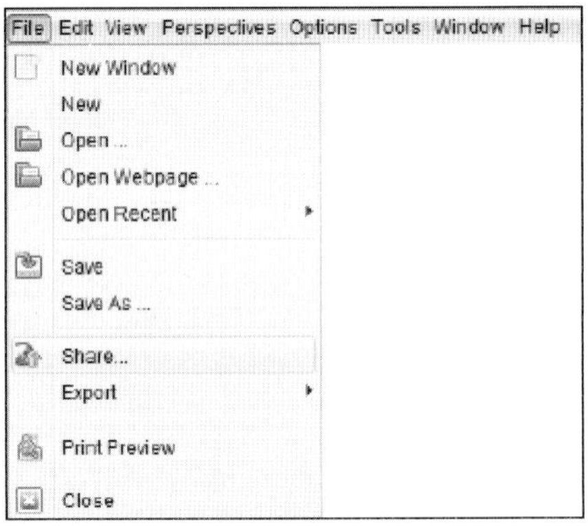

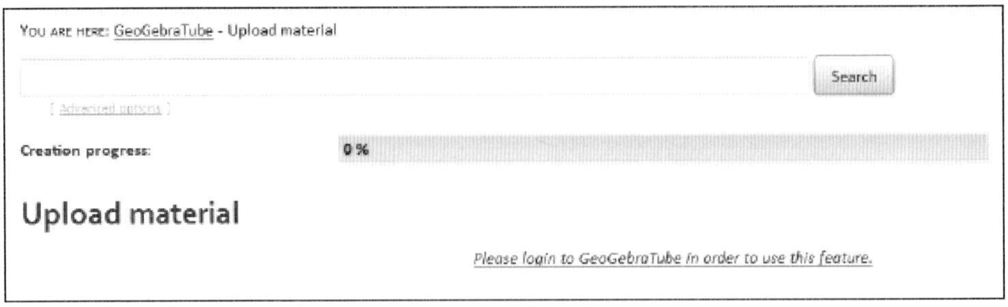

- 교사와 같은 특정 사용자들만을 위한 짧은 설명을 첨가하고--이 설명은 다른 사용자들에게는 노출되지 않는다--공개 대상을 선택한다. 해당 다이내믹 워크시트 검색에 도움을 주기 위한 태그(tag)도 선택한다.
- 저장(Save) 버튼을 누르면 업로드가 완성된다.

3) 다이내믹 워크시트 만들기 요령

- 다이내믹 워크시트를 저장하고 나면 웹 브라우저에서 구성 내용을 열 수 있다. 애플릿에 입력한 텍스트는 물론 애플릿이 제대로 작동하는지 점검하고, 만일 수정을 원하면 해당 GeoGebra(.ggb) 파일을 열어 수정한 다음 다시 내보내기 한다.(동일한 파일이름으로 덮어쓰기를 한다.) 텍스트 수정도 마찬가지 방법을 사용한다.
- GeoGebra는 자동적으로 수정 입력한 내용들을 저장한다.
- 다른 사용자들이 스크롤 할 정도로 애플릿 내용이 너무 크지 않도록 한다.
- 다른 사용자들에게 3개 이상의 과제를 제시할 때는 다른 다이내믹 워크시트를 하나 더 만들도록 해서, 가능한 다이내믹 워크시트가 모니터 한 화면 분량이 되도록 만든다.

3. 다이내믹 워크시트를 HTML 파일로 내보내기

Exporting a Dynamic Worksheet to a Webpage(HTML)

다이내믹 워크시트를 GeoGebraTube에 업로드하지 않고, 오프라인 형태의 html로 내보내기 하는 것도 가능하다.

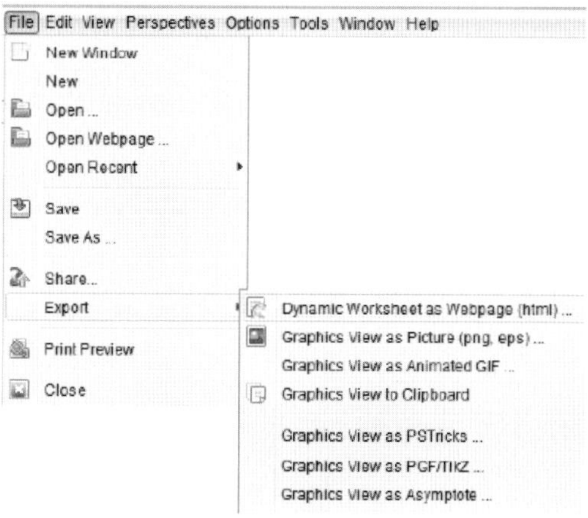

- 파일/File--내보내기/Export--다이내믹 워크시트를 웹페이지로/Dynamic Worksheet as Webpage(html)
- 단축키: Ctrl-Shift-W
- 나타나는 대화창의 "웹페이지로 내보내기(Export as Webpage)" 탭에 워크시트의 제목, 원작자의 이름 또는 구성 날짜 등을 입력한다.)
- 구성 내용 위쪽 글자상자에 간단한 설명을 덧붙인다.
- 구성 내용 아래쪽 글자상자에 과제 또는 다른 사용자들을 위한 지시사항을 적는다.
- 내보내기-저장 버튼을 누르면, 같은 폴더에 함께 있어야만 다이내믹 워크시트를 실행시킬 수 있는 여러 개의 파일들을 자동적으로 생성한다. 따라서 가능한 새로운 폴더를 만들어 저장하기를 권한다.

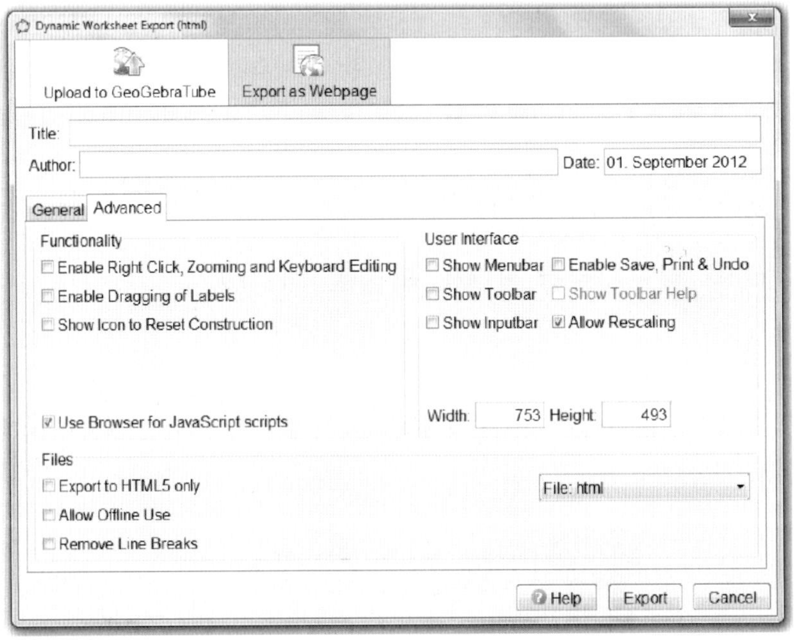

1) 애플릿 기능/Functionality

- 오른쪽 버튼 기능, 확대 및 키보드 편집 기능 가능
- 객체 이름 이동(Drag) 가능
- 원작자가 구성한 원래 상태로 되돌리는 리셋(버튼) 아이콘
- Java Scripts 기능

2) 사용자 인터페이스/User Interface

- 메뉴 바(Menu-Bar) 선택
- 저장, 복사 및 구성 되돌리기 기능 포함
- 툴바(ToolBar) 및 툴바 도움말 선택
- 애플릿 하단의 입력창(Input Bar) 선택
- 애플릿 구성창 확대 축소 기능 포함
- 애플릿 구성창의 폭과 높이 설정 가능

3) GeoGebra 파일의 특징들

- "HTML5"로 내보내기 해서 Java Script가 필요 없이 다이내믹 워크시트를 사용할 수 있다.
- 오프라인 실행 가능
- 행 바꾸기 기능
- 파일 형태 선택 가능(html, MediaWiki, GoogleGadget, Moodle)
- 하나의 다이내믹 워크시트를 파일 하나로 생성할 수도 있고, 하나의 브라우저 안에 탭 기능을 활용해 여러 개의 다이내믹 워크시트를 생성할 수도 있고, 다음(Next) 또는 이전(Previous) 버튼을 이용해 다이내믹 워크시트들을 연결시켜 놓을 수도 있다.

4. 삼각형의 부등식 [MA44]

Visualizing Triangle Inequalities

삼각형의 부등식 a+b > c, b+c > a, a+c > b가 의미하는 것은 삼각형의 두 변의 길이의 합은 언제나 나머지 한 변의 길이보다 크다는 것이다. 만일 이 부등식이 성립하지 않는 경우에는 삼각형이 성립되지 않는다.

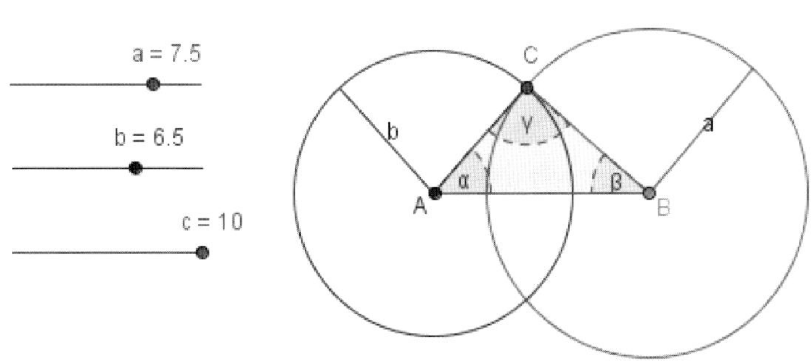

1) 학습 준비

- 새 창을 연다.
- 구성 화면 (Perspectives)- 기하창(Geometry)로 바꾼다.

2) 새로운 활용 도구

	• 정해진 길이의 선분/Segment with Given Length from Point • 첫 번째 클릭으로 선분의 시작점을 결정한 다음 나타나는 대화창에 선분의 길이를 입력하여, 입력한 길이에 해당하는 선분을 그리는 도구.
	• 중심축과 반지름을 갖는 원/Circle with Center and Radius • 첫 번째 클릭으로 원의 중심점을 결정한 다음 나타나는 대화창에 원의 반지름을 입력하여, 입력한 반지름에 해당하는 원을 그리는 도구.

*** 도구 사용법을 모르는 경우, 도움말을 읽고, 구성 전에 새로 사용하게 되는 도구들은 미리 시험사용을 해본다.

3) 구성 단계

1		• 슬라이더 a, b, c를 만들어 모두 범위는 0에서 10으로, 증가량은 0.5로 설정한다.
2		• 슬라이더를 움직여 각각의 값을 a=8, b=6.5, c=10에 놓는다.
3		• 툴을 이용해 길이가 c인 선분 d를 그린다. 이때 선분의 끝점인 A, B가 자동적으로 생성된다.
4		• 점 A를 중심점으로 하고 반지름이 b인 원 e를 그린다.
5		• 점 B를 중심점으로 하고 반지름이 a인 원 f를 그린다.
6		• 두 원 e와 f가 만나는 교점 C를 찍는다.
7		• 삼각형 ABC를 그린다.
8		• 툴을 이용하여 삼각형의 내각 α, β, γ를 만든다.

구성한 내용을 애플릿으로 내보내기 하기 위한 보완 작업을 한다.

9		• 원 e 위에 새로운 점 D를 찍는다.
10		• 점 A와 D를 잇는 선분 g를 그린다.
11		• 선분 g의 중점 E를 찍는다.
12	ABC	• 고정 텍스트(Static Text) text1:b를 입력하고, 글자의 위치를 점 E에 고정시킨다.
13		• 원 f 위에 새로운 점 F를 찍는다.
14		• 점 A와 F를 잇는 선분 h를 그린다.
15		• 선분 h의 중점 G를 찍는다.
16	ABC	• 고정 텍스트(Static Text) text2:a를 입력하고, 글자의 위치를 점 G에 고정시킨다.
17		• 서로 상응하는 객체들의 색깔을 일치시킨다.
18		• 그래픽 화면에 오른쪽 버튼을 클릭하여 나타난 목록에서 Navigation Bar를 체크하여 화면에 나타낸다.
19		• 화면 상단의 보기(View) 메뉴를 클릭하여 나타난 목록에서 구성 프로토콜(Construction Protocol)을 선택하여 화면에 나타낸다.
20		• 원의 반지름과 텍스트들을 동시에 나타나도록 하기위해서 구성 단계의 순서를 변경하고, 여러 구성 단계를 한꺼번에 진행하도록 구성 프로토콜에 Breakpoints를 체크한다.
21		• 구성프로토콜 상단 메뉴에서 Breakpoints 만 보이도록 설정한다. (Show Only Breakpoints)

*** 작업한 구성 내용을 내보내기 한다.

No.	Name	Tool...	Command	Value
1	Number a			a = 7.5
2	Number b			b = 6.5
3	Number c			c = 10
4	Point A			A = (1, 2)
5	Point B		Point[Circle[A, c]]	B = (11, 2)
6	Segment d		Segment[A, B]	d = 10
7	Circle e		Circle[A, b]	e: $(x - 1)^2 + (y - 2)^2 = 42.25$
8	Circle f		Circle[B, a]	f: $(x - 11)^2 + (y - 2)^2 = 56.25$
9	Point C		Intersect[e, f, 1]	C = (5.3, 6.87)
10	Triangle poly1		Polygon[A, B, C]	poly1 = 24.37
10	Segment c_1		Segment[A, B, poly1]	$c_1 = 10$
10	Segment a_1		Segment[B, C, poly1]	$a_1 = 7.5$
10	Segment b_1		Segment[C, A, poly1]	$b_1 = 6.5$
11	Angle α		Angle[poly1]	α = 48.58°
11	Angle β		Angle[poly1]	β = 40.54°
11	Angle γ		Angle[poly1]	γ = 90.88°
12	Point D		Point[e]	D = (-3.39, 6.79)
13	Segment g		Segment[A, D]	g = 6.5
14	Point E		Midpoint[g]	E = (-1.2, 4.4)
15	Text text1			"b"
16	Point F		Point[f]	F = (15.93, 7.66)
17	Segment h		Segment[B, F]	h = 7.5
18	Point G		Midpoint[h]	G = (13.46, 4.83)
19	Text text2			"a"

5. 다이내믹 워크시트 형식에 대한 지침

Design Guidelines for Dynamic Worksheets

디자인 가이드라인은 다이내믹 워크시트(Dynamic Worksheet) 작업 과정에서 일어나는 보편적인 실수들을 피하고, 사용자가 업로드 하는 워크시트들의 형식을 통일시켜 효과적인 학습을 돕고자 하는 데 그 목적이 있다.

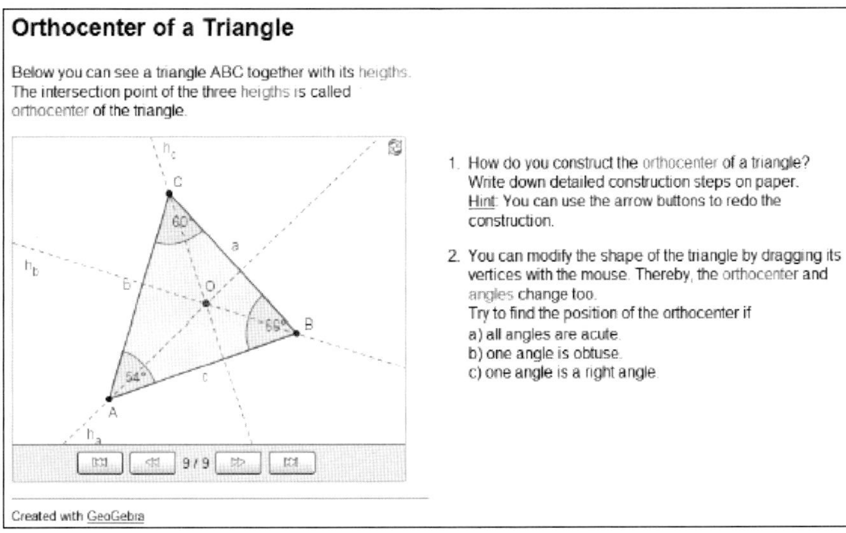

위 그림은 그러한 지침(Guideline)에 맞춰 작성된 삼각형의 수심을 구하는 다이내믹 워크시트(Dynamic Worksheet)이다.

그림에서 보듯이, 구성된 애플릿을 설명하는 부분이나 과제(Task) 속에 나타나는 중요한 용어들은 애플릿 속의 구성 객체와 색깔을 일치시키고, 과제(Task)는 다이내믹 워크시트(Dynamic Worksheet)의 우측에 위치시켜 다른 사용자들이 가능한 스크롤링(scrolling)하지 않고 한 스크린화면 안에서 볼 수 있게 만든다.

1) 다자인 가이드라인1: 다이내믹 워크시트(Dynamic Worksheet)의 배치

- 가능한 한 스크린 화면에서 내용들을 모두 볼 수 있도록 하여, 사용자들이 작업 내용, 설명, 과제(Task) 등을 보기 위해 스크롤로 오르락내리락 하지 않도록 한다.
- 한 화면에 내용을 담기 어려울 때는 작업내용을 여러 페이지로 나누는 것도 고려해 본다.
- 구성 내용의 처음에 배치하는 설명은 가능한 한 두 문장을 넘지 않도록 짧게 작성한다.

- 다른 사용자들이 애플릿을 능동적으로 활용할 수 있도록 과제(Task)나 질문(Question)을 부여하는 경우, 이러한 과제나 질문이 가능한 3~4개를 넘지 않도록 한다.
- 구성 내용과는 관련이 없는 불필요한 배경화면이나 스타일링으로 다른 사용자들의 집중도를 떨어뜨리지 않도록 한다.

2) 디자인 가이드라인2: 구성 내용

- 가이드라인의 제일 원칙은 애플릿에 나타난 모든 객체들을 다른 사용자들이 자유롭게 동작해 볼 수 있도록 하는 것이다. 이러한 Dynamic Figure는 다른 사용자들로 하여금 스스로 객체들의 수학적 관련성과 개념들을 탐구할 수 있도록 만들어 줄 것이다.
- 드래그 테스트(Drag Test)가 가능한 개체들은 크기를 크게 하거나 눈에 띄는 색깔로 수정하여 가능한 사용하기 편하게 만든다. 이와 반대로, 드래그 테스트를 하지 않기 원하는 객체들은 반드시 고정시켜 놓도록 한다.
- 다이내믹(Dynamic)한 구성 객체들은 다른 사용자가 조작하기 쉽도록 가능한 크게 하되, 단, 한 스크린 화면에 설명, 과제, 질문 등 모든 내용이 들어가는데 지장을 주지 않는 범위로 해야 한다.
- Dynamic Text는 가능한 그 텍스트와 관련된 객체에 근접하게 위치시킨다.
- 가능하면 애플릿 안에는 Dynamic Text가 아닌 글자는 삼간다.
- 다이내믹 워크시트(Dynamic Worksheet)가 열렸을 때, 첫 화면에 가능한 모든 객체의 이름과 중요한 정보를 볼 수 있도록 한다.

3) 디자인 가이드라인3: 구성 내용 설명과 과제

- 설명이나 과제에는 짧고 명확한 표현을 사용하고, 다른 사용자들을 가리킬 때는 "여러분(you)"으로 칭한다.
- 질문은 구체적으로 하고, 그 숫자도 가능한 적게 한다.
- 다이내믹 워크시트(Dynamic Worksheet)의 대상은 GeoGebra를 배우는 사용자들이다. 따라서 사용자가 아닌, 다른 특정 대상에게만 제공하려는 내용이 있을 때는 다른 문서를 활용해서, 다른 사용자에게 혼란을 주지 않도록 해야 한다.
- 작성한 애플릿 단순히 정보 또는 내용을 전달하려는 의도로 만들어 진 것이라면, 질문이나 과제는 가능한 부여하지 않는다.

6. 탱그램 퍼즐

Creating a 'Tangram' Puzzle

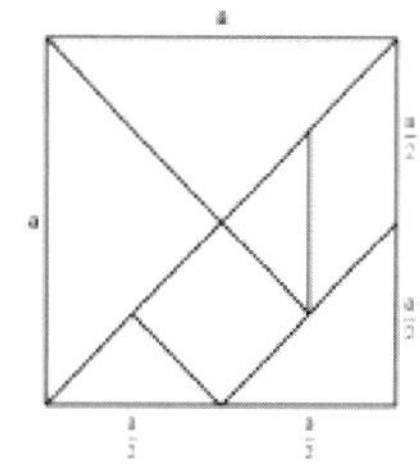

7개의 크기가 다른 도형으로 정사각형을 만든다.
tangram puzzle.html을 참고.

■ **Task1: 각 조각의 변의 길이를 파악한다.**

- 우선 각 도형의 각각의 변의 길이를 알 필요가 있다. 간혹 대각선의 길이나 높이를 알 필요가 있는데, 이런 경우 고정된 수치보다는 변수를 사용하여 표현하면 파악하기 쉽다.

■ **Task2: Tangram의 각 도형을 구성하기**

- 숫자 a=6을 입력한다.
- 이 숫자는 퍼즐을 구성하는데 필요한 삼각형과 사각형의 개수이다.
- Segment With given Length 툴과 Rigid Polygon 툴을 이용해 도형들을 그린다.
- 이 도형들은 이동이 가능하도록 만든다.
- 구성 요령
  ⓐ 만일 직삼각형의 높이가 빗변 길이의 절반이면, Thales의 정리를 이용할 수 있다.
  ⓑ 만일 직삼각형의 직각을 이루는 두 변의 길이를 알고 있다면, 정사각형을 구성하는 방법을 사용할 수 있다.
  ⓒ 대각선의 길이를 아는 상태에서 정사각형을 구성하기 위해서는 두 대각선이 서로 직각을 이루며 서로의 이등분선이 되는 성질을 이용한다.
  ⓓ 평행사변형을 구성할 때는 예각의 크기를 아는 것이 유용하다.
- 변수 a를 이용하여 모든 도형을 사용해 하나의 큰 정사각형을 만들 수 있는지를 파악한다.
- 각 도형들을 애플릿 화면에 흩어 놓고, 다이내믹 워크시트(Dynamic Worksheet)로 내보기를 한 후 설명을 덧붙인다.

■ **Task3: 고양이 Tangram**

- 정사각형 모양이 아닌 Tangram들을 검색하여 해당 그림을 GeoGebra에 불러들여 Puzzle로 구성한 다음 구성한 다이내믹 워크시트(Dynamic Worksheet)에 이름과 설명을 붙여 다시 웹페이지로 내보내기를 해보자.

Chapter 9

사용자 툴 및 툴바의 사용자 정의

1. 피타고라스 정리
2. 사용자 툴 직접 만들기
3. 사용자 툴의 저장과 불러들이기
4. 사용자 툴을 이용하여 정사각형 그리기
5. 피보나치 나선형
6. 원의 중심 구하기
7. 툴바의 사용자 설정

Chapter 09

사용자 툴 및 툴바의 사용자 정의

Custom Tools & Customizing the Toolbar

1. 피타고라스 정리 [MA45]

Theorem of Pythagoras

1) 학습 준비

- 새 창을 연다.
- 구성 화면 (Perspectives)- 기하창(Geometry)로 바꾼다.
- 화면에 새로 찍히는 점들의 이름만 보이도록 설정한다.
(Menu--Option--Labeling--New Points Only)

2) 구성 단계

1	• 점 A와 B를 잇는 선분 a를 그린다.
2	• 점 A와 B를 지나는 반원 c를 그린다.
3	• 반원 위에 새로운 점 C를 찍는다. • 점 C가 반원 위에 있는지 드래그 테스트를 한다.
4	• 선분 a와 반원 c를 숨긴다.

5	• 반 시계방향으로 삼각형 ABC를 그린다.
6	• 삼각형의 내부를 클릭해 세 내각을 생성시킨다.
7	• 선분 BC에 수직하고 점 C를 지나는 수직선 d를 그린다.
8	• 선분 BC에 수직하고 점 B를 지나는 수직선 e를 그린다.
9	• 점 C를 중심점으로 하고 점 B를 지나는 원 f를 그린다.
10	• 원 f와 수직선 d가 만나는 교점 D를 찍는다.
11	• 선분 BC에 수평하고 점 D를 지나는 직평선 g를 그린다.
12	• 직선 e와 g가 만나는 교점 E를 찍는다.
13	• 정사각형 CBED를 그린다.
14	• 정사각형을 그리기 위해 사용한 선들과 원을 화면에서 숨긴다.
15	• 선분 AC를 대상으로 구성 7~14 단계를 반복한다.
16	• 선분 AB를 대상으로 구성 7~14 단계를 반복한다.
17	• 직삼각형의 세 꼭지점들을 차례로 드래그 테스트해서 정사각형이 올바르게 구성되었는지를 확인한다.
18	• Style-Bar를 이용하여 시각적인 보완을 한다.

3) 구성 내용의 보완/Enhancing The Construction

피타고라스 정리의 이해를 돕도록 고정된 텍스트와 Dynamic Text를 삽입한다.

4) 새로운 활용 도구

	• 스타일 복사/Copy Visual Style • 첫 번째 객체를 클릭하여 그 시각적인 형태(Visual Style)를 그대로 복사한 다음 두 번째 클릭하는 객체에 첫 번째와 동일한 Visual Style을 입히는 도구.

*** 도구 사용법을 모르는 경우, 도움말을 읽고, 구성 전에 새로 사용하게 되는 도구들은 미리 시험사용을 해본다.

5) 구성 단계

19		• 툴을 이용해 대각선 방향의 두 점을 클릭하여 세 정사각형의 중점을 찍는다.
20	ABC	• 텍스트(Static) text1: a·2를 입력하고 이것의 위치를 상응하는 정사각형의 중점으로 고정시킨다. • 제곱근 형태의 텍스트를 입력할 때는 LaTeX fomula 박스를 이용한다.
21	ABC	• 텍스트(Static) text2: b·2를 입력하고 이것의 위치를 상응하는 정사각형의 중점으로 고정시킨다.
22	ABC	• 텍스트(Static) text3: c·2를 입력하고 이것의 위치를 상응하는 정사각형의 중점으로 고정시킨다.
23		• 모든 정사각형의 중점을 화면에서 숨긴다.
24		• 툴을 이용하여 앞서 입력한 텍스트와 그 상응하는 정사각형의 색깔을 일치시킨다.
25	ABC	• 피타고라스 정리를 보여주는 텍스트 “a·2+b·2=c·2”를 LaTeX formula를 이용해 삽입한다.
26		• 입력창(InputBar)에 Area_a=a_1·2를 입력해서 선분 a_1을 한 변으로 하는 정사각형의 면적 Area_a를 만든다. • Area_b=b·2 와 Area_c=c_1·2를 입력해서 나머지 두 정사각형의 면적을 나타내는 수를 만든다.
27	ABC	• 28단계에서 만든 세 개의 수, Area_a, _b, _c 객체를 텍스트 대화상자에서 입력하여 다이내믹 텍스트를 구성한다.
28		• 삼각형을 움직여 다이내믹 텍스트가 제대로 구성되었는지를 확인한다.

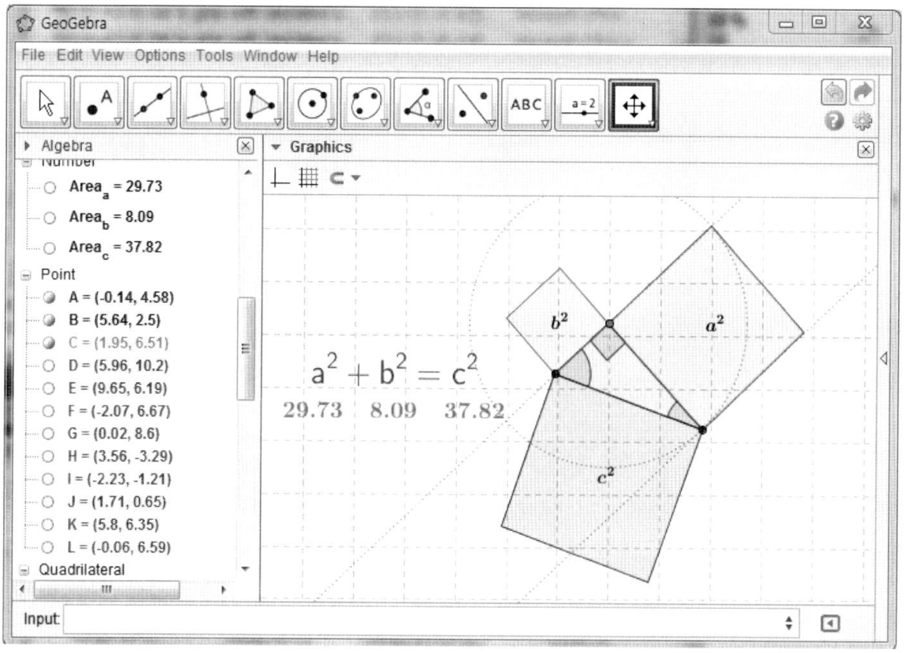

No.	Name	Tool...	Command	Value
1	Point A			A = (-0.14, 4.58)
2	Point B			B = (5.64, 2.5)
3	Segment a		Segment[A, B]	a = 6.15
4	Arc c		Semicircle[A, B]	c = 9.66
5	Point C		Point[c]	C = (1.95, 6.51)
6	Triangle poly1		Polygon[A, B, C]	poly1 = 7.75
6	Segment c_1		Segment[A, B, poly1]	c_1 = 6.15
6	Segment a_1		Segment[B, C, poly1]	a_1 = 5.45
6	Segment b		Segment[C, A, poly1]	b = 2.84
7	Angle α		Angle[poly1]	α = 62.46°
7	Angle β		Angle[poly1]	β = 27.54°
7	Angle γ		Angle[poly1]	γ = 90°
8	Line d		PerpendicularLine[C, a_1]	d: 3.69x - 4.01y = -18.9
9	Line e		PerpendicularLine[B, a_1]	e: 3.69x - 4.01y = 10.83

10	Circle f		Circle[C, B]	f: $(x - 1.95)^2 + (y - 6.51)^2 = 29.73$
11	Point D		Intersect[f, d, 1]	D = (5.96, 10.2)
12	Line g		Line[D, a_1]	g: -4.01x - 3.69y = -61.59
13	Point E		Intersect[e, g]	E = (9.65, 6.19)
14	Quadrilateral poly2		Polygon[C, B, E, D]	poly2 = 29.73
14	Segment c_2		Segment[C, B, poly2]	c_2 = 5.45
14	Segment b_1		Segment[B, E, poly2]	b_1 = 5.45
14	Segment e_1		Segment[E, D, poly2]	e_1 = 5.45
14	Segment d_1		Segment[D, C, poly2]	d_1 = 5.45
15	Line h		PerpendicularLine[C, b]	h: 2.09x + 1.93y = 16.61
16	Line i		PerpendicularLine[A, b]	i: 2.09x + 1.93y = 8.53
17	Circle k		Circle[A, C]	k: $(x + 0.14)^2 + (y - 4.58)^2 = 8.09$
18	Point F		Intersect[k, i, 1]	F = (-2.07, 6.67)
19	Line j		Line[F, b]	j: 1.93x - 2.09y = -17.94
20	Point G		Intersect[h, j]	G = (0.02, 8.6)
21	Quadrilateral poly3		Polygon[A, C, G, F]	poly3 = 8.09
21	Segment a_2		Segment[A, C, poly3]	a_2 = 2.84
21	Segment c_3		Segment[C, G, poly3]	c_3 = 2.84
21	Segment g_1		Segment[G, F, poly3]	g_1 = 2.84
21	Segment f_1		Segment[F, A, poly3]	f_1 = 2.84
22	Line l		PerpendicularLine[A, c_1]	l: -5.79x + 2.08y = 10.38
23	Line m		PerpendicularLine[B, c_1]	m: -5.79x + 2.08y = -27.44
24	Circle p		Circle[B, A]	p: $(x - 5.64)^2 + (y - 2.5)^2 = 37.82$
25	Point H		Intersect[p, m, 1]	H = (3.56, -3.29)
26	Line n		Line[H, c_1]	n: 2.08x + 5.79y = -11.62
27	Point I		Intersect[l, n]	I = (-2.23, -1.21)
28	Quadrilateral poly4		Polygon[B, A, I, H]	poly4 = 37.82
28	Segment b_2		Segment[B, A, poly4]	b_2 = 6.15

28	Segment a_3		Segment[A, I, poly4]	a_3 = 6.15
28	Segment i_1		Segment[I, H, poly4]	i_1 = 6.15
28	Segment h_1		Segment[H, B, poly4]	h_1 = 6.15
29	Point J		Midpoint[B, I]	J = (1.71, 0.65)
30	Text text1	ABC		"$ c^{2} $"
31	Point K		Midpoint[E, C]	K = (5.8, 6.35)
32	Text text2	ABC		"a^{2}"
33	Point L		Midpoint[C, F]	L = (-0.06, 6.59)
34	Text text3	ABC		"$ b^{2} $"
35	Text text4	ABC		"a^{2} + b^{2} = c^{2}"
36	Number $Area_a$		a_1^2	$Area_a$ = 29.73
37	Number $Area_b$		b²	$Area_b$ = 8.09
38	Number $Area_c$		c_1^2	$Area_c$ = 37.82
39	Text text5	ABC	"$ " + (FormulaText[$Area_a$]) + " $ $" + (FormulaText[Area_1]) + "$ $" +	"$ 29.73 $ 8.09 37.82"

2. 사용자 툴 직접 만들기

Creating Custom Tools

GeoGebra는 사용자가 직접 자신의 툴을 만들어 사용할 수 있도록 하고 있다.

여기서는 한 점과 한 직선 사이의 최단거리(예를 들어 삼각형의 높이)를 구하는 툴을 만들어 보기로 한다. 사용자 툴(Custom Tools)을 만들기에 앞서 해당 툴을 실행시키기 위해 필요한 모든 객체를 구성할 필요가 있다.

1) 학습 준비

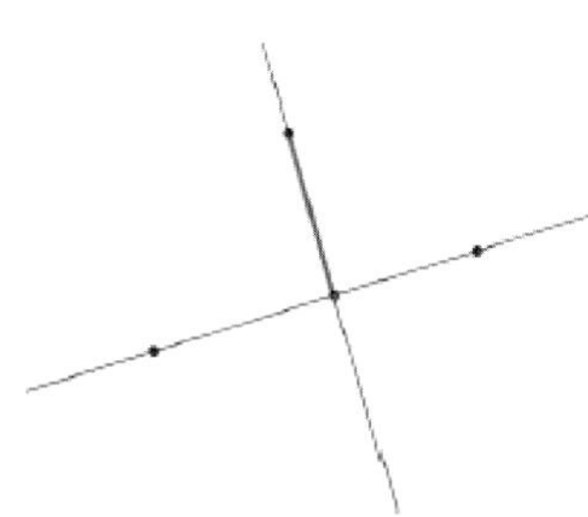

- 새 창을 연다.
- 구성 화면 (Perspectives)-기하창(Geometry)로 바꾼다.
- 화면에 새로 찍히는 점들의 이름만 보이도록 설정한다.
  (Menu--Option--Labeling--New Points Only)

2) 구성 단계

1	점 A와 B사이를 지나는 직선 a를 그린다.
2	새로운 점 C를 찍는다.
3	직선 a에 수직하면서 점 C를 지나는 수직선 b를 그린다.
4	두선 a와 b가 만나는 교점 D를 찍는다.
5	점 C와 D를 잇는 선분 c를 그린다.
6	점 A, B, C를 드래그 테스트하여 맞게 구성되었는지 확인한다.
7	선분 c의 색깔을 바꾸고 그 외의 모든 객체들은 화면에서 숨긴다.

3) 구성 객체를 사용자 툴로 만들기

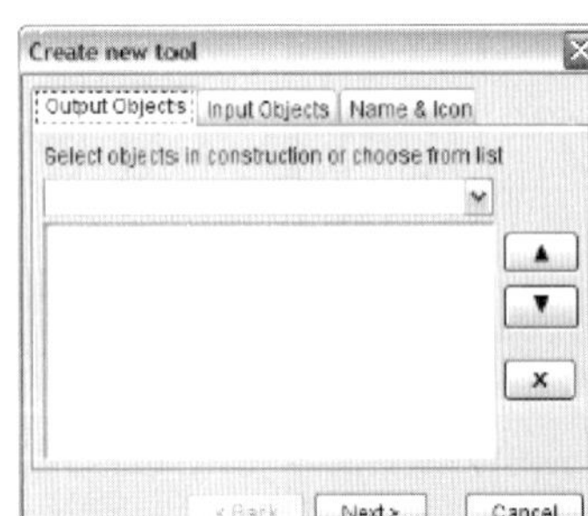

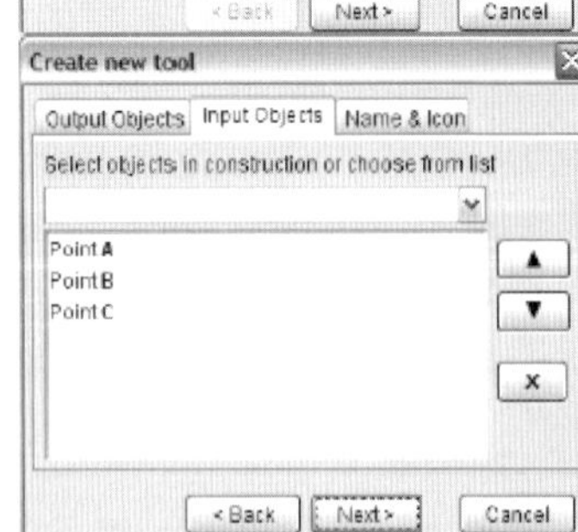

① GeoGebra 실행 화면 상단의 메뉴에서 도구(Tools)를 클릭한 뒤 새 도구 생성(Create New Tool)을 선택한다.

② 새 도구 생성을 위한 대화창이 나타나는데, 결과 객체(Output Objects) 탭이 활성화되어 나타난다.

③ 이때 원하는 객체를 그래픽 화면에서 클릭하거나, drop-down 버튼을 클릭해 아래로 펼쳐지는데 객체 목록 중 원하는 객체를 선택한다. (이 경우, 선분 c)

④ 원하는 객체를 선택하고 다음(Next) 버튼을 누르면 다음 탭 입력 객체(Input Objects) 대화창이 활성화된다.

⑤ GeoGebra는 원하는 결과 객체(Output Object)를 선택하면 그 객체를 구성하기 필요한 소위 "모객체(Parent Objects)"라는 입력 객체를 자동적으로 가져 온다. (이 경우, 점 A, B, C)

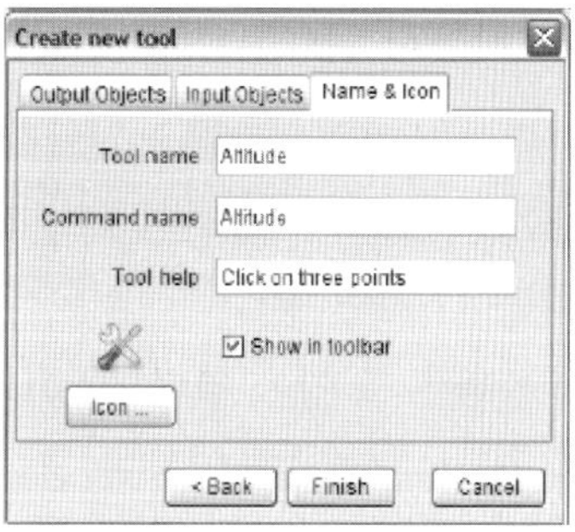

⑥ 다시 다음(Next) 버튼을 누르면 사용자 툴의 이름과 아이콘을 지정할 수 있는 대화창이 활성화된다.

⑦ 원하는 이름(이 경우, Altitude)과 사용자 툴의 도움말을 입력한다. GeoGebra는 사용자 툴을 이름을 자동적으로 그 툴의 명령어(Command)로 입력한다.

⑧ 이제 만들어진 사용자 툴을 툴바에 보이게 할 것인지(Show in toolbar)를 체크하고 입력을 끝마친다.

4) 생성된 사용자 툴(Custom Tool) 활용

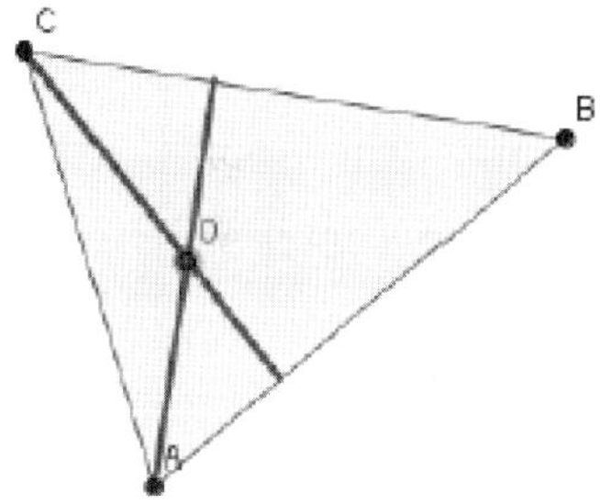

① 새 창을 연다.
새 창을 열어도 여전히 새롭게 생성된 사용자 툴이 툴바에 보인다.

② 다각형(Polygon) 도구를 이용해서 삼각형 ABC를 그린다.

③ 사용자 툴(이 경우, Altitude)을 클릭하여 활성화 한다.

④ 점 A, B, C를 차례로 클릭하면 삼각형의 높이를 의미하는 선분이 나타난다.

⑤ 점 B, C, A를 차례로 클릭하면 또 다른 삼각형의 높이를 의미하는 선분이 나타난다.

⑥ 두 선분이 서로 만나는 점이 삼각형의 수심(Orthocenter)이 된다.

3. 사용자 툴의 저장과 불러들이기

Saving and Importing Custom Tools

1) 사용자 툴(Custom Tool) 저장

① 메뉴에서 도구(Tool)을 클릭한 다음 도구 관리(Manage tools)를 선택하면 대화창이 나타난다.

② 도구 목록에서 새롭게 생성한 사용자 툴(여기서는, Altitude)을 선택한다.

③ 저장하기(Save as)를 클릭한다.

④ 저장할 폴더와 이름을 입력할 대화창이 나타나면 원하는 폴더와 이름을 지정해 입력하면 해당 파일이 ".ggt"라는 확장자명을 갖는 파일로 지정한 폴더에 저장된다.
참고로, GeoGebra 구성 파일은 ".ggb"라는 확장자명을 갖는다.

2) 사용자 툴(Custom Tool) 불러오기

GeoGebra 프로그램을 닫아다가 다시 실행하면 초기화 되면서 툴바에 생성시켜 놓았던 사용자 툴이 나타나지 않는다. 그 사용자 툴(Custom Tool)을 다시 사용하면 다음의 순서로 불러들이기하면 된다.

방범은 새 창을 열어 파일(File) 메뉴에서 열기(Open)을 선택한 다음 저장해 놓았던 파일을 찾아 클릭하기만 하면 된다.

4. 사용자 툴을 이용하여 정사각형 그리기[Custom Tool-Square]

Creating a Square Tool

1) 학습 준비

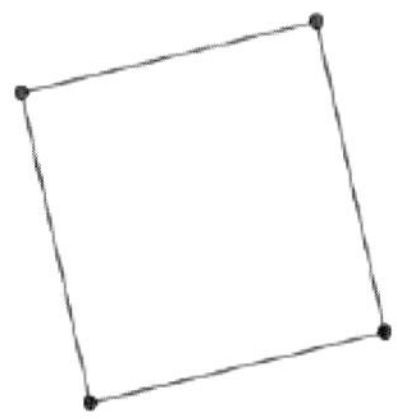

- 새 창을 연다.
- 구성 화면 (Perspectives)-기하창(Geometry)로 바꾼다.
- 화면에 새로 찍히는 점들의 이름만 보이도록 설정한다.
  (Menu--Option--Labeling--New Points Only)

2) 구성 단계

1		점 A와 B사이를 지나는 선분 a를 그린다.
2		선분 AB에 수직하고 점 B를 지나는 직선 b를 그린다.
3		점 B를 중심점으로 하고 A점을 지나는 원 c를 그린다.
4		원 c와 직선 b가 만나는 교점 C를 찍는다.
5		직선 b와 나란하면서 점 A를 지나는 수평선 d를 그린다.
6		선분 a와 나란하면서 점 C를 지나는 수평선 e를 그린다.
7		두 직선 d와 e가 만나는 교점 D를 찍는다.

8		정사각형 ABCD를 그린다.
9		직선과 원과 같은 보조 객체들은 화면에서 숨긴다.
10	A A	모든 객체의 이름(label)을 숨긴다.
11		정사각형을 우 클릭해 나타나는 메뉴에서 객체 속성(Object Proroperties)을 선택하고, 객체 속성창 색(Color) 탭에서, 정사각형의 색깔을 검정색으로 하고 불투명도(Opacity)를 0으로 한다.
12		GeoGebra 실행 화면 상단의 메뉴에서 도구(Tools)를 클릭한 뒤 새 도구 생성(Create New Tool)을 선택해 사용자 툴(Custom Tool)을 생성한다. • 결과 객체: 정사각형 • 입력 객체: 점 A와 B • 이름: Square • 도움말: 두 점을 선택한다(select two points) 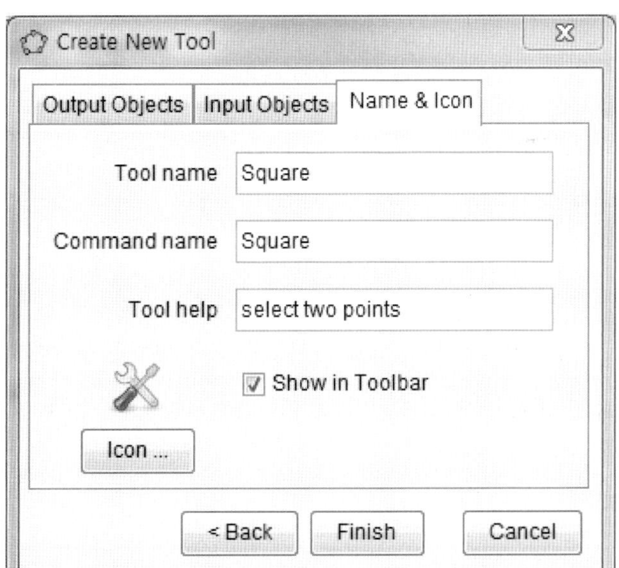
13		사용자 툴(Custom Tool)을 저장한다. • 앞서 설명한 "사용자 툴 저장하기"를 참조.

5. 피보나치 나선형 [MA46]

Fibonacci Spiral

- 한 변의 길이가 1, 1, 2, 3, 5, 8, 13, 21........인 정사각형들을 타일 붙이기 방식으로 배열한 뒤 각 정사각형의 마주보는 두 점을 연결하는 호(Arc)를 그려 피보나치 나선형을 구성할 수 있다.
- 피보나치 나선형(수열)의 정의: 첫 번째 항의 값이 0이고 두 번째 항의 값이 1일 때, 이후의 항들은 이전의 두 항을 더한 값으로 이루어지는 수열.
- 황금 나선형(Golden Spiral)이라고도 불리며, 나선의 크기가 황금 비율로 증가하는 일종의 로그 나사선이다.

1) 학습 준비

- 새 창을 연다.
- 구성 화면 (Perspectives)-기하창(Geometry)로 바꾼다.
- 우선 정사각형을 구성하는 사용자 툴을 만들어야 한다.
- "4. 사용자 툴(Custom Tool)을 이용하여 정사각형 그리기 [Custom Tool-Square]"의 구성 단계를 그대로 따라하여 정사각형 사용자 툴을 만들어 저장한다.
- 화면에 새로 찍히는 점들의 이름만 보이도록 설정한다.
  (Menu--Option--Labeling--New Points Only)
- 격자선(Grid)을 나타나게 하고 격자 간격(Distance)을 1로 조정한다.

2) 새로운 활용 도구

	• 중심과 두 점을 지나는 원호/Circular Arc with Center through Two Points • 호의 중심점을 클릭한 뒤, 두 점을 특정하면 호를 그려주는 도구. • 특정된 두 점으로 반지름과 호의 길이를 결정하게 된다.

*** 도구 사용법을 모르는 경우, 도움말을 읽고, 구성 전에 새로 사용하게 되는 도구들은 미리 시험사용을 해본다.

3) 구성 단계

1	• 사용자 툴(Custom Tool): Square를 이용하여 한 변의 길이가 1인 정사각형을 그린다. • 거리가 1인 서로 이웃하는 두 점을 클릭하면 된다.
2	• Square를 이용하여 한 변의 길이가 1인 정사각형을 첫 번째 정사각형의 아래에 그린다.

3	• Square를 이용하여 한 변의 길이가2인 정사각형을 앞서 그린 두 정사각형의 옆에 그린다.
4	• 동일한 과정을 반복하되, 한 변의 길이를 3, 5, 8, 13으로 하고, 시계 반대방향으로 타일 붙이기(tiling)를 한다.
5	• 첫 번째 그린 정사각형 안에 호를 그린다. • Note: 정사각형의 오른쪽 아래 꼭짓점을 호의 중심점으로 하고 이웃하는 두 꼭짓점을 시계 반대방향으로 클릭 한다.
6	• 구성 단계 5번을 모든 정사각형에 그린 순서대로 적용한다.
7	• 모든 점들을 화면에서 숨기고, 나선의 색깔과 스타일을 바꾼다. • Note: 아래 그림에서 보듯이 대수창의 "Point"를 클릭하면, 모든 점들을 선택할 수 있다. 그런 다음 Point를 우 클릭해 나오는 메뉴에서 객체 숨기기/보이기(Show Object)를 선택하면 한 번에 모든 점들을 숨길 수 있다. • 점(Point)과 마찬가지로 대수창에 "Conic"을 클릭하면, 피보나치 나선을 이루는 모든 원호를 선택할 수 있다. 그런 다음 원호의 색깔과 굵기를 변경한다.

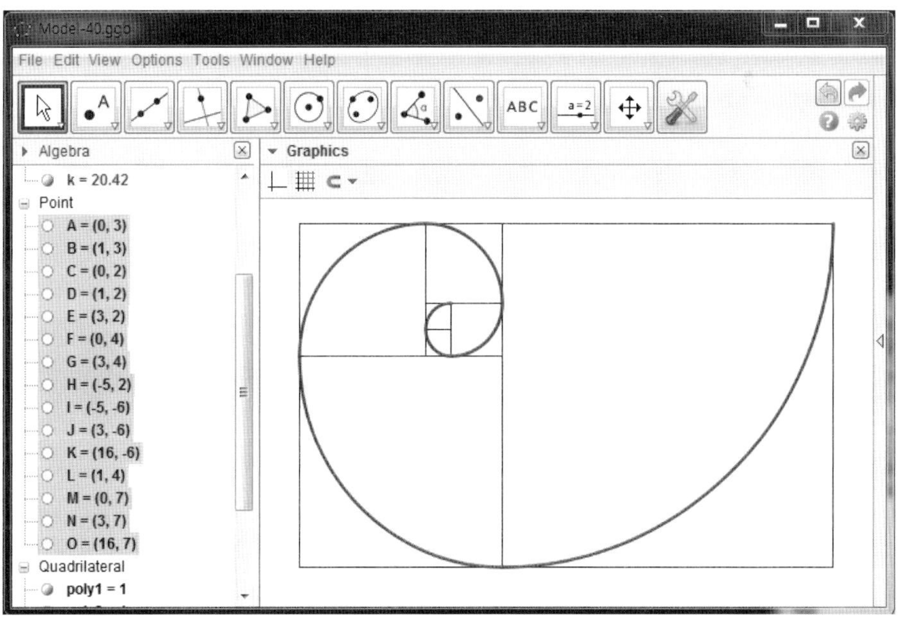

No.	Name	Tool...	Command	Value
1	Point A			A = (0, 3)
2	Point B			B = (1, 3)
3	Quadrilateral poly1		Square[A, B]	poly1 = 1
4	Point C			C = (0, 2)
5	Point D			D = (1, 2)
6	Quadrilateral poly2		Square[C, D]	poly2 = 1
7	Point E			E = (3, 2)
8	Quadrilateral poly3		Square[D, E]	poly3 = 4
9	Point F			F = (0, 4)
10	Point G			G = (3, 4)
11	Quadrilateral poly4		Square[F, G]	poly4 = 9
12	Point H			H = (-5, 2)
13	Quadrilateral poly5		Square[H, C]	poly5 = 25
14	Point I			I = (-5, -6)
15	Point J			J = (3, -6)
16	Quadrilateral poly6		Square[I, J]	poly6 = 64
17	Point K			K = (16, -6)
18	Quadrilateral poly7		Square[J, K]	poly7 = 169
19	Point L			L = (1, 4)
20	Arc c		CircularArc[B, L, A]	c = 1.57
21	Arc d		CircularArc[B, A, D]	d = 1.57
22	Arc e		CircularArc[L, D, G]	e = π
23	Point M			M = (0, 7)
24	Arc f		CircularArc[F, G, M]	f = 4.71
25	Arc g		CircularArc[C, M, H]	g = 7.85
26	Arc h		CircularArc[E, H, J]	h = 12.57
27	Point N			N = (3, 7)
28	Point O			O = (16, 7)
29	Arc k		CircularArc[N, J, O]	k = 20.42

6. 원의 중심 구하기 [MA47]

Constructing the Center of a Circle

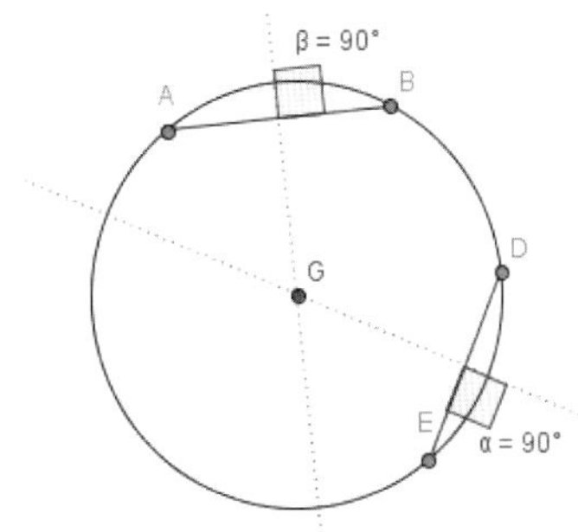

- 원의 중심과 현: 원에서 현의 수직 이등분선은 그 원의 중심을 지난다. 반대로, 원의 중심에서 현에 내린 수선은 그 현을 이등분하게 된다.

1) 학습 준비

- 새 창을 연다.
- 구성 화면 (Perspectives)-기하창(Geometry)로 바꾼다.
- 화면 하단에 입력창(Input Bar)가 보이도록 한다.
  (보기(View) 메뉴--입력창(Input Bar))

2) 구성 단계

1	• 원 c의 방정식 x·2 + y·2 = 16을 입력창(Input Bar)에 기입한다.
2	• 원 c에 현 a를 그린다. • 현은 하나의 선분으로 그 끝점은 모두 원 c 위에 있어야 한다.
3	• 현 a의 중점 C를 찍는다.
4	• 현 a에 수직하면서 점 C를 지나는 직선 b를 그린다.
5	• 또 다른 현 d를 그린다.
6	• 현 d의 중점 F를 찍는다.
7	• 현 d에 수직하고 점 F를 지나는 직선 e를 그린다.
8	• 선 b와 e가 만나는 교점 G를 찍는다. • 이 점 G가 원 c의 중심점이 된다.
9	• Style-Bar를 이용해 구성한 객체들을 시각적으로 보완한다.
10	• 원 c의 다른 지점에 현을 긋고 그 현을 수직 이등분하는 선이 중심 G점을 통과하는지를 확인한다.

3) 학습 포인트

- 구성 과정을 다시 보기 위해서 그래픽 화면을 클릭하여 나타난 목록에서 Navigation Bar를 선택한다.
- 구성 프로토콜(Construction Protocol) 창에서 Breakpoint를 설정하면 구성 단계들을 그룹으로 만들 수 있다.
  - 구성 프로토콜 창의 Column 메뉴를 아래로 펼쳐서(drop-down) Breakpoint 체크하면 Breakpoint를 체크할 수 있는 열이 새롭게 프로토콜 창에 생긴다.
  - 그룹으로 만들고자 하는 단계의 마지막 단계의 Breakpoint 박스를 체크한다.
  - 구성 프로토콜 창의 Option 메뉴를 아래로 펼쳐서(drop-down) Breakpoint만을 프로토콜 창에 나타나도록 한다.
- Navigation Bar를 포함한 다이내믹 워크시트(Dynamic Worksheet)로 구성한 내용을 내보내기 하고, 그것을 Center_Circle_Solution.html 파일로 저장한다.
  (File--Export--Dynamic Worksheet as Webpage(html))
- 내보내기 한 파일을 다시 열어 Navigation Bar를 Play해 구성 단계를 검토하고 어떤 도구를 사용해서 원의 중심을 구했는지 기록한다.

No.	Name	Tool...	Command	Value
1	Circle c			c: x² + y² = 16
2	Point A		Point[c]	A = (-2.53, 3.1)
3	Point B		Point[c]	B = (1.82, 3.56)
4	Segment a		Segment[A, B]	a = 4.38
5	Point C		Midpoint[a]	C = (-0.35, 3.33)
6	Line b		PerpendicularLine[C, a]	b: -4.35x - 0.46y = 0
7	Point D		Point[c]	D = (3.98, 0.42)
8	Point E		Point[c]	E = (2.54, -3.09)
9	Segment d		Segment[D, E]	d = 3.8
10	Point F		Midpoint[d]	F = (3.26, -1.33)
11	Line e		PerpendicularLine[F, d]	e: 1.44x + 3.51y = 0
12	Point G		Intersect[b, e]	G = (0, 0)
13	Angle α		Angle[d, e]	α = 90°
14	Angle β		Angle[a, b]	β = 90°

7. 툴바의 사용자 설정

Customizing the Toolbar

GeoGebra 툴바를 사용자가 원하는 대로 설정하여 다른 사용자들이 사용할 수 있는 도구를 제한할 수 있다.

① 도구(Tools) 메뉴에서 툴바 사용자 설정(Customize Toolbar)을 클릭한다.

② 대화창 상단에 있는 drop-down 목록을 펼쳐 설정할 툴 그룹(일반, 스프레드시트, CAS, 데이터 분석 중에서)을 선택한다.

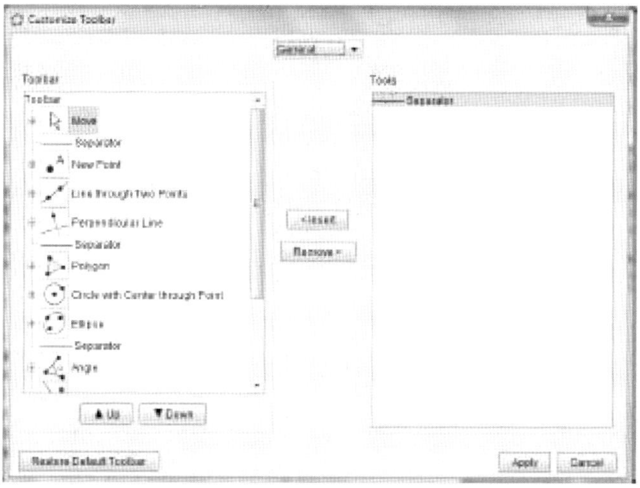

③ 왼쪽 창에는 선택한 툴 그룹의 모든 도구들이 나타난다. 나타난 도구의 아이콘을 더블 클릭하면 툴박스가 아래로 펼쳐진다.

④ 예를 들어, 이동(Move) 아이콘을 더블 클릭하여 나타난 Rotate around Point를 클릭하고 제거(Remove) 버튼을 누르고, 다시 Record to Spreadsheet를 클릭하고 제거(Remove) 버튼을 누르면 이동(Move) 툴박스에는 이동(Move) 툴만 남아 있게 된다.

⑤ 마찬가지로 모든 툴박스를 열어 원의 중심을 구하는데 필요한 도구들(Intersect Two Objects, Midpoint or Center, Segment between Two Points, Perpendicular Line)을 제외한 모든 도구들을 제거한다.

⑥ Up(위로) 아래로(Down) 버튼을 클릭해 도구의 순서를 재정렬시킨다.

⑦ 적용(Apply) 버튼을 누른다.

⑧ 이제 GeoGebra 화면 위에 사용자가 설정한 툴바가 나타난다.

Chapter 10

체크박스와 시퀀스 명령어

1. 수직선 위의 정수의 합과 체크박스
2. 시어핀스키 삼각형
3. 점과 선분의 시퀀스
4. 자연수 곱셈의 시각적 보완
5. 베지에 곡선
6. 시퀀스와 선분의 분할

Chapter **10**

체크박스와 시퀀스 명령어

Conditional Visibility & Sequences

1. 수직선 위의 정수의 합과 체크박스 [MA48]

Visualizing Integer Addition on the Number Line and Checkbox

1) 학습 준비

- 새 창을 연다.
- 구성 화면 (Perspectives)-기하창(Geometry)로 바꾼다.
- 화면 하단에 입력창(Input Bar)가 보이도록 한다.
  (보기(View) 메뉴--입력창(Input Bar))

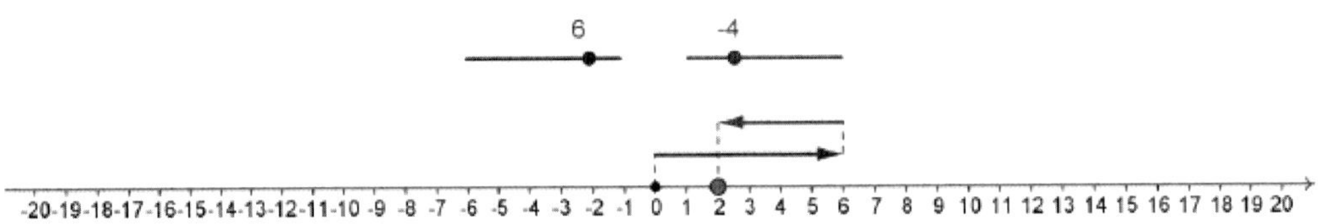

2) 구성 단계

1	• 그래픽 화면의 속성창을 연다. • 툴바 우측에 있는 설정(Preferences) 아이콘을 클릭해 나타나는 메뉴에서 화면(Graphics) 설정을 선택하면 창이 나타난다.

2	• 이 대화창의 x-축 탭(xAxis)의 거리(Distance)를 1로 설정한다.
3	• 기본(Basic) 탭에서 x-축의 최소값을 -21로 최대값을 21로 설정한다.
4	• y-축 탭(yAxis)에서 y-축을 화면에 보이도록 체크한 표시를 푼다.
5	• 속성창을 닫는다.
6	• 슬라이더 a를 만들어 그 범위를 -10에서 10까지, 증가량을 1로 설정한다.
7	• 슬라이더 b를 만들어 그 범위를 -10에서 10까지, 증가량을 1로 설정한다.
8	• 슬라이더의 이름대신 값(Value)이 보이도록 설정한다. • Note: 객체 속성창의 기본(Basic) 탭에서 이름 보이기(Show name)의 목록 중 값(Value)을 선택.
9	• 점 A=(0, 1)를 입력
10	• 점 B= A + (a, 0)를 입력
11	• 벡터 u=Vector [A, B]를 만들면, 그 길이는 a가 된다.
12	• 점 C= B + (0, 1)를 입력
13	• 점 D= C + (b, 0)를 입력
14	• 벡터 v=Vector [C, D]를 만들면, 그 길이는 b가 된다.
15	• 점 R=(x(D), 0)를 입력 • x(D)는 점 D의 x-좌표를 나타낸다. 또한 입력창에 r=a+b를 입력한다.
16	• 점 Z=(0, 0)를 입력
17	• 선분 g=Segment[Z, A]
18	• 선분 h=Segment[B, C]
19	• 선분 j=Segment[D, R]
20	• 구성 내용의 시각적 효과를 보완한다. (색 일치, 선 스타일, 슬라이더의 위치 고정, 객체 이름 숨기기 등...)

■ 다이내믹 텍스트(Dynamic Text) 삽입

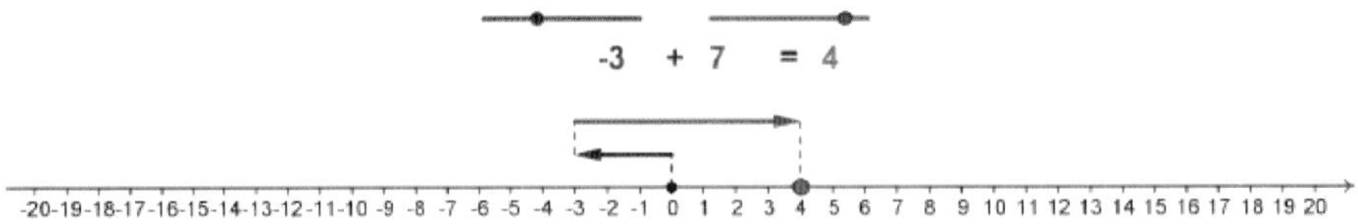

1		합의 계산하여 결과로 보여주는 계산식 r=a+b를 입력
2	ABC	Dynamic Text인 text1: a 입력
3	ABC	Static Text인 text2: + 입력
4	ABC	Dynamic Text인 tex3: b 입력
5	ABC	Static Text인 text4: = 입력
6	ABC	Dynamic Text인 text5: r 입력
7		각 텍스트와 해당 객체의 색깔을 일치시킨다.
8		그래픽 화면에 텍스트들을 정렬시킨다.
9		슬라이더의 이름을 숨기고 텍스트의 위치를 고정시킨다.

■ 구성 내용의 애니메이션

GeoGebra는 슬라이더(수, 각)와 객체 위의 점들(선분, 직선, 함수, 곡선, 등)을 움직이도록 애니메이션을 기능을 제공하고 있다. 더군다나 애니메이션이 작동되는 동안에도 구성 내용을 수정할 수 있도록 하고 있다.

■ 구성 단계

1	• 이미 작업한 구성 파일을 불러 온다.
2	• 슬라이더 a에 커서를 올려놓고 우측 버튼을 클릭하면 나타나는 목록에서 Animation On을 체크하면 화면의 왼쪽 하단에 Play 버튼이 생긴다.
3	• 슬라이더 b에 커서를 올려놓고 우측 버튼을 클릭하면 나타나는 목록에서 Animation On을 선택한다. • 애니메이션을 멈추려면 멈춤(Pause) 버튼을 누르거나 체크한 Animation On 표시를 푼다.
4	• 슬라이더 객체의 속성창을 열어 애니메이션 동작을 세밀하게 조정할 수 있다. 애니메이션이 동작하는 동안 r값의 변화를 관찰한다.

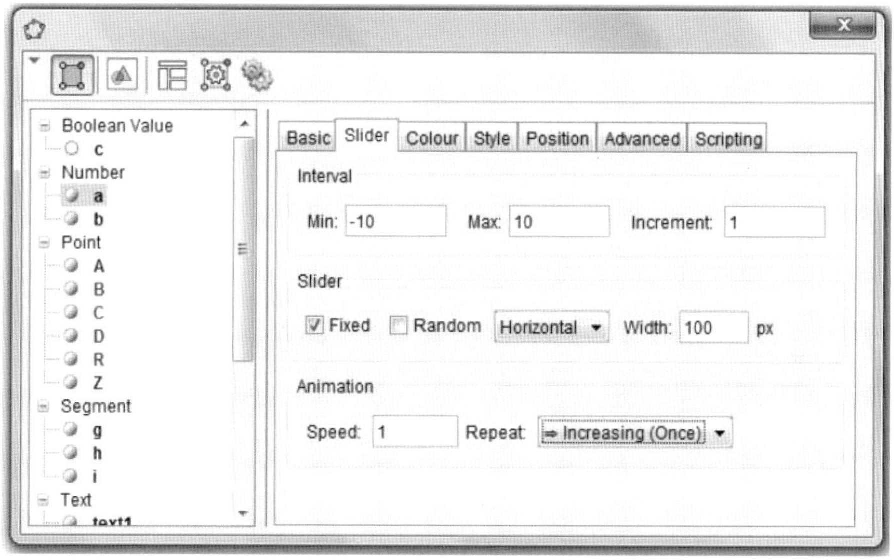

■ 객체 속성창에서 슬라이더 미세 조정

• 속도: Speed 1은 슬라이더의 설정 구간(Interval)을 한 번 재생하는데 걸리는 시간이 10초라는 의미이다.

• 반복:

- 증감반복/Oscillating - 최소값과 최대값 사이를 계속해서 증감한다.

- 증가반복/Increasing - 값이 계속 증가만 한다. 따라서 최대값에 다다르면 최소값으로 점프해 다시 증가를 계속 한다.
- 감소반복/Decreasing - 값이 계속 감소만 한다. 따라서 최소값에 다다르면 최대값으로 점프해 다시 감소를 계속 한다.
- 증가 1회/Increasing(Once) - 최대값에 다다르면 애니메이션을 중단한다.

■ **조건 설정(Conditional Formatting)--체크박스(Checkbox)**

3) 새로운 활용 도구

	• 객체 보이기 및 숨기기 체크박스/Check Box to Show/Hide Objects • 화면을 클릭하면 체크박스 설정창이 나타난다. 캡션을 입력하고 체크박스로 보이게 하거나 숨기려는 객체를 drop-down 목록에서 선택한다.

■ **구성 단계**

1	• CheckBox 툴을 활성화 시킨다.
2	• 그래픽 화면에서 합의 결과를 나타내는 부분에 클릭하여 체크박스 대화창을 연다.
3	• 캡션창에 "Show Result"를 입력한다.
4	• drop-down 목록에서 "text5"를 선택하거나 화면에 있는 "text5" 객체를 직접 클릭하여 선택한다. 이제 text5 텍스트 객체를 체크박스로 콘트롤할 수 있다.
5	• 적용(Apply)를 클릭한다.
6	• 이동(Move) 상태에서 체크박스를 클릭해 객체 "text5"가 사라지거나 나타나는지를 확인한다.
7	• 체크박스의 위치를 고정시킨다.

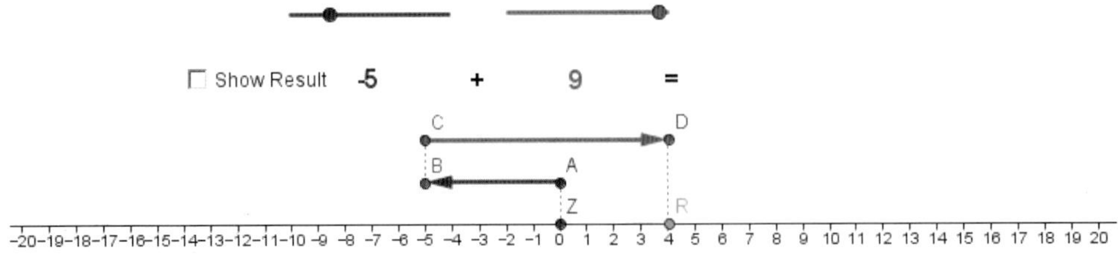

■ Boolean 변수

체크박스를 GeoGebra의 Boolean 변수를 시각적으로 보여주는 것이다. 체크박스를 표시하면 Boolean 변수값이 "참(true)"이 되고, 표시를 풀면 Boolean 변수값이 "거짓(false)"가 되는 것이다.

① 속성창을 열면 Boolean 변수 목록에는 하나의 객체 c만 존재한다. 이것이 화면에 나타난 체크박스이다.
② 속성창 왼쪽 객체 목록에서 text5를 선택한다.
③ 고급(Advanced) 탭을 클릭하면, 객체를 보이게 하기 위한 조건(Condition to Show Object)이라는 텍스트 입력창이 있고, 거기에는 체크박스 c의 이름만 보인다.
이것이 의미하는 것은 "text5"를 보이게 하느냐 안 보이느냐는 체크박스 c의 상태에 달려있다는 뜻이다.
④ 속성창 왼쪽 객체 목록에서 점 R을 선택한 다음, 고급(Advanced) 탭을 클릭하면 체를 보이게 하기 위한 조건(Condition to Show Object)이라는 텍스트 입력창이 비어있다.
⑤ 여기에 j를 입력하면, 이제 점 R을 보이게 하느냐 안 보이느냐는 체크박스 j의 상태에 달려있게 된다.
⑥ 수직선 상의 점 R과 두 번째 벡터를 연결하고 있는 선분 I에 대해서도 ④⑤을 반복한다.

*** 이렇게 만들어진 체크박스들을 클릭하였을 때, 정수의 합 text5, 수직선상에 그 결과를 나타내는 점 R과 선분 I가 숨거나 나타나는지를 확인한다.

No.	Name	Tool...	Command	Value
1	Number a	a=2		a = -5
2	Number b	a=2		b = 9
3	Point A	•A		A = (0, 1)
4	Point B		A + (a, 0)	B = (-5, 1)
5	Vector u		Vector[A, B]	u = (-5, 0)
6	Point C		B + (0, 1)	C = (-5, 2)
7	Point D		C + (b, 0)	D = (4, 2)
8	Vector v		Vector[C, D]	v = (9, 0)
9	Point R		(x(D), 0)	R = (4, 0)
10	Point Z	•A		Z = (0, 0)

11 Segment g		Segment[Z, A]	g = 1
12 Segment h		Segment[B, C]	h = 1
13 Segment j		Segment[D, R]	j = 2
14 Text text1	ABC	"" + a + ""	"-5"
15 Text text2	ABC		"+"
16 Text text3	ABC	"" + b + ""	"9"
17 Text text4	ABC		"="
18 Number r		a + b	r = 4
19 Text text5	ABC	"" + r + ""	"4"
20 Boolean Value c			c = true

2. 시어핀스키 삼각형 [MA49]

Sierpinski Triangle

1) 학습 준비

- 새 창을 연다.
- 구성 화면 (Perspectives)-기하창(Geometry)로 바꾼다.
- 화면에 새로 찍히는 점들의 이름만 보이도록 설정한다.
  (Menu--Option--Labeling--New Points Only)

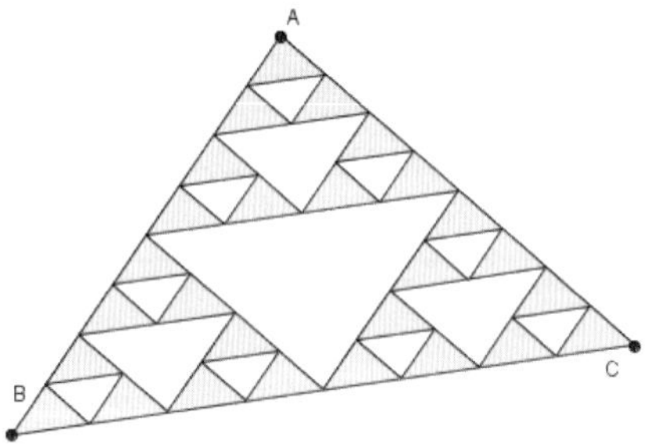

2) 구성 단계

1		• 임의의 삼각형을 그린다.
2		• 삼각형의 색깔을 검정색으로 바꾼다.
3		• 삼각형의 한 변 AB의 중점 D를 찍는다.
4		• 삼각형의 한 변 BC의 중점 E를 찍는다.

5		• 삼각형의 한 변 AC의 중점 F를 찍는다.
6		• 삼각형 DEF를 그린다.
7		• 삼각형 DEF의 색깔을 하얀색으로 바꾸고 채우기 농도를 100%로 한 다음, 세 변의 색깔을 검은색으로 바꾼다.
8		• 지금까지 구성내용을 토대로 Sierpinski라는 사용자 툴을 만든다. • Note: 도구 메뉴의 사용자 툴 만들기(Create New Tool)을 클릭해 나타난 대화상자에서… • 결과 객체: 점 D, E, E, 삼각형 DEF, 삼각형 DEF의 세 변 • 입력 객체: 점 A, B, C • 도구 이름: Sierpinski • 도움말: 세 점을 클릭한다.
9		• Sierpinski 사용자 툴을 적용하여, 세 검정색 삼각형 ADF, DBE, FEC의 꼭짓점을 클릭한다.
10		• 10단계를 통해 만들어진 9개의 검정색 삼각형에 Sierpinski 사용자 툴을 적용한다.

3) 조건부 화면 표시(Conditional Visibility)

체크박스를 이용해 서로 다른 단계에서 만들어진 삼각형들을 숨기거나 나타나게 만들어 본다.

1		• 점 A, B, C만을 남기고 모든 점을 숨긴다.
2		• Check Box to Show/Hide Objects 툴을 활성화 시켜 그래픽 화면을 클릭해서 나타난 대화창에 • 캡션(Caption): Stage1 • 객체 선택(Selected objects): 큰 하얀색 삼각형과 그 세 변만 입력하고 적용(Apply)한다.
3		• 이동(Move)에서 체크박스를 클릭해, 첫 번째 단계인 하얀색 삼각형이 나타났다 사라지는지를 확인한다.
4		• Check Box to Show/Hide Objects 툴을 활성화 시켜 그래픽 화면을 클릭해서 나타난 대화창에

	• 캡션(Caption): Stage2 • 객체 선택(Selected objects): 중간 크기의 세 개의 하얀색 삼각형과 그 변들만 입력하고 적용(Apply)한다.
5	• 이동(Move)에서 체크박스를 클릭해, 두 번째 단계인 하얀색 삼각형들이 나타났다 사라지는지를 확인한다.
6	• Check Box to Show/Hide Objects 툴을 활성화 시켜 그래픽 화면을 클릭해서 나타난 대화창에 • 캡션(Caption): Stage3 • 객체 선택(Selected objects): 나머지 9개의 작은 삼각형과 그 변들을 입력하고 적용(Apply)한다.
7	• 이동(Move)에서 체크박스를 클릭해, 세 번째 단계인 하얀색 삼각형들이 나타났다 사라지는지를 확인한다.

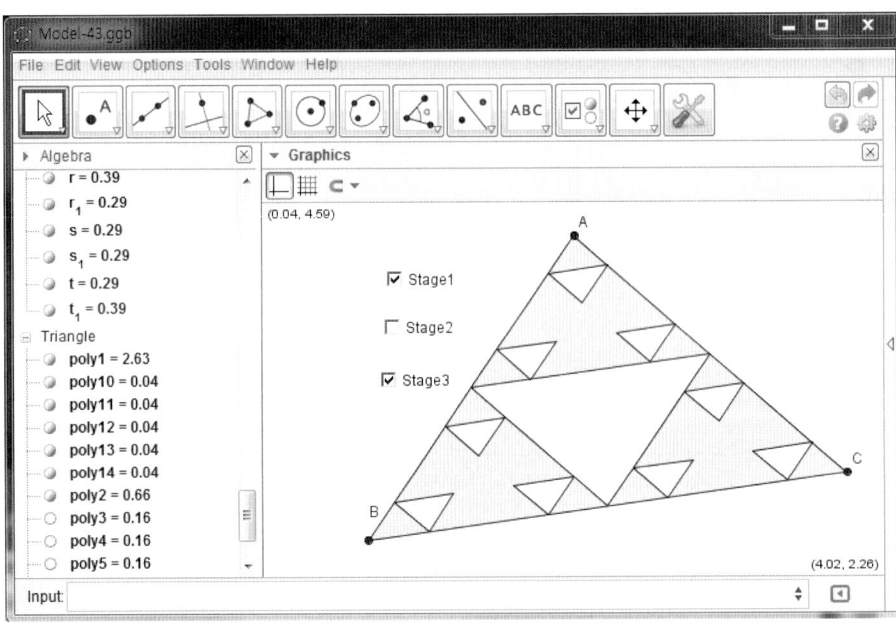

No.	Name	Tool...	Command	Value
1	Point A			A = (2.04, 4.38)
2	Point B			B = (0.72, 2.48)
3	Point C			C = (3.78, 2.9)

4 Triangle poly1		Polygon[A, B, C]	poly1 = 2.63
4 Segment c		Segment[A, B, poly1]	c = 2.31
4 Segment a		Segment[B, C, poly1]	a = 3.09
4 Segment b		Segment[C, A, poly1]	b = 2.28
5 Point D		Midpoint[c]	D = (1.38, 3.43)
6 Point E		Midpoint[a]	E = (2.25, 2.69)
7 Point F		Midpoint[b]	F = (2.91, 3.64)
8 Segment f		Segment[D, E, poly2]	f = 1.14
8 Segment d		Segment[E, F, poly2]	d = 1.16
8 Segment e		Segment[F, D, poly2]	e = 1.54
9 Segment g		Sierpinski[A, D, F]	g = 0.58
9 Segment h		Sierpinski[A, D, F]	h = 0.77
9 Segment i		Sierpinski[A, D, F]	i = 0.57
19 Point M_1		Sierpinski[M, E, N]	M_1 = (2.42, 2.93)
19 Point N_1		Sierpinski[M, E, N]	N_1 = (2.63, 2.74)
19 Point O_1		Sierpinski[M, E, N]	O_1 = (2.8, 2.98)
20 Segment b_2		Sierpinski[O, N, C]	b_2 = 0.29
20 Segment c_2		Sierpinski[O, N, C]	c_2 = 0.39
20 Segment d_2		Sierpinski[O, N, C]	d_2 = 0.29
20 Point P_1		Sierpinski[O, N, C]	P_1 = (3.18, 3.03)
20 Point Q_1		Sierpinski[O, N, C]	Q_1 = (3.4, 2.85)
20 Point R_1		Sierpinski[O, N, C]	R_1 = (3.56, 3.09)
21 Boolean Value o			o = true
22 Boolean Value u			u = true
23 Boolean Value v			v = true

3. 점과 선분의 시퀀스 [MA50]

Sequence of Points and Segments

GeoGebra는 하나의 객체가 아니라 일정한 규칙을 갖는 여러 개의 객체들을 한꺼번에 생성하는 명령어 Sequence를 제공한다. 객체의 유형, 시퀀스의 길이(구성할 객체의 숫자)와 간격(step width:변수의 변화량)을 아래 명령어 형식으로 입력한다.

Sequence [<수식>, <변수>, <시작점>, <끝점>, <간격>]

1) 명령어 각 부분의 설명:

- <수식>부분

  생성되는 객체의 유형을 결정하며, 이 수식은 변수를 포함해야 한다. 예를 들어 (i , 0) 이면 i 가 변수이다.
- <변수>부분

  GeoGebra 프로그램에게 변수의 이름을 전달한다.
- <시작점><끝점>부분

  변수의 범위(Interval)를 나타낸다.
- <간격>부분

  선택적인 부분으로 입력하지 않아도 되며, 변수의 변화량을 결정한다.

2) 시퀀스(Sequence) 예제

- Sequence [(n,0), n, 0, 10]

  x-축에 11개의 점을 생성시킨다.

  점들의 좌표는 (0,0), (1,0), (2,0), ... , (10,0)

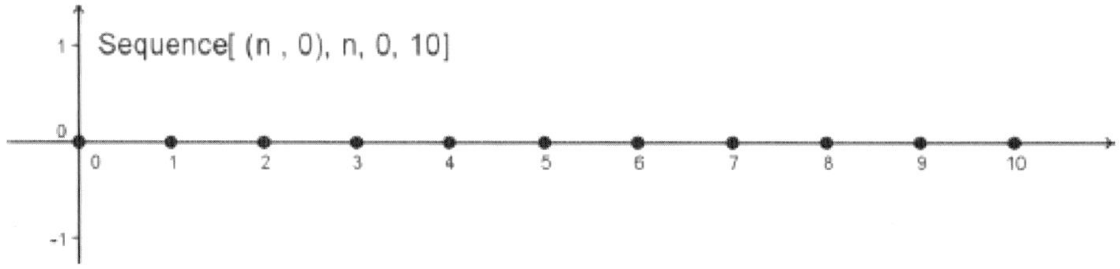

- Sequence [Segment[(a,0), (0,a)], a, 1, 10, 0.5]
  0.5간격의 선분이들이 만들어 진다.
  각 선분들은 x-축의 점과 y-축의 점을 연결하게 된다. 예를 들어, 점(1,0)과 점(0,1), 점(2,0)과 점(0,2).....
- 만일 슬라이더 s가 있고, 그 범위는 1에서 10까지, 변화량은 1로 설정되어 있다면, Sequence [(t, t), t, 0, s]는 s+0개의 점들이 만들어 낸다.
  슬라이더 s를 움직임에 따라 나타나는 점들이 다이내믹하게 증감한다.
  점들의 좌표는 (0,0), (1,1), (2,2), ... , (10,10)

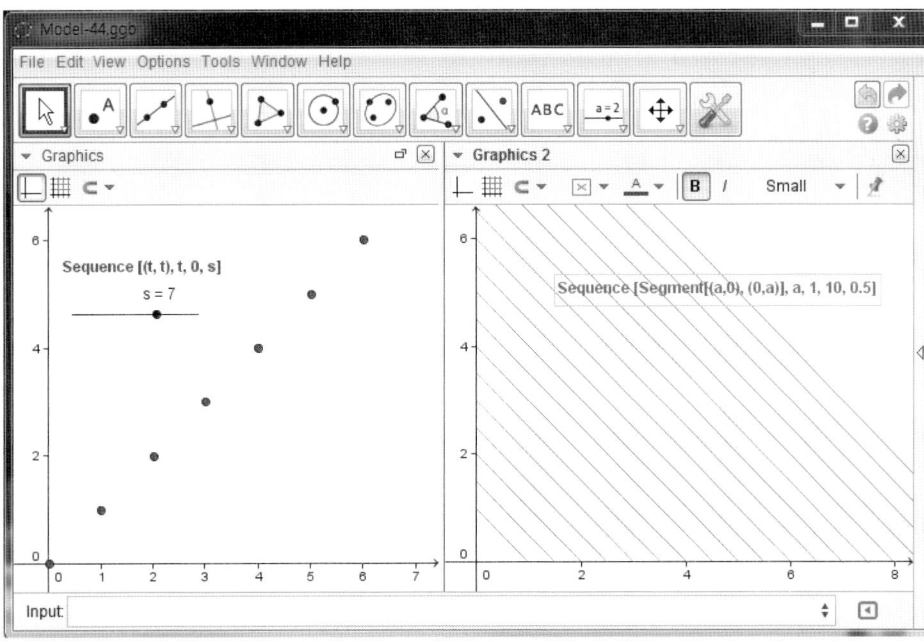

No.	Name	Tool...	Command	Value
1	List list1		Sequence[Segment[(a, 0), (0, a)], a, 1, 10, 0.5]	list1 = {1.41, 2.12, 2.83, 3.54, 4.24, 4.95, 5.66, 6.
2	Number s	a=2		s = 7
3	List list2		Sequence[(t, t), t, 0, s]	list2 = {(0, 0), (1, 1), (2, 2), (3, 3), (4, 4), (5, 5), (6,
4	Text text1	ABC		"Sequence [(t, t), t, 0, s]"
5	Text text2	ABC		"Sequence [Segment[(a,0), (0,a)], a, 1, 10, 0.5]"

4. 자연수 곱셈의 시각적 보완 [MA51]

Visualizing Multiplication of Natural Numbers

1) 학습 준비

- 새 창을 연다.
- 구성 화면 (Perspectives)-기하창(Geometry)로 바꾼다.
- 화면 하단에 입력창(Input Bar)을 띄운다.
- 화면에 새로 찍히는 점들의 이름만 보이도록 설정한다.(Menu--Option--Labeling--New Points Only)

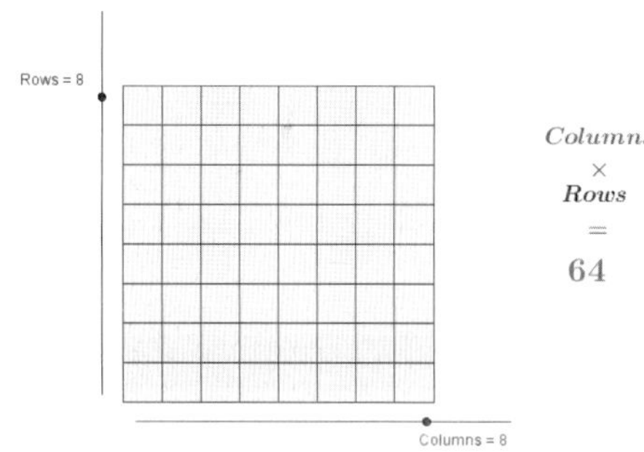

2) 구성 단계

단계	도구	내용
1		• 슬라이더 Columns를 만든다. 단위는 수, 범위는 1에서 10까지, 증가량은 1, 슬라이더의 길이는 300, 방향은 수평으로 설정한다.
2		• 새로운 점 A를 찍는다.
3		• 점 A를 시작점으로 하고 끝점까지의 거리를 Columns으로 설정한 선분 a를 만든다. 이때 GeoGebra가 자동적으로 끝점 B를 생성한다.
4		• 슬라이더 Columns를 움직여 선분의 길이가 슬라이더에 따라 변하는지 확인한다.
5		• 선분 a에 수직하고 점 A를 지나는 직선 b를 그린다.
6		• 선분 a에 수직하고 점 B를 지나는 직선 c를 그린다.
7		• 슬라이더 Rows를 만든다. 단위는 수, 범위는 1에서 10까지, 증가량은 1, 슬라이더의 길이는 300, 방향은 수직으로 설정한다.
8		• 중심을 A점으로 하고 반지름의 길이를 Rows로 설정한 원 d를 그린다.
9		• 슬라이더 Rows를 움직여 원의 반지름이 변화하는지를 확인한다.
10		• 원 d와 직선 b가 만나는 교점 C를 찍는다.

11		• 선분 a에 나란하면서 점 C를 지나는 수평선 e를 그린다.
12		• 직선 e와 직선 c가 만나는 교점 D를 찍는다.
13		• 사각형 ABCD를 그린다.
14		• 모든 직선과 선분 a, 원 d를 화면에서 숨긴다.
15	A A	• 사각형 선분들의 이름도 화면에서 숨긴다.
16		• 두 슬라이더 Columns과 Rows의 값을 10으로 움직인다.
17		• 수직 선분들을 만든다. Sequence[Segment[A+ i (1,0), C+ i (1,0)], i , 1, Columns] A+ i (1,0)는 점 A로부터 시작해 각각 1만큼의 간격을 유지하는 연속되는 점들이다. C+ i (1,0)는 점 C로부터 시작해 각각 1만큼의 간격을 유지하는 연속되는 점들이다. 따라서 Segment[A+ i (1,0), C+ i (1,0)]는 이 점들을 잇는 선분들을 그리게 된다. 이때 선분의 끝점은 화면에 보이지 않으며, 슬라이더 Columns은 결국 생성되는 선분의 개수가 된다.
18		• 수평 선분들을 만든다. Sequence[Segment[A+ i (0,1), B+ i (0,1)], i , 1, Rows]
19		• 두 슬라이더 Columns과 Rows를 움직여 변화를 관찰한다.
20	ABC	• 자연수 곱셈식을 화면에 보여주기 위한 텍스트들을 삽입하다. (Dynamic) text1: Columns (Static) text2: × (Dynamic)text3: Rows (Static)text4: =
21		• 곱셈의 결과값을 나타내는 result = Columns * Rows를 입력
22	ABC	• 결과값을 나타내는 (Dynamic)텍스트 text5: result를 화면에 삽입한다.

23	• 점 A, B, C, D를 화면에서 숨긴다.
24	• Style-Bar를 이용해 시각적 효과를 보완한다.

No.	Name	Tool...	Command	Value
1	Number Columns			Columns = 8
2	Point A			A = (0.09, 0.87)
3	Point B		Point[Circle[A, Columns]]	B = (8.09, 0.87)
4	Segment a		Segment[A, B]	a = 8
5	Line b		PerpendicularLine[A, a]	b: x = 0.09
6	Line c		PerpendicularLine[B, a]	c: x = 8.09
7	Number Rows			Rows = 8
8	Circle d		Circle[A, Rows]	d: $(x - 0.09)^2 + (y - 0.87)^2 = 64$
9	Point C		Intersect[d, b, 2]	C = (0.09, 8.87)
10	Line e		Line[C, a]	e: y = 8.87
11	Point D		Intersect[c, e]	D = (8.09, 8.87)
12	Quadrilateral poly1		Polygon[A, B, D, C]	poly1 = 64
12	Segment a_1		Segment[A, B, poly1]	$a_1 = 8$
12	Segment b_1		Segment[B, D, poly1]	$b_1 = 8$
12	Segment d_1		Segment[D, C, poly1]	$d_1 = 8$
12	Segment c_1		Segment[C, A, poly1]	$c_1 = 8$
13	List list1		Sequence[Segment[A + i (1, 0), C + i (1, 0)], i, 1, Columns]	list1 = {8, 8, 8, 8, 8, 8, 8, 8}
14	List list2		Sequence[Segment[A + i (0, 1), B + i (0, 1)], i, 1, Rows]	list2 = {8, 8, 8, 8, 8, 8, 8, 8}
15	Text text2	ABC		"×"
16	Text text4	ABC		"$ = $"
17	Number result		Columns Rows	result = 64
18	Text text5	ABC	"$ " + (FormulaText[result]) + " $"	"$ 64 $"
19	Text text1	ABC		"$ Columns$"
20	Text text3	ABC		"$ Rows $"

5. 베지에 곡선 [MA52]

Bezier Curves

베지에 곡선은 컴퓨터 그래픽에 사용되는 매개변수 곡선으로서, 부드러운 벡터 폰트 선을 만드는데 활용된다.

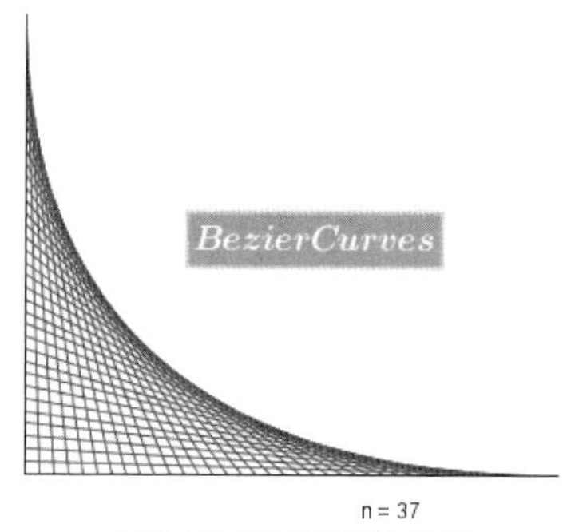

1) 학습 준비

- 새 창을 연다.
- 구성 화면 (Perspectives)-기하창(Geometry)로 바꾼다.
- 화면 하단에 입력창(Input Bar)을 띄운다.
- 화면에 모든 새로운 객체들이 보이도록 설정한다.
  (Menu--Option--Labeling--All New Objects)

2) 구성 단계

1		• 점 A, B를 잇는 선분 a를 그린다.
2		• 점 A, C를 잇는 선분 b를 그린다.
3	a = 2	• 단위는 수, 범위는 1에서 50까지, 증가량은 1, 슬라이더의 길이는 200, 방향은 수평으로 설정한 슬라이더 n을 만든다.
4		• 명령어 Sequence[A + i /n (B-A), i , 1, n]를 입력하여 list1을 만든다. • 이 명령어는 선분 AB를 따라서 n개의 점들을 그 선분 a길이의 1/n의 간격으로 생성하게 된다.
5		• 명령어 Sequence[A + i /n (C-A), i , 1, n]를 입력하여 list2를 만든다. • 이 명령어는 선분 AC를 따라서 n개의 점들을 그 선분 b길이의 1/n의 간격으로 생성하게 된다.
6		• 모든 점들을 화면에서 숨긴다.
7		• 선분들을 만든다. • Sequence[Segment[Element[list1, i], Element[list2, n- i]], i ,1,n] • 이 명령어는 list1의 첫 번째 점과 list2의 마지막 점, list1의 두 번째 점과 list2의 끝에서 두 번째 점 .... list1의 마지막 점과 list2의 첫 번째 점을 잇는 선분을 그리는 그리게 된다.
8	ABC	• 텍스트 도구를 이용해 일반적인(Static) 글자 "Bezier Curves"를 입력하고, Style-Bar를 이용해 시각적 효과를 보완한다.

9		• 점 A, B, C를 움직여 곡선의 모양이 어떻게 변화하는지를 본다.
10		• 슬라이더 n을 움직여 선분 개수의 변화도 관찰한다.

No.	Name	Tool...	Command	Value
1	Point A			A = (0, 1)
2	Point B			B = (6, 1)
3	Segment a		Segment[A, B]	a = 6
4	Point C			C = (0, 6)
5	Segment b		Segment[A, C]	b = 5
6	Number n			n = 37
7	List list1		Sequence[A + i / n (B - A), i, 1, n]	list1 = {(0.16, 1), (0.32, 1), (0.49, 1), (0.65, 1), (0....
8	List list2		Sequence[A + i / n (C - A), i, 1, n]	list2 = {(0, 1.14), (0, 1.27), (0, 1.41), (0, 1.54), (0, ...
9	List list3		Sequence[Segment[Element[list1, i], Element[list2, n - i]], i, 1, n]	list3 = {4.87, 4.74, 4.62, 4.51, 4.4, 4.3, 4.21, 4.13...
10	Text text1	ABC		"$ BezierCurves $"

6. 시퀀스와 선분의 분할 [MA53]

Segment Division

1) 학습 준비

- 새 창을 연다.
- 구성 화면 (Perspectives)-Algebra & Graphics로 바꾼다.
- 화면에 새로 찍히는 점들의 이름만 보이도록 설정한다.
  (Menu--Option--Labeling--New Points Only)

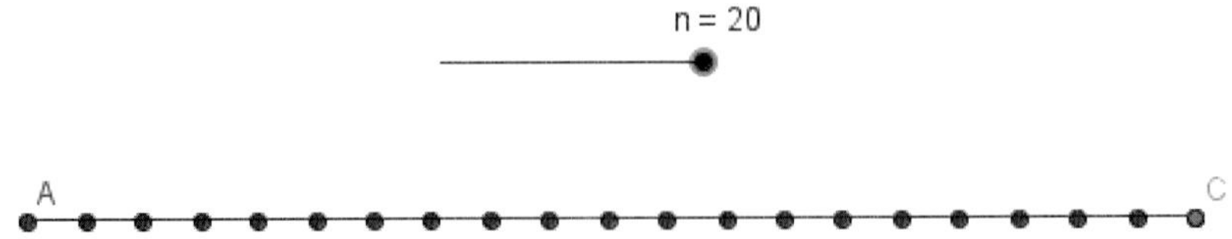

2) 구성 단계

1		• 두 객체의 교점(Intersect Two Objects) 도구를 이용해서 x-축과 y-축을 클릭하면 원점에 점 A가 생긴다.
2		• 새로운 점(New Point)도구를 선택해 x-축의 양의 방향에 한 점 B를 찍는다. 이동 도구로 점 B를 드래그해서 점 B가 x-축 위에서만 움직이는지를 확인한다.
3		• 두 점을 지나는 반직선(Ray through Two Points)도구를 선택해 점 A로부터 시작해 점 B를 지나는 반직선을 그린다.
4		• 좌표축을 화면에서 숨긴다. • 그래픽 구성창 위에 있는 좌표축 버튼 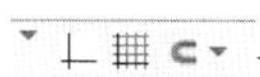 을 클릭한다.
5		• 점 B를 화면에서 숨긴다. • 점 B를 우 클릭해 나타난 메뉴에서 객체 숨기기/보이기(Show Object)를 클릭한다.
6		• 새로운 점(New Point)도구로 반직선 위에 한 점 C를 찍는다. • 이 점 C는 선분 AC의 우측 끝점이 된다. • 이제 반직선을 숨기면 구성창에는 점 A와 C만 남는다.
7		• 두 점 사이의 선분(Segment between Two Points) 도구로 선분 AC를 긋는다.
8	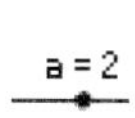	• 슬라이더 도구를 선택해 최소값(Min)이 1, 최대값(Max)이 20, 변화량(Increment)이 1인 수(Number) 슬라이더 n을 만든다. 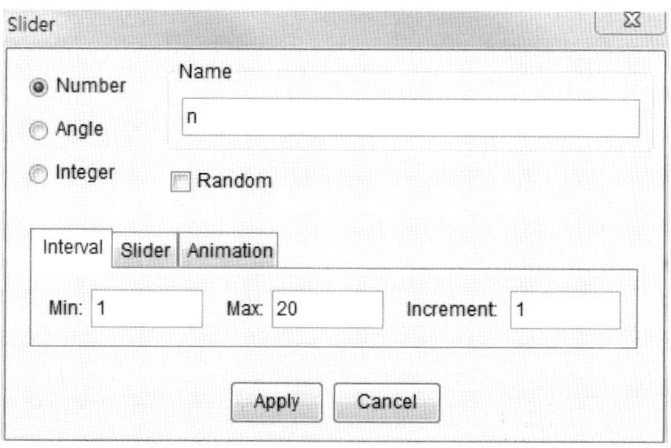

9	• 구성 단계를 정확하게 잘 따라왔다면 선분 AC가 대수창에 b로 생성되어 있고 b는 AC의 길이로 표시되어 있어, b를 그대로 사용해도 무방하지만, 선분의 길이를 나타내는 매개 변수 d를 하나 더 만들어 본다. • 입력창(Input Bar)에 d=Distance[A, C]를 입력하고 엔터키를 누른다. • 이동 도구 모드에서 점 C를 움직여 대수창에 표시된 d의 길이 값이 변화하는지를 본다.
10	• 이제 분할된 부분의 길이를 구하는 p=d/n을 입력창에 입력하고 엔터키를 누른다.
11	• 선분 AC를 n개로 동일하게 분할하는 점을 생성하기 위한 명령어 Sequence[(p*i, 0), i, 1, n] (p*i, 0)은 선분을 균등 분할하는 점의 좌표이고, i는 1부터 n까지의 수열이 된다. • 이 명령어로부터 생겨나는 객체는 n개의 좌표로 이루어진 리스트(List)가 된다. 아래 그림은 n=5일 때 Sequence 명령어로 만들어진 리스트이다. 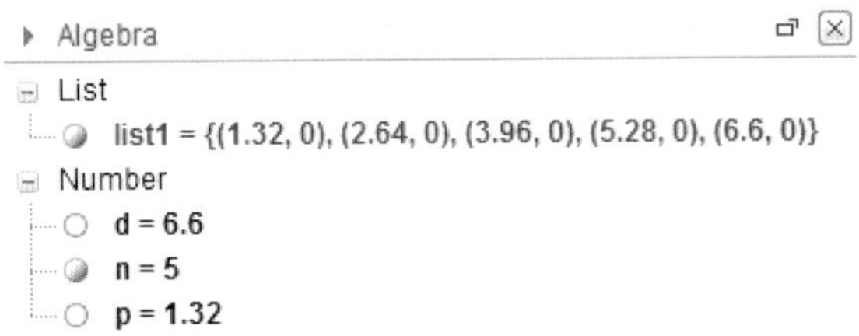
12	• n의 수를 최대(20)로 움직여 선분이 어떻게 분할되는지를 본다. 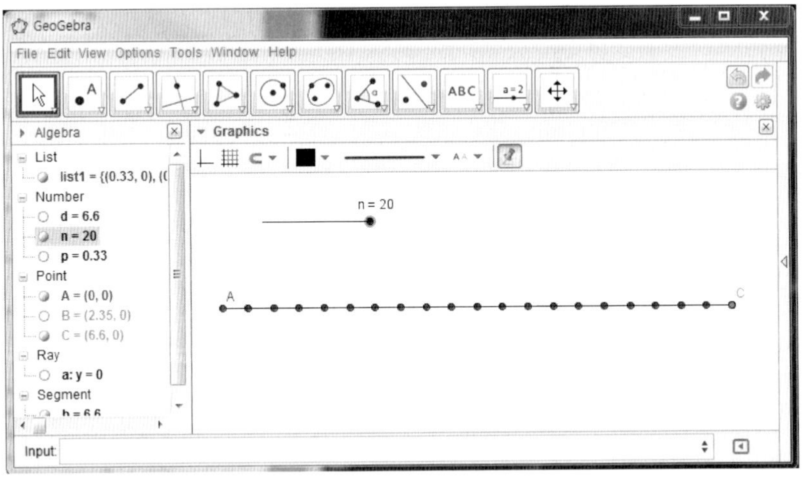 • 또한 점 C를 이동하거나, n의 최대값을 변경해 어떤 변화가 있는지를 관찰한다.

No.	Name	Tool...	Command	Value
1	Point A		Intersect[yAxis, xAxis]	A = (0, 0)
2	Point B		Point[xAxis]	B = (2, 0)
3	Ray a		Ray[A, B]	a: y = 0
4	Point C		Point[a]	C = (11.65, 0)
5	Segment b		Segment[A, C]	b = 11.65
6	Number n			n = 20
7	Number d		Distance[A, C]	d = 11.65
8	Number p		d / n	p = 0.58
9	List list1		Sequence[(p i, 0), i, 1, n]	list1 = {(0.58, 0), (1.17, 0), (1.75, 0), (2.33, 0), (2...

Chapter 11

스프레드시트 창과 기본적인 통계 개념

Chapter 11

스프레드시트 창과 기본적인 통계 개념

Spreadsheet View and Basic Statistics Concepts

1. 지오지브라 스프레드시트의 이해

Introduction to GeoGebra's Spreadsheet View

구성 화면(Perspectives) 선택 목록에서 Spreadsheet & Graphics를 선택하거나 보기(View) 메뉴에서 스프레드시트(Spreadsheet)를 클릭하면 볼 수 있다.

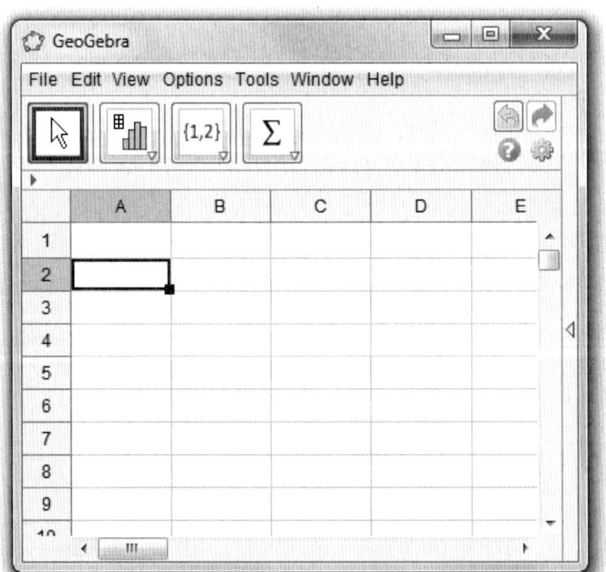

스프레드시트의 모든 칸(cell)은 고유한 이름을 갖는다. 예를 들어 A열 1행은 A1의 이름을 갖게 된다. 이러한 특정한 이름들은 수식을 입력하거나 명령어를 입력하는데 사용된다.

이 셀(cell)에는 단순한 숫자뿐 아니라 GeoGebra가 지원하는 모든 수학적 객체들을 입력할 수 있다. 셀에 객체를 입력하면 GeoGebra는 가능한 즉시 해당 객체를 그래픽화면에 구성해낸다. 또한 화면에 구성된 객체의 이름은 자동적으로 스프레드시트(Spreadsheet) 셀의 이름과 동일하게 된다.

GeoGebra는 스프레드시트(Spreadsheet)에 입력되는 객체를 기본적으로 보조 객체로 분류하기 때문에 대수창(Algebra View)에 보이지 않는다. 이들 객체를 보려면 대수창 위에 있는 보조 객체(Auxiliary Objects) 아이콘을 클릭하면 나타난다.

2. 스프레드시트 입력 툴의 특징 [MA54]

Record to Spreadsheet Feature

1) 학습 준비

- 새 창을 연다.
- 구성 화면 (Perspectives)-Spreadsheet & Graphics로 바꾼다.
- 화면 하단에 입력창(Input Bar)을 띄운다.

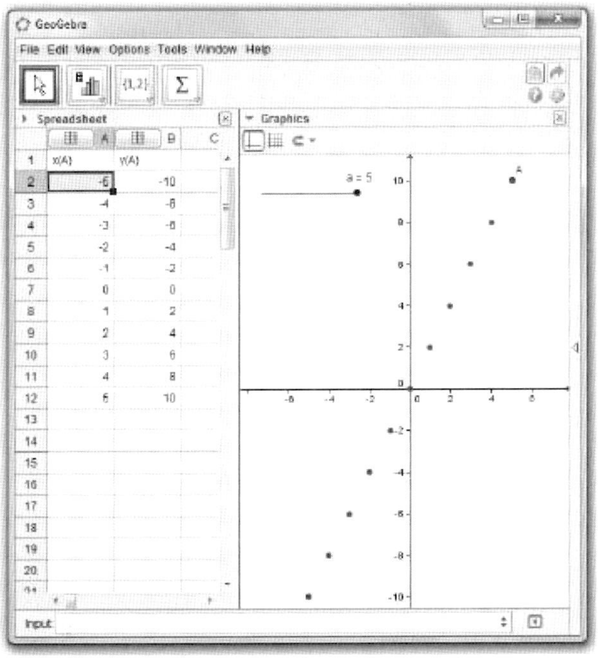

2) 새로운 활용 도구

98 24 12	• 스프레드시트에 입력/Record to Spreadsheet • 객체의 좌표, 길이, 반지름 등을 스프레드시트에 값으로 입력하는 도구.

*** 도구 사용법을 모르는 경우, 도움말을 읽고, 구성 전에 새로 사용하게 되는 도구들은 미리 시험사용을 해본다.

3) 구성 단계

1 a = 2	• 초기 설정값[최소값=-5, 최대값=5, 변화량=0.1]에서 변화량만 1로 수정한 수(Number) 슬라이더 a를 만든다.
2	• 화면 하단 입력창에 A=(a, 2a)를 입력해 점 A를 찍는다. • 슬라이더 값이 점 A의 x-좌표와 그 2배 값인 y-좌표를 결정한다.
3 A A	• 점 A의 이름을 화면에 보이게 한다.
4	• 슬라이더를 움직여 점 A가 어떻게 이동하는지 확인한다.
5	• Zoom 도구를 이용해, 슬라이더를 최소값 혹은 최대값으로 움직였을 때도 점 A가 화면에 나타나도록 화면을 조정한다.
6	• 점 A의 자취(Trace On)를 활성화시킨다. • 마우스를 점 A에 올려놓고 우측 버튼을 클릭하면 나타나는 목록에서 Trace On을 선택한다.
7	• 슬라이더를 드래그 테스트한다.
8	• 슬라이더 값을 -5에 가져다 놓는다.
9 98 24 12	• Record to Spreadsheet 툴을 이용해 점 A의 좌표를 스프레드시트(Spreadsheet)에 입력한다. (1) 그래픽 화면의 점 A를 클릭하면 즉시 점 A의 좌표값이 스프레드시트(Spreadsheet)에 입력된다. 이때 셀 A1에는 "x-좌표" 셀 B1에는 "y-좌표"가 자동적으로 입력된다. (2) 이제 슬라이더를 움직여 이동한 점 A의 좌표를 스프레드시트(Spreadsheet)에 입력한다.

No.	Name	Tool...	Command	Value
1	Number a	a=2		a = -5
2	Point A		(a, 2a)	A = (-5, -10)
3	Text A1	ABC	"x(" + (Name[A] + ")")	"x(A)"
4	Text B1	ABC	"y(" + (Name[A] + ")")	"y(A)"
5	Number A2	a=2		A2 = -5
6	Number B2	a=2		B2 = -10
91	Number A45	a=2		A45 = -5
92	Number B45	a=2		B45 = -10
93	Number A46	a=2		A46 = -5
94	Number B46	a=2		B46 = -10

3. 셀 값의 상대적 복사와 직선의 방정식

Relative Copy and Linear Equations

1) 학습 준비

- 새 창을 연다.
- 구성 화면 (Perspectives)-Spreadsheet & Graphics로 바꾼다.
- 화면 하단에 입력창(Input Bar)을 띄운다.

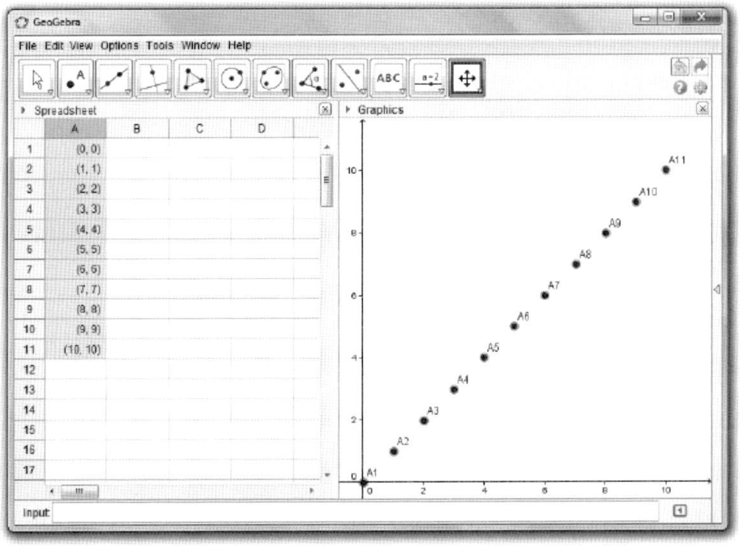

2) 구성 단계

1	✥	• 화면 이동 툴을 이용해 좌표 원점을 화면의 좌측 아래에 가도록 조정한다.
2		• 스프레드시트(Spreadsheet) 셀 A1에 (0,0)을 입력한다.
3		• 스프레드시트(Spreadsheet) 셀 A2에 (0,1)을 입력한다.
4	AA	• 두 점들의 이름을 그래픽 화면에 보이도록 만든다.
5	↖	• 입력한 두 점의 좌표를 다른 셀에 복사(Relative copy)한다. (1) 마우스 셀 A1과 A2를 지정하고, (2) A2 셀의 오른쪽 아래에 나타나는 조그만 사각형을 클릭한 채로 (3) 셀 A11까지 끌어내리고 클릭을 푼다.
6	✥ 🔍+ 🔍−	• 이제 스프레드시트(Spreadsheet)에 해당하는 모든 좌표 점들이 그래픽 화면에 나타나는데, Zoom 도구를 이용해, 모든 점들이 화면에 나타나도록 화면을 조정한다.

3) 학습 포인트

- 위에 기술한 방식대로 복사(Relative copy)했을 때, 어떤 숫자들이 연속적으로 나타나는가?
- 모든 점들의 x-좌표를 살피면 어떤 연관성이 있는지를 짐작할 수 있다. 그 짐작이 맞는지도 y-좌표로 살핀다.
- 생성한 모든 점들을 지나는 함수를 예측하고, 예측한 함수를 입력창에 입력했을 때, 함수의 그래프가 모든 점들을 지나고 있는지 본다.
- 스프레드시트(Spreadsheet)의 A2 셀을 더블 클릭하여 그 좌표를 (1,2)로 바꾸고 엔터키를 친다. A3부터 A11까지의 좌표값이 자동적으로 바뀌고, 마찬가지로 그래픽 화면의 있던 점들의 위치도 자동적으로 조정된다.
- 그래픽화면에서 객체 A2를 끌어다 다른 위치에 놓으면 다른 모든 점들도 그 변화에 따라 위치가 자동적으로 바뀐다. 역시 스프레드시트(Spreadsheet)에 있는 모든 셀들의 값도 변한다.
- 만일 좌표값을 정수로만 하고 싶다면, 포인트 캡처링(Point Capturing) 메뉴를 격자에 구속(Fixed to Grid)되도록 설정하고, 화면에 격자(Grid)선이 보이도록 만든다.
- 셀 A1의 좌표를 변경해서도 원점을 지나지 않는 다른 직선을 방정식(y=mx+b)을 만들 수 있다.

4. 수의 규칙적 패턴 [MA55]

Investigating Number Patterns

모서리의 길이에 따라 정육면체의 표면적이 어떻게 바뀌는지를 살펴보자.
종이와 연필을 우선 준비하고, 모서리의 길이가 e일 때, 최소한 두 개의 표면적을 구해본다.

Edge	Surface	Edge	Surface
1		6	
2		7	
3		8	
4		9	
5		10	

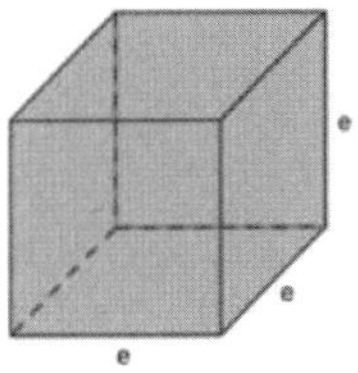

1) 학습 준비

- 새 창을 연다.
- 구성 화면 (Perspectives)-Spreadsheet & Graphics로 바꾼다.
- 화면 하단에 입력창(Input Bar)을 띄운다.
- 화면에 새로 찍히는 점들의 이름만 보이도록 설정한다.
  (Menu--Option--Labeling--New Points Only)

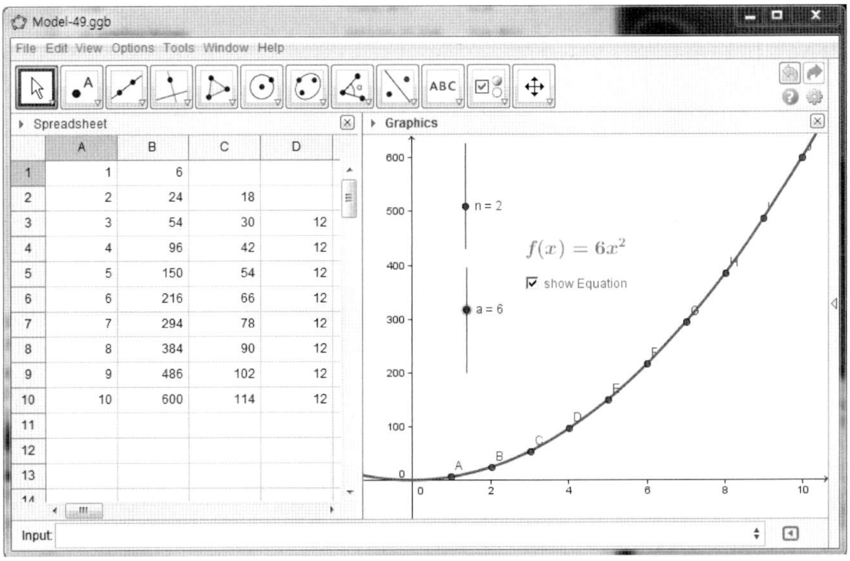

2) 구성 단계

■ 산포도(Scatter) 작성하기

1	• 스프레드시트(Spreadsheet) 셀 A1에 1, A2에 2를 입력한다.
2	• 셀 A1과 A2를 지정한 뒤 셀 A10까지 복사(Relative copy) 한다. • 이렇게 만들어진 1~10까지의 자연수는 모서리의 길이가 된다.
3	• 셀 B1에 표면적을 구하는 식 "=A1·2*6"을 입력한다. 이때, 모서리의 길이는 이웃한 셀 A1으로 설정한다. • "="을 입력한 뒤 A1을 클릭하면, 표면적을 구하는 식에 A1이 설정된다.
4	• 셀 B1을 B10까지 복사(Relative copy)한다.
5	• 이 데이터들의 산포도를 그린다. (1) 마우스로 열 A와 B를 지정한다. (2) 그 위에 마우스를 놓고 우측 버튼을 클릭해서 생성하기(Create)--점들의 목록(List of Points)를 선택한다. • A열의 값들은 x-좌표를, B열의 값들은 y-좌표를 나타낸다. • 이 점들은 대수창에서도 점들의 목록으로 나타나는데, 기본적으로 GeoGebra는 자동적으로 list1이라는 목록을 생성한다. 또한 모든 개별 점들도 알파벳 순서대로 A, B, ... 이름을 갖게 된다.
6	• Zoom 도구를 이용해, 모든 점들이 화면에 나타나도록 화면을 조정한다. • 화면이동 툴을 이용해, y-축을 클릭해 600이란 값이 나올 때까지 끌어내린다(drag-down).

■ B열에서의 숫자 패턴

7	셀 C2에 "=B2 - B1"란 수식을 입력하면 두 개의 연속된 표면적 값의 차이를 계산하게 된다.
8	셀 C2를 클릭하고 셀 C10까지 복사(Relative copy)한다.
9	셀 D3에 "=C3 - C2"를 입력하면 두 개의 연속된 값의 차이를 계산하게 된다.
10	셀 D3를 클릭하고 셀 D3까지 복사(Relative copy)한다.

3) 학습 포인트

C열과 D열의 숫자들을 관찰한다. 그래픽 화면에 나타난 모든 점을 지나는 다항식을 짐작해 보고, 그 식을 이용해 다른 길의 모서리를 갖는 정사각형의 표면적을 구한다.

■ 예상 다항식 확인

11	a = 2	• 슬라이더 n을 만들어서, 그 범위를 0에서 5까지, 변화량을 1로 설정한다. 슬라이더 방향을 수직으로 바꾼다.
12	a = 2	• 슬라이더 a을 만들어서, 그 범위를 0에서 10까지, 증가량을 1로 설정한다. 슬라이더 방향을 수직으로 바꾼다. • Note: 슬라이더 대화상자의 슬라이더(Slider) 탭에서 수직(Vertical)방향을 선택한다. 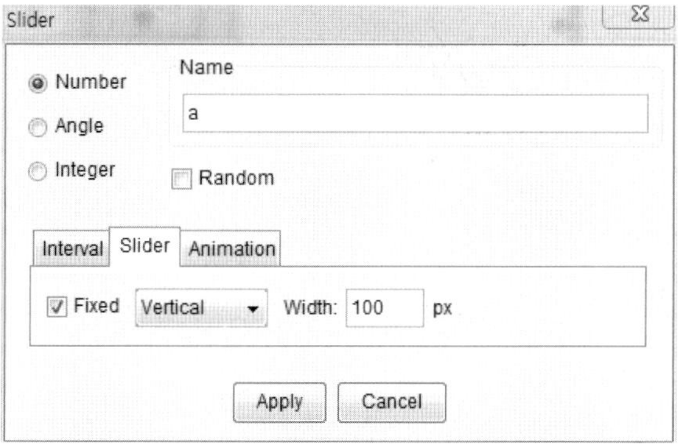
13		• 다항식 f(x)=a * x·n을 입력한다. • 이때, a는 다항식의 계수, n은 다항식의 차수가 되며, 슬라이더를 움직일 때마다 그 값이 변한다.
14		• 슬라이더를 움직여 자신이 짐작한 다항식의 차수와 계수가 맞는지 확인한다. 화면에 찍힌 모든 점들을 다항식의 그래프가 지나고 있는가?

■ 구성 내용의 보완

15	ABC	• 다항식을 텍스트(Dynamic)로 그래픽 화면에 삽입한다. GeoGebra는 자동적으로 첫 번째 텍스트이기 때문에 text1이라는 이름을 부여한다. • 텍스트 입력 툴을 이용해서 그래픽 화면을 클릭하면 텍스트 대화창이 열린다. (1) "f(x)="를 편집창에 입력하고, (2) 다항식을 입력하려면 화면의 그래프를 클릭한다. (3) OK 버튼을 누른다.

16	• 다항식을 숨기거나 나타나게 하는 체크박스를 삽입한다. • Check BOx to Show/Hide Objects 툴을 이용해서 그래픽 화면을 클릭하면 대화창이 열린다. (1) Show Equation을 캡션창에 입력하고, (2) 작은 화살표를 클릭해 객체 목록을 연다. (3) 객체 목록에서 text1을 선택하고, 적용(Apply) 버튼을 누른다.
17	• 체크박스가 제대로 작동하는지 본다.
18	• 화면의 객체들을 보기 좋게 배치하고, 객체 설정 대화창을 이용해서 시각적 효과를 보완한다.

No.	Name	Tool...	Command	Value
1	Number A1	a=2		A1 = 1
2	Number A2	a=2		A2 = 2
3	Number A3		2A2 - A1	A3 = 3
4	Number A4		2A3 - A2	A4 = 4
5	Number A5		2A4 - A3	A5 = 5
46	Number D8		C8 - C7	D8 = 12
47	Number D9		C9 - C8	D9 = 12
48	Number D10		C10 - C9	D10 = 12
49	Number n	a=2		n = 2
50	Number a	a=2		a = 6
51	Function f		f(x) = a x^(n)	f(x) = 6x²
52	Text text1	ABC	"$ f(x)= " + (FormulaText[a]) + "x^{" + (FormulaText[n]) + "}$"	"$ f(x)= 6x^{2}$"
53	Boolean Value b			b = true

5. 산포도와 최적선

Scatter Plot and Best Fit Line

1) 학습 준비

• 새 창을 연다.

- 구성 화면 (Perspectives)-Spreadsheet & Graphics로 바꾼다.
- 화면 하단에 입력창(Input Bar)을 띄운다.
- 화면에 새로 찍히는 점들의 이름만 보이도록 설정한다.
  (Menu--Option--Labeling--New Points Only)

2) 새로운 활용 도구

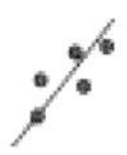	• 최적선/Best Fit Line • 그래픽 화면에서 점들을 마우스 드래그로 지정하거나, 대수창의 list를 지정하면 최적선을 그려주는 도구.

*** 도구 사용법을 모르는 경우, 도움말을 읽고, 구성 전에 새로 사용하게 되는 도구들은 미리 시험사용을 해본다.

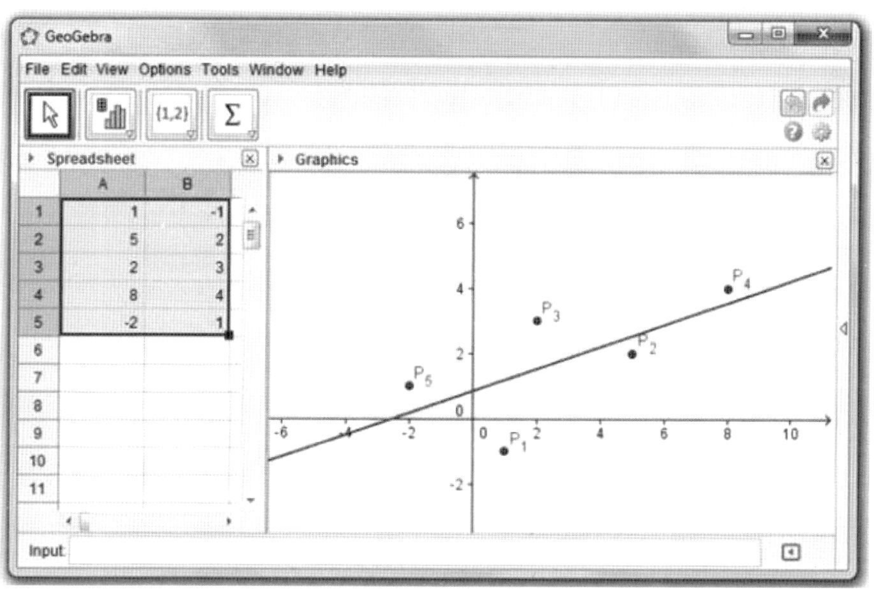

3) 구성 단계

1	• 스프레드시트(Spreadsheet)의 A1에 1, A2에 5, A3에 2, A4에 8, A5에 -2를 입력한다.
2	• 스프레드시트(Spreadsheet)의 B1에 11, B2에 2, B3에 3, B4에 4, B5에 1를 입력한다.

3	• 이 데이터를 바탕으로 산포도를 구성한다. (1) 마우스로 열 A와 B를 지정한다. (2) 그 위에 마우스를 놓고 우측 버튼을 클릭해서 생성하기(Create)--점들의 목록(List of Points)를 선택한다. • A열의 값들은 x-좌표를, B열의 값들은 y-좌표를 나타낸다. • 이 점들은 대수창에서도 점들의 목록으로 나타나는데, 기본적으로 GeoGebra는 자동적으로 list1이라는 목록을 생성한다.
4 	• Best Fit Line 툴을 이용해서 점들의 최적선을 그린다. • 도구를 활성화시킨 뒤 그래픽 화면에서 원하는 모든 점들을 마우스 드래그로 지정하거나, 대수창의 list를 지정할 수도 있다.
5	• 최적선의 두께나 색깔을 수정해 시각적 효과를 보완한다.
6 	• 이렇게 구성된 최적선이 점들의 변화에 따라 어떤 영향을 받게 되는지를 확인한다. 데이터에 포함된 한 점을 드래그하면서 최적선에 어떤 변화가 오는지를 관찰한다.

■ **스프레드시트(Spreadsheet)로 데이터를 가져오기**

- GeoGebra는 우리가 다른 스프레드시트(Spreadsheet)로 저장한 데이터를 GeoGebra의 스프레드시트로 가져다 붙이기 할 수 있도록 허용하고 있다.
- 가져다 붙이려는 데이터를 선택해 복사하고,
- GeoGebra의 스프레드시트(Spreadsheet)창을 열고,
- 원하는 위치의 셀(cell)을 클릭한 후,
- 붙이기(Paste)한다.

6. 기본적인 통계학 명령어

Explore Basic Statistics Commands

수학 수업를 받는 25명의 학생들에게 퀴즈를 풀게 하고 그 난이도를 평가하도록 하였다. 아주 쉬우면 1점을, 아주 어려우면 5점을 주도록 하였다.

- 아주 쉬움(1점): 4명
- 쉬움(2점): 6명
- 적당(3점): 8명
- 어려움(4점): 6명
- 아주 어려움(5점): 1명

1) 학습 포인트

① 막대그래프로 구성

- 스프레드시트(Spreadsheet)에 데이터를 입력하고 그것을 그래픽 화면에서 구현한다.
- "Histogram" 명령어를 잘 모를 경우, 화면 하단 입력창에 Histogram을 입력하고 F1키를 누른다.
- 명령어에서 "Class boundaries"는 막대그래프의 위치와 막대의 폭을 결정하는 것이다. 퀴즈의 난이도에 답한 학생들 숫자는 막대그래프의 높이를 결정한다.
- 난이도 점수가 해당 막대그래프의 중간에 위치하도록 "Class boundaries"를 선택한다.
- 명령어를 입력하기 전에 먼저 데이터가 스프레드시트(Spreadsheet)에 입력되어 있어야 한다.
- 한 열의 모든 셀을 지정하여 그 위에 마우스를 놓고 우측 버튼을 클릭해서 생성하기(Create)--목록(List of Points)를 선택한다.

② 평균값, 중앙값 및 최빈값 결정

- 수집한 데이터의 평균값, 중앙값 및 최빈값을 예측해 본다.
- 각기 다른 난이도에 응답한 학생들의 숫자를 목록으로 만들기 위해서는 "Sort"라는 명령어를 사용한다.
- 각각 Mean, Median, Mode라는 명령어를 사용하여 값을 도출하고 예측한 값과 일치하는지 확인한다.

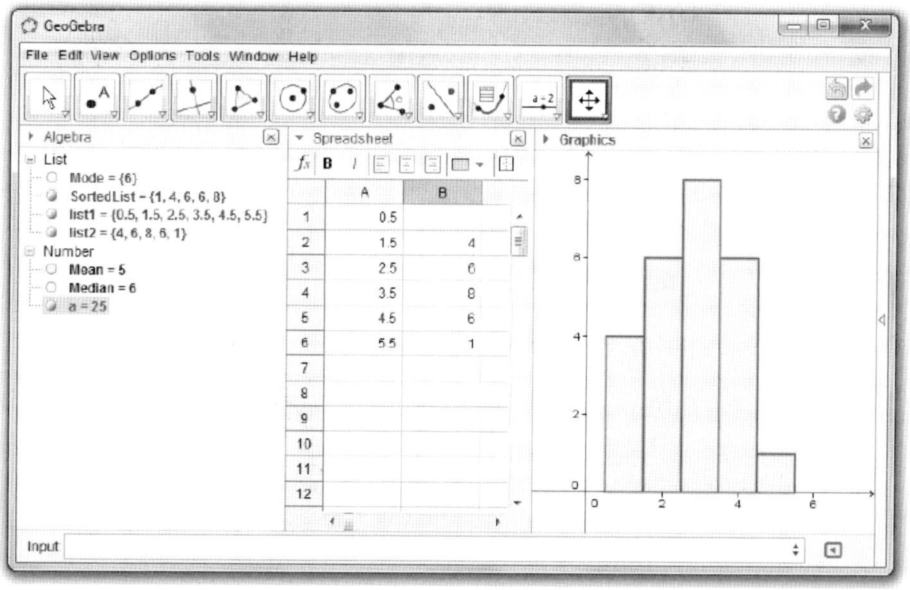

7. 스프레드시트와 최적 곡선 [MA56]

Spreadsheet and Best Fit Polyline

1) 학습 준비

- 새 창을 연다.
- 구성 화면 (Perspectives)-Algebra & Graphics로 바꾼다.
- 또한 스프레드시트창도 함께 열어 둔다.
  (Menu--View--Spreadsheet)
- 화면 상단에 있는 버튼을 클릭해 격자선도 표시한다.
- 화면에 새로 찍히는 점들의 이름만 보이도록 설정한다.
  (Menu--Option--Labeling--New Points Only)

2) 구성 단계

1		• 10개의 점의 좌표를 스프레드시트에 기입하는데, A 열에는 x-좌표를, B 열에는 y-좌표를 입력한다.
2		• 마우스 드래그로 스프레드시트의 A1 셀로부터 B10 셀까지 선택한 다음, 우클릭해 나타나는 메뉴에서 점의 리스트 만들기(Create List of Points)를 클릭한다. 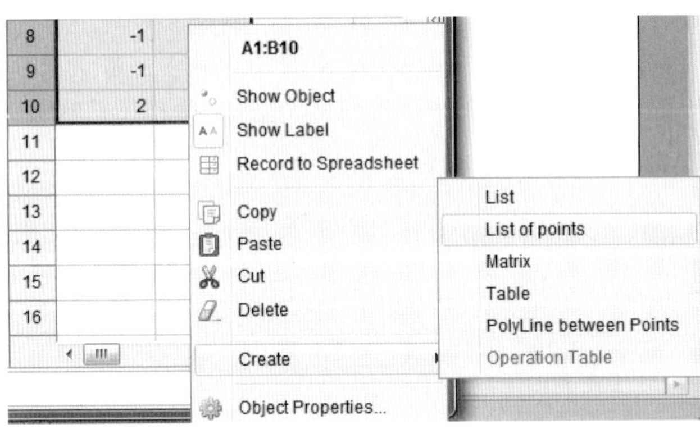 • 대수창에 점의 리스트가 어떻게 생성되었는지 확인한다.
3		• 최적선(Best Fit Line) 도구를 선택한 후에 그래픽 구성창에 있는 모든 점을 마우스 드래그로 선택한다. • Note: 그래픽 구성창에 점들이 지나치게 산포되어 있는 경우, 마우스 드래그로 모든 점을 선택하기가 어려울 수 있다. 따라서 이런 경우에는 명령어 FitLine[Listname]을 사용하면 편리하다.

4	• 슬라이더(Slider) 도구로 수 슬라이더 n을 만든다. • 최소값(Min)은 1, 최대값(Max)은 10, 변화량(Increment)는 1로 입력한 다음 적용(Apply) 버튼을 눌러 완성한다.
5	• n차 다항식의 최적선을 만들기 때문에 현재 구성창에 그려진 최적선은 직선을 클릭한 후 키보드의 삭제(Delete) 키를 눌러 지운다.
6	• n차 다항식의 최적선을 만들기 위한 명령어 "Fitpoly[list1, n]"을 입력창에 입력하고 엔터키를 누른다. • 이 명령어는 "리스트(list1)의 모든 점들에 최적한 다항식을 n차로 구성한다"는 의미이다.
7	• 슬라이더의 색과 굵기를 변경하여 시각적인 보완을 하고, (객체 우 클릭--객체 속성창(Object Properties...--색 & 슬라이더 탭) 이를 움직여 최적선의 변화를 관찰한다.

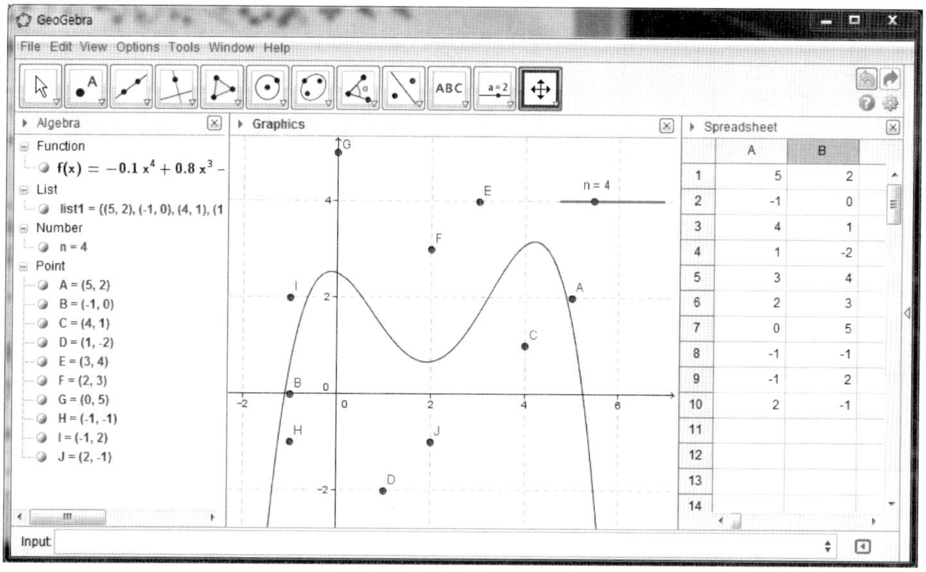

No.	Name	Tool...	Command	Value
1	Number A1			A1 = 5
2	Number A2			A2 = -1
3	Number A3			A3 = 4
4	Number A4			A4 = 1
5	Number A5			A5 = 3

6 Number A6	a=2		A6 = 2
7 Number A7	a=2		A7 = 0
8 Number A8	a=2		A8 = -1
9 Number A9	a=2		A9 = -1
10 Number A10	a=2		A10 = 2
11 Number B1	a=2		B1 = 2
12 Number B2	a=2		B2 = 0
13 Number B3	a=2		B3 = 1
14 Number B4	a=2		B4 = -2
15 Number B5	a=2		B5 = 4
16 Number B6	a=2		B6 = 3
17 Number B7	a=2		B7 = 5
18 Number B8	a=2		B8 = -1
19 Number B9	a=2		B9 = 2
20 Number B10	a=2		B10 = -1
21 Point A		(A1, B1)	A = (5, 2)
22 Point B		(A2, B2)	B = (-1, 0)
23 Point C		(A3, B3)	C = (4, 1)
24 Point D		(A4, B4)	D = (1, -2)
25 Point E		(A5, B5)	E = (3, 4)
26 Point F		(A6, B6)	F = (2, 3)
27 Point G		(A7, B7)	G = (0, 5)
28 Point H		(A8, B8)	H = (-1, -1)
29 Point I		(A9, B9)	I = (-1, 2)
30 Point J		(A10, B10)	J = (2, -1)
31 List list1	{1,2}	{A, B, C, D, E, F, G, H, I, J}	list1 = {(5, 2), (-1, 0), (4, 1), (1, -2), (3, 4), (2, 3), (0,...
32 Number n	a=2		n = 4
33 Function f		FitPoly[list1, n]	$f(x) = -0.1x^4 + 0.8x^3 - 1.46x^2 - 0.38x + 2.51$

8. 스프레드시트와 닮은꼴 [MA57]

Spreadsheet and Similarity

1) 학습 준비

- 새 창을 연다.
- 구성 화면 (Perspectives)-Algebra & Graphics로 바꾼다.
- 또한 스프레드시트창도 함께 열어 둔다. (Menu--View--Spreadsheet)
- 좌표가 표시되어 있지 않은 경우, 화면 상단에 있는 버튼을 클릭해 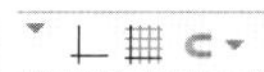 좌표도 표시한다.
- 화면에 새로 찍히는 점들의 이름만 보이도록 설정한다. (Menu--Option--Labeling--New Points Only)

2) 구성 단계

1		• 이동 도구 모드에서 스프레드시트의 셀 A1에 (1, 1), 셀 A2에 (2, 4), 셀 A3에 (3, 2)를 입력한다. • Note: 지오지브라는 자동으로 셀의 좌표를 찾아 그래픽 구성창에 표시하고, 해당 좌표의 이름을 셀 이름과 일치시킨다. 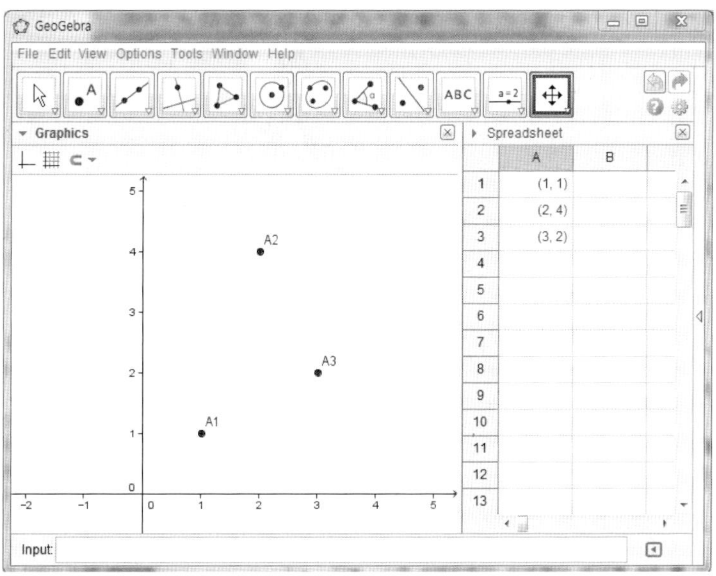
2		• 다각형(Polygon) 도구로 시계 반대방향으로 삼각형 A1A2A3를 그린다.

3		• 슬라이더 k를 만든다. • 슬라이더 대화상자가 열리면 초기설정 상태 그대로 OK 버튼을 누른다. • 슬라이더의 Default는, 수(Number), 최소값(Min)=-5, 최대값(Max)=5, 변화량(Increment)=0.1로 초기 설정되어 있다.
4		• 스프레드시트 B1에 =A1*k, B2에 =A2*k, B3에 =A3*k를 입력한 다음, k=1이 되어 A1, A2, A3의 점들과 일치하지 않게 슬라이더를 움직여 점 B1, B2, B3를 표시한다.
5		• 다각형(Polygon) 도구로 시계 반대방향으로 삼각형 B1B2B3를 그린다.
6		• 두 점을 지나는 직선(Line through Two Points) 도구를 선택해 점 A1과 B1을 지나는 직선, 점 A2와 B2를 지나는 직선, 점 A3와 B3를 지나는 직선을 긋는다. 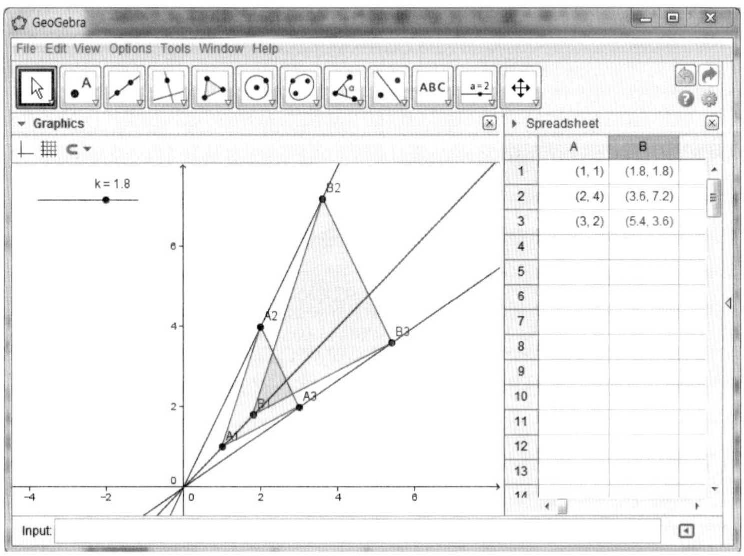
7		• k=1일 때, 점들이 겹쳐지면서 점의 이름도 겹쳐져 화면이 지저분해진다. 따라서 k=1일 때는 점 B1, B2, B3를 화면에서 사라지도록 만들어 본다. • 스프레드시트의 B1, B2, B3 셀을 선택한 후, 우 클릭해 객체 속성(Object Properties)을 연다. 속성창의 고급(Advanced) 탭의 객체 보이기 조건(Condition to Show Object)의 텍스트 박스에 "k≠1"을 입력한다.
8		• 이제 슬라이더를 움직여 k=1이 되도록 하면, 점 B1, B2, B3이 화면에서 사라지는 것은 물론, 점 B1, B2, B3를 모객체로 해서 발생한 하위 파생 객체인 삼각형 B1B2B3와 세 직선이 모두 사라진다.

No.	Name	Tool...	Command	Value
1	Point A1			A1 = (1, 1)
2	Point A2			A2 = (2, 4)
3	Point A3			A3 = (3, 2)
4	Triangle poly1		Polygon[A1, A2, A3]	poly1 = 2.5
4	Segment a3		Segment[A1, A2, poly1]	a3 = 3.16
4	Segment a1		Segment[A2, A3, poly1]	a1 = 2.24
4	Segment a2		Segment[A3, A1, poly1]	a2 = 2.24
5	Number k			k = 2
6	Point B1		A1 k	B1 = (2, 2)
7	Point B2		A2 k	B2 = (4, 8)
8	Point B3		A3 k	B3 = (6, 4)
9	Triangle poly2		Polygon[B1, B2, B3]	poly2 = 10
9	Segment b3		Segment[B1, B2, poly2]	b3 = 6.32
9	Segment b1		Segment[B2, B3, poly2]	b1 = 4.47
9	Segment b2		Segment[B3, B1, poly2]	b2 = 4.47
10	Line a		Line[A2, B2]	a: -2x + y = 0
11	Line b		Line[A1, B1]	b: -x + y = 0
12	Line c		Line[A3, B3]	c: -2x + 3y = 0

9. 스프레드시트와 벡터 및 행렬 [MA58]

Spreadsheet and Vectors & Matrices

1) 학습 준비

- 새 창을 연다.
- 구성 화면 (Perspectives)-Algebra & Graphics로 바꾼다.
- 또한 스프레드시트창도 함께 열어 둔다.(Menu--View--Spreadsheet)
- 좌표가 표시되어 있지 않은 경우, 화면 상단에 있는 버튼을 클릭해 좌표도 표시한다.
- 화면에 새로 찍히는 점들의 이름만 보이도록 설정한다. (Menu–Option–Labeling–New Points Only)

2) 구성 단계

1	• 이동 도구 모드에서 스프레드시트의 셀 A1에 2, 셀 A2에 1, 셀 B1에 3, 셀 B2에 4를 입력한다.
2	• 구성 1단계에서 입력한 네 개의 셀을 선택한 다음, 우 클릭해 나타나는 메뉴에서 점의 리스트 생성하기(Create List of Points)를 선택한다. • 그래픽 구성창에 점 A와 B가 생긴다. 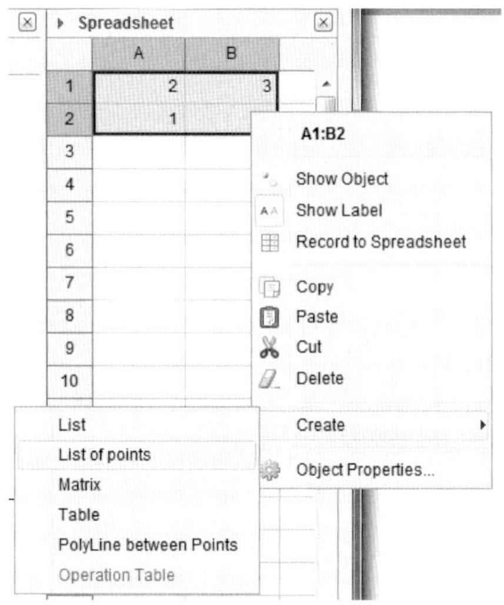
3	• 두 객체의 교점(Intersect Two Objects) 도구로 x-축과 y-축을 클릭해 원점(Origin)에 교점 O를 만든다. • 지오지브라는 점 A, B에 이어 만든 교점을 C로 자동 배정한다. 따라서 점 C를 우 클릭해 나타나는 메뉴에서 이름 바꾸기(Rename)을 선택해 점 이름을 O로 바꾼다. 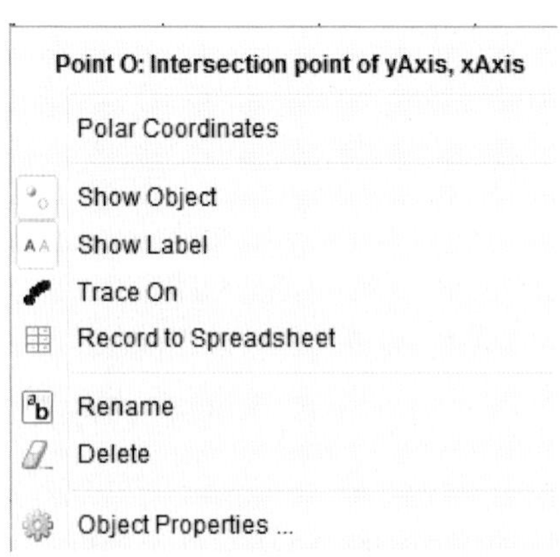

4		• 두 점 사이의 벡터(Vector between Two Points) 도구로 벡터 OA와 OB를 만든다.
5	a = 2	• 슬라이더 a를 만든다. • 슬라이더 대화상자가 열리면, 수(Number), 최소값(Min)=-1, 최대값(Max)=1, 변화량(Increment)=1로 설정한다.
6	a = 2	• 슬라이더 b, c, d를 a와 동일하게 구성한다.
7		• 셀 C1에 a를, 셀 D1에 b를, 셀 C2에 c를, 셀 D2에 d를 입력하여 행렬을 구성한다.
8		• 두 행렬의 곱한다. 따라서, 셀 E1에 =A1*C1+B1*C2를, 셀 F1에 =A1*D1+B1*D2를 셀 E2에 =A2*C1+B2*C2를, 셀 F2에 =A2*D1+B2*D2를 입력한다. 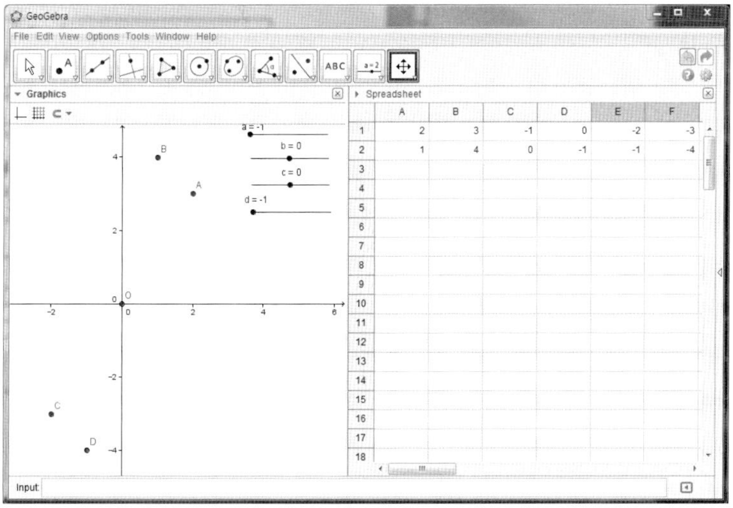
9		• 이제 슬라이더 a=-1, b=0, c=0, d=1로 설정하면, 스프레드시트의 모양을 다음 그림과 같아진다.
10		• 구성 2단계와 마찬가지로 셀 E1부터 셀 F2까지를 선택하여 우 클릭해 나타나는 메뉴에서 점의 리스트 생성하기(Create List of Points)를 선택한다. • 그래픽 구성창에 점 C와 D가 생긴다. 점 C는 점 A의 변환이고, 점 D는 점 B의 변환이 된다. 따라서 점 A와 C의 색깔을 일치시키고, 점 B와 점 D의 색깔을 일치시킨다. • Note: 각 점에 마우스를 놓고 우 클릭해서 객체 속성창(Object Properties)를 연 다음, 색(Color) 탭에서 색을 변경한다.

	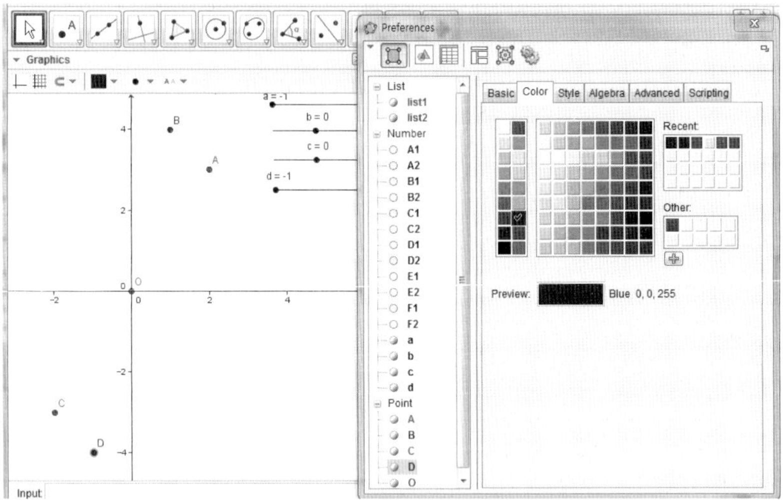
11	• 두 점 사이의 벡터(Vector between Two Points) 도구로 벡터 OC와 OD를 만든다.
12	• 슬라이더를 움직여 가며 스프레드시트의 행렬의 변화와 그래픽 구성창에 표시된 점들의 움직임을 관찰한다.

No.	Name	Tool...	Command	Value
1	Number A1	a=2		A1 = 2
2	Number A2	a=2		A2 = 1
3	Number B1	a=2		B1 = 3
4	Number B2	a=2		B2 = 4
5	Point A		(A1, B1)	A = (2, 3)
6	Point B		(A2, B2)	B = (1, 4)
7	List list1	{1,2}	{A, B}	list1 = {(2, 3), (1, 4)}
8	Point O		Intersect[yAxis, xAxis]	O = (0, 0)
9	Number a	a=2		a = 1
10	Number b	a=2		b = 0
11	Number c	a=2		c = -1
12	Number d	a=2		d = -1

No. / Name		Definition	Value
13 Number C1		a	C1 = 1
14 Number D1		b	D1 = 0
15 Number C2		c	C2 = -1
16 Number D2		d	D2 = -1
17 Number E1		A1 C1 + B1 C2	E1 = -1
18 Number F1		A1 D1 + B1 D2	F1 = -3
19 Number E2		A2 C1 + B2 C2	E2 = -3
20 Number F2		A2 D1 + B2 D2	F2 = -4
21 Point C		(E1, F1)	C = (-1, -3)
22 Point D		(E2, F2)	D = (-3, -4)
23 List list2	{1,2}	{C, D}	list2 = {(-1, -3), (-3, -4)}

10. 스프레드시트와 막대그래프 [MA59]

Spreadsheet and Histogram

1) 학습 준비

- 새 창을 연다.
- 구성 화면 (Perspectives)-Algebra & Graphics로 바꾼다.
- 또한 스프레드시트창도 함께 열어 둔다.
  (Menu--View--Spreadsheet)
- 좌표가 표시되어 있지 않은 경우, 화면 상단에 있는 버튼을 클릭해 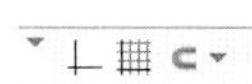 좌표도 표시한다.
- 화면에 새로 찍히는 점들의 이름만 보이도록 설정한다.
  (Menu--Option--Labeling--New Points Only)

2) 구성 단계

1		이동 도구 모드에서 • 스프레드시트의 셀 A1에 텍스트 “From”, 셀 B1에 텍스트 “To”, 셀 C1에 텍스트 “Frequency”, 셀 D1에 텍스트 “Group Average”, E1에도 텍스트 “Product”를 입력한다.

<table>
<tr><td></td><td>
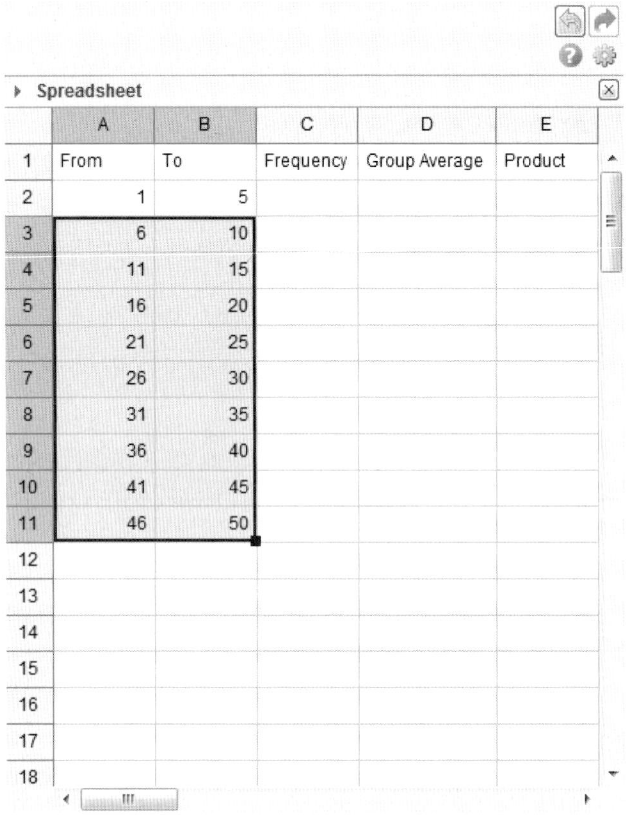
<table>
<tr><th></th><th>A</th><th>B</th><th>C</th><th>D</th><th>E</th></tr>
<tr><td>1</td><td>From</td><td>To</td><td>Frequency</td><td>Group Average</td><td>Product</td></tr>
<tr><td>2</td><td>1</td><td>5</td><td></td><td></td><td></td></tr>
<tr><td>3</td><td>6</td><td>10</td><td></td><td></td><td></td></tr>
<tr><td>4</td><td>11</td><td>15</td><td></td><td></td><td></td></tr>
<tr><td>5</td><td>16</td><td>20</td><td></td><td></td><td></td></tr>
<tr><td>6</td><td>21</td><td>25</td><td></td><td></td><td></td></tr>
<tr><td>7</td><td>26</td><td>30</td><td></td><td></td><td></td></tr>
<tr><td>8</td><td>31</td><td>35</td><td></td><td></td><td></td></tr>
<tr><td>9</td><td>36</td><td>40</td><td></td><td></td><td></td></tr>
<tr><td>10</td><td>41</td><td>45</td><td></td><td></td><td></td></tr>
<tr><td>11</td><td>46</td><td>50</td><td></td><td></td><td></td></tr>
<tr><td>12</td><td></td><td></td><td></td><td></td><td></td></tr>
<tr><td>13</td><td></td><td></td><td></td><td></td><td></td></tr>
<tr><td>14</td><td></td><td></td><td></td><td></td><td></td></tr>
<tr><td>15</td><td></td><td></td><td></td><td></td><td></td></tr>
<tr><td>16</td><td></td><td></td><td></td><td></td><td></td></tr>
<tr><td>17</td><td></td><td></td><td></td><td></td><td></td></tr>
<tr><td>18</td><td></td><td></td><td></td><td></td><td></td></tr>
</table>
• 또한 셀 A2에 1을 입력하고, 셀 B2에는 5를 입력한 다음, 셀 A3에는 “=A2+5”, 셀 B3에는 “=B2+5”를 입력한다.
• 이제 셀 A3과 B3를 선택해서 11번째 열까지 드래그하여 복사한다.
• Note: 지오지브라는 셀 A4에 “=A2+5”가 아니라 “=A3+5”를 입력하고, 마찬가지로 셀 B4에 “=B2+5”가 아니라 “=B3+5”를 입력한다.
• 즉, 지오지브라는 셀 내용을 절대적으로 동일하게 Copy하는 것이 아니라, 셀의 행렬이 변함에 따라 복사되는 내용도 행렬의 변화에 상응하는 상대적 복사(Relative Copy)를 한다.
</td></tr>
<tr><td>2</td><td>• “Frequency” 열에는 아래 그림과 같이 입력한다.</td></tr>
<tr><td>3</td><td>• “Group Average” 열 셀 D2에는 A열과 B열의 평균을 구하는 “=(A2+B2)/2”를 입력한 뒤, 이 셀 D2를 셀 D11까지 드래그해 상대적 복사(Relative Copy)를 한다.</td></tr>
<tr><td>4</td><td>• “Product” 열 셀 E2에는 C열과 D열을 곱한 “=C2*D2”를 입력한 뒤,
• 이 셀 E2를 셀 E11까지 드래그해 상대적(Relative Copy)를 한다.</td></tr>
</table>

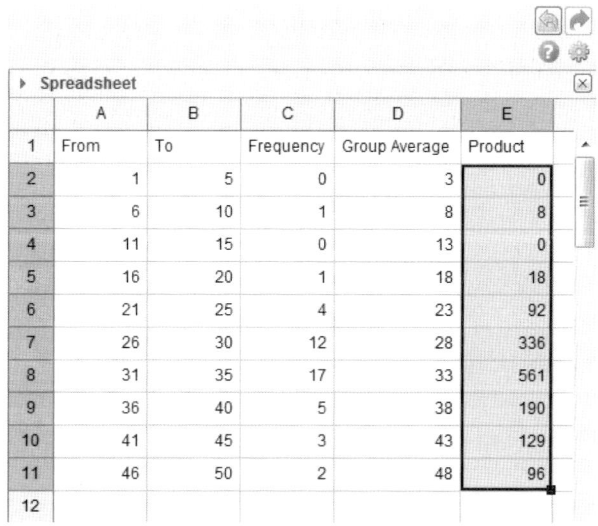

	A	B	C	D	E
1	From	To	Frequency	Group Average	Product
2	1	5	0	3	0
3	6	10	1	8	8
4	11	15	0	13	0
5	16	20	1	18	18
6	21	25	4	23	92
7	26	30	12	28	336
8	31	35	17	33	561
9	36	40	5	38	190
10	41	45	3	43	129
11	46	50	2	48	96
12					

5 ✥

화면 이동 도구를 선택하여

- x-축에 마우스를 대고 x=50이 될 때까지 원점을 향해 드래그하고,
- y-축에 마우스를 대고 y=20이 될 때까지 원점을 향해 드래그한다.
- x-축은 점수 1~50까지의 범위를, y-축은 Frequency(점수의 빈도) 1~20까지를 의미하게 된다.

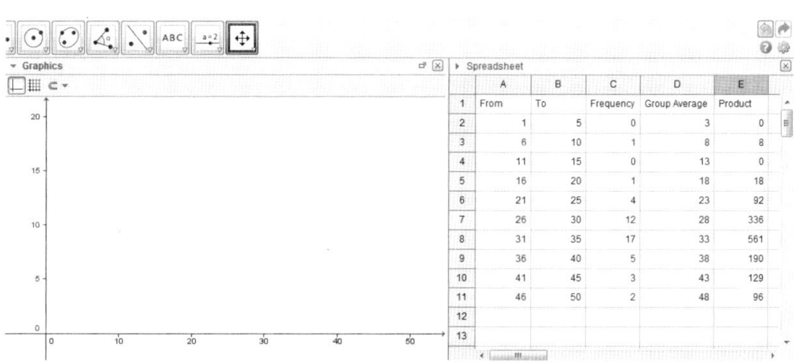

6 ✥

- 현재 x-축의 간격은 0, 10, 20...으로, y-축의 간격은 0, 5, 10....으로 되어 있는데, 이 간격을 각각 조정한다.
- 그래픽 구성창에 마우스를 대고 우 클릭하면 나타나는 메뉴에서 Graphics를 선택하면 그래픽 구성창의 환경 설정 대화상자가 팝업된다.
- 여기서 xAxis(x-축) 탭에서 간격(Distance)을 5로 변경하고, yAxis(y-축) 탭에서 간격(Distance)을 2로 변경한다.

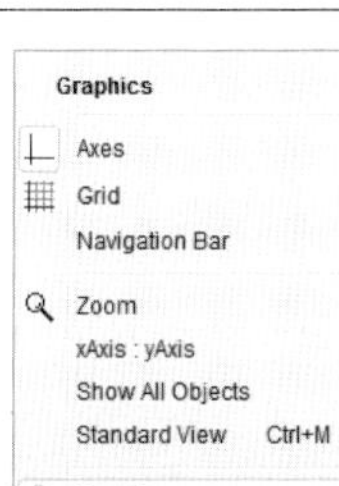

<table>
<tr><td></td><td>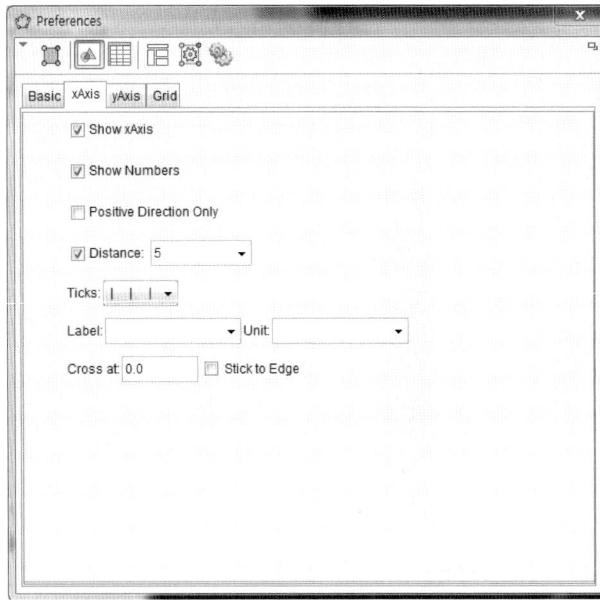
</td></tr>
<tr><td>7</td><td>

• 이제 막대 그래프(Histogram)를 만들기 위해, “To” 열과 “Frequency” 열의 리스트를 만들어야 한다.
• 셀 B1부터 B11까지 선택한 후 우 클릭하면 나타나는 메뉴에서 리스트 만들기(Create List)를 클릭한다.
• 이렇게 해서 대수창에 “list1”이 생성된다.
• 마찬가지의 방법으로 셀 C2부터 C11까지의 “list2”를 만든다.

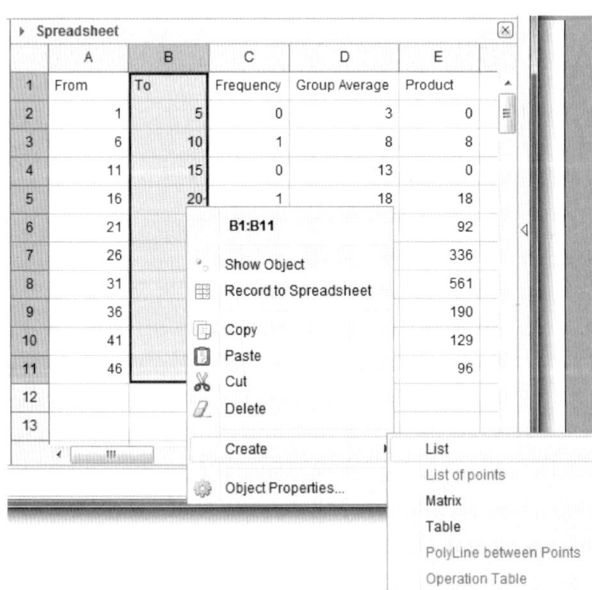
</td></tr>
</table>

8	• 리스트 list1에 텍스트 "To"가 포함되어 있기 때문에 이것을 숫자 0으로 바꾸어야 한다. 대수창의 list1을 더블 클릭하면 나타나는 재설정(Redefine)창에서 텍스트 "To"가 입력된 셀 B1을 0으로 수정한다. 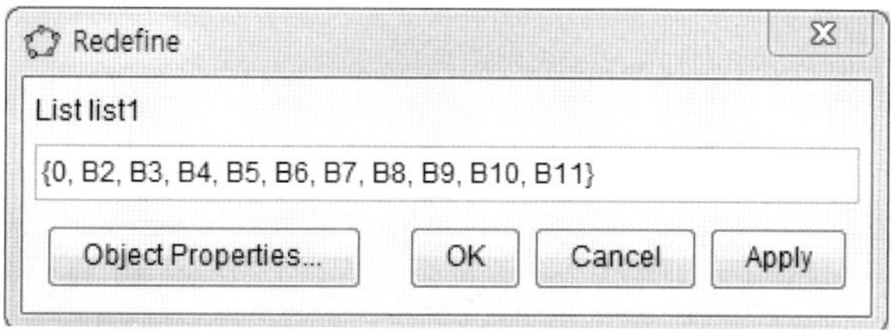
9	• 막대그래프를 만드는 명령어 "Histogram[list1, list2]"를 입력창(Input Bar)에 입력하고 엔터키를 누른다.
10	• Frequency 열에 있는 셀들의 값을 바꿔가면서 막대그래프의 모양이 어떻게 변하는지를 관찰한다.

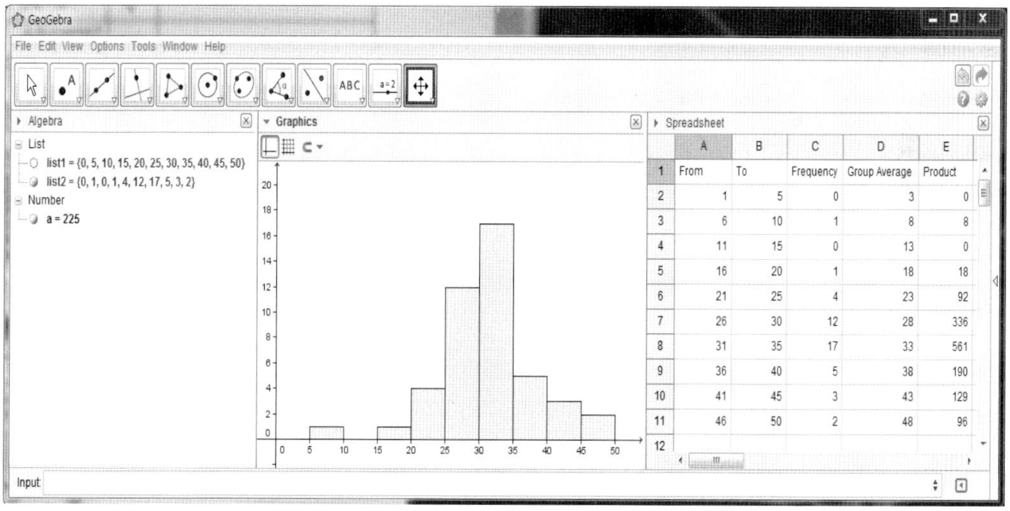

No.	Name	Tool...	Command	Value
1	Text A1	ABC		"From"
2	Text B1	ABC		"To"
3	Text C1	ABC		"Frequency"
4	Text D1	ABC		"Group Average"
5	Text E1	ABC		"Product"
6	Number A2	a=2		A2 = 1
7	Number B2	a=2		B2 = 5
8	Number A3		A2 + 5	A3 = 6
9	Number B3		B2 + 5	B3 = 10
26	Number C2	a=2		C2 = 0
27	Number C3	a=2		C3 = 1
28	Number C4	a=2		C4 = 0
29	Number C5	a=2		C5 = 1
36	Number D2		(A2 + B2) / 2	D2 = 3
37	Number D3		(A3 + B3) / 2	D3 = 8
38	Number D4		(A4 + B4) / 2	D4 = 13
39	Number D5		(A5 + B5) / 2	D5 = 18
46	Number E2		C2 D2	E2 = 0
47	Number E3		C3 D3	E3 = 8
48	Number E4		C4 D4	E4 = 0
49	Number E5		C5 D5	E5 = 18
54	Number E10		C10 D10	E10 = 129
55	Number E11		C11 D11	E11 = 96
56	List list2	{1,2}	{C2, C3, C4, C5, C6, C7, C8, C9, C10, C11}	list2 = {0, 1, 0, 1, 4, 12, 17, 5, 3, 2}
57	List list1	{1,2}	{0, B2, B3, B4, B5, B6, B7, B8, B9, B10, B11}	list1 = {0, 5, 10, 15, 20, 25, 30, 35, 40, 45, 50}
58	Number a		Histogram[list1, list2]	a = 225

11. 스프레드시트와 데이터 분석 [MA60]

Analyzing Data in Spreadsheet

1) 학습 준비

- 새 창을 연다.
- 구성 화면 (Perspectives)-Algebra & Graphics로 바꾼다.
- 또한 스프레드시트창도 함께 열어 둔다.

(Menu--View--Spreadsheet)

2) 구성 단계

1	• 스프레드시트 셀 A1에서 A14까지 데이터를 입력한다.
2	• 입력한 데이터를 드래그해서 선택한 후, 단변수 분석(One Variable Analysis) 도구를 클릭한다. • Note: 이 도구를 클릭하면 데이터 대화상자(Data Source Dialog)가 팝업되는데, 대화상자의 하단에 있는 분석(Analyze)를 선택하면, 데이터를 분석한 창(Data Analysis Dialog)이 다시 나타난다.
3	• 데이터 분석창(Data Analysis Dialog)에서 적절한 분류기준(Classes)을 선택한다. 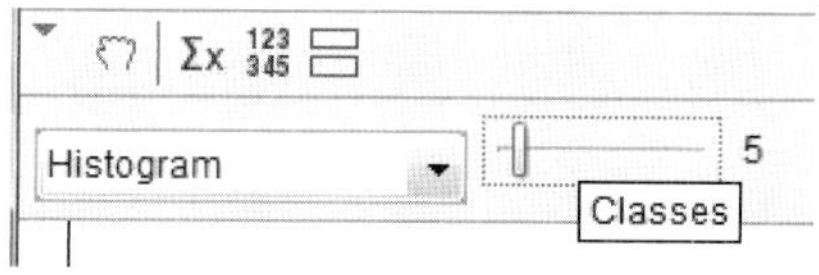 • 여기서는 입력 데이터의 종류가 1~5까지 다섯 개 이기 때문에 Classes=5로 맞춘다.
4 Σx	• 데이터 분석창 스타일 바에서 통계 표시(Show Statistics) 버튼을 클릭하면, 통계 분석 정보창이 열린다. • 이 정보창에서 데이터의 평균, 중앙값, 최대값, 최소값 등의 정보를 찾아 볼 수 있다.
5 ◀	• 데이터 분석창(Data Analysis Dialog) 상단 우측에 있는 화살표 버튼을 클릭해서 열리는 막대그래프(Histogram) 탭에서 분류기준을 수동으로 설정(Set Classes Manually)할 수 있다. • Note: 시작값(start)과 막대그래프의 폭(width)를 사용자가 자유롭게 설정할 수 있다. • 여기서는 시작값=0.5, 폭=1로 설정해 본다.

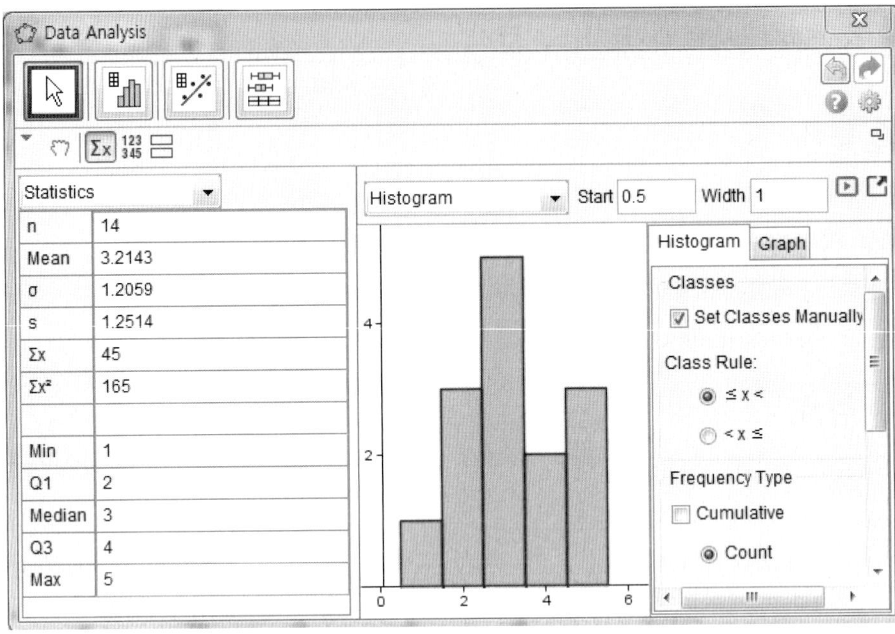

No.	Name	Tool...	Command	Value
1	Number A1	a=2		A1 = 5
2	Number A2	a=2		A2 = 3
3	Number A3	a=2		A3 = 3
4	Number A4	a=2		A4 = 2
5	Number A5	a=2		A5 = 2
6	Number A6	a=2		A6 = 4
7	Number A7	a=2		A7 = 2
8	Number A8	a=2		A8 = 1
9	Number A9	a=2		A9 = 3
10	Number A10	a=2		A10 = 3
11	Number A11	a=2		A11 = 4
12	Number A12	a=2		A12 = 5
13	Number A13	a=2		A13 = 5
14	Number A14	a=2		A14 = 3

12. CAS: 다항함수의 교점 [MA61]

CAS: Intersection of Polynomial Functions

1) 학습 준비

- 새 창을 연다.
- 구성 화면 (Perspectives)을 CAS & Graphics로 바꾼다.
  (CAS는 지오지브라 4.2이상에서만 사용할 수 있다.)

2) 새로운 활용 도구

15 3·5	• 인수분해(Factor) CAS 셀에 수식을 입력하고 이 도구 버튼을 누르면, 해당 수식을 인수분해한다.
x =	• CAS 셀에 수식을 입력하고 이 도구 버튼을 누르면, 해당 수식이 해를 구한다.

3) 구성 단계

1	• CAS의 첫 번째 셀(1)에 함수 f(x):=x·2-3/2*x+2를 입력한 뒤 엔터키를 누른다. • Note: 엔터키를 누름과 동시에 입력식 아래에 LaTex 방식으로 수식이 새롭게 생기고, 그래픽 구성창에는 그에 해당하는 그래프가 그려진다.
2	• 두 번째 셀(2)에 함수 g(x):=x/2+2를 입력한 뒤 엔터키를 누른다.
3	• 세 번째 셀(3)에 함수 h(x):=f(x)-g(x)를 입력한 뒤 엔터키를 누른다.
4	• 네 번째 셀(4)에 h(x)를 입력하고 인수분해(Factor) 도구 버튼을 누르면 곧 바로 h(x)가 인수 분해된다. • 따라서 h(x)의 근을 해석해 낼 수 있게 된다.
5	• h(x)의 확실한 해를 구하기 위해서, Solve[h(x)=0]를 다섯 번째 셀(5)에 입력하고 엔터키를 누른다.
6	• 여섯 번째 셀(6)에 S:=Intersect[f(x), g(x)]를 입력하고 엔터키를 누르면, 바로 아래에 교점의 좌표가 생성되면서, • 그래픽 구성창에도 그 교점이 찍힌다.

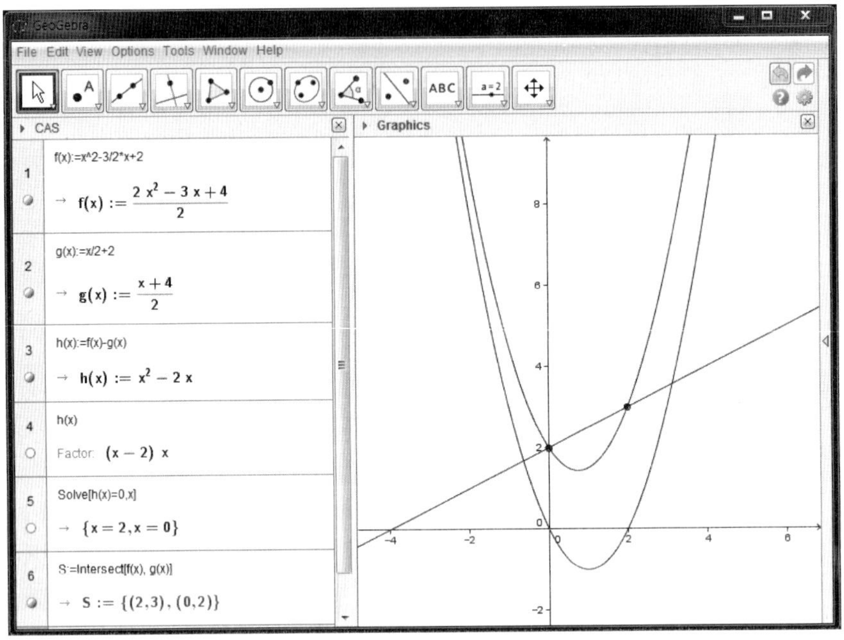

No.	Name	Tool...	Command	Value
1	Number a			a undefined
2	Number b			b undefined
3	Number c			c undefined
4	Number d			d undefined
5	Number e			e undefined
6	CAS Cell f			f
7	Function f			f(x) = (2x² - 3x + 4) / 2
8	CAS Cell g			g
9	Function g			g(x) = (x + 4) / 2
10	CAS Cell h		h	h
10	Function h		h	h(x) = x² - 2x
11	CAS Cell $4		$4	$4
12	CAS Cell $5		$5	$5
13	CAS Cell S		S	S
13	List S		S	S = {(2, 3), (0, 2)}

Chapter 12

지오지브라 객체, 명령어 및 수식

1. 기하 객체
2. 일반 객체
3. 실행 객체
4. 객체 속성
5. 객체 이름과 캡션
6. 객체 선택
7. 객체값 바꾸기
8. 애니메이션
9. 자취
10. 고급 기능
11. 레이텍스
12. 스크립트/언어
13. 명령어
14. 수식

Chapter **12**

지오지브라 객체, 명령어 및 수식

GeoGebra Objects, Commands, and Expressions

1. 기하 객체

Geometry Objects

A. 점과 벡터/Points and Vectors

점과 벡터는 입력창(Input Bar)을 통해 데카르트 좌표 또는 극좌표 위에 표시할 수 있다. 또한 기하 도구들을 이용해서도 가능한데, 예를 들어, 새로운 점 도구(Point tools) 점으로부터의 벡터 도구(Vector from Point Tool), 두 점간의 벡터 도구(Vector between Two Points Tool) 이외에도 점과 벡터를 구성할 수 있는 다양한 도구와 명령어들이 존재한다.

- Note: 점을 표시할 때는 대문자로, 반면 벡터를 표시할 때는 소문자를 사용한다.
- Example:
- 입력창을 이용해, 데카르트 좌표 상에 점 P와 벡터 v를 표시하는 방법.

  P = (1, 0) 그리고 v = (0, 5) 입력.
- 한 점을 스프레드시트(Spreadsheet View)창에 입력하려면, 스프레드시트의 셀 주소(셀 이름)을 사용한다.

  A2 = (1, 0)
- 극좌표에 한 점을 표시하는 방법.

  P = (1; 0°) or v = (5; 90°).
- Note: 극좌표에서는 세미콜론(;)을 사용해야 하며, 만일 (°)를 사용하지 않으면, 지오지브라는 그것을 각이 아니라 라디안(radian)으로 인식한다.

- 점과 벡터의 좌표는 기설정 함수(predefined functions) x와 y를 이용할 수 있다.
- Example:
  만일 점 P=(1, 2)이고 벡터 v=(3, 4)이면, x(P)는 1, y(v)는 4.
  극좌표의 한 점 Q의 좌표값을 구하는 기설정 함수는 abs(Q)와 arg(Q)이다.

■ Calculations/점과 벡터의 계산

- Example:
- 점 A와 B의 중점 M을 구하는 방법
  입력창에 M = (A + B) / 2를 입력한다.
- 벡터 v의 길이를 계산하는 방법.
  입력창에 length = sqrt(v * v)를 입력.
- 만일 점 A=(a, b)이고 입력창에 A + 1를 입력하면 (a+1, b+1).가 된고, 이때 점 A가 복소수 a+bί이면, A+1의 계산값은 a+1+bί가 된다.

B. 선과 좌표축/Lines and Axes

■ Lines/선

- 사용자는 x와 y로 된 직선의 방정식이나 매개변수 형식의 명령어를 입력창에 기입하여 선을 그릴 수가 있다. 두 방식 모두, 이미 규정된 변수들(수, 점, 벡터)을 수식 안에 사용할 수 있다.
- Note: 이름 뒤에 콜론(:)을 써서 선의 이름을 사용자가 임의로 정할 수 있다.
- Example:
  - g: 3x + 4y = 2는 직선 g를 직선의 방정식으로 구성한다.
  - 매개 변수 형식, g: X = (-5, 5) + t (4, -3)
  - 미리 변수를 m = 2, b =-1정하고, h: y = m*x + b를 입력하면, 직선 h가 만들어진다.

■ Axes/좌표축

- 두 좌표축을 명령어에 사용할 때는 xAxis와 yAxis을 기입한다.
- Example: 명령어 PerpendicularLine[A, xAxis]는 주어진 점 A를 지나면서 x-축을 지나는 직선을 생성한다.

■ Get parameters of a line/직선의 매개변수값 구하기

- 직선 a: 2.2 x + 3.3 y = 4.4를 예로 들면,

- x(a) 는 2.2
- y(a) 는 3.3
- z(a) 는 -4.4 (왜냐하면 지오지브라는 직선의 방정식을 2.2 x + 3.3 y - 4.4 = 0로 인식하기 때문이다.)

C. 원과 원호 및 이차곡선/Conic Sections and Arcs

- x와 y의 이차 곡선을 이용해 원뿔 곡선을 구성할 수 있다. 사전에 규정된 변수들(수, 점, 벡터)을 원뿔 곡선 방정식 안에 사용할 수 있다.
- **Note**: 직선과 마찬가지로, 이름 뒤에 콜론(:)을 써서 원뿔 곡선의 이름을 사용자가 임의로 정할 수 있다.
- **Examples**:

Conic section	Input
타원 ell	ell: 9 x·2 + 16 y·2 = 144
쌍곡선 hyp	hyp: 9 x·2 − 16 y·2 = 144
포물선 par	par: y·2 = 4 x
원 c1	c1: x·2 + y·2 = 25
원 c2	c2: (x − 5)·2 + (y + 2)·2 = 25

- **Note**: 만일 사용자가 미리 두 개의 매개변수 a = 4와 b=3를 정했다면, 타원 ell: b·2 x·2 + a·2 y·2 = a·2 b·2를 구성할 수 있다.

D. 함수/Functions

- 사전에 규정된 변수들(수, 점, 벡터)을 사용해서 함수를 입력할 수 있다.
- **Example**:
  - 함수 f: f(x) = 3 x·3 − x·2
  - 함수 g: g(x) = tan(f(x))
  - 이름을 정하지 않은 함수, sin(3 x) + tan(x)
- **Note**: 미리 설정된 모든 함수들(예를 들어, sin, cos, tan)은 기설정 함수 및 연산자(Predefined Functions and Operators)를 참조.
- 지오지브라에서 사용자는 함수의 적분(integral)과 미분(derivative)을 사용할 수 있을 뿐만 아니라, 명령어(If)를 이용해 조건 함수를 얻을 수도 있다.

- **Note**: 사용자는 미리 정한 함수 f(x)에 대한 1, 2차 미분함수, f'(x) or f''(x), … 를 명령어 안에 사용할 수 있다.
- **Example**: 함수 f를 f(x) = 3 x·3 - x·2로 미리 정하였다면, 함수 g를 구성하기 위해 g(x) = cos(f' (x + 2)) 를 입력할 수 있다.
- 더 나아가 함수를 벡터로 변환할 수 있고(명령어 "Translate" 참조), 그 함수가 자유 객체라면 이동 도구(Move Tool)를 이용해서 움직일 수도 있다. 기타 다른 변환 명령어들도 함수에 적용할 수 있지만, 대부분의 경우, 그 결과는 함수가 아니라 곡선이 된다.

■ Limit Function to Interval/**함수의 구간 정하기**

- 어떤 함수의 구간을 [a, b]로 제한하려면, 사용자는 명령어 "Function"와 "If"를 사용할 수 있다.
- **Example**: If[x≥3 ∧ x≤5,x·2] 와 Function[x·2,3,5] 는 함수 x2 를 [3,5] 구간으로 제한한 명령어이다.

E. 곡선/Curves

- 지오지브라에는 두 가지 유형의 곡선이 있다.

■ Parametric curves/**매개 방정식 곡선**

- 매개 방정식 곡선은 a(t) = (f(t), g(t))와 같은 형식을 취하는데, 여기서 t는 실질 매개변수로 어떤 구간 내에서 명령어 "Curve"로 얻을 수 있다. 매개 방정식 곡선은 접선(Tangent Command), 점(Point Command) and 교점(Intersect Command(GeoGebra 4.2)) 명령어들에 사용할 수 있다.
- Note:
  - 매개방정식 곡선은 미리 정한 함수나 대수식과 함께 사용할 수 있다. 예를 들어, 입력창에 c(3)를 기입하면, 곡선 c의 매개변수 3 위치에 점으로 나타난다.
  - 마우스와 기하 도구를 이용해 곡선 위에 한 점을 직접 찍을 수도 있다. (New Point)
- 주어진 점을 지나는 매개변수 곡선을 그리는 것은 불가능하지만, "FitPoly Command"를 이용해서 주어진 점들을 지나는 함수는 얻을 수 있다.

■ Implicit curves/**음함수 곡선**

- 음함수 곡선은 x와 y를 변수로 갖는 다항식으로서, 입력창에 직접 기입할 수 있다.
- **Example**: x·4 + y·3 = 2x*y

F. 부등식/Inequalities

- 지오지브라는 단변수와 이변수 부등식을 지원하고 있다. 대수창(Algebra View)에 나타나는 부등식에는 제한이 없지만, 그래픽 구성창(Graphics View)에는 특정 부등식만 표시될 수 있다.
  - 단변수 다항 부등식, e.g. x·3>x+1 or y·2>y,
  - 이변수 이차 부등식, e.g. x·2+y·2+x*y≤4,
  - 단변수 선형 부등식, e.g. 2x>sin(y) or y<sqrt(x).
- 부등식에 사용하는 기호로는<, >, ≤, ≥ 이 일반적이지만, <= 와 =>도 유효하다.
- x-축의 구간에 대한 부등식의 해를 보이게 하려면, 부등식의 속성 대화상자의 옵션에서 x-축 보여주기(Showonx-axis)를 선택한다.
- 부등식은 함수식과 유사해서, 입력창에 a(x,y) 를 기입해x와 y가 부등식 a를 만족시키는지를 테스트할 수 있다. 또한 A가 점일 때는 a(A)도 가능하다. 한 점이 부등식에 따라 주어진 구간에 한정되는 경우, 명령어 "PointIn"를 사용한다.
- 단변수 부등식 b의 경우, x,Point[b]를 입력하면, 부등식 b를 만족하면서 x-축에 한정되는 한 점을 생성한다.

2. 일반 객체

General Objects

지오지브라는 기하객체(Geometric Objects) 다음과 같은 객체들을 다루고 있다.

A. 수와 각/Numbers and Angles

■ Numbers/수

- 입력창을 통해서 수를 구성할 수 있는데, 단순하게 숫자를 입력하기만 하면 된다. 그러면 지오지브라는 그 숫자에 해당하는 이름을 소문자로 자동 부여한다. 만일 사용자가 임의로 직접 수의 이름을 정하려면 등호(=)를 사용한다(예, r = 5.32).
- Note:
  - 지오지브라는 수와 각의 소수점을 표시하는 기호로 (.)를 사용한다.
  - 입력창 우측 그리스어 목록에서 선택하거나 키보드 단축키를 이용해서 상수 π와 오일러 상수 e를 수식과 계산식에 사용할 수 있다.

- **Note**: 사용자가 구성 내용에 변수 e를 사용하지 않고 있는 상태에서, 수식에 e를 사용하면 지오지브라는 그것을 변수가 아니라 오일러 상수 e로 인식한다.

■ Angles/각

- 각은 도(°) 또는 라디안(rad)으로 입력한다. 상수 π는 라디안 값으로 유효하며, "pi"로 입력할 수도 있다.
- **Note**: 단축키
  - (°): Alt + O (Mac OS: Ctrl + O)
  - Π: Alt + P (Mac OS: Ctrl + P)
- **Example**: 따라서 각 α를 α = 60° 또는 α = pi/3로 입력 가능하다.
- 지오지브라는 모든 각 계산은 라디안으로 한다. 결국, (°)는 상수 π/180에 지나지 않는 것이다.
- **Example**:
  - 만일 수a = 30이 이미 있고, α = a°를 입력하면 지오지브라는 수 a를 각 α = 30°로 바로 변환한다.
  - 만일 b = α / °를 입력하면, 각α는 다시 수 b = 30로 전환된다.
- **Note**: 각이 종속 객체인 경우, 사용자가 그 각을 대칭이동이 가능한 것으로 할 것인지 아닌지를 속성창의 기본 탭에서 결정할 수 있다.

■ Free Numbers and Angles/자유 객체

- 만일 수와 각이 자유객체일 때는 이를 슬라이더로 그래픽 구성창에 표시할 수 있다. (a = 2 Slider Tool참조). 또한 대수창에서는 키보드의 화살표를 이용해 수와 각의 값을 바꿀 수 있다. (수동 애니메이션 Manual Animation 참조)

■ Limit Value to Interval/값의 범위 한정

- 자유 객체인 수와 각은 그 값의 범위를 한정할 수 있는데, 슬라이더의 객체 속성창에서 그 최소값과 최대값을 결정하면 된다.

B. 복소수/Complex Numbers

- 지오지브라는 복소수를 직접 지원하고 있지 않다. 그러나 점을 이용해서 복소수 연산과 동일한 효과를 낼 수는 있다.
- **Example**: 만일 사용자가 입력창에 3 + 4ί 를 입력하면, 그래픽 구성차에는 (3, 4)에 점

이 찍힌다. 그러나 이 점은 대수창에는 3 + 4ί로 표시된다.

- Note: 사용자가 대수창에서 그 점을 복소수로 표시할 수 있다. 해당 점에 속성창(Properties Dialog)을 열어 좌표 형식(Coordinates formats) 목록에서 복소수로 선택하면 된다.
- 허수 단위인 i는 입력창 우측 그리스어 목록에서 선택하거나, 단축키 를 상용하여 표기할 수 있다. 만일 CAS창이 아닌 곳에서 i를 사전에 규정해 놓지 않았다면, 지오지브라는 변수 i를 순서쌍 i = (0, 1) 또는 복소수 0 + 1ί로 인식한다. 달리 얘기하면, 입력창에서는 복소수를 입력하기 위해 변수 i를 사용할 수 있지만 CAS창에서는 불가능하다는 의미이다.
- Example: 복소수 덧셈과 뺄셈
  - (2 + 1ί) + (1 - 2ί)은 3 - 1ί.
  - (2 + 1ί) - (1 - 2ί)은 1 + 3ί.
- Example: 복소수 곱셈과 나눗셈
  - (2 + 1ί) * (1 - 2i)은 4 - 3ί.
  - (2 + 1ί) / (1 - 2i)은 0 + 1ί.
- Note: 일반적인 복소수의 곱 (2, 1)*(1, -2)는 두 벡터의 스칼라 곱이 된다.
- 지오지브라는 실수와 복소수가 함께 있는 수식을 인식할 수 있다.
- Example:
  - 3 + (4 + 5ί)은 7 + 5ί.
  - 3 - (4 + 5ί)은 -1 - 5ί.
  - 3 / (0 + 1ί)은 0 - 3ί.
  - 3 * (1 + 2ί)은 3 + 6ί.

■ Workaround: IsComplex[]/ 기타 복소수 확인법

- 가끔은 사용자가 입력한 수가 지오지브라에서 복소수로 인식되고 있는지를 확인하고 싶을 때가 있다. 실수를 x(), y() 와 같은 함수에는 사용할 수 없다는 점으로 실수를 판별하듯이, "IsComplex "와 같은 명령어가 없기 때문에, "complex = IsDefined[sqrt(a) + sqrt(-a)] ∧ (a ≠ 0)" 같은 약간 우회적인 명령어를 사용하여 어떤 수 a가 복소수인지를 판별할 수 있다.
- Note: a = 2 + 0i 처럼 복소수의 허수가 0인 경우도 위와 같은 우회적인 테스트를 통과할 수 있다. 또한 어떤 복소수 a의 허수가 0인지 아닌지를 확인하고 싶다면, y(a) != 0를 사용할 수도 있다.

C. 불린 변수값/Boolean Values

- 지오지브라에서 불린 변수 참(true)또는 거짓(false)을 사용할 수 있다. 입력창에 a = true 또는 b = false 처럼 그대로 입력하면 된다.

■ Check Box and Arrow Keys/체크박스와 화살표

- 그래픽 구성창에서 자유 불린 변수는 체크박스로 표시된다(체크박스와 객체 보이기/숨기기 도구 참조). 대수창에서는 키보드의 화살표로 불린 변수의 값을 바꿀 수 있다.
- Note: 불린변수를 참(true)또는 거짓(false)이 아닌 0과 1로 값을 정할 수도 있다.

■ Operations/연산

- 사용자는 다음 연산 명령을 입력창에 기입하거나 키보드 입력을 통해서 다음과 같은 불린변수 및 조건의 연산을 할 수 있다.

연산	기호	입력키	예시	객체 유형
같다	$\stackrel{?}{=}$	==	a $\stackrel{?}{=}$ b or a == b	수, 점, 선, 이차곡선
같지 않다	≠	!=	a ≠ b or a != b	수, 점, 선, 이차곡선
작다	<	<	a < b	수
크다	>	>	a > b	수
작거나 같다	≤	<=	a ≤ b or a <= b	수
크거나 같다	≥	>=	a ≥ b or a >= b	수
그리고	∧	&&	a ∧ b or a && b	불린 변수
또는	∨	||	a ∨ b or a || b	불린 변수
아니다	¬	!	¬a or !a	불린 변수
평행하다	∥		a ∥ b	선
수직한다.	⊥		a ⊥ b	선
포함되다	∈		a ∈ list1	수와 수의 리스트

D. 리스트/Lists

- 괄호를 이용해서 여러 개의 객체(점, 선분, 원)를 하나의 리스트로 만들 수 있다.

- Example:
  - L={A, B, C}는 이미 존재하고 있는 점A, B, C를 하나의 리스트로 구성한다.
  - L={(0, 0), (1, 1), (2, 2)}미리 점을 만들어 놓지 않은 경우 입력한 점들로 구성된 리스트가 생성된다.
- Note: 초기설정 상태(Default)에서는 리스트의 각 원소들은 그래픽 구성창에 표시되지 않는다.
- 리스트에 있는 특정 원소에 접근하기 위해서는 명령어 "Element"를 사용하며, 리스트 전체를 명령어 구문에 사용할 수도 있다.

■ Compare Lists of Objects/객체 리스트 비교

- 사용자는 다음과 같은 명령어 구문을 통해 두 객체 리스트를 비교할 수 있다.
- List 1==List 2 : 두 리스트의 원소들을 순서대로 동일한지 확인하고 그 결과값을 참 또는 거짓으로 보여준다.
- List 1 !=List 2 : 두 리스트의 원소들을 순서대로 불일치하는지 확인하고 그 결과값을 참 또는 거짓으로 보여준다.
- Unique[list 1]==Unique[list 2] or {list 1} ₩ {list 2}=={ } 두 리스트가 동일한지 확인한다. (반복되는 원소나 원소의 순서는 무시한다.)
- Sort[list 1]==Sort[list 2] : 두 리스트가 동일한지 확인한다. (원소의 순서만 무시한다.)

■ Apply Predefined Operations and Functions to Lists/기설정 함수 및 연산자의 리스트 적용

- 사용자가 기설정된 함수와 연산자를 리스트에 적용하면, 항상 그 결과값도 리스트로 만들어진다.

■ Addition and subtraction/덧셈과 뺄셈

- List1 + List2: 두 리스트의 원소를 더한다.
- Note: 두 리스트의 개수가 동일해야 한다.
- List + Number: 리스트의 각 원소에 수를 더한다.
- List1 − List2: 처음 리스트의 원소에서 다음 리스트의 원소를 뺀다.
- Note: 두 리스트의 개수가 동일해야 한다.
- List − Number: 리스트의 각 원소에서 수를 뺀다.

■ Multiplication and division/곱셈과 나눗셈

- List1 * List2: 두 리스트의 원소를 곱한다.
- **Note**: 두 리스트의 개수가 동일해야 한다. 만일 두 행렬이 "compatible matrices"이면 행렬의 곱셈 방식이 사용된다.
- List * Number: 리스트의 각 원소에 수를 곱한다.
- List1 / List2: 처음 리스트의 원소를 다음 리스트의 원소로 나눈다.
- **Note**: 두 리스트의 개수가 동일해야 한다.
- List / Number: 리스트의 각 원소를 수로 나눈다.
- Number / List: 수를 리스트의 각 원소로 나눈다.

■ Other examples/기타

- List·2: 리스트의 각 원소를 제곱한다.
- 2·List: 수 2의 지수가 리스트의 각 원소가 되는 리스트를 만든다.
- List1·List2: 처음 리스트의 원소의 지수가 다음 리스트의 원소가 되는 리스트를 만든다.
- sin(List): sin 함수를 리스트의 각 원소에 적용한다.

E. 행렬/Matrices

- 지오지브라는 행렬을 지원하는데, 행렬의 행을 하나의 원소로하는 리스트로 표시된다.
- **Example**: 지오지브라의 {{1, 2, 3}, {4, 5, 6}, {7, 8, 9}} 는 3×3 행렬을 뜻한다.
- 그래픽 구성창에서 원래 형식의 행렬을 표시하려면, "LaTeX" 형식을 사용하고, "FormulaText"명령어를 사용한다.
- **Example**: 입력창에 FormulaText {{1, 2, 3}, {4, 5, 6}, {7, 8, 9}} 를 입력하면, "LaTeX" 형식을 이용한 행렬이 표시된다.

■ Matrix Operations/행렬 연산

- Addition and subtraction /덧셈과 뺄셈
- Matrix1 + Matrix2: 두 행렬의 원소를 더한다.
- Matrix1 – Matrix2: 첫 행렬의 원소에서 두 번째 행렬의 원소를 뺀다.
- Multiplication/곱셈
- Matrix * Number: 행렬의 원소에 주어진 수를 곱한다.
- Matrix1 * Matrix2: 행렬 곱셈 방식을 적용한다.
- **Note**: 행렬의 곱셈은, 첫 번째 행렬의 행의 원소 개수와 두 번째 행렬의 열의 원소 개수

가 동일해야만 가능하다.

- **Example**: {{1, 2}, {3, 4}, {5, 6}} * {{1, 2, 3}, {4, 5, 6}} 는 {{9, 12, 15}, {19, 26, 33}, {29, 40, 51}} 행렬이 된다.
- 2×2 행렬 * 점 (또는 벡터): 행렬에 주어진 점(또는 벡터)를 곱하면, 그 결과는 점으로 나타난다.
- **Example**: {{1, 2}, {3, 4}} * (3, 4) 는 점 A = (11, 25)이 된다.
- 3×3 행렬 * 점 (또는 벡터): 행렬에 주어진 점(또는 벡터)를 곱하면, 그 결과는 점으로 나타난다..
- **Example**: {{1, 2, 3}, {4, 5, 6}, {0, 0, 1}} * (1, 2) 는 A = (8, 20)이 된다.
- **Note**: 이것은 아핀 좌표 변환의 특별한 경우로, 점은 (x, y, 1), 벡터는 (x, y, 0)인 동차 좌표계(homogeneous coordinates)를 사용한다. 따라서 결과적으로 위 예제의 곱셈은 {{1, 2, 3}, {4, 5, 6}, {0, 0, 1}} * {1, 2, 1}이 된다.

■ **Other examples/기타 행렬 명령어**

- Determinant[Matrix]: 행렬 계수를 구한다. Calculates the determinant for the given matrix.
- Invert[Matrix]: 역행렬을 구한다.
- Transpose[Matrix]: 전치행렬을 구한다.
- ApplyMatrix[Matrix,Object]: 객체에 행렬에 의한 아핀 변환을 적용한다.
- ReducedRowEchelonForm[Matrix]: 행렬을 Reduced row-echelon form으로 변환한다.

F. 텍스트/Texts

- 텍스트 객체는 명령어(Text Command)나 도구(ABC Insert Text Tool)를 이용하면 쉽게 구성할 수 있지만, 입력창에 기입하는 또 다른 방법들을 아래에 소개한다.
- 우선 텍스트는 크게 Static텍스트와 Dynamic텍스트로 나눌 수 있다.
- 스태틱 텍스트(Static text)는 어떤 다른 객체에도 종속되지 않고, 따라서 다른 객체들의 구성내용 변화에 영향을 받지 않는다.
- 다이내믹 텍스트(Dynamic text)는 객체값을 텍스트에 포함하고 있어서, 해당 객체에 변화가 생기면 자동적으로 그에 따른 변화에 반응한다.
- 혼합 텍스트(Mixed text)는 두 텍스트를 혼합한 것으로서, static텍스트의 입력은 키보드를 사용해서 입력하고(예로, Point A =)., 객체의 변화에 따라 값이 변하는 부분은 객체를 클릭해서 입력한다.

- **Note**: 지오지브라는 혼합 텍스트를 입력하는 명령어 구문("Point A = " + A)을 가지고 있다. <"Point A = " + A >구문에서 인용부호 " " 안은 static 텍스트 부분이 되고, 플러스 (+) 기호는 인용부호 안에 다른 텍스트를 결합시키는 것을 의미한다.

Input	Description
This is static text	Static 텍스트.
A	Dynamic 텍스트 (점 A가 존재할 때)
"Point A = " + A	점 A 좌표값을 Dynamic텍스트로 하고, "Point A="를 Static 텍스트로 하는 혼합 텍스트.
"a = " + a + "cm"	수 a의 값을 Dynamic텍스트로 하고, "a"와 "cm"를 Static 텍스트로 하는 혼합 텍스트.

- **Note**: 만일 이름이 xx인 객체가 이미 존재하고 그것을 Static 텍스트 로 만들고 싶다면, 반드시 인용부호 안에 그 이름을 담아야 한다 ("xx"). 인용부호를 사용하지 않으면 지오지브라는 자동으로 그것을 Dynamic텍스트로 인식하고 이름대신에 객체값을 표시한다. 그러나 아직 존재하지 않는 객체의 이름일 경우에는 인용부호를 사용하지 않아도 Dynamic텍스트로 인식하지 않는다.
- **Note**: 혼합 텍스트에서 (+) 기호는 텍스트의 부분을 결합한다는 의미로 사용하고 있지만, 버전 4.0 이상에서는 반드시 의무사항은 아니다.

G. 그림/Images

- 이 도구는 그래픽 구성창에 이미지를 삽입하는데 사용한다.
- 우선, 이미지가 놓일 위치를 다음과 같이 결정한다.
- 그래픽 구성창을 클릭하면, 그 지점에 삽입될 이미지의 아래쪽 좌측 모서리가 위치한다.
- 이미 존재하는 점을 클릭하면, 그 점에 삽입될 이미지의 아래쪽 좌측 모서리가 위치한다.
- 위치가 확정되면, 이미지를 불러올 컴퓨터의 파일 관리창이 열린다.
- **Note**: 이미지 삽입 도구(Insert Image)를 선택한 후에, Alt키를 누르고 클릭하면 컴퓨터 클립보드에 있던 이미지가 바로 그래픽 구성창으로 들어온다.
- **Note**: 투명[GIF] 파일과 [PNG] 파일을 지오지브라에서 지원하고 있지만, PNG 파일의 경우, 지오지브라에서 사용하기 위해서는 먼저 알파 채널(alpha channel)을 갖도록 편집을 해야 한다. (알파 채널을 만드는 한가지 방법을 예로 들면, [IrfanView]을 사용해서 PNGOUT 플러그인으로 저장하고 RGB+Alpha를 선택한다.)

■ Properties of Images/그림 속성

- 그림의 위치는 스크린 상에서 절대적(화면 이동, 확대, 축소하더라도 현재 위치와 크기를 그대로 유지)일 수도 있고, 좌표 시스템에 따라 상대적으로 위치가 변할 수도 있다. 절대적 혹은 상대적 위치는 그림 속성창의 기본(Basic) 탭에서 결정한다.
- 그림 속성창 위치(Position) 탭에서 그림의 세 꼭지점 위치를 특정할 수 있는데, 이렇게 함으로써 그림의 크기를 조절하고, 그림을 회전하거나 비틀어지게 할 수 있다.
- Corner 1: 그림의 아래 좌측 꼭지점.
- Corner 2: 그림의 아래 우측 꼭지점.
- **Note**: Corner 2는 Corner 1이 결정되면 그림의 현재 크기에 따라서 자동 결정된다. 따라서 Corner 2의 위치를 다르게 한다는 것은 결국 그림의 폭을 변화시키는 것을 의미한다.
- Corner 4: 그림의 위쪽 좌측 꼭지점.
- **Note**: Corner 4는 Corner 1이 결정되면 그림의 현재 크기에 따라서 자동 결정된다. 따라서 Corner 4의 위치를 다르게 한다는 것은 결국 그림의 높이를 변화시키는 것을 의미한다.
- **Example**: 점 A, B, C를 만들어 Corner 1, 2, 4가 그림에 어떤 영향을 미치는지를 본다.
- 점A를 Corner 1에 점B를 Corner 2에 적용하고, 이동 도구(↖ Move)를 이용하여 점 A와 B를 움직여 본다.
- 점 B를 Corner 2에서 해제하고, 대신 점 C를 Corner 4에 위치시킨 다음 점 A와 C를 움직여 변화를 살펴본다.
- 위에서는 두 점만을 특정했지만 마지막으로 세 점을 모두 Corner 1, 2, 4에 특정한 다음, 세 점을 움직였을 때 그림에 어떤 변화가 생기는지를 살펴본다.
- **Example**: 만일 그림을 점 A에 고정시키고 그 폭을 3, 높이를 4로하고 싶으면,
- Corner 1에 점A를 입력
- Corner 2에 A + (3, 0)를 입력
- Corner 4에 A + (0, 4)를 입력
- **Note**: 이 경우 이동 모드에서 점 A를 움직여도 그림의 크기는 변하지 않는다.
- 그림 속성창의 기본(Basic) 탭에서 그림을 배경으로 설정할 수 있다. 이 배경 이미지는 좌표축의 뒤에 놓이기 때문에 그림이 배경으로 설정된 뒤에는 마우스로 그림을 클릭해 선택할 수 없다.
- **Note**: 이제 그림을 마우스로 선택할 수 없기 때문에 배경 이미지를 변경하려면 편집메뉴의 객체 속성(Object Properties)을 선택해 팝업된 대화상자를 통해 변경해야만 한다.

- 배경 때문에 그래픽 화면의 객체가 잘 보이지 않을 수 있다. 이 경우 속성창에서 배경의 투명도(0~100%)를 조절해 시각적인 효과를 높인다.

3. 실행 객체

Action Objects

A. 체크박스/Checkboxes

- 체크박스는 불린 변수값을 시각적으로 표시해 놓은 것으로, 체크박스 도구(Check Box to Show / Hide Objects Tool) 또는 명령어(Checkbox Command)를 통해 쉽게 구성할 수 있다.

B. 텍스트 필드/Text Field

- 텍스트 필드(Text Field)는 일반적으로 지오지브라 구성창의 단순한 화면 배치의 일부인 명령어 입력창(Input Bar)을 그래픽 구성창 안으로 끌어들여 하나의 텍스트 객체로 만들어 놓은 것으로 보면 된다. 따라서 박스에 원하는 명령어 스크립트를 입력하고 엔터키를 누르면 스크립트가 실행된다.
- 사용자가 텍스트 필드(Text Field)에 변화하는 자유 객체값을 다이내믹하게 표시하고 싶다면, 텍스트 필드를 삽입할 때 팝업되는 대화창의 링크된 객체(Linked Object) 목록에서 원하는 객체를 선택하면 된다.
- 텍스트 필드 도구(Text Field)를 이용하거나 명령어(InputBox Command)를 사용해 삽입할 수 있다.

C. 버튼/Buttons

- 버튼을 클릭하면 버튼과 연결된 스크립트 명령을 실행하게 된다. 다른 객체를 클릭해서도 스크립트 명령을 실행시킬 수 있지만, 버튼을 사용하면 지오지브라를 더욱 직관적으로 구성할 수 있다. 체크박스와 마찬가지로 버튼 도구(Insert Button Tool) 또는 명령어(Button Command)를 통해 쉽게 버튼을 만들 수 있다.

■ 콤보박스/Comboboxes

- 콤보박스는 스프레드시트 창에서만 사용할 수 있는 기능으로서, 스프레드시트의 한 셀에 리스트 목록을 입력하고 옵션 대화상자의 스프레드시트 탭에서 버튼/체크박스 사용

하기(UseButtonsandCheckboxes)를 체크하면 리스트가 콤보박스로 바뀐다. 콤보박스에서 선택된 항목은 SelectedIndex나 SelectedElement 명령어로 불러 올 수 있다.

4. 객체 속성

Object Properties

- 속성 대화상자(Properties Dialog)를 통해서 다음과 같은 항목들을 설정할 수 있다.

■ **화면 표시/Visibility**

- 여러 가지 방법으로 객체를 그래픽 구성창에서 숨기거나 보이게 할 수 있다.
- 도구(Show/Hide Object Tool)를 이용하는 방법.
- 객체 위에 마우스를 놓고 오른쪽 버튼을 클릭해 나타나는 객체 환경 메뉴(Context Menu)에서 객체 보이기/숨기기 항목(Show Object)을 클릭하는 방법.
- 대수창에서 객체의 좌측에 있는 조그만 구슬모양의 체크 아이콘을 클릭하는 방법.
- 특정 객체를 보이거나 숨기는 체크박스(Check Box to Show/Hide Objects Tool)를 이용하는 방법.
- Note: 객체를 대수창에서도 보이지 않도록 하려면, 객체의 속성을 보조 객체로 설정하면 된다.

■ **객체 고정/Fixed objects**

- 자유 객체와 종속 객체 모두 속성창을 통해서 해당 객체를 고정시킬 수 있는데 이렇게 고정된 객체는 이동 도구로도 이동할 수 없는 것은 물론 삭제할 수도 없고, 더블 클릭을 해서 재설정을 할 수도 없다.

■ **Filling/채우기**

- 폐합되어 있는 곡선 또는 영역이 구분되어 있는 경우, 객체 속성창 스타일(Style) 탭에서 채우기를 설정할 수 있다. 채우기의 방식에는 세 가지가 있다.

■ **Standard/색 채우기**

- 속성창의 색(Color) 탭에서 객체를 특정한 색으로 칠할 수 있고, 객체의 경계 색깔도 달리 정할 수 있다. 스타일(Style) 탭에서 불투명도(Opacity)를 정할 수 있는데, 원뿔 곡선의

경우 불투명도가 0으로 초기 설정되어 있다. 이것은 원뿔 곡선의 채우기가 없는 투명한 상태에 있다는 의미이다.

■ **Hatch/빗살 무늬 채우기**

- 객체 내부를 빗살 무늬로 채우고 빗살의 각도와 간격을 설정할 수 있다. 그러나 빗살의 두께는 객체 경계의 굵기가 동일하게 된다.

■ **Image/그림 채우기**

- 컴퓨터에 있는 그림 파일을 불러 들여 채우기 하거나 지오지브라가 제공하는 이미지로 채우기를 한다. 이 이미지는 고정된 크기로 타일을 붙이듯이(tiling) 객체의 내부를 채운다.

■ **고급 설정/Advanced properties**

- 객체의 색깔이 객체의 변화에 따라 다이내믹하게 변하도록 설정할 수 있고(Dynamic Colors), 또 주어진 조건에 만족할 때만 객체를 화면에 표시하도록 설정할 수도 있다(Conditional Visibility).

■ **자유객체, 종속객체, 보조 객체/Free, Dependent and Auxiliary Objects**

- 기본적으로 지오지브라에는 자유 또는 종속 두 가지 유형의 객체가 있다.

■ **Free objects/자유 객체**

- 어떤 다른 객체에도 의존하지 않는 객체로, 속성을 고정으로 설정하지 않는 한, 자유롭게 이동이 가능하다.

■ **Dependent objects/종속 객체**

- 다른 객체에 의존하고 있는 객체.

■ **Auxiliary objects/보조 객체**

- 정다각형 도구(Regular Polygon Tool)와 같이 특정 도구를 사용하여 어떤 객체를 구성했을 때, 그 객체와 함께 만들어지는 객체들은 자동적으로 보조객체가 된다. 또한 스프레드시트의 셀들도 자동 보조 객체로 분류되며, 사용자가 임의로 원하는 객체를 보조 객체로 설정할 수도 있다.

5. 객체 이름과 캡션

Object Name, Label and Caption

- 입력창을 사용하여 객체를 만들 때, 해당 객체에 특정한 이름을 부여할 수 있다.
- 점(Points): 지오지브라에서 점은 항상 대문자로 표시된다. 이름(e. g., A, B) 뒤에 등호(=) 그리고 좌표값 또는 명령어를 입력한다.
- Example: C = (2, 4), P = (1; 180°)
- 벡터(Vectors): 점과 벡터를 구분하기 위해 지오지브라는 벡터에 소문자를 부여한다. 점과 마찬가지로 벡터 이름(e. g., v, u) 뒤에 등호(=) 그리고 좌표값 또는 명령어를 입력한다.
- Example: v = (1, 3), u = (3; 90°)
- 선, 원, 이차곡선(Lines, circles, conic sections): 이들 객체는 점과 벡터와는 달리, 객체의 이름 뒤에 콜론(:)을 입력한다.
- Example: g: y = x + 3, c: (x-1)·2 + (y − 2)·2 = 4, hyp: x·2 − y·2 = 2
- 함수(Functions): 함수식 또는 명령어 앞에 "f(x) = " 또는 "g(x)="로 이름을 표시한다.
- Example: h(x) = 2 x + 4, q(x) = x·2, trig(x) = sin(x)
- Note: 사용자가 직접 객체의 이름을 특정하지 않았을 경우, 지오지브라는 새로운 객체를 알파벳 순서에 따라 부여한다.
- 객체의 이름에 인덱스를 달아서 표시할 수 있다. 입력 방법은, A1 은 A_1 로 s AB는 s_{AB}로 입력한다.

■ 사용할 수 없는 객체 이름/Reserved labels

- 객체 이름으로 사용할 수 없는 것들;

  x, y, xAxis, yAxis, zAxis, abs, sgn, sqrt, exp, log, ln, ld, lg, cos, sin, tan, acos, arcos, arccos, asin, arcsin, atan, arctan, cosh, sinh, tanh, acosh, arcosh, arccosh, asinh, arcsinh, atanh, arctanh, atan2, erf, floor, ceil, round, random, conjugate, arg, gamma, gammaRegularized, beta, betaRegularized, sec, csc, cosec, cot, sech, csch, coth
- 일반적인 알파벳이나 키보드로 입력 가능한 기호가 아닌 경우, 입력창 우측 "α"버튼을 클릭하면 그리스어 및 특수한 문자를 선택할 수 있는 목록이 나타난다.
- π − 상수 pi; 단축키 Alt-p
- *e* - 오일러 상수; 단축키 Alt-e
- *i* − 허수; 단축키 Alt-i

- 사용자가 미리 e와 i를 변수로 설정해 놓지 않았다면, 지오지브라는 사용자가 입력한 e와 i를 자동적으로 오일러 상수 e 와 허수 i 로 인식한다.

■ **객체 이름 바꾸기/Changing the name of an object**

- 사용자가 원하면 이미 만들어진 객체의 이름을 수정할 수 있다.
- 이름을 바꾸는 방법은,
- 객체 위에 마우스를 놓고 우측 버튼을 클릭해서 나오는 메뉴에서 이름 바꾸기(rename)를 선택한 뒤, 원하는 이름을 입력한다.
- 객체 속성 대화상자에서 이름을 바꿀 수 있다.
- Note: 이미 사용되고 있는 객체의 이름을 새로운 이름으로 선택하면, 기존 객체의 이름이 바뀐다. 예를 들어, 점 A가 존재하는 상태에서 사용자가 어떤 점의 이름을 A로 정하면, 기존의 점 A는 A_1이 된다.

■ **객체 이름 표시 및 캡션 달기/Labels and Captions**

- 지오지브라에서 각 객체는 고유한 이름을 갖는다.

■ **객체 이름 보이고 숨기기/Show and Hide Labels**

- 사용자는 객체의 이름을 화면에서 숨기거나 다시 보이게 할 수 있다. 그 방법으로는,
- 그래픽 도구에서 이름 보이기/숨기기 도구(A A Show / Hide Label Tool)를 선택해 원하는 객체를 클릭하는 방법.
- 객체 위에 마우스를 놓고 오른쪽 버튼을 클릭해 나타난 객체 환경 메뉴(Context Menu)에서 이름 보이기/숨기기(A A Show Label)를 선택하는 방법.
- 객체 속성창의 기본(Basic) 탭에서 "이름 보이기"를 체크하거나 체크 해제를 하는 방법.

■ **객체 이름과 객체값Name and Value**

- 객체는 고유의 이름뿐만 아니라 화면에 객체값도 함께 표시하거나 둘 중 하나만 표시할 수 있다. 객체 속성창 기본(Basic) 탭의 "이름 보이기" 옆에 드롭다운(drop down) 메뉴를 클릭하면 보이기할 항목--이름, 객체값, 이름과 객체값 — 이 아래로 펼쳐진다. 이들 중 하나를 선택하면 선택한 항목이 화면에 표시된다.
- Note: 객체가 점일 때는 표시되는 객체값이 좌표가 되고, 함수일 때는 방정식이 표시된다.

■ **캡션 달기/Caption**

- 가끔은 사용자가 여러 객체들에 동일한 이름을 부여하고 싶을 때가 있는데, 이런 경우

캡션 달기를 활용할 수 있다. 객체에 캡션을 기입하면, 객체 속성창 기본(Basic) 탭의 "이름 보이기" 옆 드롭다운(drop down)에 이름, 객체값, 이름과 객체값 외에도 캡션 항목이 하나 더 생겨있는 것을 볼 수 있다. 따라서 객체들의 캡션을 동일하게 기입하고 "이름 보이기" 항목을 캡션으로 선택하면 원하는 객체들 모두를 화면에 동일한 이름으로 보이게 할 수 있다.

캡션 기호	캡션 기호에 따라 화면에 표시하는 내용
%v	객체값
%n	객체 이름
%x	x 좌표(혹은, 직선의 방정식 a x + b y + c = 0의 x 계수)
%y	y 좌표(혹은, 직선의 방정식 a x + b y + c = 0의 y 계수)
%z	직선의 방정식 a x + b y + c = 0의 상수 c, (또는 3차원 화면에서 z-좌표)

- Example: 한 점 A가 있고, 그 점의 좌표가 (1, 2)일 때, 그 객체의 캡션을 "Point %n has coordinates %v"로 설정했다면, 점 A 옆에 "Point A has coordinates (1, 2)"라고 나타난다.

■ 캡션 속 특수 문자/LaTex in Caption

- 캡션에 사용자가 레이텍스(LaTeX)를 사용할 수 있다. 마치 괄호처럼 달러 표시 안에 원하는 LaTeX 명령어를 기입하면 된다
- Example: 분수를 쓰기 위해서는 속성창의 캡션 박스에 $₩frac{a}{b}$라고 기입하면 된다.
- Note: 텍스트 필드(Textfields), 버튼(Buttons) 그리고 체크박스(Checkboxes)에서는 LaTeX를 사용할 수 없다.
- 또한 캡션 박스 우측에 "α" 버튼을 클릭하면 가장 보편적으로 사용하는 그리스어와 수학 연산자 목록이 나타난다. 이를 선택하여 캡션으로 사용이 가능하다.

6. 객체 선택

Selecting Objects

- 객체를 선택하기 위해서는 이동 도구(Move Tool) 모드에서 마우스로 객체를 클릭하면 된다.

- 여러 개의 객체들을 동시에 선택하려면, 이동 도구 모드에서 마우스의 왼쪽 버튼을 누르고 드래그해 사각형의 선택 영역 안에 선택하려는 객체들이 포함되도록 한 다음 버튼을 푼다.
- **Note**: 콘트롤 키(Ctrl-key (Mac OS: Cmd-key))를 누른 상태에서 객체를 클릭하면, 위의 경우보다는 더 선별적으로 원하는 여러 객체를 선택할 수 있다.

7. 객체값 바꾸기

Changing Values

- 자유 객체 값을 변경하는 두 가지 방법이 있다.
- 입력창에 값을 변경하려는 객체 이름과 새로운 값을 입력하면 된다.
- **Example**: 이미 존재하는 a=3 의 값을 5로 바꾸려면, 입력창에 "a = 5"를 써넣고 엔터키를 누른다.
- 이동 도구(Move Tool) 모드에서 대수창에 있는 객체를 더블클릭 하면 곧바로 객체를 수정할 수 있도록 대수식이 텍스트 박스 상태로 바뀐다. 텍스트를 수정하고 엔터키를 누른다.
- **Note**: 자유 객체 값은 직접 변경이 가능하지만, 종속 객체의 값은 객체 속성창에서 재설정(redefining) 과정을 거쳐야 한다.

8. 애니메이션

Animation

■ 자동 실행 애니메이션/Automatic Animation

- 지오지브라는 자유 객체인 수와 각은 물론 어떤 객체(선분, 직선, 함수, 곡선 등)에 한정되어 있는 객체 위의 점도 자동으로 움직이도록 할 수 있다. 자동으로 움직이도록 하기 위해서 수와 각은 그래픽 구성창에 슬라이더로 표시되어야 한다.
- 이제 자동 애니메이션을 설정하려면, 객체 위에 마우스를 놓고 우측 버튼을 클릭해서 나타나는 객체 환경 설정메뉴(Context Menu)에서 애니메이션 작동(Animation On)을 선택 클릭한다. 애니매이션 작동을 끄려면 역시 마찬가지로 객체 환경 설정메뉴에 애니메이션 작동을 클릭해 해제한다.

- **Note**: 애니메이션 작동(Animation On)을 선택하면, 그래픽 화면 아래에 애니메이션 버튼들이 생겨난다. 이 버튼을 이용해 실행을 멈추거나(⏸ pause) 다시 실행(▷ continue)할 수 있다.
- 또한 객체 속성창 슬라이더(Slider) 탭에서 애니매에션 작동을 좀 더 세부적으로 조정할 수 있다.
- 우선, 애니메이션 속도를 조정할 수 있는데,
- 속도(Speed)에서 "1"은 해당 슬라이더의 구간(설정 범위)를 한 번 모두 실행하는데 걸리는 시간이 10초라는 것을 의미한다.
- 또한 애니메이션을 반복 실행할 것인지는 물론 어떤 방식으로 반복할 것인지도 결정할 수 있다.
- 반복:
- 증감반복/Oscillating - 최소값과 최대값 사이를 계속해서 증감한다.
- 증가반복/Increasing - 값이 계속 증가만 한다. 따라서 최대값에 다다르면 최소값으로 점프해 다시 증가를 계속 한다.
- 감소반복/Decreasing - 값이 계속 감소만 한다. 따라서 최소값에 다다르면 최대값으로 점프해 다시 감소를 계속 한다.
- 증가 1회/Increasing(Once) - 최대값에 다다르면 애니메이션을 중단한다.
- **Note**: 애니매이션이 구동되는 동안에도 사용자는 여전히 지오지브라를 새롭게 구성하고 그 내용을 변경할 수 있다.

■ 수동 실행 애니메이션/Manual Animation

- 수, 각, 점의 위치를 계속해서 수동적으로 변화시키려면, 이동 도구(↖ Move Tool) 모드에서 원하는 객체를 클릭한 후 플러스(+) 혹은 마이너스(-)를 누르거나 화살표를 누르면 수동 조작이 가능하다.
- **Example**: 어떤 한 점의 좌표가 P = (2 t, t)라면, 수 t가 변화함에 따라 점 P는 한 직선을 따라 계속 움직인다.
- **Note**: 객체 속성창 슬라이더 탭에서 슬라이더 증감 변화량(increment)을 사용자가 조절할 수 있다.

■ 단축키/Keyboard Shortcuts

- Shift + 화살표: 0.1 단위로 변화

- Ctrl + 화살표: 10 단위로 변화
- Alt + 화살표: 100 단위로 변화
- Note: 직선 위의 한 점도 플러스(+) 혹은 마이너스(−)로 움직일 수 있다.

9. 자취

Tracing

- 객체가 그래픽 구성창에서 이동할 때, 그 자취를 남기도록 할 수 있다. 객체에 마우스를 대고 오른쪽 버튼을 클릭하면 나타나는 객체 환경 설정 메뉴(Context Menu)에서 자취 보기를 켜면(Trace On), 해당 객체가 움직였을 때 객체의 움직임에 따라 자취가 그려진다.
- 자취 그리기를 해제하려면 역시 객체 환경 설정 메뉴(Context Menu)에서 자취 보기의 체크를 클릭해서 해제하면 된다. 또한 현재 남겨진 자취는 보기 메뉴(View Menu)의 "화면정리(Refresh)" 아이콘을 클릭해 한꺼번에 모두 지울 수 있다.
- Note: 위의 자취는 영구적이 아니라서 그래픽 화면을 확대하거나 축소하면 자동으로 사라진다. 만일 어떤 점의 영구적인 자취를 구하려면 도구(Locus) 또는 명령어(Locus)을 이용한다.

■ 자취값을 스트레드시트로 입력하기/Tracing to Spreadsheet

- 스프레드시트창이 열린 상태에서 그래픽 창에 있는 점의 움직이는 자취값을 스프레드시트로 옮길 수 있다. 점 위에 마우스를 대고 오른쪽 버튼을 클릭하면 나타나는 객체 환경 설정 메뉴(Context Menu)에서 자취를 스프레드시트로(Trace to spreadsheet) 항목을 클릭한다. 그런 다음 이동 툴 상태에서 그 점을 움직이면 점의 좌표가 스프레드시트 셀로 자동 입력된다.

10. 고급 기능

Advanced Features

- 기하 객체들의 속성창 고급 설정(Advanced) 탭에서 다음 항목들을 설정할 수 있다.
- 텍스트의 경우, LaTeX라고 하는 강력한 기능이 있어서, 사용자가 수학적 공식을 입체적으로 표현하는데 매우 효과적으로 활용할 수 있다.

A. 레이어/Layers

- **Note**: 지오지브라 사용자가 다수의 구성 객체들 중에서 원하는 객체들만을 선택해서 작업하는데 효과적으로 활용할 수 있는 기능이다.
- 디폴트 상태에서 모든 객체는 "0" 레이어에 놓이는데 이 레이어는 그래픽 구성창의 배경 화면에 해당한다. 지오지브라에는 전체 10개의 레이어가 있고, 숫자가 높은 레이어가 숫자가 낮은 레이어 위에 위치한다.
- 속성창의 고급 설정(Advanced) 탭에서 구성 객체가 놓일 레이어(0~9)를 선택한다. 만일 사용자가 0이 아닌 다른 레이어들 위에 최소한 한 개 이상의 객체를 구성해 놓았다면, 레이어를 특정하지 않는 한, 사용자가 새롭게 구성하는 모든 객체는 숫자가 가장 높은 레이어 위에 자동적으로 놓인다.
- **Note**: 어떤 객체를 선택한 후에, 편집(Edit)메뉴에서 "현재 레이어 선택/ Select Current Layer (keyboard shortcut: Ctrl + L)"을 클릭하면, 최초 선택한 객체와 같은 레이어에 있는 모든 객체를 선택할 수 있게 된다.

B. 조건부 화면 표시/Conditional Visibility

- 단순히 어떤 객체를 즉시 숨기거나 보이게 하는 것 말고도, 사용자 임의로 어떤 조건에 따라 객체를 화면에 나타나게 하거나 사라지게 할 수 있다. 체크박스를 이용하거나 또는 슬라이더가 어떤 값에 도달하면 객체가 화면에 나타나도록 만드는 것이 그 예이다.

■ 기존 객체를 조건부로 화면에 표시하거나 감추기/Conditionally Show or Hide Existing Objects

- 사용자는 "체크박스를 이용해 객체를 숨기거나 보이기" 도구(the ☑ Check Box to Show/Hide Objects Tool)로 체크박스를 만들어 하나 또는 여러 객체를 동시에 화면에서 숨기거나 숨겨진 객체들을 보이게 할 수 있다.
- 입력창에 불린 변수를 하나 만든다(e. g., b = true). 그러나 이 변수는 화면에 보이지 않기 때문에 대수창을 열어 불린 변수 앞에 있는 구슬 모양의 객체 숨기기/보이기 버튼을 클릭하면, 불린 변수가 그래픽창에 체크박스로 나타난다.

■ 새로 생성된 객체의 화면 표시/Changing the Visibility of Newly Created Objects

- 속성 대화상자의 고급 설정(Advanced) 탭에서 어떤 객체의 화면 표시에 대한 조건을 설정할 수 있다.

- **Note**: 조건을 생성하기 위해서 드롭다운 목록(drop down list)에 있는 논리 연산 기호(e.g., ≠, ≥, ∧, ‖)를 사용할 수 있다.
- **Example**: 만일 a가 슬라이더이고 어떤 객체의 화면 표시 조건문을 a < 2로 했다면, 해당 객체는 슬라이더의 수가 2보다 작을 때만 화면에 표시된다.
- 만일 b가 불린변수일 때, 화면 표시 조건문을 "b"로만 입력하면, b가 "true"일 때(b가 화면에 체크박스로 있다면 체크표시가 있을 때) 해당 객체가 화면에 표시되고, b가 "false"일 때(b가 화면에 체크박스로 있다면 체크표시가 없을 때) 화면에서 사라진다.
- 만일 직선 f와 g가 있고 두 직선이 평행할 때 어떤 텍스트가 보이도록 하고 싶다면, 두 직선의 함수 기호 f와 g를 조건문에 사용할 수 있다.

C. 자동 색상 변환(Dynamic Colors)

- 지오지브라에서 사용자는 속성창 색상(Colors) 탭을 이용해서 객체의 색상을 변화시킬 수 있다. 또한 어떤 객체의 색상 변화를 특정한 조건에서 자동으로 바뀌도록 설정할 수 있다. 객체 속성창 고급 설정(Advanced) 탭을 열면, 빨강, 초록, 파랑 색상에 해당하는 텍스트 박스와 함께 다이내믹 컬러(Dynamic Colors) 섹션이 있는 것을 볼 수 있다.
- **Note**: 각 색상에 해당하는 텍스트 박스에 범위가 [0, 1]인 함수를 입력할 수 있다.
- **Example**: 범위가 0에서 1인 슬라이더 a, b, c를 만든다.
- 다각형 poly1을 그린다.
- poly1의 객체 속성창에서 각 색상의 텍스트 박스에 슬라이더 이름을 각각 입력한다.
- 속성창을 닫고, 이동 도구 모드에서 슬라이더를 움직여 다각형의 색깔이 어떻게 변하는지를 관찰한다.
- **Note**: 슬라이더의 속도를 달리해서 애니메이션 시키면 다각형의 색깔이자동으로 변화하게 할 수 있다.
- 다이내믹 컬러(Dynamic Colors) 섹션에 객체의 불투명도를 입력하는 칸도 있다. 역시 텍스트 박스에 범위가 [0, 1]인 함수를 입력해서 불투명도를 자동으로 변하도록 할 수 있다. (이때 "0"의 의미는 완전 투명을 "1"은 완전 불투명을 의미한다.)

■ RGB / HSV / HSL

- 다이내믹한 색상 변화를 위해서는 색 모드를 바꿔가며 사용하면 편리하다. 지오지브라는 색 모드를 RGB로 초기 설정하는데, 이를 사용자가 객체 속성창 고급 설정(Advanced) 탭에서 HSV나 HSL로 바꿀 수 있다.

- Example: 점 A가 이동함에 따라 7색깔의 무지개 색으로 변하도록 구성하려면, 색 모드를 HSV로 바꾸고, 색(hue)은 x(A)로 포화도(saturation)와 값(value)은 1로 입력한다.

D. 객체 도움말 표시(Tooltips)

- 객체 도움말은 그래픽 구성창에서 마우스 커서가 객체 위에 있을 때 커서의 옆으로 나타나는 도움말로, 속성창 고급 설정(Advanced) 탭의 다섯 가지 도움말 설정에서 하나를 선택할 수 있다.

■ Automatic/자동

- 대수창이 열려 있을 때에만 객체 유형과 객체 이름을 도움말(Tooltips)로 보여주며, 해당 객체가 종속객체일 때는 객체의 종속 상태도 나타내 준다.
- On/도움말 켜기
- 대수창이 열려 있느냐에 상관없이 도움말(Tooltips)을 보여주며 도움말의 내용은 자동(Automatic)일 때와 동일하다.
- Off/도움말 끄기
- 도움말(Tooltips)을 나타내지 않는다.
- Caption
- 도움말을 객체 유형과 이름이 아닌 사용자가 입력한 캡션으로 표시하며, 객체에 대한 캡션은 객체 속성창 기본(Basic) 탭에서 입력한 캡션을 사용한다.
- Next Cell
- 어떤 객체가 스프레드시트의 셀일 때, 해당 객체의 바로 우측에 있는 셀의 내용을 도움말로 표시한다.
- 옵션 대화상자의 고급 설정(Advanced) 탭에서 도움말을 표시할 때 사용할 언어와 도움말이 나타났다 사라지는 시간을 사용자가 정할 수 있다(초기 설정값은 “off”로, 도움말이 나타나고 커서를 움직이지 않는 한 도움말이 사라지지 않는다는 의미이다).

E. 객체 위치 지정(Positioning Objects)

- 객체의 위치는 객체 속성창(Properties Dialog)의 위치(Position) 탭에서 정할 수 있다.
- 벡터의 경우, 그 위치는 시작점으로 정해지고,
- 그림의 경우는 세 꼭지점(Corner1, 2, 4)를 정함으로써 그 위치가 확정된다. (그림 속성(Image properties)참조.)
- 이미지와 슬라이더는 그래픽 구성 화면에 고정될 수 있는데, 초기 설정상태에서 슬라이

더는 고정되어 있지만, 그림은 고정되어 있지 않은 것으로 초기 설정되어 있다. 그림의 초기 설정 상태는 속성창 위치(Position) 탭에서 절대 위치(AbsolutePositionOnScreen)를 체크하면 된다. 실행 객체(Action Objects)는 항상 스크린상에 절대 위치 상태에 있게 된다.

11. 레이텍스

LaTex

- 지오지브라에서 수학공식을 입체적으로 표기하기 위해서는 텍스트 삽입 도구(ABC Insert Text Tool)를 클릭해서 나타나는 대화창에 LaTeX 구문을 입력하면 된다.
- **Note**: LaTeX 구문을 포함하는 텍스트를 입력하려면 그 구문을 두 개의 달러($) 표시 안에 넣어야 한다.(그러나 지오지브라는 LaTeX에 체크하는 순간 두 개의 달러 표시와 함께 그 사이에 커서를 자동 위치시킨다.)
- **Note**: 어떤 객체의 값이 포함된 LaTeX 텍스트를 만들 수도 있는데, 대수창에 있는 객체의 값을 그래픽 구성창의 정해진 위치에 가져다 끌어다 놓기만 하면 된다.
- LaTeX를 체크하는 박스 옆에 가장 자주 사용되는 LaTeX 구문들이 드롭다운 목록(drop-down list)으로 있다. 이 목록에 있는 항목을 선택하면 텍스트 필드에 선택한 LaTeX구문이 삽입된다.
- LaTeX 구문을 다이내믹 텍스트로 구성하려면, 객체 드롭다운 목록(drop-down list)에서 원하는 객체를 선택하면 해당 객체값이 LaTeX 구문에 삽입된다.
- 여기에 몇 개의 중요한 LaTeX구문을 표로 정해 놓았다.

LaTeX input	Result
a \cdot b	*a* · *b*
\frac{a}{b}	*ab*
\sqrt{x}	*x*√
\sqrt[n]{x}	*x*√*n*
\vec{v}	$\vec{v}$
\overline{AB}	*AB*-----
x·{2}	*x2*
a_{1}	*a1*

\sin\alpha + \cos\beta	*sinα+cosβ*
\int_{a}·{b} x dx	*∫baxdx*
\sum_{i=1}·{n} i·2	*∑ni=1i2*

- **Note**: 가장 보편적으로 사용되는 LaTeX 구문들은 지오지브라에서 사용할 수 있지만, 실제로 지오지브라가 사용하는 것은 LaTeX의 일부분인 "JLaTeXMath"를 사용하고 있기 때문에, 좀 더 복잡하고 강력한 LaTeX 기능은 지오지브라에서 사용할 수 없으며, 사용자가 임의로 추가적인 LaTeX 구문 팩을 설치할 수 없다.

12. 스크립트/언어

Scripting

- 스크립트(Script)는 연속되는 일련의 명령어들로서 순차적으로 실행된다. 지오지브라는 GGB스크립트와Java스크립트 두 가지 언어를 지원하고 있다. 이 스크립트는 다음의 경우에 실행된다.
- 특정 객체를 클릭할 때.
- 특정 객체의 값이나 속성을 수정하고 업데이트 할 때.
- 파일을 불러들일 때. (JavaScript의 경우)
- 속성 대화상자(Properties Dialog)의 스크립트(Script) 메뉴에서 원하는 언어를 설정할 수 있다.

■ 지오지브라 스크립트/GGBScript

- 사용자가 지오지브라 명령어로 구성된 스크립트를 새롭게 만들 수도 있다. 마찬가지로 사용자가 만든 스크립트도 이를 실행하면 순차적으로 명령을 실행하게 된다.
- **Example**: a는 1부터 3까지의 정수 슬라이더이다.
- list1 = {"red", "green", "blue"}
- a의 속성창의 "On Update" 탭에 다음 스크립트를 입력, SetColor [a, Eoement [list 1, a]]
- 슬라이더를 움직이면 슬라이더 색깔이 변하는 것을 볼 수 있다.
- **Explanation**: 슬라이더가 한 번 움직일 때마다 업데이트가 일어나고, 스크립트의 명령을 실행해 슬라이더 값이 리스트의 색깔을 차례로 불러들여 색이 변하도록 한다.

- Hint: 이렇게 스크립트를 만드는데 사용할 수 있는 명령어들이 다수 있다. 스크립트 명령어(Scripting_Commands) 페이지를 참조.

■ 자바 스크립트/JavaScript

- 자바스크립트(JavaScript)는 지오지브라 스크립트와는 달리, 순서를 제어하는 요소가 (control flow: if, while, for) 있어서, 반드시 순차적인 시퀀스로 실행될 필요가 없다. 지오지브라에서 사용자는 특별한 자바스크립트 방법(methods)을 이용하여 구성 내용을 변경할 수 있는데, 그 특별한 방법은 "ggbApplet object"에 속하게 된다. 이는 사용자가 그것을 ggbApplet. method_name(parameter, ..., parameter).로 불러 들일 수 있다는 것을 의미한다. 이러한 특별한 방법(methods)을 정리한 목록은 "Reference:JavaScript"를 참조할 수 있다.
- Example:

```
for(var I =0:i<10;i++)
    ggbApplet.evalCommand("A+"+i+"=(random()*10.random()*10)");
```

- 이 스크립트는 점 A0에서 점 A9를 좌표에 무작위로 생성시킨다.
- 지오지브라는 자체 자바스크립트 엔진을 포함하고 있어서, 다이내믹 워크시트로 내보낼 때, 워크시트 사용자가 스크립트 엔진을 따로 설치해 사용하도록 할지 아니면, 애플릿 안에 엔진을 고정할지를 선택할 수 있다. 만일 웹페이지의 자바스크립트를 편집하려면, ggbApplet 변수의 초기 설정되어 있지 않기 때문에 우선 ggbApplet=document.applets[0];과 같은 스크립트를 이용해 초기 설정을 해야 한다.

■ 공용 자바 스크립트/ Global JavaScript

- 지오지브라 속성 대화상자의 스크립트 탭의 "공용 자바 스크립트(Global JavaScript)"에서 다른 스크립트로도 사용 가능한 함수들을 규정할 수 있다. 사용자가 지오지브라 구성이 로딩되면 자동적으로 불러들여지는 함수 "ggbOnInit()"를 규정할 수 있다.
- Example:

```
function onAdd(name){
    alert("Object "+name+" was added.");
}

function ggbOnlnit( ){
    ggbApplet.registerAddListener("onAdd");
}
```

- 우선 어떤 문자열(string)이 주어지면 그 문자열에 따라 어떤 메시지를 보여주는 함수 onAdd 를 규정한다. 그런 후에 함수 ggbOnInit를 사용해서 사용자가 지오지브라에게 새로운 객체가 추가될 때마다 이 함수를 불러 오도록 명령한다. 일단 사용자가 구성 내용을 다시 로딩하면, 함수 ggbOnInit는 점 A가 추가되었을 때, "객체 A가 추가되었습니다."라는 메시지를 보여준다.

13. 명령어

Commands

- 명령어를 이용하여 새로운 객체를 생성하거나 기존 객체를 수정할 수 있다.
- Note: 등호(=)의 왼쪽이 해당 객체의 이름이 된다.
- 예를 들어, S = Intersect[g, h] 를 입력했을 경우, 객체 g와 h가 만나는 교점이 생기고 그 교점의 이름은 S가 된다.
- Note: 이름에 인덱스를 사용할 수도 있는데,
- A_1은 A_1로, S_{AB}는 S_{AB}로 입력한다. 이러한 입력 방식은 레이텍스(LaTeX syntax) 구문의 일부이다.

14. 수식

Expressions

1) 기설정 함수 및 연산자/Predefined Functions and Operators

- 입력창을 통해서 수, 좌표, 방정식을 입력하려면, 미리 정해진 함수식과 연산식을 사용해야 한다.
- 논리 연산과 논리 함수는 불린 변수(Boolean values)참조.
- Note: 괄호를 사용하는 경우, 괄호와 함수명 사이에는 칸을 반드시 띄지 않아도 된다.

Operation / Function	Input
e (오일러 상수)	Alt + e
i (허수)	Alt + i

π	Alt + p or pi
° (도)	Alt + o
더하기	+
빼기	-
곱하기	* 또는 스페이스 키
스칼라	* 또는 스페이스 키
벡터 곱	⊗
나누기	/
지수	^ 또는 위 첨자 (x·2 또는 x^2)
계승(factorial)	!
괄호	( )
x-좌표	x( )
y-좌표	y( )
독립변수(Argument)	arg( )
켤레(Conjugate)	conjugate( )
절대값	abs( )
기호(Sign)	sgn( ) or sign()
제곱근	sqrt( )
세제곱근	cbrt( )
0과 1 사이의 난수	random( )
지수함수	exp( ) or e^x
밑이 e인 자연로그	ln( ) or log( )
밑이 2인 로그	ld( )
밑이 10인 상용로그	lg( )
밑이 b인 로그 x	log(b, x)
Cosine	cos( )
Sine	sin( )
Tangent	tan( )
Secant	sec()
Cosecant	cosec()
Cotangent	cot()

Arc cosine	acos( ) or arccos( )
Arc sine	asin( ) or arcsin( )
Arc tangent (-π/2 ~ π/2)	atan( ) or arctan( )
Arc tangent (-π ~ π)	atan2(y, x)
Hyperbolic cosine	cosh( )
Hyperbolic sine	sinh( )
Hyperbolic tangent	tanh( )
Hyperbolic secant	sech( )
Hyperbolic cosecant	cosech( )
Hyperbolic cotangent	coth( )
Antihyperbolic cosine	acosh( ) or arccosh( )
Antihyperbolic sine	asinh( ) or arcsinh( )
Antihyperbolic tangent	atanh( ) or arctanh( )
~보다 작거나 같은 최대 정수	floor( )
~보다 크거나 같은 최소 정수	ceil( )
반올림(Round)	round( )
베타 함수:Beta function B(a, b)	beta(a, b)
불완전 베타 함수: Incomplete beta function B(x;a, b)	beta(a, b, x)
불완전 규칙 베타 함수: Incomplete regularized beta function I(x; a, b)	betaRegularized(a, b, x)
감마 함수: Gamma function	gamma(x)
불완전 감마 함수 (Lower) incomplete gamma function γ(a, x)	gamma(a, x)
불완전 규칙 감마 함수 (Lower) incomplete regularized gamma function	gammaRegularized(a, x)
가우스 오차 곡선: Gaussian Error Function	erf(x)
실수(Real)	real( )
허수(Imaginary)	imaginary( )
디감마 함수: Digamma function	psi(x)
폴리감마함수: Polygamma function: 감마함수(Gamma function, gamma(x) (m=0,1))의 자연로그에 대한 (m+1)차 미분.	polygamma(m, x)
사인 적분함수: Sine Integral function	sinIntegral(x)
코사인 적분함수: Cosine Integral function	cosIntegral(x)
지수 적분 함수: Exponential Integral function	expIntegral(x)

Chapter 13

삼각함수, 매개방정식의 그래프와 이차 곡선

Chapter **13**

삼각함수, 매개방정식의 그래프와 이차 곡선

Trigonometry, Graphing Parametric Equations and Conic Sections

1. 단위원과 동경의 각 [MA62]

Unit Circle & Angles of Radius Vector

1) 학습 준비

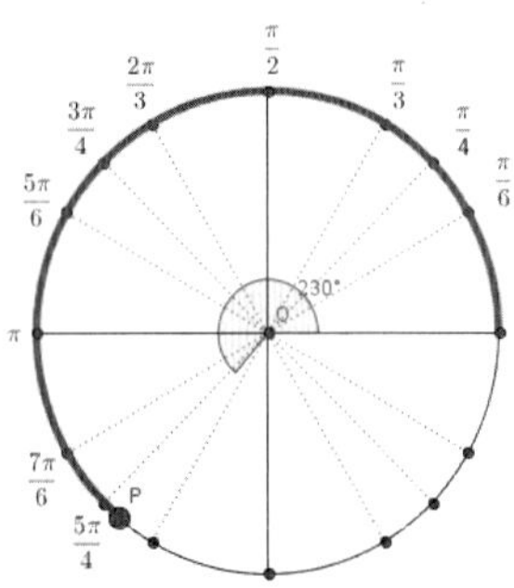

- 새 창을 연다.
- 구성 화면 (Perspectives)- Algebra & Graphics로 바꾼다.
- 화면에 새로 찍히는 점들의 이름만 보이도록 설정한다. (Menu--Option--Labeling--New Points Only)
- 구성 목적: 원점을 중심으로 회전하는 동경벡터(Radius Vector)가 만드는 각을 단위원에 표시하도록 구성한다.

2) 구성 단계

1	• 두 객체의 교점(Intersect Two Objects) 도구로, x-축과 y-축을 클릭해서 좌표의 원점에 점 O를 찍는다.
2	• 입력창(InputBar)에 O+(1,0)을 입력해서 원점으로부터 1만큼 떨어진 새로운 점 A를 찍는다.
3	• 중심에서 반지름을 정한 원(Circle with Centre and Radius)도구로 반지름이 1인 단위원/Unte Circle을 그린다.

4 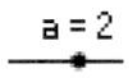	• 초기 설정상태[최소값(Min)=0°, 최대값(Max)=360°, 변화량(Increment)=1°] 그대로의 각(Angle) 슬라이더 α를 만든다.
5 	• 각 회전 (Rotate Object around Point by Angle)도구로 점 A를 각 α 만큼 회전한 점 A'를 만들고 A'의 이름을 P로 바꾼다. • Note: 도구의 사용법이나 이름을 바꾸는 방법을 혹시 모르는 경우, 앞 Chapter 의 Model 구성 단계를 참고하시기 바랍니다.
6	• 단위원에 동경과 90°, 180°, 270°을 이루는 지점을 표시하기 위해 입력창에 O+(0,1), O+(-1, 0), O+(0, -1)을 입력한다. • Note: 현재 점 A는 0°와 360°가 되는 지점이다. • 또한 지오지브라는 자동적으로 알파벳 순서로 점 B, C, D를 그래픽 구성창에 생성한다.
7	• 입력창에 Sequence[Rotate[A, (90k+30)°, O], k, 0, 3]을 입력한다. a. Sequence[ ]는 [ ]안의 명령어를 통해 만들어진 일련의 객체들을 하나의 list로 만드는 것을 의미한다. b. Rotate[A, (90k+30)°, O]는 점 A를 점 O를 중심축으로 해서 (90k+30)° 회전하라는 의미이다. c. 마지막으로 "k, 0, 3"은 변수 k를 0부터 3까지 적용하라는 의미이다. • 결국 이 입력명령어를 종합하면, 변수 k를 0부터 3까지 적용해서, 점 A를 점 O를 중심축으로 해서 (90k+30)° 회전한 일련의 점 4개를 list로 만들라는 의미가 된다.
8	• 입력창에 Sequence[Rotate[A, (90k+45)°, O], k, 0, 3]을 입력한다.
9	• 입력창에 Sequence[Rotate[A, (90k+60)°, O], k, 0, 3]을 입력한다.
10	• 입력창에 Segment[A, C]와 Segment[B, D]를 차례로 긋는다.
11	• 입력창에 Sequence[Segment[O, Element[list1, k]], k, 1, 4]을 입력한다. a. Sequence[ ]는 구성 7단계 설명 참조. b. Segment[O, Element[list1, k]]는 점 O와 점 "Element[list1, k]"를 연결하는 선분을 그리라는 명령이다. 여기서 Element[list1, k]는 list1에 있는 k번째 객체를 의미한다. c. "k, 1, 4"는 구성 7단계 설명 참조. • 따라서 원점 O와 list1의 첫 번째 점~네 번째 점을 잇는 선분 네 개를 만들고 이것을 하나의 또 다른 리스트로 만든다는 의미이다.
12	• 입력창에 Sequence[Segment[O, Element[list2, k]], k, 1, 4]을 입력한다.

13		• 입력창에 Sequence[Segment[O, Element[list3, k]], k, 1, 4]을 입력한다.
14		• 각 (Angle)도구로 점 A, O, P를 차례로 클릭해 각을 표시한다. • Note: 슬라이더 α를 움직여 각을 변화시킬 수 있다.
15		• 중심에서 두 점 사이의 원호 (Circular Arc with Centre between Two Points) 도구로 점 O, A, P를 차례로 클릭해 원호를 그린다. • 그런 다음 원호의 색과 굵기를 변경해 시각적인 효과를 높인다.
16	ABC	• 구성 6~9단계를 통해서 만든 점들 옆에 동경의 각을 표시하기 위한 텍스트를 삽입한다. • 텍스트 도구로 그래픽 구성창을 클릭해, 나타나는 텍스트 입력창에 "π/6"를 LaTexformula 형식으로 입력하고, 점 A에서 30°되는 점 옆에 끌어다 놓는다. • 그리고 이 텍스트의 개체 속성창을 열어 고급(Advanced) 탭의 첫 번째 입력박스인 객체 표시 조건(Condition to Show Object)에 "30° ≤ α"를 입력한다. 이것은 각 슬라이더 α가 30° 이상이면 이 텍스트를 화면에 표시해 보이겠다는 의미이다.
17	ABC	• 텍스트 "π/4, π/2 .... 11π/6, 2π"를 만들어 구성 6~9단계를 통해서 만든 점들 중에서 해당하는 점 옆에 위치시키고, • 구성 16단계에서 설명한 객체 표시 조건(Condition to Show Object)을 해당 텍스트에 맞게 입력한다. • 예를 들어 "11π/6"에는 "330(혹은 11π/6)° ≤ α"를 화면 표시 조건으로 입력해, 각 슬라이더 α가 330(혹은 11π/6)° 이상이면 이 텍스트를 화면에 표시하도록 한다.
18		• 중심에서 반지름을 정한 원 (Circle with Centre and Radius) 도구로 점 O를 중심으로 하고 반지름을 1로 하는 단위원과 동일한 원을 하나 더 만든다. • Note: 슬라이더 α를 360°까지 움직이면 계속 그려지던 원호가 사라져버린다. 이것은 360°를 0°와 동일하게 인식하기 때문에 일어난다. • 따라서 슬라이더 α를 360°까지 움직여도 원호가 여전히 표시되도록 하기 위한 일종의 트릭을 사용하는 것이다. • 그렇다면 이 원은 고급(Advanced) 탭의 객체 표시 조건(Condition to Show Object)을 "α=360°"로 입력해, 슬라이더 α를 360°까지 움직였을 때만 나타나도록 설정하면 된다.
19		• 18단계에서 구성한 원을 원호의 스타일과 일치시킨다.
20		• 슬라이더를 움직여 구성이 올바르게 되었는지 확인한다.

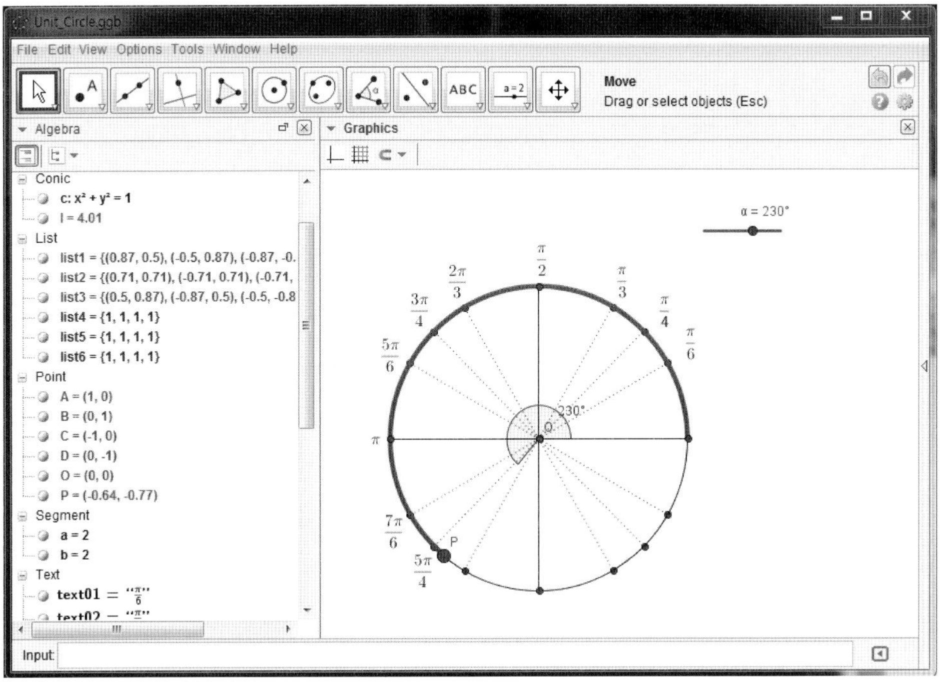

No.	Name	Tool...	Command	Value
1	Point O		Intersect[xAxis, yAxis]	O = (0, 0)
2	Point A		O + (1, 0)	A = (1, 0)
3	Circle c		Circle[O, 1]	c: x² + y² = 1
4	Angle α			α = 0°
5	Point P		Rotate[A, α, O]	P = (1, 0)
6	Point B		O + (0, 1)	B = (0, 1)
7	Point C		O + (-1, 0)	C = (-1, 0)
8	Point D		O + (0, -1)	D = (0, -1)
9	List list1		Sequence[Rotate[A, (90k + 30)°, O], k, 0, 3]	list1 = {(0.87, 0.5), (-0.5, 0.87), (-0.87, -0.5), (0...
10	List list2		Sequence[Rotate[A, (90k + 45)°, O], k, 0, 3]	list2 = {(0.71, 0.71), (-0.71, 0.71), (-0.71, -0.71...
11	List list3		Sequence[Rotate[A, (90k + 60)°, O], k, 0, 3]	list3 = {(0.5, 0.87), (-0.87, 0.5), (-0.5, -0.87), (0...
12	Segment a		Segment[A, C]	a = 2
13	Segment b		Segment[B, D]	b = 2
14	List list4		Sequence[Segment[O, Element[list1, k]], k, 1, 4]	list4 = {1, 1, 1, 1}

15 List list5		Sequence[Segment[O, Element[list2, k]], k, 1, 4]	list5 = {1, 1, 1, 1}
16 List list6		Sequence[Segment[O, Element[list3, k]], k, 1, 4]	list6 = {1, 1, 1, 1}
17 Angle θ		Angle[A, O, P]	θ = 0°
18 Arc l		CircularArc[O, A, P]	l = 0
19 Text text01	ABC		"$ \frac{\pi}{6} $"
20 Text text02	ABC		"$ \frac{\pi}{4} $"
21 Text text03	ABC		"$ \frac{\pi}{3} $"
22 Text text04	ABC		"$ \frac{\pi}{2} $"
23 Text text05	ABC		"$ \frac{2\pi}{3} $"
24 Text text06	ABC		"$ \frac{3\pi}{4} $"
25 Text text07	ABC		"$ \frac{5\pi}{6} $"
26 Text text08	ABC		"$ \pi $"
27 Text text09	ABC		"$ \frac{7\pi}{6} $"
28 Text text10	ABC		"$ \frac{5\pi}{4} $"
29 Text text11	ABC		"$ \frac{4\pi}{3} $"
30 Text text12	ABC		"$ \frac{3\pi}{2} $"
31 Text text13	ABC		"$ \frac{5\pi}{3} $"
32 Text text14	ABC		"$ \frac{7\pi}{4} $"
33 Text text15	ABC		"$ \frac{11\pi}{6} $"
34 Text text16	ABC		"2\pi"
35 Circle d		Circle[O, 1]	d: x² + y² = 1

2. 삼각함수의 정의 [MA63]

Visualizing Definition of Trigonometry

1) 학습 준비

- 새 창을 연다.
- 구성 화면 (Perspectives)- Algebra & Graphics로 바꾼다.
- 화면에 새로 찍히는 점들의 이름만 보이도록 설정한다.
  (Menu--Option--Labeling--New Points Only)

- 구성 목적: 단위원에서 각(θ)의 변화에 따라 삼각함수 sinθ, cosθ, tanθ의 값들이 각각 어떻게 변하는지를 직관적으로 이해할 수 있도록 구성한다.

2) 구성 단계

1		• 두 객체의 교점(Intersect Two Objects) 도구로, x-축과 y-축을 클릭해서 좌표의 원점에 점 O를 찍는다.
2	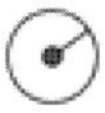	• 중심에서 반지름을 정한 원 (Circle with Centre and Radius)도구로 반지름이 1인 단위원/Unte Circle을 그린다.
3		• 단위원과 x-축이 만나는 교점 A를 찍는다.
4		• 입력창(InputBar)에 Sequence[Rotate[A, K°, (0,0)], k, 0, 360]를 입력한다. a. Sequence[ ]는 [ ]안의 명령어를 통해 만들어진 일련의 객체들을 하나의 list로 만드는 것을 의미한다. b. Rotate[A, k°, (0,0)]는 점 A를 점 (0,0)를 중심축으로 해서 k° 회전하라는 의미이다. c. 마지막으로 "k, 0, 360"은 변수 k를 0부터 360까지 적용하라는 의미이다. • 결국 이 입력명령어를 종합하면, 변수 k를 0부터 360까지 적용해서, 점 A를 점 O를 중심축으로 해서 k° 회전한 일련의 점들의 list를 만들라는 의미가 된다. 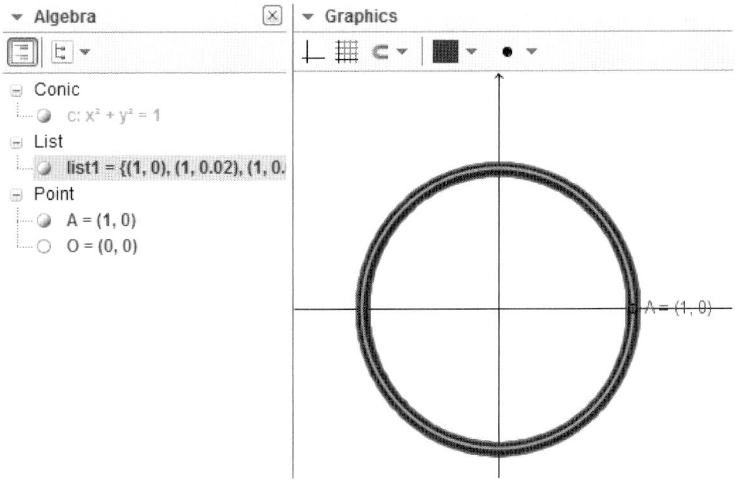 • 이렇게 만들어진 점들은 화면에서 숨긴다.

5		• 새로운 점(New Point)도구를 이용해 4단계에서 만든 list1 위에 한 점을 찍는다. 지오지브라는 이 점을 B로 자동 표시하기 때문에 점의 이름을 P로 바꾼다. • Note: 원과 list1가 거의 겹쳐 있기 때문에 list1에 점을 쉽게 찍으려면 원을 화면에서 숨긴 다음 점을 찍고, 그런 다음은 반대로 list1은 화면에서 숨기고 원은 다시 화면에 표시한다.
6		• 입력창(InputBar)에 H=(x(P), 0)를 입력하여 점 P의 x-좌표를 x-축에 찍는다.
7		• 두 점 사이의 선분(Segment between Two Points)도구를 선택해 점 O와 점 P사이에 선분을 긋고, 선분의 이름을 "l_r"로 바꾼다.
8		• 점 O와 점 H사이에 선분을 긋고, 선분의 이름을 "l_x"로 바꾼다.
9		• 점 P와 점 H사이에 선분을 긋고, 선분의 이름을 "l_y"로 바꾼다.
10		• 중점/중심점 (Midpoint or Centre)도구로 구성 7~9단계를 통해 그은 세 선분의 중점을 찍는다. • 그리고 중점의 이름을 M_r, M_x, M_y로 바꾼다. • Note: 이 중점들은 단지 다음 단계에서 만들 텍스트의 위치(Position)을 특정하기 위해 만드는 점일 뿐이다.
11	ABC	• 그래픽 구성창을 클릭해 나오는 텍스트 입력상자에 텍스트(Static) "r=1"를 만들고, 텍스트 속성창을 열어 위치(Position) 탭에서 텍스트의 시작점(Starting Point)을 drop-down 목록에서 중점 M_r로 선택한다.
12	ABC	• 텍스트(Static) "x"를 만들고, 텍스트의 시작점(Starting Point)을 drop-down 목록에서 중점 M_x로 선택한다.
13	ABC	• 텍스트(Static) "y"를 만들고, 텍스트의 시작점(Starting Point)을 drop-down 목록에서 중점 M_y로 선택한다.
14		• 각 도구를 선택한 후, 점 A, O, P를 차례로 클릭해 각을 표시한다. 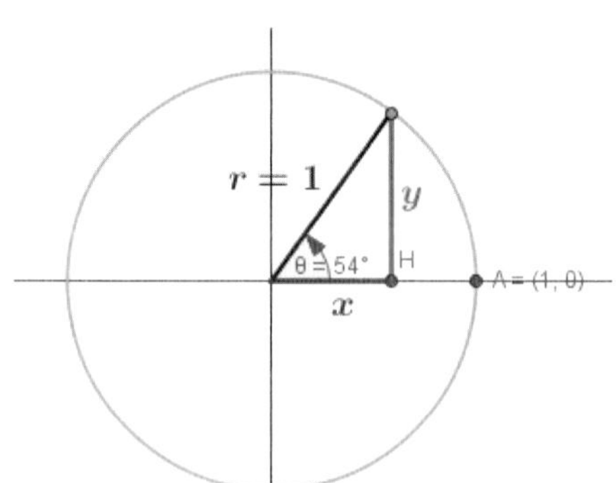

번호	도구	설명
15	ABC	• 텍스트도구로 편집(Edit)창에 Statice 텍스트 "P(x,y)="를 입력하고, Dynamic 텍스트를 구성할 객체를 객체 drop-down 목록(Object)에서 "P"로 선택한다. 텍스트의 위치 역시 점 P로 선택한다.
16	ABC	• 텍스트도구로 편집(Edit)창에 Statice 텍스트 "sinθ=y/r="를 LaTexfomula 형식으로 입력한 다음, 객체 drop-down 목록(Object)에서 "P"로 선택하면, "sinθ=y/r=" 옆에 조그만 사각형 텍스트 필드 속에 "P"입력되면서, 아래 미리보기(Preview) 창에 점 P의 좌표 (x, y)가 표시된다. • 그러나, 단위 원에서 "sinθ=y/r=" 값은 항상 점 P의 y-좌표와 동일하다는 것을 보이려는 의도이기 때문에 사각형 텍스트 필드 속을 아래 그림과 같이 "y(P)"로 수정한다. 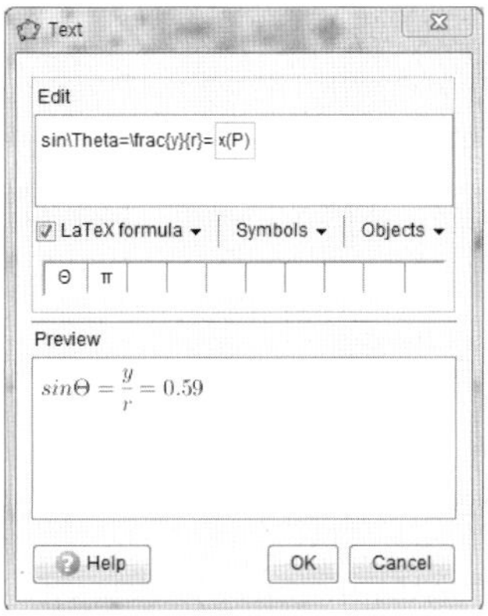
17	ABC	• 텍스트도구로 편집(Edit)창에 Statice 텍스트 "cosθ=x/r="를 LaTexfomula 형식으로 입력한 다음, 객체 drop-down 목록(Object)에서 "P"로 선택한다. • 그런 다음 텍스트 필드 속을 "x(P)"로 수정한다.
18	ABC	• 텍스트도구로 편집(Edit)창에 Statice 텍스트 "tanθ=y/x="를 LaTexfomula 형식으로 입력한 다음, 객체 drop-down 목록(Object)에서 "P"로 선택한다. • 그런 다음 텍스트 필드 속을 "y(P)/x(P)"로 수정한다.
19		• 점 P를 움직여 드래그 테스트를 한다.

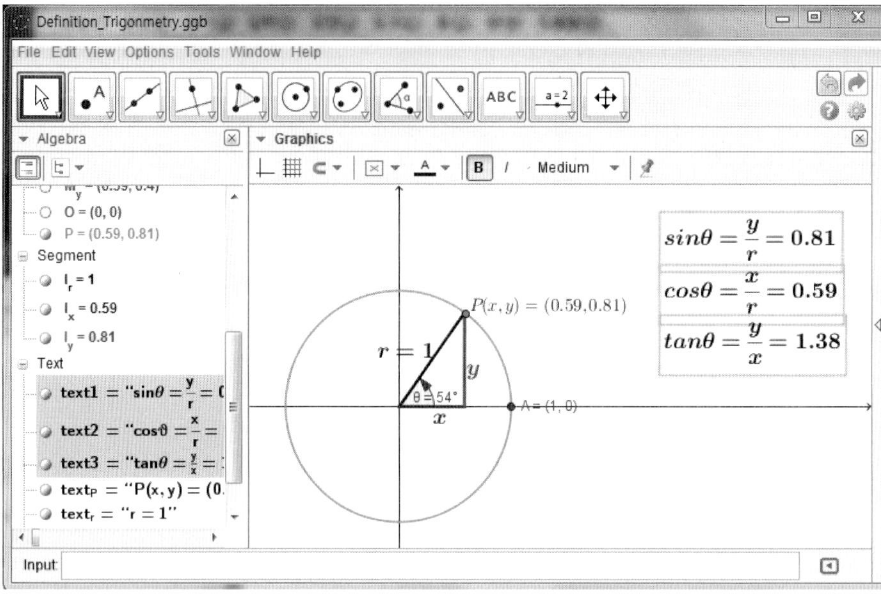

No.	Name	Tool...	Command	Value
1	Point O		Intersect[xAxis, yAxis]	O = (0, 0)
2	Circle c		Circle[O, 1]	c: $x^2 + y^2 = 1$
3	Point A		Intersect[c, xAxis, 2]	A = (1, 0)
4	List list1		Sequence[Rotate[A, k°, (0, 0)], k, 0, 360]	list1 = {(1, 0), (1, 0.02), (1, 0.03), (1, 0.05), (1, 0.0...
5	Point P		Point[list1]	P = (0.59, 0.81)
6	Point H		(x(P), 0)	H = (0.59, 0)
7	Segment l_r		Segment[O, P]	l_r = 1
8	Segment l_x		Segment[O, H]	l_x = 0.59
9	Segment l_y		Segment[P, H]	l_y = 0.81
10	Point M_r		Midpoint[P, O]	M_r = (0.29, 0.4)
11	Point M_x		Midpoint[l_x]	M_x = (0.29, 0)
12	Point M_y		Midpoint[l_y]	M_y = (0.59, 0.4)
13	Text $text_r$			"$ r=1 $"
14	Text $text_x$			"$ x $"
15	Text $text_y$			"$ y $"

16	Angle θ		Angle[A, O, P]	θ = 54°
17	Text $text_P$	ABC	"P(x,y)=" + (FormulaText[P]) + ""	"P(x,y)=(0.59, 0.81)"
18	Text text1	ABC	"sin\theta=\frac{y}{r}=" + (FormulaText[y(P)]) + ""	"sin\theta=\frac{y}{r}=0.81"
19	Text text2	ABC	"cosθ=\frac{x}{r}=" + (FormulaText[x(P)]) + ""	"cosθ=\frac{x}{r}=0.59"
20	Text text3	ABC	"$ tan\theta=\frac{y}{x}=" + (FormulaText[y(P) / x(P)]) + " $"	"$ tan\theta=\frac{y}{x}=1.38 $"

3. 삼각함수 구성을 위한 사용자 좌표 설정 [MA64]

Customizing The Coordinates for Visualizing Trigonometry

1) 학습 준비

- 새 창을 연다.
- 구성 화면 (Perspectives)- Algebra & Graphics로 바꾼다.
- 구성 목적: 삼각함수 그래프가 어떻게 그려지는지를 한눈에 볼 수 있도록 구성하기 위한 기초 단계인 사용자 설정 좌표계를 만들어 본다.

2) 구성 단계

1	• 두 객체의 교점(Intersect Two Objects) 도구로, x-축과 y-축을 클릭해서 좌표의 원점에 점 O를 찍는다. • 그리고 좌표축은 화면에서 숨긴다.
2	• 입력창에 O-(2,0)을 입력해 원점으로부터 x-축 음의 방향으로 2만큼 떨어진 지점에 점 A를 찍는다.
3	• 입력창에 Vector[A-(1.3, 0), A+(1.3,0)]을 입력해 점 A-(1.3, 0)를 시작점으로 하고 점 A+(1.3,0)를 끝점으로 하는 벡터를 만든다. • Note: 이 벡터는 단위원을 그리기 위한 좌표계 x-축 역할을 하게 된다. • 객체의 식별을 용이하게 하기 위해서 이 벡터의 이름을 u_A로 고친다.
4	• 입력창에 Vector[A - (0, 1.3), A + (0, 1.3)]을 입력해 점 A-(0, 1.3)를 시작점으로 하고 점 A+(0, 1.3)를 끝점으로 하는 벡터를 만든다. • Note: 이 벡터는 단위원을 그리기 위한 좌표계 y-축 역할을 하게 된다. • 객체의 식별을 용이하게 하기 위해서 이 벡터의 이름을 v_A로 고친다.

5	• 입력창에 Vector[(-0.3, 0), (x(Corner[2]), 0)]을 입력해 점 (-0.3, 0)를 시작점으로 하고 점 (x(Corner[2]), 0)를 끝점으로 하는 벡터를 만든다. • Note: "x(Corner[2])"는 Corner[2]의 x-좌표를 의미하는 것인데, Corner[2]는 그래픽 구성창의 오른쪽 하단 꼭짓점을 가리킨다. • Corner[ ]를 사용하는 이유는 그래픽 구성창을 확대하거나 축소하여도 항상 그 꼭짓점을 기준점으로 삼기 위해서다. 따라서 아무리 그래픽 구성창을 확대하거나 축소하여도 이 벡터의 끝점은 구성창의 가장 오른쪽과 맞닿아 있게 된다. • 이 벡터는 삼각함수의 그래프를 그리기 위한 좌표계 x-축 역할을 하게 된다. 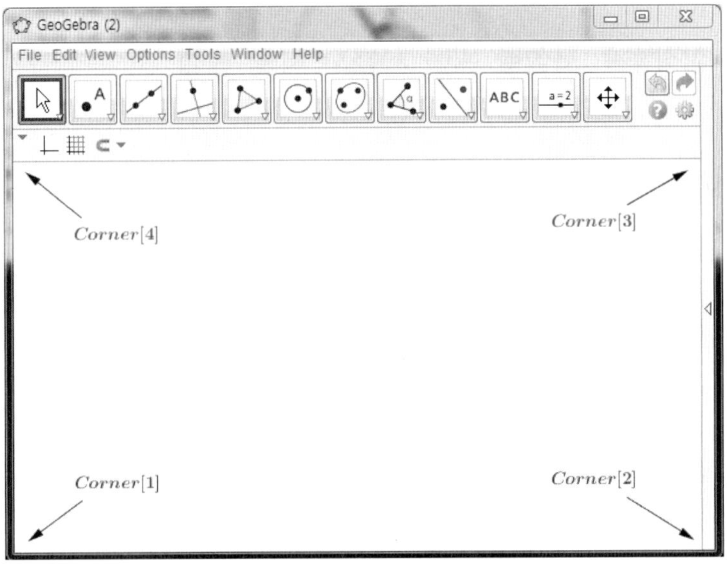 • 객체의 식별을 용이하게 하기 위해서 이 벡터의 이름을 u_O로 고친다.
6	• 입력창에 Vector[(0, y(Corner[1])), (0, y(Corner[3]))]을 입력해 점 (0, y(Corner[1]))를 시작점으로 하고 점 (0, y(Corner[3]))를 끝점으로 하는 벡터를 만든다. • y(Corner[1])은 Corner[1]의 y-좌표, y(Corner[3])은 Corner[3]의 y-좌표를 각각 의미한다. • Note: 이 벡터는 삼각함수를 그리기 위한 좌표계 y-축 역할을 하게 된다. • 객체의 식별을 용이하게 하기 위해서 이 벡터의 이름을 v_O로 고친다.
7	• 입력창에 Sequence[Segment[A + (0.5k - 1, 0), A + (0.5k - 1, -0.05)], k, 0, 4]를 입력해 단위원 좌표계 x-축의 눈금을 그린다. a. Sequence[ ]는 [ ]안의 명령어를 통해 만들어진 일련의 객체들을 하나의 list로 만드는 것을 의미한다. b. Segment[A + (0.5k - 1, 0), A + (0.5k - 1, -0.05)]는 점 A + (0.5k - 1, 0) 점 A + (0.5k - 1, -0.05)를 잇는 선분을 그으라는 의미이다.

<table>
<tr><td></td><td>c. 마지막으로 "k, 0, 4"는 변수 k를 0부터 4까지 적용하라는 의미이다.
• 예를 들어, 변수 k에 0을 적용했을 때 선분은 점 A+(-1,0)와 점 A+(-0.1, -0.05)를 잇게 된다.
• Note: 객체의 식별을 용이하게 하기 위해서 이 리스트의 이름을 list_uA로 고친다.</td></tr>
<tr><td>8</td><td>• 입력창에 Sequence[Segment[A + (0, 0.5k - 1), A + (-0.05, 0.5k - 1)], k, 0, 4]를 입력해 단위원 좌표계 y-축의 눈금을 그린다.
• Note: 이 리스트의 이름을 list_vA로 고친다.</td></tr>
<tr><td>9</td><td>• 입력창에 Sequence[Segment[O + (π / 2 k, 0), O + (π / 2 k, -0.05)], k, 0, 4]를 입력해 삼각함수의 그래프를 그리기 위한 좌표계 x-축의 눈금을 그린다.
• Note: 이 리스트의 이름을 list_uO로 고친다.</td></tr>
<tr><td>10</td><td>• 입력창에 Sequence[Segment[O + (0, 0.5k - 1), O + (-0.05, 0.5k - 1)], k, 0, 4]를 입력해 삼각함수의 그래프를 그리기 위한 좌표계 y-축의 눈금을 그린다.
• Note: 이 리스트의 이름을 list_vO로 고친다.
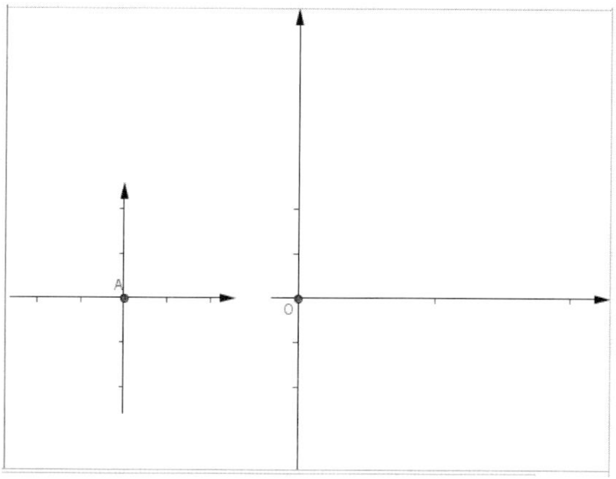</td></tr>
<tr><td>11 a = 2</td><td>• 초기 설정 상태 그대로 각(Angle) 슬라이더 θ를 만든다.</td></tr>
<tr><td>12 ABC</td><td>• 텍스트 도구로 텍스트(Static) "0°"를 만들어, 텍스트 속성창을 열어 기본(Basic) 탭에서 객체의 이름을 text_{000}로 바꾸고, 위치(Position) 탭에서 텍스트의 시작점(Starting Point)을 drop-down 목록에서 점 O로 선택한다.
• 또한, 고급(Advanced) 탭의 첫 번째 입력박스인 객체 표시 조건(Condition to Show Object)에 "θ > 0°"를 입력한다.</td></tr>
</table>

13 ABC	• 텍스트 도구로 텍스트(Static) "90°"를 만들어, • 이름 바꾸기: text_{090} • 텍스트 시작점: (π/2, 0) • 객체 표시 조건: θ > 90°을 입력한다.
14 ABC	• 텍스트 도구로 텍스트(Static) "180°"를 만들어, • 이름 바꾸기: text_{180} • 텍스트 시작점: (π, 0) • 객체 표시 조건: θ > 180°을 입력한다.
15 ABC	• 텍스트 도구로 텍스트(Static) "270°"를 만들어, • 이름 바꾸기: text_{270} • 텍스트 시작점: (3π/2, 0) • 객체 표시 조건: θ > 270°을 입력한다.
16 ABC	• 텍스트 도구로 텍스트(Static) "180°"를 만들어, • 이름 바꾸기: text_{360} • 텍스트 시작점: (2π, 0) • 객체 표시 조건: θ = 360°을 입력한다.
17 ABC	• 텍스트 도구로 텍스트(Static) "1"를 만들어, 텍스트 시작점을 (0, 1)로 입력한다.
18 ABC	• 텍스트 도구로 텍스트(Static) "-1"를 만들어, 텍스트의 이름은 "text_1"로 바꾸고 텍스트 시작점을 (0, -1)로 입력한다.
19	• 입력창에 Circle[A, 1]을 입력해 중심을 점 A로 하는 단위원을 그린다.
20	• 입력창에 Rotate[(-1, 0), θ, A)]를 입력해 점(-1, 0)을 점 A를 중심축으로 만큼 회전한 점 P를 찍는다. • Note: 여기서 점(-1, 0)은 단위원이 벡터 u_A 즉, 단위원 좌표계의 x-축과 만나는 점이다. 따라서 점 P는 단위원의 원주를 따라 움직이게 된다.
21	• 입력창에 Angle[(-1, 0), A, P]를 입력해 점 P가 단위원 좌표계의 x-축으로부터 얼마만큼 회전했는지를 보여주기 위한 각 α를 만든다. • 객체 속성창의 기본(Basic) 탭에서 객체 표시를 객체값(Value)만 표시하도록 선택하고, 고급(Advanced) 탭의 객체 표시 조건(Condition to Show Object)에 "0° < θ ≤ 180°"를 입력한다.
22	• 다시 입력창에 Angle[(-1, 0), A, P]를 입력해 각 β를 만든다. • 객체 속성창의 기본(Basic) 탭에서 객체 표시를 객체값(Value)만 표시하도록 선택하고, 고급(Advanced) 탭의 객체 표시 조건(Condition to Show Object)에 "θ ≥ 180°"를 입력한다.

23	• 입력창에 선분 r:=Segment[A, P]를 입력해 동경 r을 그린다.
24	• 입력창에 Q=(θ / (180°) π, 0)를 입력해 벡터 u_O 즉 삼각함수의 그래프를 그리기 위한 좌표계 x-축 위에 점 Q를 찍는다. • Note: "θ / (180°) π"는 각(Angle)의 값인 θ를 라디안으로 환산하는 과정이다.
25 ABC	• 텍스트 도구로 그래픽 구성창을 클릭해 나타나는 대화상자의 객체 drop-down 목록(Object)에서 θ를 선택해, θ값을 화면에 표시하기 위한 다이내믹 텍스트(Dynamic)를 만든다. • 텍스트 속성창을 열어 기본(Basic) 탭에서 객체의 이름을 text_Q로 바꾸고, 위치(Position) 탭에서 텍스트의 시작점(Starting Point)을 (x(Q), 0)로 입력한다. • 또한, 고급(Advanced) 탭의 객체 표시 조건을 "0° < θ < 360°"로 설정한다.
26	• 슬라이더 θ를 움직여 점 P와 점 Q의 변화를 관찰하고, 텍스트와 각(Angle) 등이 올바르게 구성되었는지 확인한다.

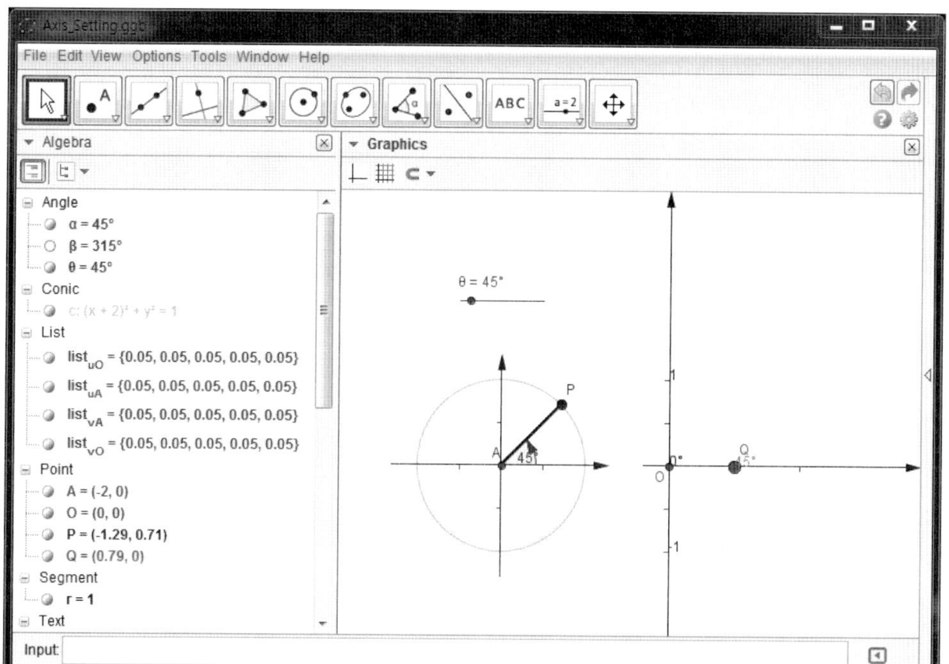

No.	Name	Tool...	Command	Value
1	Point O		Intersect[xAxis, yAxis]	O = (0, 0)
2	Point A		O - (2, 0)	A = (-2, 0)
3	Vector u_A		Vector[A - (1.3, 0), A + (1.3, 0)]	u_A = (2.6, 0)
4	Vector v_A		Vector[A - (0, 1.3), A + (0, 1.3)]	v_A = (0, 2.6)
5	Vector u_O		Vector[(-0.3, 0), (x(Corner[2]), 0)]	u_O = (17.04, 0)
6	Vector v_O		Vector[(0, y(Corner[1])), (0, y(Corner[3]))]	v_O = (0, 11.79)
7	List $list_{uA}$		Sequence[Segment[A + (0.5k - 1, 0), A + (0.5k - 1, -0.05)], k, 0, 4]	$list_{uA}$ = {0.05, 0.05, 0.05, 0.05, 0.05}
8	List $list_{vA}$		Sequence[Segment[A + (0, 0.5i - 1), A + (-0.05, 0.5i - 1)], i, 0, 4]	$list_{vA}$ = {0.05, 0.05, 0.05, 0.05, 0.05}
9	List $list_{uO}$		Sequence[Segment[O + (π / 2 i, 0), O + (π / 2 i, -0.05)], i, 0, 4]	$list_{uO}$ = {0.05, 0.05, 0.05, 0.05, 0.05}
10	List $list_{vO}$		Sequence[Segment[O + (0, 0.5i - 1), O + (-0.05, 0.5i - 1)], i, 0, 4]	$list_{vO}$ = {0.05, 0.05, 0.05, 0.05, 0.05}
11	Angle θ	a=2		θ = 122°
12	Text $text_{000}$	ABC		"0°"
13	Text $text_{090}$	ABC		"90°"
14	Text $text_{180}$	ABC		"180°"
15	Text $text_{270}$	ABC		"270°"
16	Text $text_{360}$	ABC		"360°"
17	Text $text_{1}$	ABC		"1"
18	Text $text_{-1}$	ABC		"-1"
19	Circle c		Circle[A, 1]	c: $(x + 2)^2 + y^2 = 1$
20	Point P		Rotate[(-1, 0), θ, A]	P = (-2.53, 0.85)
21	Angle α		Angle[(-1, 0), A, P]	α = 122°
22	Angle β		Angle[(-1, 0), A, P]	β = 238°
23	Segment r		Segment[A, P]	r = 1
24	Point Q		(θ / (180°) π, 0)	Q = (2.13, 0)
25	Text $text_Q$	ABC	"" + θ + ""	"122°"

4. 사인함수 [MA65]

Trigonometry: Sine Function

1) 학습 준비

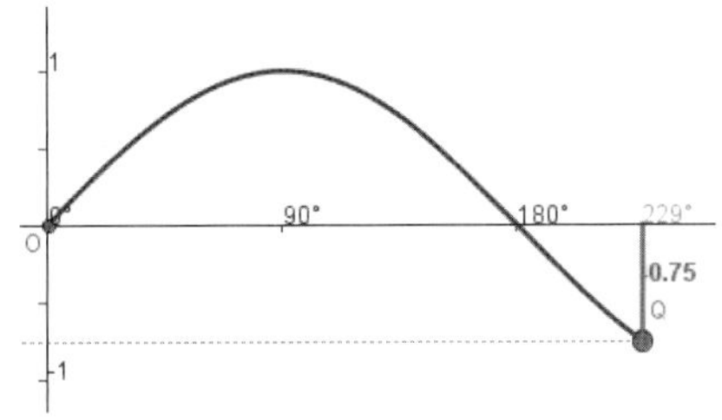

- 새 창을 연다.
- 구성 화면 (Perspectives)- Algebra & Graphics로 바꾼다.
- <삼각함수 구성을 위한 사용자 좌표 설정> 모델의 구성 1~22단계까지 동일한 과정을 밟는다.
- 구성 목적: ["Sinθ = $\frac{y}{r}$"이고, r=1(단위원)일 때, "Sinθ =y"가 된다]는 사인함수의 그래프가 그려지는 원리를 이해하고자 한다.

2) 구성 단계

1 ~ 22	• <삼각함수 구성을 위한 사용자 좌표 설정> 모델 참조.
23	• 입력창에 Q=(θ / (180°) π, y(P))를 입력해 점 Q를 찍는다. • Note: "θ / (180°) π"는 각(Angle)의 값인 θ를 라디안으로 환산한 x-좌표값을 만드는 과정이다.
24 ABC	• 텍스트 도구로 그래픽 구성창을 클릭해 나타나는 대화상자의 객체 drop-down 목록(Object)에서 θ를 선택해, θ값을 화면에 표시하기 위한 다이내믹 텍스트(Dynamic)를 만든다. • 텍스트 속성창을 열어 기본(Basic) 탭에서 객체의 이름을 text_Q로 바꾸고, 위치(Position) 탭에서 텍스트의 시작점(Starting Point)을 (x(Q), 0)로 입력한다. • 또한, 고급(Advanced) 탭의 객체 표시 조건(Condition to Show Object)을 "0° < θ < 360°"로 설정한다.
25	• 입력창에 선분 r:=Segment[A, P]를 입력해 동경 r을 그린다.
26	• 입력창에 Function[Sin(x), 0, x(Q)]를 입력한다. • 이 명령어는 "Function[<그래프를 표시하려는 함수>, <시작점의 x-좌표>, <끝점의 x-좌표>]를 구문을 사용하고 있는데, 결국 Sin(x)함수를 x=0부터 점 Q의 x-좌표까지 그리라는 의미이다.
27	• 입력창에 y_P:=Segment[P, (x(P),0)]를 입력한다.
28	• 입력창에 y_Q:=Segment[Q, (x(Q), 0)]를 입력한다.

29	• 입력창에 l_{PQ}:=Segment[P, Q]를 입력한다.
30 ABC	• 텍스트 도구로 그래픽 구성창을 클릭해 나타나는 대화상자의 객체 drop-down 목록(Object)에서 빈상자(empty box)를 선택한 다음, 빈상자 속에 y(P)를 입력해 다이내믹 텍스트(Dynamic)를 만든다. • 텍스트 속성창을 열어 기본(Basic) 탭에서 객체의 이름을 text_{yP}로 바꾸고, 위치(Position) 탭에서 텍스트의 시작점(Starting Point)을 Midpoint[P, (x(P), 0)]로 입력해 점 P에서 x-축에 내린 수직선분의 중점, 즉 선분 y_P의 중점에 위치하도록 만든다. • 또한, 고급(Advanced) 탭의 객체 표시 조건을 "y(P) ≠ 0"로 설정한다.
31 ABC	• 텍스트 도구로 그래픽 구성창을 클릭해 나타나는 대화상자의 객체 drop-down 목록(Object)에서 빈상자(empty box)를 선택한 다음, 빈상자 속에 y(Q)를 입력해 다이내믹 텍스트(Dynamic)를 만든다. • 텍스트 속성창을 열어 기본(Basic) 탭에서 객체의 이름을 text_{yQ}로 바꾸고, 위치(Position) 탭에서 텍스트의 시작점(Starting Point)을 Midpoint[Q, (x(Q), 0)]로 입력해 점 Q에서 x-축에 내린 수직선분의 중점, 즉 선분 y_Q의 중점으로 입력한다. • 또한, 고급(Advanced) 탭의 객체 표시 조건을 "y(Q) ≠ 0"로 설정한다.
32	• 슬라이더 θ를 움직여 점 P와 점 Q의 변화를 관찰하고, r=1(단위원)일 때, Sinθ 값인 점 P의 y-좌표값과 점 Q의 y-좌표값이 일치하는지를 확인한다.

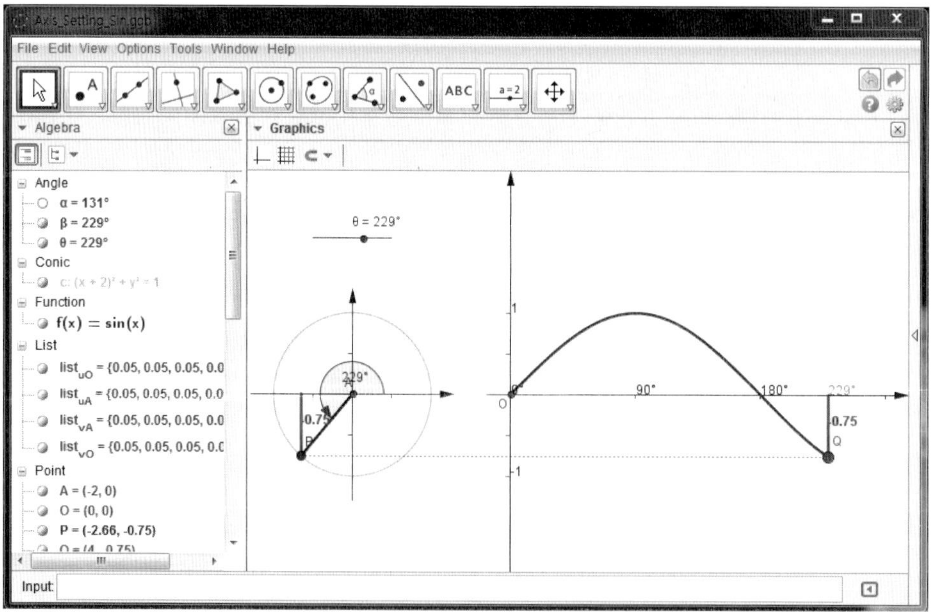

No.	Name	Tool...	Command	Value
1	Point O		Intersect[xAxis, yAxis]	O = (0, 0)
2	Point A		O - (2, 0)	A = (-2, 0)
3	Vector u_A		Vector[A - (1.3, 0), A + (1.3, 0)]	u_A = (2.6, 0)
4	Vector v_A		Vector[A - (0, 1.3), A + (0, 1.3)]	v_A = (0, 2.6)
5	Vector u_O		Vector[(-0.3, 0), (x(Corner[2]), 0)]	u_O = (12.22, 0)
6	Vector v_O		Vector[(0, y(Corner[1])), (0, y(Corner[3]))]	v_O = (0, 8.87)
7	List $list_{uA}$		Sequence[Segment[A + (0.5i - 1, 0), A + (0.5i - 1, -0.05)], i, 0, 4]	$list_{uA}$ = {0.05, 0.05, 0.05, 0.05, 0.05}
8	List $list_{vA}$		Sequence[Segment[A + (0, 0.5i - 1), A + (-0.05, 0.5i - 1)], i, 0, 4]	$list_{vA}$ = {0.05, 0.05, 0.05, 0.05, 0.05}
9	List $list_{uO}$		Sequence[Segment[O + (π / 2 i, 0), O + (π / 2 i, -0.05)], i, 0, 4]	$list_{uO}$ = {0.05, 0.05, 0.05, 0.05, 0.05}
10	List $list_{vO}$		Sequence[Segment[O + (0, 0.5i - 1), O + (-0.05, 0.5i - 1)], i, 0, 4]	$list_{vO}$ = {0.05, 0.05, 0.05, 0.05, 0.05}
11	Angle θ	a=2		θ = 316°
12	Text $text_{000}$	ABC		"0°"
13	Text $text_{090}$	ABC		"90°"
14	Text $text_{180}$	ABC		"180°"
15	Text $text_{270}$	ABC		"270°"
16	Text $text_{360}$	ABC		"360°"
17	Text $text_1$	ABC		"1"
18	Text $text_{-1}$	ABC		"-1"
19	Circle c		Circle[A, 1]	c: $(x + 2)^2 + y^2 = 1$
20	Point P		Rotate[(-1, 0), θ, A]	P = (-1.28, -0.69)
21	Angle α		Angle[(-1, 0), A, P]	α = 44°
22	Angle β		Angle[(-1, 0), A, P]	β = 316°
23	Point Q		(θ / (180°) π, y(P))	Q = (5.52, -0.69)
24	Text $text_Q$	ABC	"" + θ + ""	"316°"
25	Segment r		Segment[A, P]	r = 1
26	Function f		Function[sin(x), 0, x(Q)]	f(x) = sin(x)
27	Segment y_P		Segment[P, (x(P), 0)]	y_P = 0.69

28 Segment y_Q		Segment[Q, (x(Q), 0)]	y_Q = 0.69
29 Segment l_{PQ}		Segment[P, Q]	l_{PQ} = 6.8
30 Text $text_{yP}$	ABC	"" + (y(P)) + ""	"-0.69"
31 Text $text_{yQ}$	ABC	"" + (y(Q)) + ""	"-0.69"

5. 코사인함수 [MA66]

Trigonometry: Cosine Function

1) 학습 준비

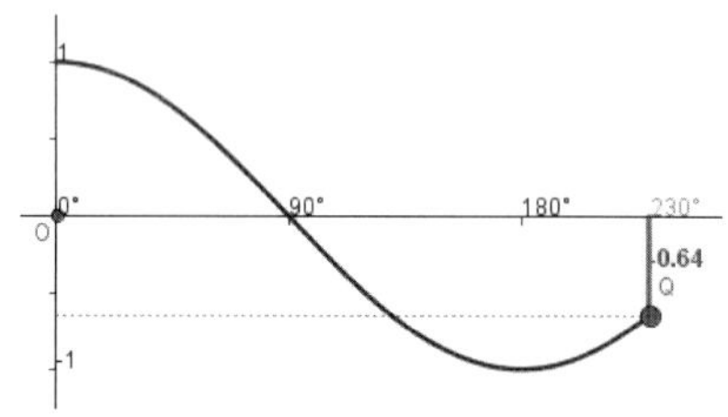

- 새 창을 연다.
- 구성 화면 (Perspectives)- Algebra & Graphics로 바꾼다.
- <삼각함수 구성을 위한 사용자 좌표 설정> 모델의 구성 1~22단계까지 동일한 과정을 밟는다.
- 구성 목적: ["Cosθ = $\frac{x}{r}$"이고, r=1(단위원)일 때, "Cosθ =x"가 된다]는 코사인함수의 그래프가 그려지는 원리를 이해하고자 한다.

2) 구성 단계

1 ~ 22	• <삼각함수 구성을 위한 사용자 좌표 설정> 모델 참조.
23	• 입력창에 Q=(θ / (180°) π, x(P-A))를 입력해 점 Q를 찍는다. • Note: Cosθ 위를 움직이는 점 Q의 y-좌표값은 x(P-A)으로, 점 P에서 점 A를 뺀 x-좌표값이 된다.
24 ABC	• 텍스트 도구로 그래픽 구성창을 클릭해 나타나는 대화상자의 객체 drop-down 목록(Object)에서 θ를 선택해, θ값을 화면에 표시하기 위한 다이내믹 텍스트(Dynamic)를 만든다. • 텍스트 속성창을 열어 기본(Basic) 탭에서 객체의 이름을 text_Q로 바꾸고, 위치(Position) 탭에서 텍스트의 시작점(Starting Point)을 (x(Q), 0)로 입력한다. • 또한, 고급(Advanced) 탭의 객체 표시 조건(Condition to Show Object)을 "0° < θ < 360°"로 설정한다.

25	• 입력창에 선분 r:=Segment[A, P]를 입력해 동경 r을 그린다.
26	• 입력창에 Function[Cos(x), 0, x(Q)]를 입력한다. • 이 명령어는 "Function[<그래프를 표시하려는 함수>, <시작점의 x-좌표>, <끝점의 x-좌표>]를 구문을 사용하고 있는데, 결국 Cos(x)함수를 x=0부터 점 Q의 x-좌표까지 그리라는 의미이다.
27	• 입력창에 x_P:=Segment[A, (x(P),0)]를 입력한다. • Note: 선분 x_P는 단위원 좌표계의 x-축과 동일 선상에 있기 때문에 서로 겹쳐서 시각적으로 구별하기가 쉽지 않다. 이 문제를 해결하기 위해서 선분 x_P의 객체 속성창을 열어 고급(Advanced) 탭의 레이어(Layer)를 "1"로 선택한다. 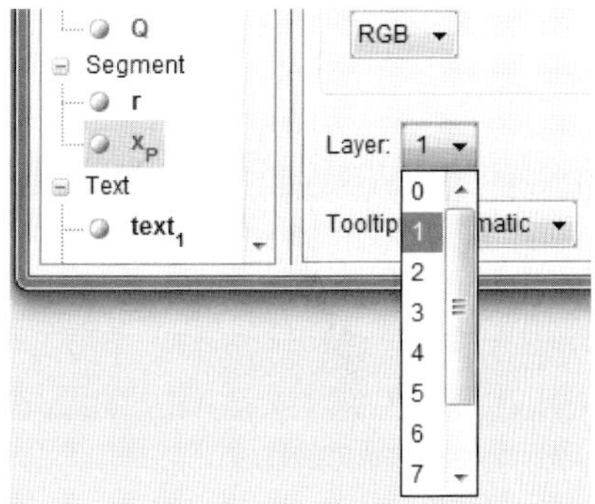 • 지오지브라는 사용자가 특정하지 않는 한, 모든 객체를 Layer=0 상에 구성하며, 만일 사용자가 구성 객체의 Layer를 임의로 선택하면 숫자가 가장 높은 Layer 상의 객체가 가장 위로 배치된다.
28	• 입력창에 y_Q:=Segment[Q, (x(Q), 0)]를 입력한다.
29	• 입력창에 y_P:=Segment[P, (x(P), 0)]를 입력한다.
30	• 입력창에 x_Q:=Segment[Q, (0, y(Q))]를 입력한다.
31 ABC	• 텍스트 도구로 그래픽 구성창을 클릭해 나타나는 대화상자의 객체 drop-down 목록(Object)에서 빈상자(empty box)를 선택한 다음, 빈상자 속에 x(P-A)를 입력해 다이내믹 텍스트(Dynamic)를 만든다. • 텍스트 속성창을 열어 기본(Basic) 탭에서 객체의 이름을 text_{xP}로 바꾸고, 위치(Position) 탭에서 텍스트의 시작점(Starting Point)을 (x(P), 0)로 입력한다. • 또한, 고급(Advanced) 탭의 객체 표시 조건을 "x(P - A) ≠ 0"로 설정한다.

32	ABC	• 텍스트 도구로 그래픽 구성창을 클릭해 나타나는 대화상자의 객체 drop-down 목록(Object)에서 빈상자(empty box)를 선택한 다음, 빈상자 속에 y(Q)를 입력해 다이내믹 텍스트(Dynamic)를 만든다. • 텍스트 속성창을 열어 기본(Basic) 탭에서 객체의 이름을 text_{yQ}로 바꾸고, 위치(Position) 탭에서 텍스트의 시작점(Starting Point)을 Midpoint[Q, (x(Q), 0)]로 입력해 점 Q에서 x-축에 내린 수직선분의 중점, 즉 선분 y_Q의 중점에 위치시킨다. • 또한, 고급(Advanced) 탭의 객체 표시 조건을 "y(Q) $\neq$ 0"로 설정한다.
33		• 슬라이더 θ를 움직여 점 P와 점 Q의 변화를 관찰하고, r=1(단위원)일 때, Cos θ 값인 점 P에서 점 A를 뺀 x-좌표값과 Q의 y-좌표값이 모두 일치하는지를 확인한다.

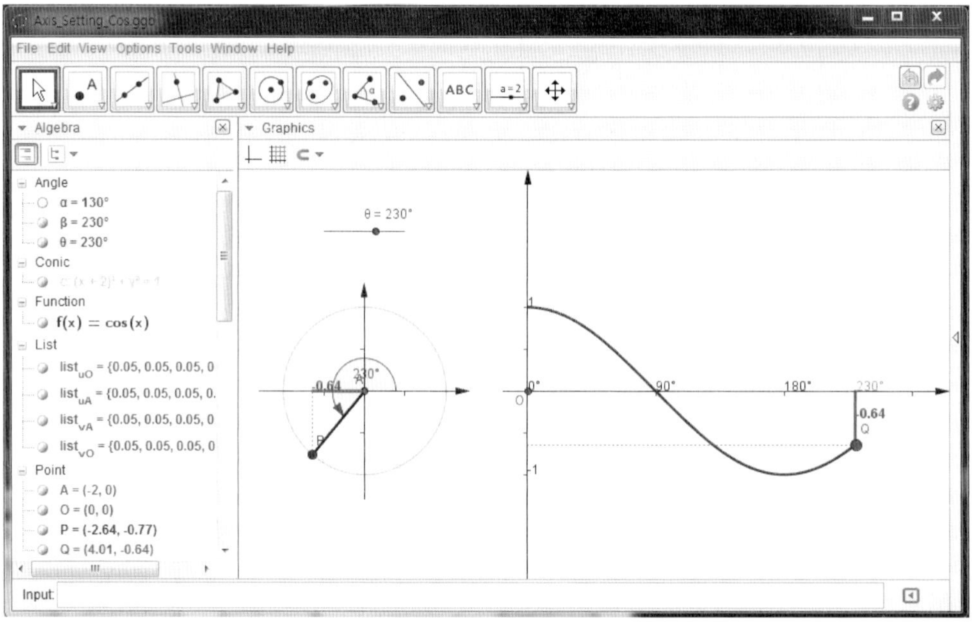

No.	Name	Tool	Command	Value
1	Point O		Intersect[xAxis, yAxis]	O = (0, 0)
2	Point A		O - (2, 0)	A = (-2, 0)
3	Vector u_A		Vector[A - (1.3, 0), A + (1.3, 0)]	u_A = (2.6, 0)
4	Vector v_A		Vector[A - (0, 1.3), A + (0, 1.3)]	v_A = (0, 2.6)

5	Vector u_O		Vector[(-0.3, 0), (x(Corner[2]), 0)]	u_O = (11.96, 0)
6	Vector v_O		Vector[(0, y(Corner[1])), (0, y(Corner[3]))]	v_O = (0, 8.83)
7	List $list_{uA}$		Sequence[Segment[A + (0.5i - 1, 0), A + (0.5i - 1, -0.05)], i, 0, 4]	$list_{uA}$ = {0.05, 0.05, 0.05, 0.05, 0.05}
8	List $list_{vA}$		Sequence[Segment[A + (0, 0.5i - 1), A + (-0.05, 0.5i - 1)], i, 0, 4]	$list_{vA}$ = {0.05, 0.05, 0.05, 0.05, 0.05}
9	List $list_{uO}$		Sequence[Segment[O + (π / 2 i, 0), O + (π / 2 i, -0.05)], i, 0, 4]	$list_{uO}$ = {0.05, 0.05, 0.05, 0.05, 0.05}
10	List $list_{vO}$		Sequence[Segment[O + (0, 0.5i - 1), O + (-0.05, 0.5i - 1)], i, 0, 4]	$list_{vO}$ = {0.05, 0.05, 0.05, 0.05, 0.05}
11	Angle θ	a=2		θ = 58°
12	Text $text_{000}$	ABC		"0°"
13	Text $text_{090}$	ABC		"90°"
14	Text $text_{180}$	ABC		"180°"
15	Text $text_{270}$	ABC		"270°"
16	Text $text_{360}$	ABC		"360°"
17	Text $text_1$	ABC		"1"
18	Text $text_{-1}$	ABC		"-1"
19	Circle c		Circle[A, 1]	c: $(x + 2)^2 + y^2 = 1$
20	Point P		Rotate[(-1, 0), θ, A]	P = (-1.47, 0.85)
21	Angle α		Angle[(-1, 0), A, P]	α = 58°
22	Angle β		Angle[(-1, 0), A, P]	β = 302°
23	Point Q		(θ / (180°) π, x(P - A))	Q = (1.01, 0.53)
24	Text $text_Q$	ABC	"" + θ + ""	"58°"
25	Segment r		Segment[A, P]	r = 1
26	Function f		Function[cos(x), 0, x(Q)]	f(x) = cos(x)
27	Segment x_P		Segment[A, (x(P), 0)]	x_P = 0.53
28	Segment y_Q		Segment[Q, (x(Q), 0)]	y_Q = 0.53
29	Segment y_P		Segment[P, (x(P), 0)]	y_P = 0.85
30	Segment x_Q		Segment[Q, (0, y(Q))]	x_Q = 1.01
31	Text $text_{xP}$	ABC	"" + (x(P - A)) + ""	"0.53"
32	Text $text_{yQ}$	ABC	"" + (y(Q)) + ""	"0.53"

6. 탄젠트함수 [MA67]

Trigonometry: Tangent Function

1) 학습 준비

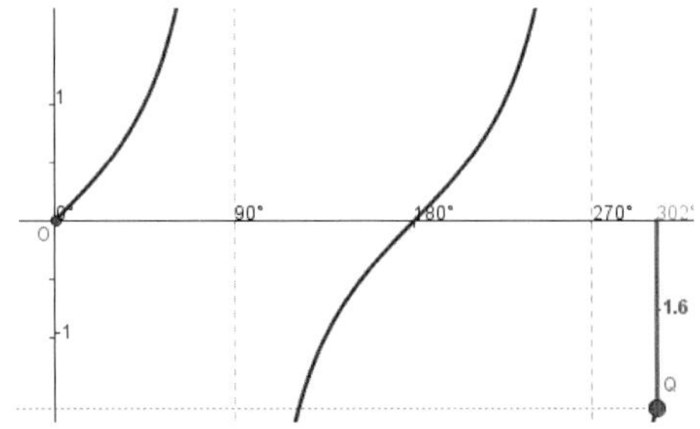

- 새 창을 연다.
- 구성 화면 (Perspectives)- Algebra & Graphics 로 바꾼다.
- <삼각함수 구성을 위한 사용자 좌표 설정> 모델의 구성 1~22단계까지 동일한 과정을 밟는다.
- 구성 목적: ["Tanθ = $\frac{y}{x}$"이고, 원의 반지름과 상관없이, "Tanθ =y/x"가 된다]는 탄젠트함수의 그래프가 그려지는 원리를 이해하고자 한다.

2) 구성 단계

1 ~ 22	• <삼각함수 구성을 위한 사용자 좌표 설정> 모델 참조.
23	• 입력창에 R=Intersect[Line[A, P], x = -1]를 입력해 점 R을 새롭게 찍는다. • 점 R은 점 A와 점 P를 지나는 직선과 x=-1 직선이 만나는 교점이 된다.
24	• 입력창에 Q=(θ / (180°) π, y(R))를 입력해 점 Q를 찍는다. • Note: Tanθ 위를 움직이는 점 Q의 y-좌표값은 점 R의 y-좌표값이 된다.
25 ABC	• 텍스트 도구로 그래픽 구성창을 클릭해 나타나는 대화상자의 객체 drop-down 목록(Object)에서 θ를 선택해, θ값을 화면에 표시하기 위한 다이내믹 텍스트(Dynamic)를 만든다. • 텍스트 속성창을 열어 기본(Basic) 탭에서 객체의 이름을 text_Q로 바꾸고, 위치(Position) 탭에서 텍스트의 시작점(Starting Point)을 (x(Q), 0)로 입력한다. • 또한, 고급(Advanced) 탭의 객체 표시 조건(Condition to Show Object)을 "0° < θ < 360°"로 설정한다.
26	• 입력창에 선분 r:=Segment[A, P]를 입력해 동경 r을 그린다.

27		• 입력창에 Function[tan(x), 0, x(Q)]를 입력한다. • 이 명령어는 "Function[<그래프를 표시하려는 함수>, <시작점의 x-좌표>, <끝점의 x-좌표>]를 구문을 사용하고 있는데, Tan(x)함수를 x=0부터 점 Q의 x-좌표까지 그리라는 의미이다.
28		• 입력창에 l_PR:=Segment[P, R]을 입력해, 점 P와 점 R을 잇는 선분 l_PR을 긋는다.
29		• 입력창에 y_R:=Segment[R, (-1, 0)]를 입력한다. • Note: 점 R은 x=-1과 만나는 교점이기 때문에 점 R에서 x-축에 내린 수직선인 선분 y_R는 항상 x=-1 위에 존재한다.
30		• 입력창에 y_Q:=Segment[Q, (x(Q), 0)]를 입력한다.
31	ABC	• 텍스트 도구로 그래픽 구성창을 클릭해 나타나는 대화상자의 객체 drop-down 목록(Object)에서 빈상자(empty box)를 선택한 다음, 빈상자 속에 y(Q)를 입력해 다이내믹 텍스트(Dynamic)를 만든다. • 텍스트 속성창을 열어 기본(Basic) 탭에서 객체의 이름을 text_{yQ}로 바꾸고, 위치(Position) 탭에서 텍스트의 시작점(Starting Point)을 Midpoint[Q, (x(Q), 0)]로 입력한다. • 또한, 고급(Advanced) 탭의 객체 표시 조건을 "y(Q) ≠ 0"로 설정한다.
32	ABC	• 텍스트 도구로 그래픽 구성창을 클릭해 나타나는 대화상자의 객체 drop-down 목록(Object)에서 빈상자(empty box)를 선택한 다음, 빈상자 속에 y(R)를 입력해 다이내믹 텍스트(Dynamic)를 만든다. • 텍스트 속성창을 열어 기본(Basic) 탭에서 객체의 이름을 text_{yR}로 바꾸고, 위치(Position) 탭에서 텍스트의 시작점(Starting Point)을 Midpoint[R, (-1, 0)]로 입력해 점 R에서 x=-1에 내린 수직선분의 중점, 즉 선분 y_R의 중점에 위치시킨다. • 또한, 고급(Advanced) 탭의 객체 표시 조건을 "y(R) ≠ 0"로 설정한다.
33		• v_1: x = π/2을 입력창에 입력해 점근선 v_1을 만든다.
34		• v_2: x = 3π/2을 입력창에 입력해 점근선 v_2을 만든다.
35		• 슬라이더 θ를 움직여 점 R과 점 Q의 변화를 관찰하고, Tanθ 값인 점 R의 y-좌표와 점 Q의 y-좌표가 일치하고 있는지를 확인한다.

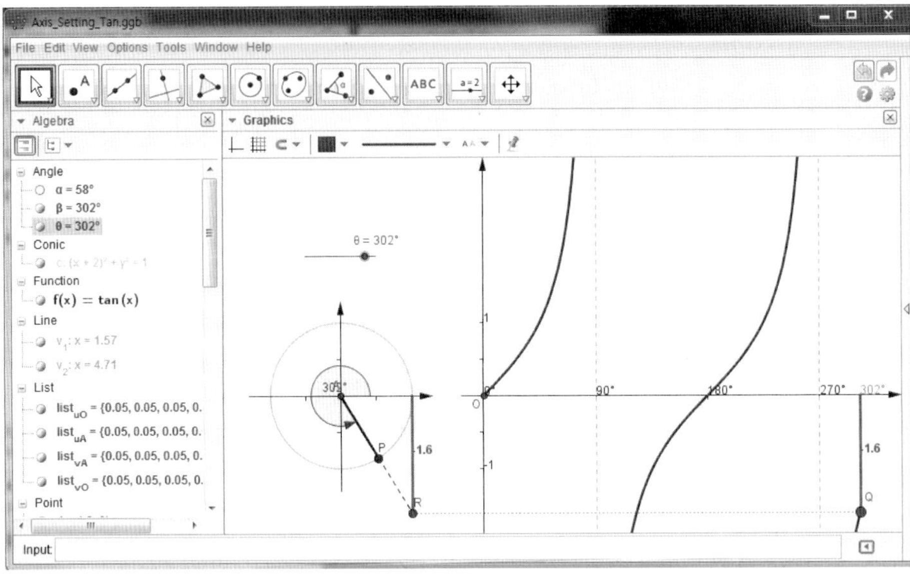

No.	Name	Tool...	Command	Value
1	Point O		Intersect[xAxis, yAxis]	O = (0, 0)
2	Point A		O - (2, 0)	A = (-2, 0)
3	Vector u_A		Vector[A - (1.3, 0), A + (1.3, 0)]	u_A = (2.6, 0)
4	Vector v_A		Vector[A - (0, 1.3), A + (0, 1.3)]	v_A = (0, 2.6)
5	Vector u_O		Vector[(-0.3, 0), (x(Corner[2]), 0)]	u_O = (12.9, 0)
6	Vector v_O		Vector[(0, y(Corner[1])), (0, y(Corner[3]))]	v_O = (0, 9.28)
7	List $list_{uA}$		Sequence[Segment[A + (0.5i - 1, 0), A + (0.5i - 1, -0.05)], i, 0, 4]	$list_{uA}$ = {0.05, 0.05, 0.05, 0.05, 0.05}
8	List $list_{vA}$		Sequence[Segment[A + (0, 0.5i - 1), A + (-0.05, 0.5i - 1)], i, 0, 4]	$list_{vA}$ = {0.05, 0.05, 0.05, 0.05, 0.05}
9	List $list_{uO}$		Sequence[Segment[O + (π / 2 i, 0), O + (π / 2 i, -0.05)], i, 0, 4]	$list_{uO}$ = {0.05, 0.05, 0.05, 0.05, 0.05}
10	List $list_{vO}$		Sequence[Segment[O + (0, 0.5i - 1), O + (-0.05, 0.5i - 1)], i, 0, 4]	$list_{vO}$ = {0.05, 0.05, 0.05, 0.05, 0.05}
11	Angle θ			θ = 236°
12	Text $text_{000}$			"0°"
13	Text $text_{090}$			"90°"
14	Text $text_{180}$			"180°"
15	Text $text_{270}$			"270°"

16 Text $text_{360}$	ABC		"360°"
17 Text $text_{1}$	ABC		"1"
18 Text $text_{-1}$	ABC		"-1"
19 Circle c		Circle[A, 1]	c: $(x + 2)^2 + y^2 = 1$
20 Point P		Rotate[(-1, 0), θ, A]	P = (-2.56, -0.83)
21 Angle α		Angle[(-1, 0), A, P]	α = 124°
22 Angle β		Angle[(-1, 0), A, P]	β = 236°
23 Point R		Intersect[Line[A, P], x = -1]	R = (-1, 1.48)
24 Point Q		(θ / (180°) π, y(R))	Q = (4.12, 1.48)
25 Text $text_{Q}$	ABC	"" + θ + ""	"236°"
26 Segment r		Segment[A, P]	r = 1
27 Function f		Function[tan(x), 0, x(Q)]	f(x) = tan(x)
28 Segment l_{PR}		Segment[P, R]	l_{PR} = 2.79
29 Segment y_{R}		Segment[R, (-1, 0)]	y_{R} = 1.48
30 Segment y_{Q}		Segment[Q, (x(Q), 0)]	y_{Q} = 1.48
31 Segment l_{RQ}		Segment[R, Q]	l_{RQ} = 5.12
32 Text $text_{yQ}$	ABC	"" + (y(Q)) + ""	"1.48"
33 Text $text_{yR}$	ABC	"" + (y(R)) + ""	"1.48"
34 Line v_1			v_1: x = 1.57
35 Line v_2			v_2: x = 4.71

7. 삼각함수의 역함수와 역 [MA68]

Inversion & Reciprocality of Trigonometry

1) 학습 준비

- 새 창을 연다.
- 구성 화면 (Perspectives)- Algebra & Graphics로 바꾼다.
- x-축의 간격을 π로, y-축의 간격을 1로 조정한다.
  (Edit--Object Properties--xAxis & yAxis--Distance)

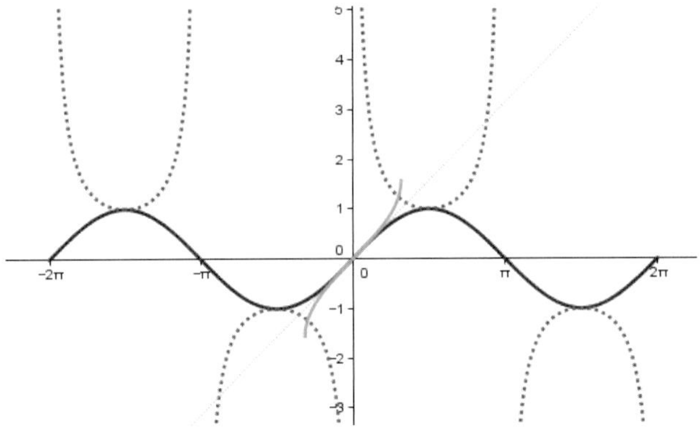

〈Sin함수의 역함수와 역〉

2) 구성 단계

1	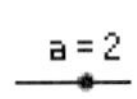	• 최소값(Min)=-360, 최대값(Max)=360, 변화량(Increment)=1인 수(Number) 슬라이더 θ를 만든다.
2		• 입력창(InputBar)에 α=(θ/180)π를 입력해 θ를 라디안으로 변환한다.
3		• l: y=x를 입력해 직선 l을 그린다.
4		• 입력창에 f_S:=Function[sin(x), -2π, α]를 입력해 -2π부터 α까지의 x-축 범위에서 sin(x) 함수를 그린다.
5		• 입력창에 r_S:=Function[csc(x), -2π, α]를 입력해 -2π부터 α까지의 x-축 범위에서 sin(x) 함수의 역을 그린다.
6		• 입력창에 i_S:=Function[asin(x), -1, 1]를 입력해 -1부터 1까지의 x-축 범위에서 sin(x) 함수의 역함수를 그린다. • Note: 어떤 함수와 그 역함수는 y=x 직선에 대하여 서로 대칭한다. • 또한 삼각함수는 모든 실수에 대해 정의되는 일가함수(一價函數)이지만, 이들 Sin 함수와 Cos 함수들은 −1≤x≤1 범위에서만 그 역함수가 정의된다. Tan 함수의 역함수는 모든 실수에서 정의된다. 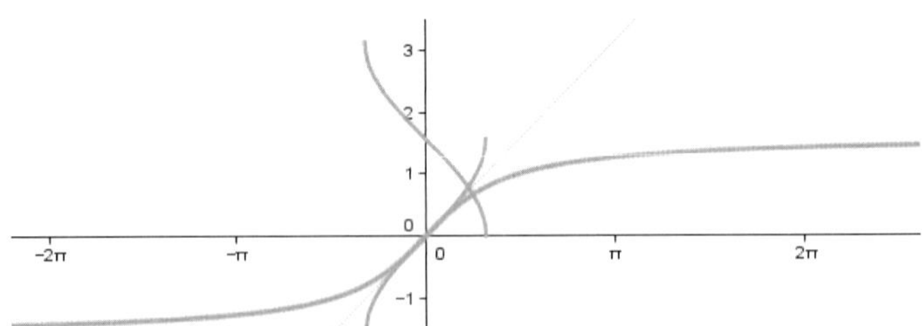
7		• 입력창에 f_C:=Function[cos(x), -2π, α]를 입력해 -2π부터 α까지의 x-축 범위에서 cos(x) 함수를 그린다.

8		• 입력창에 r_C:=Function[sec(x), -2π, α]를 입력해 -2π부터 α까지의 x-축 범위에서 cos(x) 함수의 역을 그린다.
9		• 입력창에 i_C:=Function[acos(x), -1, 1]를 입력해 -1부터 1까지의 x-축 범위에서 cos(x) 함수의 역함수를 그린다.
10		• 입력창에 f_T:=Function[tan(x), -2π, α]를 입력해 -2π부터 α까지의 x-축 범위에서 tan(x) 함수를 그린다.
11		• 입력창에 r_T:=Function[cot(x), -2π, α]를 입력해 -2π부터 α까지의 x-축 범위에서 tan(x) 함수의 역을 그린다.
12		• 입력창에 i_T:=Function[atan(x), -∞, ∞]를 입력해 -∞부터 ∞까지의 x-축 범위에서 tan(x) 함수의 역함수를 그린다.
13		• 입력창에 P_S=(sin(α), α)를 입력해 sin(x) 함수 위에 한 점 P_S를 찍는다.
14		• 입력창에 P_C=(cos(α), α)를 입력해 cos(x) 함수 위에 한 점 P_C를 찍는다.
15		• 입력창에 P_T=(tan(α), α)를 입력해 tan(x) 함수 위에 한 점 P_T를 찍는다.
16		• 체크박스 도구를 선택해 그래픽 구성창의 원하는 위치를 클릭하면 나타나는 대화상자에서 아래 그림에서 보듯이 캡션(Caption) 입력창에 SIN를 입력하고 Sin 함수와 관련된 모든 객체들을 목록에서 선택한다. 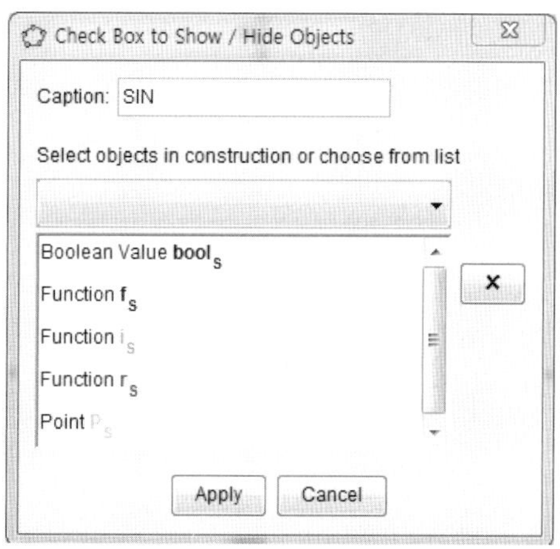 • Note: 이렇게 선택된 객체들은 체크박스를 클릭함에 따라 화면에 나타나거나 사라진다.
17		• 체크박스 도구를 선택해 그래픽 구성창의 원하는 위치를 클릭하면 나타나는 대화상자에서 캡션(Caption) 입력창에 COS(θ)를 입력하고 Cos 함수와 관련된 모든 객체들을 목록에서 선택한다.
18		• 체크박스 도구를 선택해 그래픽 구성창의 원하는 위치를 클릭하면 나타나는 대화상자에서 캡션(Caption) 입력창에 TAN(θ)를 입력하고 Tan 함수와 관련된 모든 객체들을 목록에서 선택한다.
19		• 슬라이더를 움직여 구성이 올바르게 되었는지 확인한다.

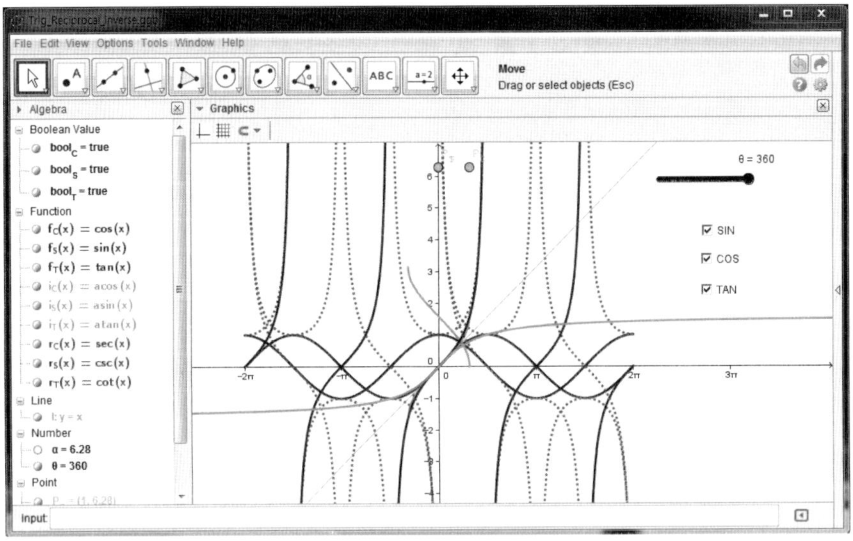

No.	Name	Tool...	Command	Value
1	Number θ	a=2		θ = -360
2	Number α		θ / 180 π	α = -6.28
3	Line l			l: y = x
4	Function f_S		Function[sin(x), -6.28, α]	f_S(x) = sin(x)
5	Function r_S		Function[csc(x), -6.28, α]	r_S(x) = csc(x)
6	Function i_S		Function[asin(x), -1, 1]	i_S(x) = asin(x)
7	Function f_C		Function[cos(x), -6.28, α]	f_C(x) = cos(x)
8	Function r_C		Function[sec(x), -6.28, α]	r_C(x) = sec(x)
9	Function i_C		Function[acos(x), -1, 1]	i_C(x) = acos(x)
10	Function f_T		Function[tan(x), -6.28, α]	f_T(x) = tan(x)
11	Function r_T		Function[cot(x), -6.28, α]	r_T(x) = cot(x)
12	Function i_T		Function[atan(x), -∞, ∞]	i_T(x) = atan(x)
13	Point P_S		(sin(α), α)	P_S = (0, -6.28)
14	Point P_C		(cos(α), α)	P_C = (1, -6.28)
15	Point P_T		(tan(α), α)	P_T = (0, -6.28)
16	Boolean Value $bool_S$	☑		$bool_S$ = false
17	Boolean Value $bool_C$	☑		$bool_C$ = false
18	Boolean Value $bool_T$	☑		$bool_T$ = false

8. 극좌표 상의 사인함수 [MA69]

Trigonometry on The Polar Coordinates: Sine Function

1) 학습 준비

- 새 창을 연다.
- 구성 화면 (Perspectives)- Algebra & Graphics로 바꾼다.
- 그래픽 구성창의 격자선을 극좌표계로 바꾸고(Preferences--Graphics--Grid Tab--Gird Type--Polar), 간격(Distance)을 "r:0.5, θ:π/6"으로 설정한다.

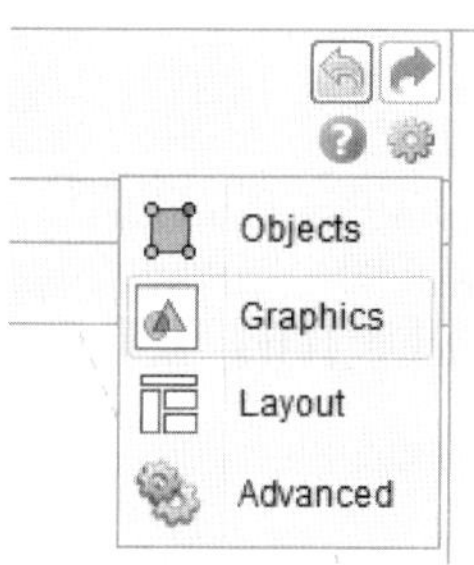

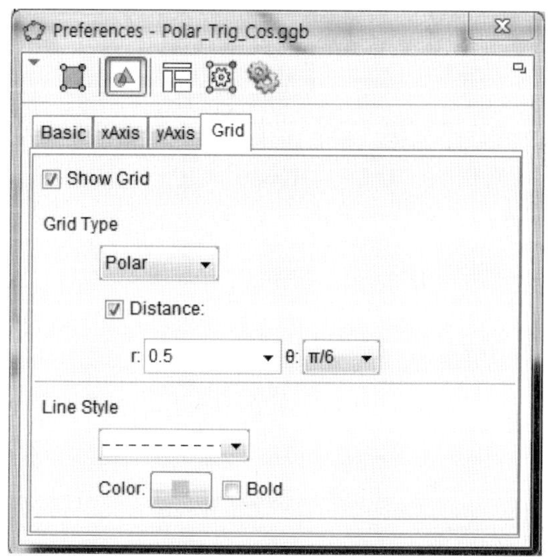

2) 구성 단계

1	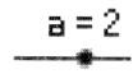	• 초기 설정 상태(Default) 그대로 각(Angle) 슬라이더 θ를 만든다.
2		• 두 객체의 교점(Intersect Two Objects) 도구로, x-축과 y-축을 클릭해서 극좌표의 원점에 점 O를 찍는다. • 그런 다음, 극좌표 상의 Sin 그래프와 직교좌표 상에서 나타나는 Sin 그래프 모양을 하나의 극좌표 상에 구성하기 위해 y-축을 우측으로 2(Cross at: 2.0)만큼 이동한다. • Note: y-축을 우측으로 2만큼 이동하기 위해서는 그래픽 설정창의 yAxis 탭에서 교차지점(Cross at:)을 2.0으로 입력하면 된다.

	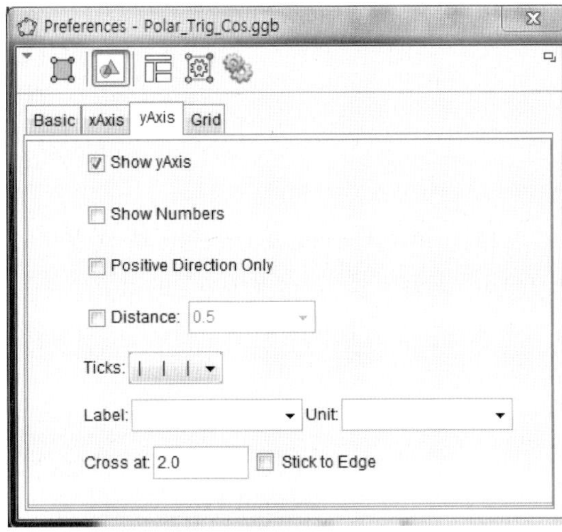
3	• 입력창에 A=O+(2, 0)를 입력해 우측으로 2만큼 이동한 y-축과 x-축이 만나는 교점 A를 찍는다.
4	• P_0:=Rotate[(1, 0), θ, O]를 입력해 점 (1, 0)을 점 O를 중심으로 θ만큼 회전한 점 P_0를 찍는다.
5	• l_θ:=Line[O, P_0]를 입력해 원점 O와 점 P_0를 지나는 직선 l_θ를 긋는다. • Note: 점 P_0와 직선 l_θ는 다음 6단계에서 구성할 각(θ_0)의 변화를 효과적으로 보여주기 위한 보조적인 역할로 사용되는 객체들이다.
6	• θ_0:=Angle[(1, 0), O, P_0]를 입력해 세 점이 이루는 각 θ_0을 점 O에 표시하고, θ_0의 이름(Label)은 화면에서 숨긴다.
7	• Function[Sin(x - 2), 2, 2 + θ]를 입력해 x-축 2~2+θ 범위에서 Sin(x-2)함수 그래프를 그린다. • Note: 이 명령어 속에 나타나는 숫자 "2"는 y-축을 우측으로 2만큼 이동한데에 따른 보정값이다. 따라서 y-축을 이동하지 않은 상태라면, 입력 명령어 구문은 "Function[Sin(x), 0, θ]"였을 것이다.
8	• Q_S=(2 + θ, Sin(θ))를 입력해 Sin 그래프 위의 한 점 Q_S를 찍는다.
9	• P_S=(Sin(θ); θ)를 입력해 극좌표점 P_S를 찍는다.
10	• y_S:=Segment[Q_S, (x(Q_S), 0)]를 입력해 점 Q_S로부터 x-축에 내린 수직 선분을 긋는다.
11	• v_S:=Vector[O, P_S]를 입력해 점 O로부터 점 P_S에 이르는 벡터 v_S를 그린다.
12	• θ_S:=Angle[A, O, P_S]를 입력해 세 점이 이루는 각 θ_S을 점 O에 표시하고, θ_S의 이름(Label)은 화면에서 숨긴다.

13	• Curve[sin(t) cos(t), sin(t) sin(t), t, 0, θ]를 입력해 매개 변수 곡선을 극좌표 상에 그린다.

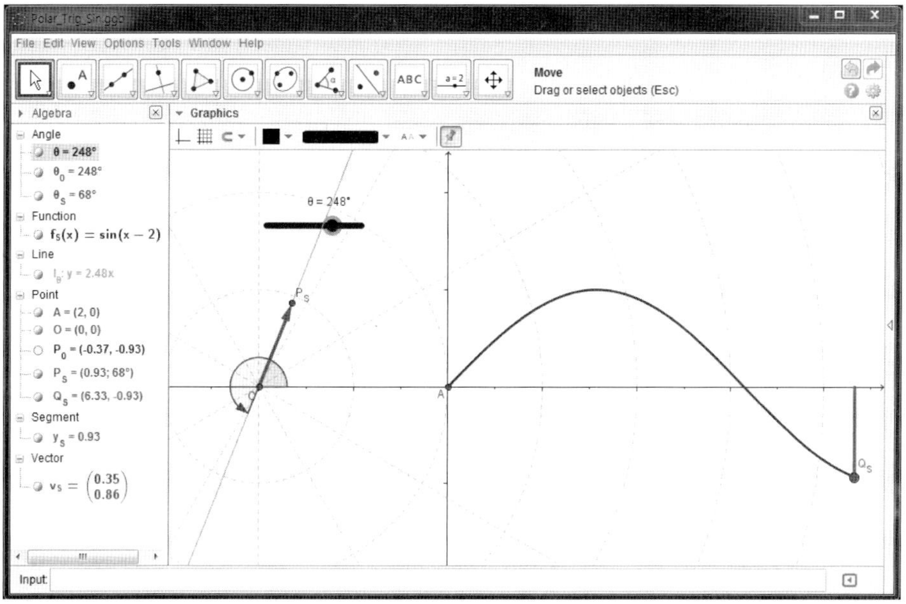

No.	Name	Tool...	Command	Value
1	Angle θ			θ = 97°
2	Point O		Intersect[xAxis, yAxis]	O = (0, 0)
3	Point A		O + (2, 0)	A = (2, 0)
4	Point P_0		Rotate[(1, 0), θ, O]	P_0 = (-0.12, 0.99)
5	Line $l_θ$		Line[O, P_0]	$l_θ$: y = -8.14x
6	Angle $θ_0$		Angle[(1, 0), O, P_0]	$θ_0$ = 97°
7	Function f_s		Function[sin(x - 2), 2, 2 + θ]	f_s(x) = sin(x - 2)
8	Point Q_s		(2 + θ, sin(θ))	Q_s = (3.69, 0.99)
9	Point P_s		(sin(θ); θ)	P_s = (0.99; 97°)
10	Segment y_s		Segment[Q_s, (x(Q_s), 0)]	y_s = 0.99
11	Vector v_s		Vector[O, P_s]	v_s = (-0.12, 0.99)
12	Angle $θ_s$		Angle[A, O, P_s]	$θ_s$ = 97°
13	Curve s		Curve[sin(t) cos(t), sin(t) sin(t), t, 0, θ]	s:(sin(t) cos(t), sin(t) sin(t))

9. 극좌표 상의 코사인함수 [MA70]

Trigonometry on The Polar Coordinates: Cosine Function

1) 학습 준비

- 새 창을 연다.
- 구성 화면 (Perspectives)- Algebra & Graphics로 바꾼다.
- 그래픽 구성창의 격자선을 극좌표계로 바꾸고(Preferences--Graphics--Grid Tab--Gird Type--Polar), 간격(Distance)을 "r:0.5, θ:π/6"으로 설정한다.

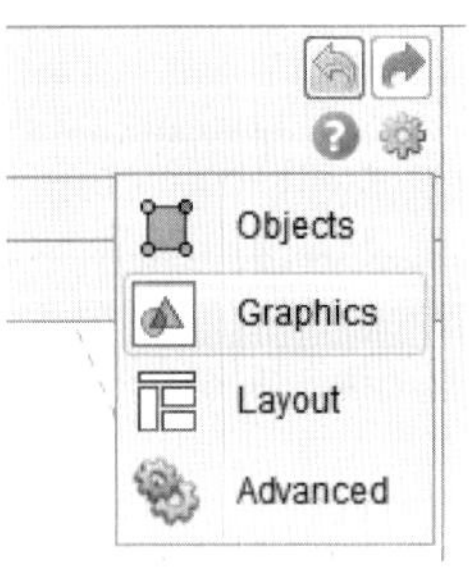

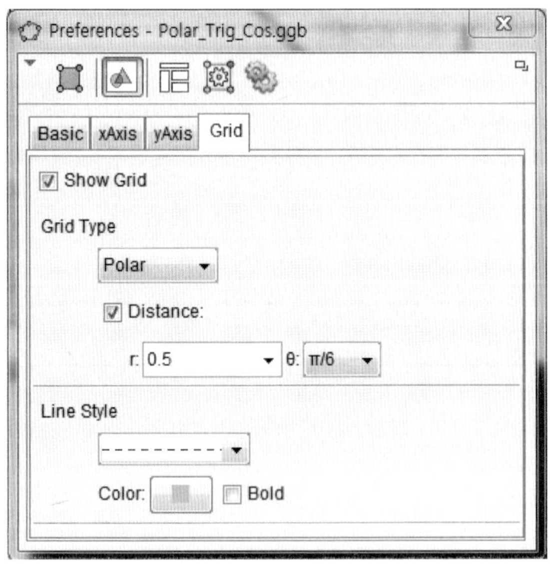

2) 구성 단계

1 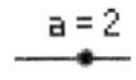	• 초기 설정 상태(Default) 그대로 각(Angle) 슬라이더 θ를 만든다.
2 	• 두 객체의 교점(Intersect Two Objects) 도구로, x-축과 y-축을 클릭해서 극좌표의 원점에 점 O를 찍는다. • 그런 다음, 극좌표 상의 Cos 그래프와 직교좌표 상에서 나타나는 Cos 그래프 모양을 하나의 극좌표 상에 구성하기 위해 y-축을 우측으로 2(Cross at: 2,0)만큼 이동한다.

	• Note: y-축을 우측으로 2만큼 이동하기 위해서는 그래픽 설정창의 yAxis 탭에서 교차지점(Cross at:)을 2.0으로 입력하면 된다. 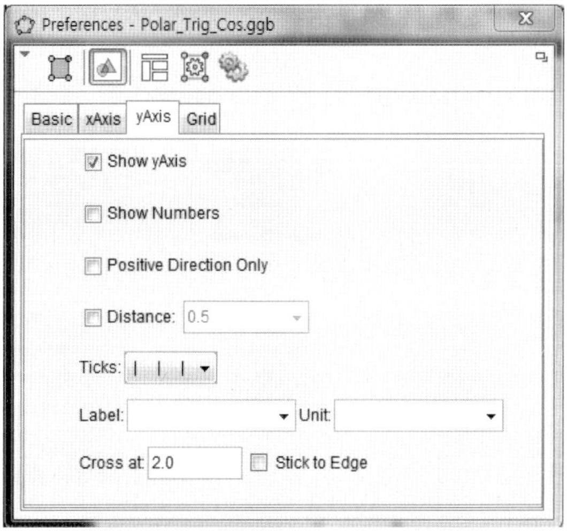
3	• 입력창에 A=O+(2, 0)를 입력해 우측으로 2만큼 이동한 y-축과 x-축이 만나는 교점 A를 찍는다.
4	• P_0:=Rotate[(1, 0), θ, O]를 입력해 점 (1, 0)을 점 O를 중심으로 θ만큼 회전한 점 P_0를 찍는다.
5	• l_θ:=Line[O, P_0]를 입력해 원점 O와 점 P_0를 지나는 직선 l_θ를 긋는다. • Note: 점 P_0와 직선 l_θ는 다음 6단계에서 구성할 각(θ_0)의 변화를 효과적으로 보여주기 위한 보조적인 역할로 사용되는 객체들이다.
6	• θ_0:=Angle[(1, 0), O, P_0]를 입력해 세 점이 이루는 각 θ_0을 점 O에 표시하고, θ_0의 이름(Label)은 화면에서 숨긴다.
7	• Function[cos(x - 2), 2, 2 + θ]를 입력해 x-축 2~2+θ 범위에서 Cos(x-2)함수 그래프를 그린다. • Note: 이 명령어 속에 나타나는 숫자 "2"는 y-축을 우측으로 2만큼 이동한데에 따른 보정값이다. 따라서 y-축을 이동하지 않은 상태라면, 입력 명령어 구문은 "Function[cos(x), 0, θ]"였을 것이다.
8	• Q_C=(2 + θ, cos(θ))를 입력해 Cos 그래프 위의 한 점 Q_C를 찍는다.
9	• P_C=(cos(θ); θ)를 입력해 극좌표점 P_C를 찍는다.
10	• y_C:=Segment[Q_C, (x(Q_C), 0)]를 입력해 점 Q_C로부터 x-축에 내린 수직 선분을 긋는다.
11	• v_C:=Vector[O, P_C]를 입력해 점 O로부터 점 P_C에 이르는 벡터 v_C를 그린다.
	• θ_C:=Angle[A, O, P_C]를 입력해 세 점이 이루는 각 θ_C을 점 O에 표시하고, θ_C의 이름(Label)은 화면에서 숨긴다.

12	• Curve[cos(t) cos(t), cos(t) sin(t), t, 0, θ]를 입력해 매개 변수 곡선을 극좌표 상에 그린다.

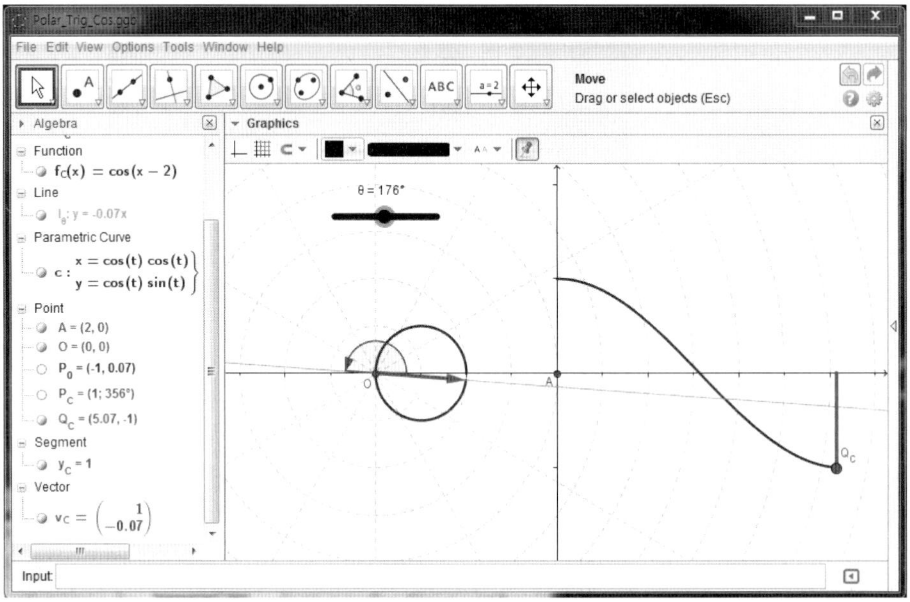

No.	Name	Tool...	Command	Value
1	Angle θ			θ = 259°
2	Point O		Intersect[xAxis, yAxis]	O = (0, 0)
3	Point A		O + (2, 0)	A = (2, 0)
4	Point P_0		Rotate[(1, 0), θ, O]	P_0 = (-0.19, -0.98)
5	Line l_θ		Line[O, P_0]	l_θ: y = 5.14x
6	Angle θ_0		Angle[(1, 0), O, P_0]	θ_0 = 259°
7	Function f_c		Function[cos(x - 2), 2, 2 + θ]	f_c(x) = cos(x - 2)
8	Point Q_c		(2 + θ, cos(θ))	Q_c = (6.52, -0.19)
9	Point P_c		(cos(θ); θ)	P_c = (0.19; 79°)
10	Segment y_c		Segment[Q_c, (x(Q_c), 0)]	y_c = 0.19
11	Vector v_c		Vector[O, P_c]	v_c = (0.04, 0.19)
12	Angle θ_c		Angle[A, O, P_c]	θ_c = 79°
13	Curve c		Curve[cos(t) cos(t), cos(t) sin(t), t, 0, θ]	c:(cos(t) cos(t), cos(t) sin(t))

10. 극좌표 상의 탄젠트함수 [MA71]

Trigonometry on The Polar Coordinates: Tangent Function

1) 학습 준비

- 새 창을 연다.
- 구성 화면 (Perspectives)- Algebra & Graphics로 바꾼다.
- 그래픽 구성창의 격자선을 극좌표계로 바꾸고(Preferences--Graphics--Grid Tab--Gird Type--Polar), 간격(Distance)을 “r:0.5, θ:π/6”으로 설정한다.

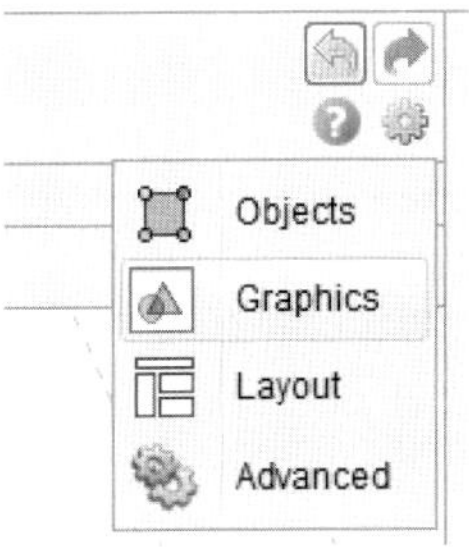

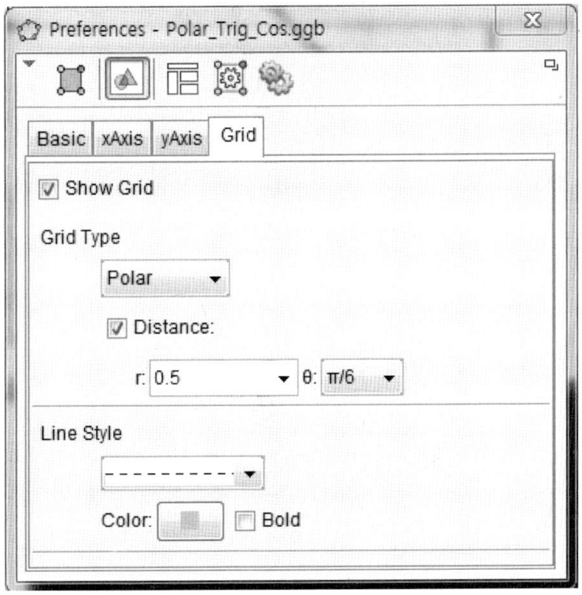

2) 구성 단계

1 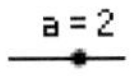	• 초기 설정 상태(Default) 그대로 각(Angle) 슬라이더 θ를 만든다.
2 	• 두 객체의 교점(Intersect Two Objects) 도구로, x-축과 y-축을 클릭해서 극좌표의 원점에 점 O를 찍는다. • 그런 다음, 극좌표 상의 Tan 그래프와 직교좌표 상에서 나타나는 Tan 그래프 모양을 하나의 극좌표 상에 구성하기 위해 y-축을 우측으로 2(Cross at: 2.0)만큼 이동한다.

	• Note: y-축을 우측으로 2만큼 이동하기 위해서는 그래픽 설정창의 yAxis 탭에서 교차지점(Cross at:)을 2.0으로 입력하면 된다. 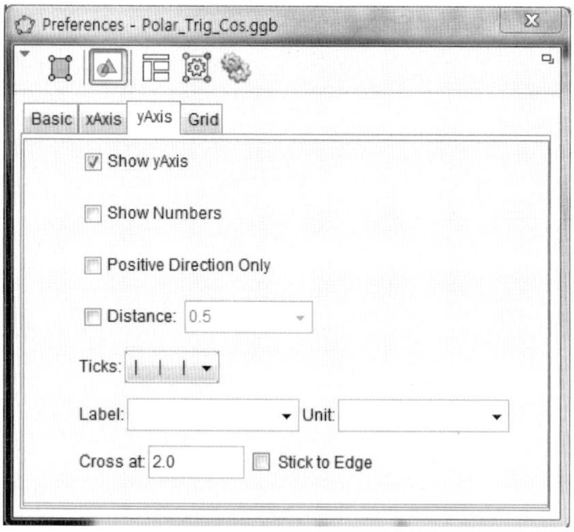
3	• 입력창에 A=O+(2, 0)를 입력해 우측으로 2만큼 이동한 y-축과 x-축이 만나는 교점 A를 찍는다.
4	• P_0:=Rotate[(1, 0), θ, O]를 입력해 점 (1, 0)을 점 O를 중심으로 θ만큼 회전한 점 P_0를 찍는다.
5	• l_θ:=Line[O, P_0]를 입력해 원점 O와 점 P_0를 지나는 직선 l_θ를 긋는다. • Note: 점 P_0와 직선 l_θ는 다음 6단계에서 구성할 각(θ_0)의 변화를 효과적으로 보여주기 위한 보조적인 역할로 사용되는 객체들이다.
6	• θ_0:=Angle[(1, 0), O, P_0]를 입력해 세 점이 이루는 각 θ_0을 점 O에 표시하고, θ_0의 이름(Label)은 화면에서 숨긴다.
7	• Function[tan(x - 2), 2, 2 + θ]를 입력해 x-축 2~2+θ 범위에서 Tan(x-2)함수 그래프를 그린다. • Note: 이 명령어 속에 나타나는 숫자 "2"는 y-축을 우측으로 2만큼 이동한데에 따른 보정값이다. 따라서 y-축을 이동하지 않은 상태라면, 입력 명령어 구문은 "Function[tan(x), 0, θ]"였을 것이다.
8	• Q_T=(2 + θ, tan(θ))를 입력해 tan 그래프 위의 한 점 Q_T를 찍는다.
9	• P_T=(tan(θ); θ)를 입력해 극좌표점 P_T를 찍는다.
10	• y_T:=Segment[Q_T, (x(Q_T), 0)]를 입력해 점 Q_T로부터 x-축에 내린 수직 선분을 긋는다.
11	• v_T:=Vector[O, P_T]를 입력해 점 O로부터 점 P_T에 이르는 벡터 v_T를 그린다.
12	• θ_T:=Angle[A, O, P_T]를 입력해 세 점이 이루는 각 θ_T을 점 O에 표시하고, θ_T의 이름(Label)은 화면에서 숨긴다.

13	• Curve[tan(t) cos(t), tan(t) sin(t), t, 0, θ]를 입력해 매개 변수 곡선을 극좌표 상에 그린다.

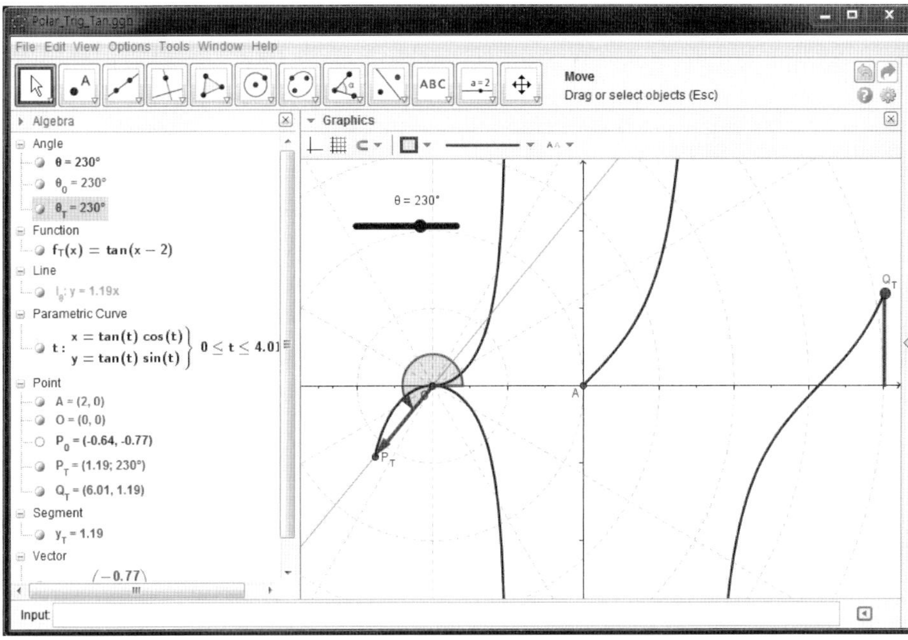

No.	Name	Tool...	Command	Value
1	Angle θ			θ = 162°
2	Point O		Intersect[xAxis, yAxis]	O = (0, 0)
3	Point A		O + (2, 0)	A = (2, 0)
4	Point P_0		Rotate[(1, 0), θ, O]	P_0 = (-0.95, 0.31)
5	Line $l_θ$		Line[O, P_0]	$l_θ$: y = -0.32x
6	Angle $θ_0$		Angle[(1, 0), O, P_0]	$θ_0$ = 162°
7	Function f_T		Function[tan(x - 2), 2, 2 + θ]	f_T(x) = tan(x - 2)
8	Point Q_T		(θ + 2, tan(θ))	Q_T = (4.83, -0.32)
9	Point P_T		(tan(θ); θ)	P_T = (0.32; 342°)
10	Segment y_T		Segment[Q_T, (x(Q_T), 0)]	y_T = 0.32
11	Vector v_T		Vector[O, P_T]	v_T = (0.31, -0.1)
12	Angle $θ_T$		Angle[A, O, P_T]	$θ_T$ = 342°
13	Curve t		Curve[tan(t) cos(t), tan(t) sin(t), t, 0, θ]	t:(tan(t) cos(t), tan(t) sin(t))

11. 극좌표 상의 삼각함수 [MA72]

Trigonometry on The Polar Coordinates

1) 학습 준비

- 새 창을 연다.
- 구성 화면 (Perspectives)- Algebra & Graphics로 바꾼다.
- 그래픽 구성창의 격자선을 극좌표계로 바꾸고(Preferences--Graphics--Grid Tab--Gird Type--Polar), 간격(Distance)을 "r:0.5, θ:π/6"으로 설정한다.

2) 구성 단계

1	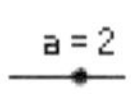	• 초기 설정 상태(Default) 그대로 각(Angle) 슬라이더 θ를 만든다.
2		• 두 객체의 교점(Intersect Two Objects) 도구로, x-축과 y-축을 클릭해서 극좌표의 원점에 점 O를 찍는다. • 그런 다음, 극좌표 상의 Sin 그래프와 직교좌표 상에서 나타나는 Sin 그래프 모양을 하나의 극좌표 상에 구성하기 위해 y-축을 우측으로 2(Cross at: 2.0)만큼 이동한다.
3		• 입력창에 A=O+(2, 0)를 입력해 우측으로 2만큼 이동한 y-축과 x-축이 만나는 교점 A를 찍는다.
4		• P_0:=Rotate[(1, 0), θ, O]를 입력해 점 (1, 0)을 점 O를 중심으로 θ만큼 회전한 점 P_0를 찍는다.
5		• l_θ:=Line[O, P_0]를 입력해 원점 O와 점 P_0를 지나는 직선 l_θ를 긋는다. • Note: 점 P_0와 직선 l_θ는 다음 6단계에서 구성할 각(θ_0)의 변화를 효과적으로 보여주기 위한 보조적인 역할로 사용되는 객체들이다.
6		• θ_0:=Angle[(1, 0), O, P_0]를 입력해 세 점이 이루는 각 θ_0을 점 O에 표시하고, θ_0의 이름(Label)은 화면에서 숨긴다.
7		• F_S:=Function[Sin(x - 2), 2, 2 + θ]를 입력해 x-축 2~2+θ 범위에서 Sin(x-2)함수 그래프를 그린다.
8		• F_C:=Function[Cos(x - 2), 2, 2 + θ]를 입력한다.
9		• F_T:=Function[Tan(x - 2), 2, 2 + θ]를 입력한다.
10		• Q_S=(2 + θ, Sin(θ))를 입력해 Sin 그래프 위의 한 점 Q_S를 찍는다.
11		• Q_C=(2 + θ, Cos(θ))를 입력해 Cos 그래프 위의 한 점 Q_C를 찍는다.
12		• Q_T=(2 + θ, Tan(θ))를 입력해 Tan 그래프 위의 한 점 Q_T를 찍는다.

13	• P_S=(Sin(θ); θ)를 입력해 극좌표점 P_S를 찍는다.
14	• P_C=(Cos(θ); θ)를 입력해 극좌표점 P_C를 찍는다.
15	• P_T=(Tan(θ); θ)를 입력해 극좌표점 P_T를 찍는다.
16	• y_S:=Segment[Q_S, (x(Q_S), 0)]를 입력해 점 Q_S로부터 x-축에 내린 수직 선분을 긋는다.
17	• y_C:=Segment[Q_C, (x(Q_C), 0)]를 입력해 점 Q_C로부터 x-축에 내린 수직 선분을 긋는다.
18	• y_T:=Segment[Q_T, (x(Q_T), 0)]를 입력해 점 Q_T로부터 x-축에 내린 수직 선분을 긋는다.
19	• v_S:=Vector[O, P_S]를 입력해 점 O로부터 점 P_S에 이르는 벡터 v_S를 그린다.
20	• v_C:=Vector[O, P_C]를 입력해 점 O로부터 점 P_C에 이르는 벡터 v_C를 그린다.
21	• v_T:=Vector[O, P_T]를 입력해 점 O로부터 점 P_T에 이르는 벡터 v_T를 그린다.
22	• θ_S:=Angle[A, O, P_S]를 입력해 세 점이 이루는 각 θ_S을 점 O에 표시하고, θ_S의 이름(Label)은 화면에서 숨긴다.
23	• θ_C:=Angle[A, O, P_C]를 입력해 세 점이 이루는 각 θ_C을 점 O에 표시하고, θ_C의 이름(Label)은 화면에서 숨긴다.
24	• θ_T:=Angle[A, O, P_T]를 입력해 세 점이 이루는 각 θ_T을 점 O에 표시하고, θ_T의 이름(Label)은 화면에서 숨긴다.
25	• s:=Curve[sin(t) cos(t), sin(t) sin(t), t, 0, θ]를 입력해 매개 변수 곡선을 극좌표상에 그린다.
26	• c:=Curve[cos(t) cos(t), cos(t) sin(t), t, 0, θ]를 입력한다.
27	• t:=Curve[tan(t) cos(t), tan(t) sin(t), t, 0, θ]를 입력한다.
28	• 체크박스 도구를 선택해 그래픽 구성창의 원하는 위치를 클릭하면 나타나는 대화상자에서 아래 그림에서 보듯이 캡션(Caption) 입력창에 "r=SIN(θ)"를 입력하고 Sin 함수와 관련된 모든 객체들을 목록에서 선택한다. 

	• Note: 이렇게 선택된 객체들은 체크박스를 클릭함에 따라 화면에 나타나거나 사라진다.
29	• 체크박스 도구를 선택해 그래픽 구성창의 원하는 위치를 클릭하면 나타나는 대화상자에서 캡션(Caption) 입력창에 "r=COS(θ)"를 입력하고 Cos 함수와 관련된 모든 객체들을 목록에서 선택한다.
30	• 체크박스 도구를 선택해 그래픽 구성창의 원하는 위치를 클릭하면 나타나는 대화상자에서 캡션(Caption) 입력창에 "r=TAN(θ)"를 입력하고 Tan 함수와 관련된 모든 객체들을 목록에서 선택한다.

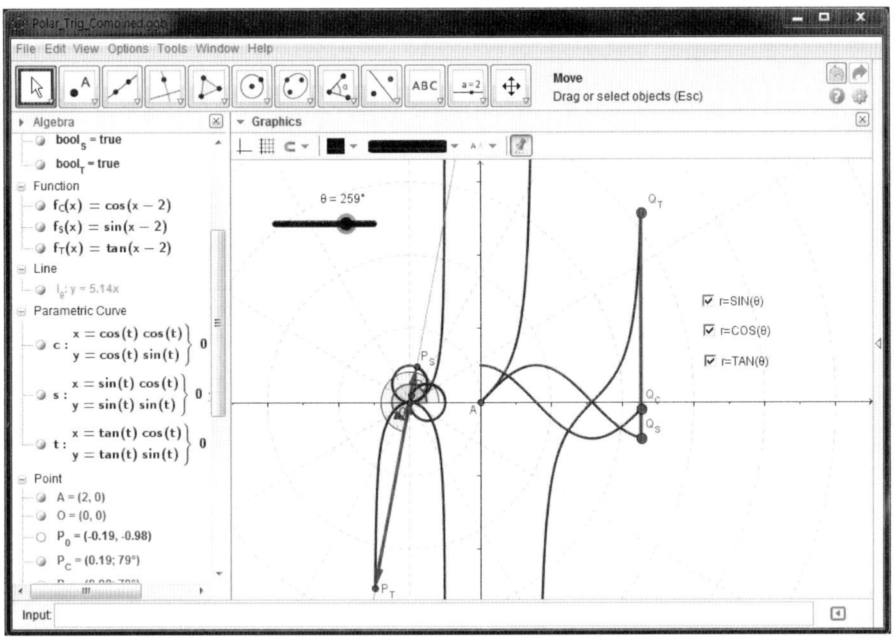

No.	Name	Tool...	Command	Value
1	Angle θ			θ = 76°
2	Point O		Intersect[xAxis, yAxis]	O = (0, 0)
3	Point A		O + (2, 0)	A = (2, 0)
4	Point P_0		Rotate[(1, 0), θ, O]	P_0 = (0.24, 0.97)
5	Line l_θ		Line[O, P_0]	l_θ: y = 4.01x
6	Angle θ_0		Angle[(1, 0), O, P_0]	θ_0 = 76°
7	Function f_S		Function[sin(x - 2), 2, 2 + θ]	f_S(x) = sin(x - 2)

No.	Name		Definition	Value
8	Function f_C		Function[cos(x - 2), 2, 2 + θ]	$f_C(x)$ = cos(x - 2)
9	Function f_T		Function[tan(x - 2), 2, 2 + θ]	$f_T(x)$ = tan(x - 2)
10	Point Q_S		(2 + θ, sin(θ))	Q_S = (3.33, 0.97)
11	Point Q_C		(2 + θ, cos(θ))	Q_C = (3.33, 0.24)
12	Point Q_T		(θ + 2, tan(θ))	Q_T = (3.33, 4.01)
13	Point P_S		(sin(θ); θ)	P_S = (0.97; 76°)
14	Point P_C		(cos(θ); θ)	P_C = (0.24; 76°)
15	Point P_T		(tan(θ); θ)	P_T = (4.01; 76°)
16	Segment y_S		Segment[Q_S, (x(Q_S), 0)]	y_S = 0.97
17	Segment y_C		Segment[Q_C, (x(Q_C), 0)]	y_C = 0.24
18	Segment y_T		Segment[Q_T, (x(Q_T), 0)]	y_T = 4.01
19	Vector v_S		Vector[O, P_S]	v_S = (0.23, 0.94)
20	Vector v_C		Vector[O, P_C]	v_C = (0.06, 0.23)
21	Vector v_T		Vector[O, P_T]	v_T = (0.97, 3.89)
22	Angle $θ_S$		Angle[A, O, P_S]	$θ_S$ = 76°
23	Angle $θ_C$		Angle[A, O, P_C]	$θ_C$ = 76°
24	Angle $θ_T$		Angle[A, O, P_T]	$θ_T$ = 76°
25	Curve s		Curve[sin(t) cos(t), sin(t) sin(t), t, 0, θ]	s:(sin(t) cos(t), sin(t) sin(t))
26	Curve c		Curve[cos(t) cos(t), cos(t) sin(t), t, 0, θ]	c:(cos(t) cos(t), cos(t) sin(t))
27	Curve t		Curve[tan(t) cos(t), tan(t) sin(t), t, 0, θ]	t:(tan(t) cos(t), tan(t) sin(t))
28	Boolean Value $bool_S$			$bool_S$ = false
29	Boolean Value $bool_C$			$bool_C$ = false
30	Boolean Value $bool_T$			$bool_T$ = false

12. 극좌표 위에 수놓은 장미 [MA73]

Roses Embroidered on The Polar Coordinates

1) 학습 준비

- 새 창을 연다.
- 구성 화면 (Perspectives)- Algebra & Graphics로 바꾼다.
- 그래픽 구성창을 두 개 연다. (Menu--View--Graphinc2)
  첫 번째 그래픽 구성창(Graphics)은 극좌표계(Polar)로 격자(Grid) 탭에서 간격(Distance)을 r:1, θ:π/6으로 설정하고, 두 번째 그래픽 구성창(Graphics2)은 직교 좌표계(Cartesian)로 x-축(xAxis 탭) 간격은 π/2로, y-축(yAxis 탭) 간격은 2로 설정한다.
- 구성 목적: 극좌표 상에서 여러 형태의 곡선들(표: Polar Rose 7×7)을 표현하고, 그 구성 원리를 이해한다.

2) 구성 단계

1 a = 2	• 슬라이더 도구를 선택해 두 번째 그래픽 구성창(Graphics2)에 최소값(Min)=1, 최대값(Max)=32, 변화량(Increment)=1인 수(Number) 슬라이더 p를 만든다.
2 a = 2	• 슬라이더 도구를 선택해 두 번째 그래픽 구성창(Graphics2)에 최소값(Min)=0, 최대값(Max)=90p, 변화량(Increment)=1인 수(Number) 슬라이더 θ를 만든다.
3	• 입력창에 α=(θ/180)*π를 입력한다. • Note: 극좌표 상에 다양한 곡선을 그리기 위해서는 여러 번의 360° 회전이 필요한데, 지오지브라에서 각(Angle) 슬라이더로 설정할 수 있는 최대값은 360°(2π)로 제한되어 있다. 그러나 구성 1~3 단계를 통해 최대값을 적용할 경우, α=(90×32/180)×π=16π, 즉 360°의 8배가 되는 최대값을 얻을 수 있게 된다.
4	• 첫 번째 그래픽 구성창을 지정하고 입력창에 Angle[(1, 0), (0, 0), Rotate[(1, 0), α, (0, 0)]] 입력한다. • Note: 이 명령어는 다음을 의미한다. • (1,0): 점(1,0)으로부터, • (0,0): 원점 (0,0)을 중심으로, • Rotate[(1, 0), α, (0, 0)]: 점 (1,0)을 원점 (0,0)를 중심으로 α만큼 회전한 한 점까지 Angle[ ]: 각을 구성 화면에 표시하라
5 a = 2	• 슬라이더 도구를 선택해 두 번째 그래픽 구성창(Graphics2)에 최소값(Min)=1, 최대값(Max)=7, 변화량(Increment)=1인 수(Number) 슬라이더 n과 d를 만든다.

6	• 입력창에 k=n/d를 입력한다.
7	• 입력창에 매개 변수 함수 r(t) = cos(k*t)를 입력한다.
8 a = 1	• 입력 상자(Input Box) 도구를 선택해 그래픽 구성창(Graphics2)을 클릭하면 나타나는 대화 상자에 "Polar Equation"을 캡션으로 입력하고, 연결 객체(Linked Object) 목록에서 "r(t)"를 선택한다.
9	• 두 번째 그래픽 구성창(Graphics2)에 Q=(α, r(α))를 입력해 점 Q를 찍는다.
10	• 첫 번째 그래픽 구성창을 지정하고 입력창에 P=(r(α); α)를 입력해 점 P를 찍는다.
11	• 두 번째 그래픽 구성창(Graphics2)을 지정하고 입력창에 y_Q:=Segment[Q, (x(Q), 0)]를 입력해 점 Q에서 x-축에 내린 수직 선분을 만든다.
12	• 첫 번째 그래픽 구성창을 지정하고 l_θ: y = tan(α)*x를 입력한다. • Note: l_θ는 기울기가 tan(α)인 직선이므로, 결국 점 P와 원점을 지나는 직선이 된다.
13	• 계속 첫 번째 그래픽 구성창에서 v_P:=Vector[(0, 0), P]를 입력해 원점을 시작점으로 하고 점 P를 끝점으로 하는 벡터를 그린다.
14	• 두 번째 그래픽 구성창(Graphics2)을 지정하고 f_Q:=Function[r, 0, α]를 입력해, 함수 r을 x-축 0부터 α까지 그린다.
15	• 첫 번째 그래픽 구성창을 지정하고 입력창에 f_P:=Curve[r(t) cos(t), r(t) sin(t), t, 0, α]를 입력해 매개변수 t가 0부터 α인 범위에서 매개 변수 곡선 f_P를 그린다.
16 	• n값과 d값을 변화시켜가며 슬라이더 θ와 p를 움직여 극좌표 상에 그려지는 곡선이 "표: Polar Rose 7×7"와 일치하는지 확인한다.

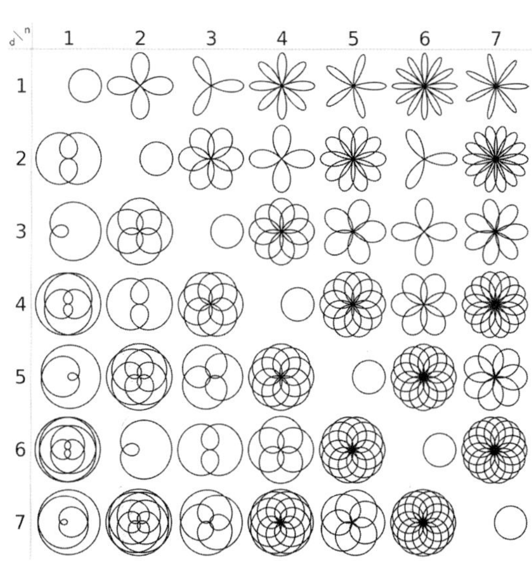

〈표: Polar Rose 7×7〉

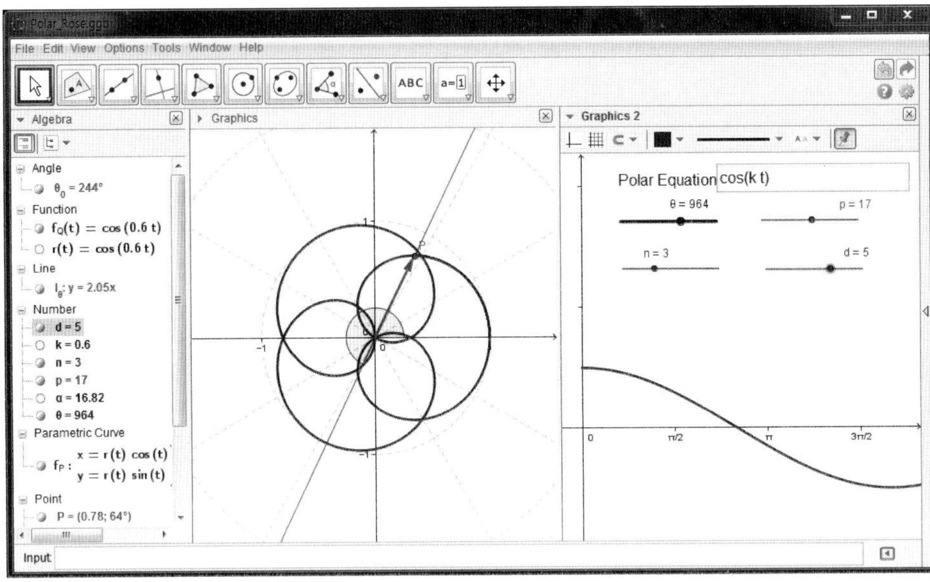

No.	Name	Tool...	Command	Value
1	Number p	a=2		p = 2
2	Number θ	a=2		θ = 108
3	Number α		θ / 180 π	α = 1.88
4	Angle $θ_0$		Angle[(1, 0), (0, 0), Rotate[(1, 0), α, (0, 0)]]	$θ_0$ = 108°
5	Number n	a=2		n = 5
6	Number d	a=2		d = 2
7	Number k		n / d	k = 2.5
8	Function r		r(t) = cos(k t)	r(t) = cos(2.5t)
9	Input Box inputBox1	a=1	InputBox[r]	inputBox1
10	Point Q		(α, r(α))	Q = (1.88, 0)
11	Point P		(r(α); α)	P = (0; 180°)
12	Segment y_Q		Segment[Q, (x(Q), 0)]	y_Q = 0
13	Line $l_θ$		y = tan(α) x	$l_θ$: y = -3.08x
14	Vector v_P		Vector[(0, 0), P]	v_P = (0, 0)
15	Function f_Q		Function[r, 0, α]	f_Q(t) = cos(2.5t)
16	Curve f_P		Curve[r(t) cos(t), r(t) sin(t), t, 0, α]	f_P:(r(t) cos(t), r(t) sin(t))

13. 매개방정식의 증명

Proof of Parametric Equations

A. 사이클로이드(Cycloid)의 매개방정식

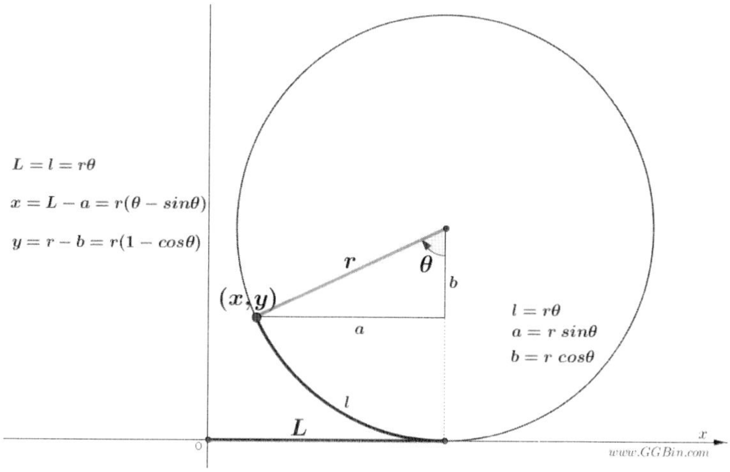

B. 에피트로코이드(EpiTrochoid)의 매개방정식

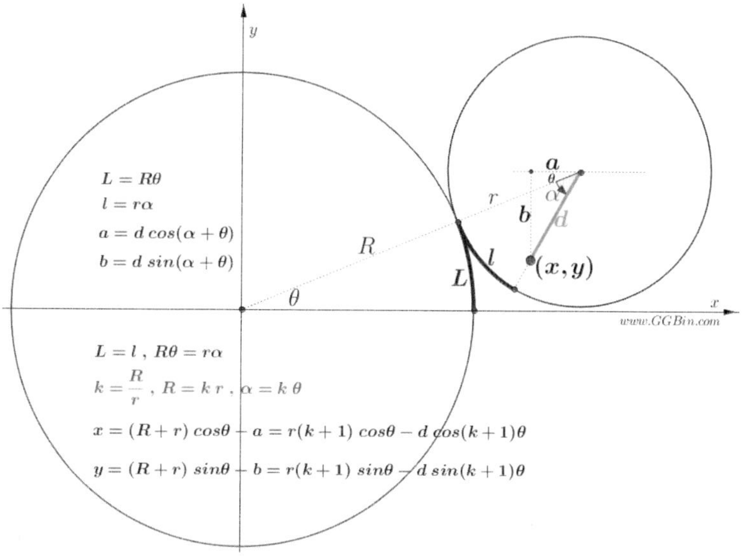

C. 하이포트로코이드(HypoTrochoid)의 매개방정식

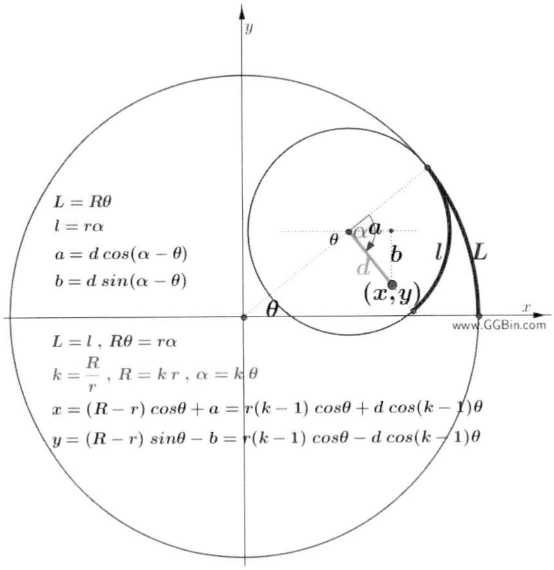

14. 사이클로이드 [MA74]

Parametric Curves: Cycloid

1) 학습 준비

- 새 창을 연다.
- 구성 화면 (Perspectives)- Algebra & Graphics로 바꾼다.
- Cycloid(사이클로이드)의 정의: 평면상의 한 직선을 따라 원이 미끄러지지 않고 회전할 때 원 둘레 위의 고정된 점이 그리는 곡선.

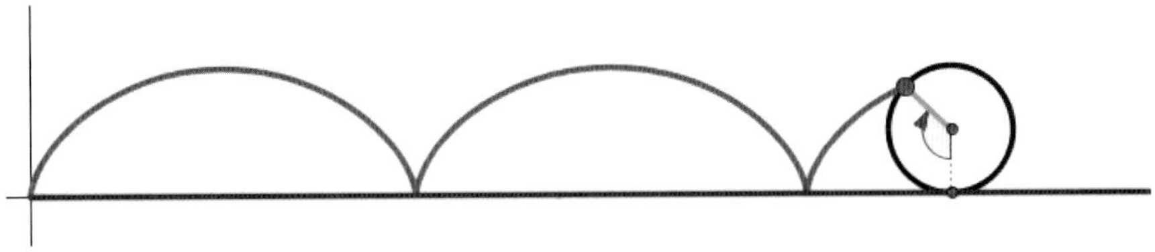

- Cycloid(사이클로이드)의 매개 방정식:

$$x = r(t - \sin(t))$$

$$y = r(1 - \cos(t))$$

2) 구성 단계

1 a=2	• 슬라이더 도구를 선택해 최소값(Min)=1, 최대값(Max)=3, 변화량(Increment)=1인 수(Number) 슬라이더 p를 만든다. • Note: 이 슬라이더의 수는 360° 회전 주기를 몇 회 할 것인가를 결정하는 것이다.
2 a=2	• 슬라이더 도구를 선택해 최소값(Min)=0, 최대값(Max)=360p, 변화량(Increment)=1인 수(Number) 슬라이더 θ를 만든다.
3	• 입력창에 α=(θ/180)*π를 입력한다. • Note: 다양한 매개 변수 곡선을 그리기 위해서는 여러 번의 360°회전이 필요한데, 지오지브라에서 각(Angle) 슬라이더로 설정할 수 있는 최대값은 360°(2π)로 제한되어 있다. 그래서 구성 1~3 단계를 통해 360°가 넘는 회전을 가능하도록 만든다.
4 a=2	• 원의 반지름을 결정하는 슬라이더 r을 만들어, 최소값(Min)=1, 최대값(Max)=3, 변화량(Increment)=0.5로 설정한다.
5	• 입력창에 a:=Ray[(0, 0), (x(Corner[2]), 0)]를 입력해 원점을 시작점으로 하고 점 (x(Corner[2]), 0)를 지나는 반직선을 긋는다. • Note: "x(Corner[2])"는 Corner[2]의 x-좌표를 의미하는 것인데, Corner[2]는 그래픽 구성창의 오른쪽 하단 꼭짓점을 가리킨다. • Corner[ ]를 사용하는 이유는 그래픽 구성창을 확대하거나 축소하여도 항상 그 꼭짓점을 기준점으로 삼기 위해서다. 따라서 아무리 그래픽 구성창을 확대하거나 축소하여도 이 벡터의 끝점은 구성창의 가장 오른쪽과 맞닿아 있게 된다. 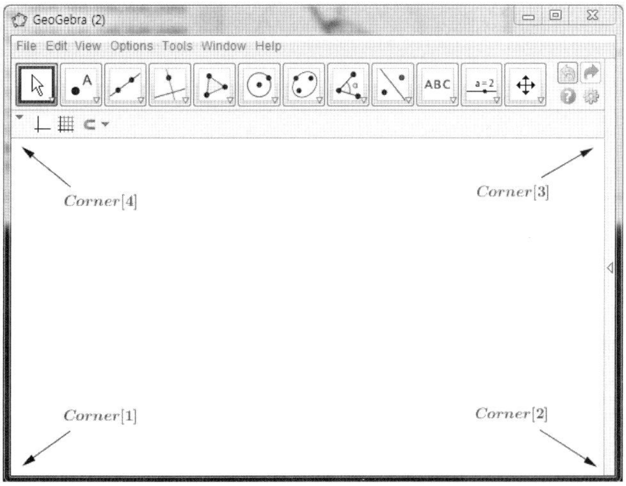

6	• 입력창에 C=(r*α, r)을 입력해 새로운 점 C를 찍는다.
7	• 입력창에 Circle[C, r]를 입력해 중심이 C이고 반지름이 r인 원을 그린다. 지오지브라는 이 원의 이름을 자동적으로 "c"로 부여한다.
8	• 입력창에 T:=Intersect[c, xAxis, 1]를 입력해, 원 c와 x-축이 만나는 교점 T를 찍는다. • Note: Intersect[c, xAxis, 1]에서 마지막 "1"은 이차곡선과 직선이 교차하는 점이 여러 개 일 때, 첫 번째 교점만을 표시하라는 의미이다. • 여기서는 원과 x-축의 교점이 하나이기 때문에 꼭 필요한 것은 아니다.
9	• 입력창에 P:=Rotate[T, -α, C]를 입력해 점 C를 축으로 해서 교점 T를 시계방향으로 α만큼 회전한 점 P를 찍는다. • Note: "-α"는 각 회전 방향이 시계방향임을 의미한다.
10	• 입력창에 r_P:=Segment[C, P]를 입력해 점 C와 점 P 사이에 선분을 긋는다.
11	• 입력창에 r_T:=Segment[C, T]를 입력하고, 선분 r_P와 구분하기 위해 스타일을 변경한다.
12	• 입력창에 θ_C:=Angle[P, C, T]를 입력해 두 신분 r_P와 r_T가 이루는 각을 점 C에 표시한다. • Note: 이 각은 결국 원이 얼마만큼 회전했는지를 표시하게 된다.
13	• 입력창에 f:=Curve[r*(t - sin(t)), r*(1 - cos(t)), t, 0, α]를 입력해 매개변수 t가 0부터 α인 범위에서 매개 변수 곡선 f를 그린다.
14	• 슬라이더 θ, p, r를 움직여 점 P가 그리는 매개 변수 곡선을 확인한다.

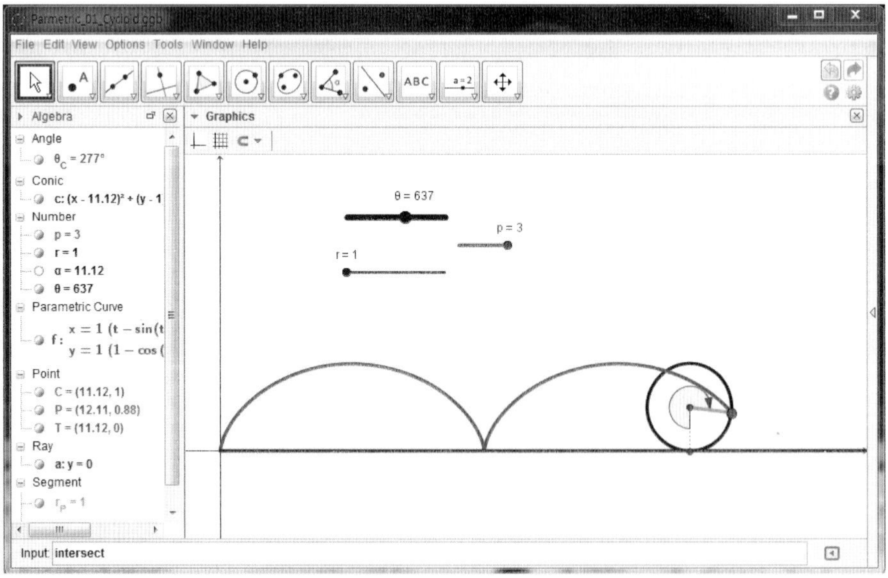

No.	Name	Tool...	Command	Value
1	Number p			p = 2
2	Number θ			θ = 0
3	Number α		θ / 180 π	α = 0
4	Number r			r = 1
5	Ray a		Ray[(0, 0), (x(Corner[2]), 0)]	a: y = 0
6	Point C		(r α, r)	C = (0, 1)
7	Circle c		Circle[C, r]	c: x² + (y - 1)² = 1
8	Point T		Intersect[c, xAxis, 1]	T = (0, 0)
9	Point P		Rotate[T, -α, C]	P = (0, 0)
10	Segment r_P		Segment[C, P]	r_P = 1
11	Segment r_T		Segment[C, T]	r_T = 1
12	Angle $θ_C$		Angle[P, C, T]	$θ_C$ = 0°
13	Curve f		Curve[r (t - sin(t)), r (1 - cos(t)), t, 0, α]	f:((t - sin(t)), (1 - cos(t)))

15. 카디오이드 [MA75]

Parametric Curves: Cardioid

1) 학습 준비

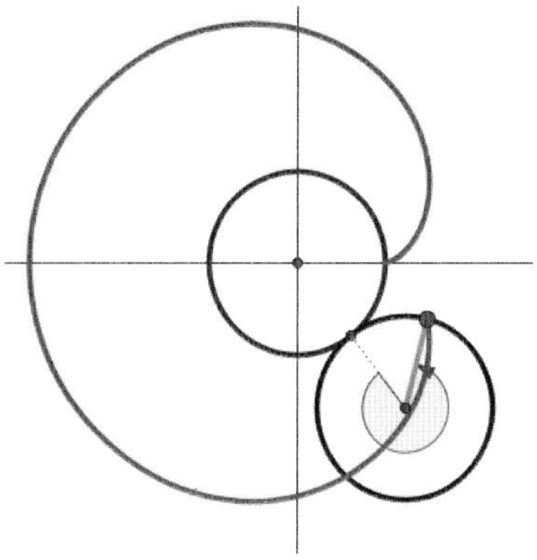

- 새 창을 연다.
- 구성 화면 (Perspectives)- Algebra & Graphics로 바꾼다.
- Cardioid(심장형그래프)의 정의: 고정된 원의 둘레를 이에 외접하는 동일한 크기의 다른 원이 미끄러지지 않고 회전할 때 그 원 둘레 위의 고정된 점이 그리는 곡선.
- Cardioid(심장형그래프)의 매개방정식:

$$x = 2r\cos(t) - r\cos(2t)$$

$$y = 2r\sin(t) - r\sin(2t)$$

2) 구성 단계

1	• 두 객체의 교점(Intersect Two Objects) 도구로, x-축과 y-축을 클릭해서 좌표의 원점에 점 O를 찍는다.
2	• 슬라이더 도구를 선택해 최소값(Min)=0, 최대값(Max)=360, 변화량(Increment)=1인 수(Number) 슬라이더 θ를 만든다.
3	• 입력창에 α=(θ/180)*π를 입력한다. • Note: 이 수 α는 θ의 값을 라디안으로 환산하기 위한 장치다.
4	• 원의 반지름을 결정하는 슬라이더 r을 만들어, 최소값(Min)=1, 최대값(Max)=3, 변화량(Increment)=0.5로 설정한다.
5	• 입력창에 a:=Circle[O, r]를 입력해 중심이 O이고 반지름이 r인 원을 그린다.
6	• 입력창에 T:=Rotate[(r,0), α, O]를 입력해 점 O를 축으로 해서 점 (r,0)를 α만큼 회전한 점 T를 찍는다.
7	• 입력창에 n:=Ray[O, T]를 입력해 원점을 시작점으로 하고 점 T를 지나는 반직선을 긋는다.
8	• 입력창에 b:=Circle[T, r]를 입력해 중심이 T이고 반지름이 r인 원을 그린다.
9	• 입력창에 C:=Intersect[b, n, 2]를 입력해, 원 c와 반직선 n이 만나는 교점 2개중 왼쪽으로부터 두 번째 교점을 C로 찍는다. • Note: 교점 C를 얻기 위해 구성했던 원 b와 반직선 n은 화면에서 숨긴다.
10	• 입력창에 c:=Circle[C, T]를 입력해 중심이 C이고 점 T를 지나는 원을 그린다.
11	• 입력창에 P:=Rotate[T, α, C]를 입력해 점 C를 축으로 해서 점 T를 α만큼 회전한 점 P를 찍는다.
12	• 입력창에 r_P:=Segment[C, P]를 입력해 점 C와 점 P 사이에 선분을 긋는다.
13	• 입력창에 r_T:=Segment[C, T]를 입력하고, 선분 r_P와 구분하기 위해 스타일을 변경한다.
12	• 입력창에 θ_C:=Angle[T, C, P]를 입력해 두 선분 r_P와 r_T가 이루는 각을 점 C에 표시한다. • Note: 이 각은 결국 원이 얼마만큼 회전했는지를 표시하게 된다.
13	• 입력창에 f:=Curve[r*2*cos(t) - r*cos(2*t), r*2*sin(t) - r*sin(2*t), t, 0, α]를 입력해 매개변수 t가 0부터 α인 범위에서 매개 변수 곡선 f를 그린다.
14	• 슬라이더 θ, r를 움직여 점 P가 그리는 매개 변수 곡선을 확인한다.

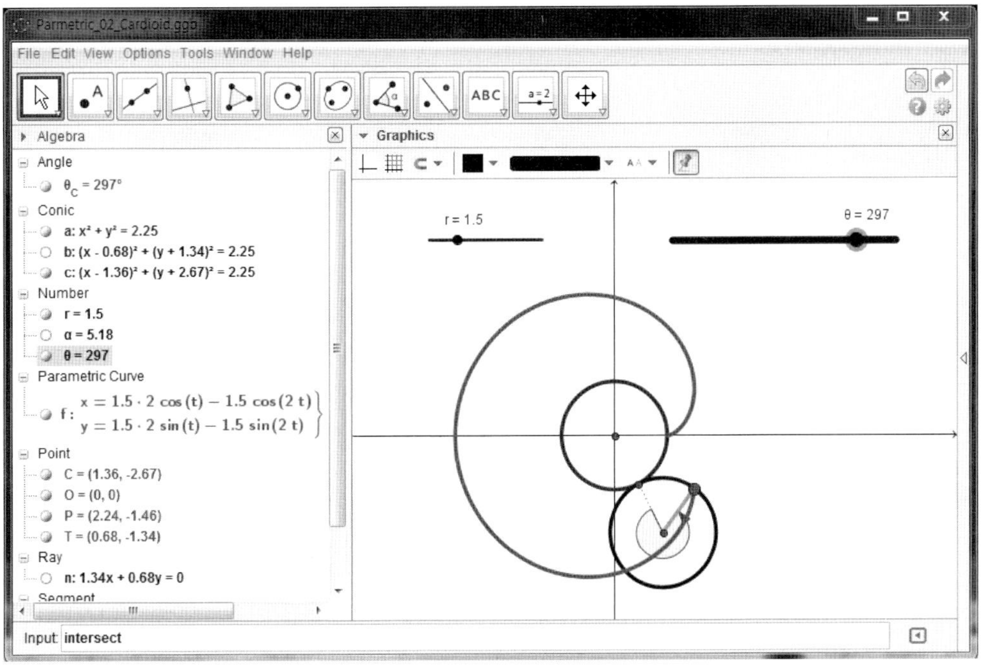

No.	Name	Tool...	Command	Value
1	Point O		Intersect[xAxis, yAxis]	O = (0, 0)
2	Number θ			θ = 252
3	Number α		θ / 180 π	α = 4.4
4	Number r			r = 1.5
5	Circle a		Circle[O, r]	a: x² + y² = 2.25
6	Point T		Rotate[(r, 0), α, O]	T = (-0.46, -1.43)
7	Ray n		Ray[O, T]	n: 1.43x - 0.46y = 0
8	Circle b		Circle[T, r]	b: (x + 0.46)² + (y + 1.43)² = 2.25
9	Point C		Intersect[b, n, 2]	C = (-0.93, -2.85)
10	Circle c		Circle[C, T]	c: (x + 0.93)² + (y + 2.85)² = 2.25
11	Point P		Rotate[T, α, C]	P = (0.29, -3.73)
12	Segment r_P		Segment[C, P]	r_P = 1.5
13	Segment r_T		Segment[C, T]	r_T = 1.5
14	Angle $θ_C$		Angle[T, C, P]	$θ_C$ = 252°
15	Curve f		Curve[r 2 cos(t) - r cos(2t), r 2 sin(t) - r sin (2t), t, 0, α]	f:(1.5 (2) cos(t) - 1.5cos(2t), 1.5 (2) sin(t) - 1.5sin(...

16. 네프로이드 [MA76]

Parametric Curves: Nephroid

1) 학습 준비

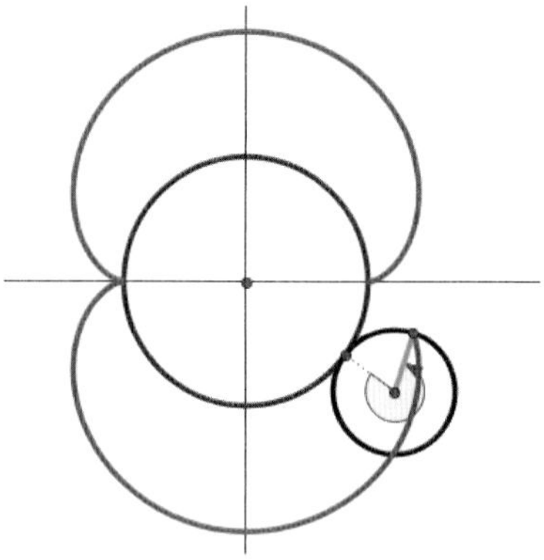

- 새 창을 연다.
- 구성 화면 (Perspectives)- Algebra & Graphics로 바꾼다.
- Nephroid(신장형그래프)의 정의: 고정된 원의 둘레를 이에 외접하는 2배 크기의 다른 원이 미끄러지지 않고 회전할 때 그 원 둘레 위의 고정된 점이 그리는 곡선.
- Nephroid(신장형그래프)의 매개방정식:

$$x = 3r\cos(t) - r\cos(3t)$$

$$y = 3r\sin(t) - r\sin(3t)$$

2) 구성 단계

1	• 두 객체의 교점(Intersect Two Objects) 도구로, x-축과 y-축을 클릭해서 좌표의 원점에 점 O를 찍는다.
2 a = 2	• 슬라이더 도구를 선택해 최소값(Min)=0, 최대값(Max)=360, 변화량(Increment)=1인 수(Number) 슬라이더 θ를 만든다.
3	• 입력창에 α=(θ/180)*π를 입력한다. • Note: 이 수 α는 θ의 값을 라디안으로 환산하기 위한 장치다.
4 a = 2	• 원의 반지름을 결정하는 슬라이더 r을 만들어, 최소값(Min)=1, 최대값(Max)=3, 변화량(Increment)=0.5로 설정한다.
5	• 입력창에 a:=Circle[O, 2r]를 입력해 중심이 O이고 반지름이 2r인 원을 그린다.
6	• 입력창에 T:=Rotate[(2r,0), α, O]를 입력해 점 O를 축으로 해서 점 (2r,0)를 α만큼 회전한 점 T를 찍는다.
7	• 입력창에 n:=Ray[O, T]를 입력해 원점을 시작점으로 하고 점 T를 지나는 반직선을 긋는다.
8	• 입력창에 b:=Circle[T, r]를 입력해 중심이 T이고 반지름이 r인 원을 그린다.
9	• 입력창에 C:=Intersect[b, n, 2]를 입력해, 원 c와 반직선 n이 만나는 교점 2개중 왼쪽으로부터 두 번째 교점을 C로 찍는다. • Note: 교점 C를 얻기 위해 구성했던 원 b와 반직선 n은 화면에서 숨긴다.

10	• 입력창에 c:=Circle[C, T]를 입력해 중심이 C이고 점 T를 지나는 원을 그린다.
11	• 입력창에 P:=Rotate[T, 2α, C]를 입력해 점 C를 축으로 해서 점 T를 2α만큼 회전한 점 P를 찍는다.
12	• 입력창에 r_P:=Segment[C, P]를 입력해 점 C와 점 P 사이에 선분을 긋는다.
13	• 입력창에 r_T:=Segment[C, T]를 입력하고, 선분 r_P와 구분하기 위해 스타일을 변경한다.
12	• 입력창에 θ_C:=Angle[T, C, P]를 입력해 두 선분 r_P와 r_T가 이루는 각을 점 C에 표시한다. • Note: 이 각은 결국 원이 얼마만큼 회전했는지를 표시하게 된다.
13	• 입력창에 f:=Curve[r*3*cos(t) - r*cos(3*t), r*3*sin(t) - r*sin(3*t), t, 0, α]를 입력해 매개변수 t가 0부터 α인 범위에서 매개 변수 곡선 f를 그린다.
14	• 슬라이더 θ, r를 움직여 점 P가 그리는 매개 변수 곡선을 확인한다.

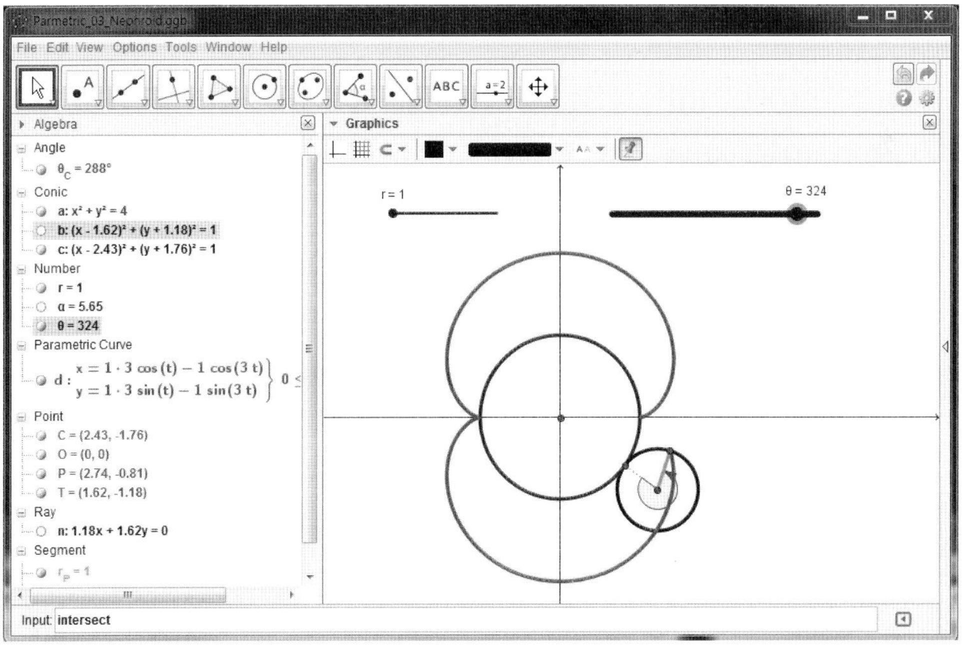

No.	Name	Tool...	Command	Value
1	Point O		Intersect[xAxis, yAxis]	O = (0, 0)
2	Number θ			θ = 360
3	Number α		θ / 180 π	α = 6.28
4	Number r			r = 1
5	Circle a		Circle[O, 2r]	a: $x^2 + y^2 = 4$
6	Point T		Rotate[(2r, 0), α, O]	T = (2, 0)
7	Ray n		Ray[O, T]	n: y = 0
8	Circle b		Circle[T, r]	b: $(x - 2)^2 + y^2 = 1$
9	Point C		Intersect[b, n, 2]	C = (3, 0)
10	Circle c		Circle[C, T]	c: $(x - 3)^2 + y^2 = 1$
11	Point P		Rotate[T, 2α, C]	P = (2, 0)
12	Segment r_P		Segment[C, P]	$r_P = 1$
13	Segment r_T		Segment[C, T]	$r_T = 1$
14	Angle $θ_C$		Angle[T, C, P]	$θ_C = 0°$
15	Curve d		Curve[r 3 cos(t) - r cos(3t), r 3 sin(t) - r sin (3t), t, 0, α]	d:(3 cos(t) - cos(3t), 3 sin(t) - sin(3t))

17. 에피사이클로이드 [MA77]

Parametric Curves: Epicycloid

1) 학습 준비

- 새 창을 연다.
- 구성 화면 (Perspectives)- Algebra & Graphics로 바꾼다.
- Epicycloid(外사이클로이드)의 정의: 고정된 원의 둘레를 이에 외접하는 다른 원이 미끄러지지 않고 회전할 때 그 원 둘레 위의 고정된 점이 그리는 곡선.
- Epicycloid(外사이클로이드)의 매개방정식:

$$x = r(k+1)\cos(t) - r\cos((k+1)t)$$

$$y = r(k+1)\sin(t) - r\sin((k+1)t)$$

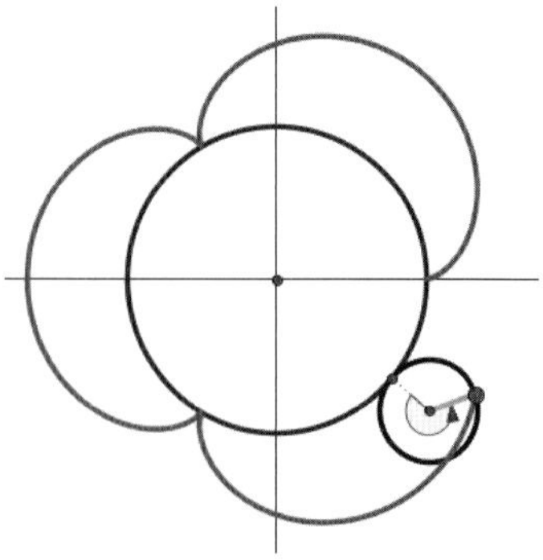

2) 구성 단계

단계	도구	내용
1		• 두 객체의 교점(Intersect Two Objects) 도구로, x-축과 y-축을 클릭해서 좌표의 원점에 점 O를 찍는다.
2	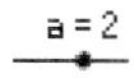	• 슬라이더 도구를 선택해 최소값(Min)=1, 최대값(Max)=30, 변화량(Increment)=1인 수(Number) 슬라이더 p를 만든다.
3	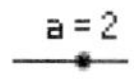	• 슬라이더 도구를 선택해 최소값(Min)=0, 최대값(Max)=360p, 변화량(Increment)=1인 수(Number) 슬라이더 θ를 만든다.
4		• 입력창에 α=(θ/180)*π를 입력한다. • Note: 이 수 α는 θ의 값을 라디안으로 환산하기 위한 장치다.
5	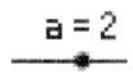	• 안쪽 큰 원의 반지름을 결정하는 슬라이더 R을 만들어, 최소값(Min)=1, 최대값(Max)=36, 변화량(Increment)=1로 설정한다.
6	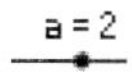	• 바깥쪽 작은 원의 반지름을 결정하는 슬라이더 r을 만들어, 최소값(Min)=1, 최대값(Max)=36, 변화량(Increment)=1로 설정한다.
7		• 입력창에 k=R/r을 입력한다.
8		• 입력창에 a:=Circle[O, R]를 입력해 중심이 O이고 반지름이 R인 안쪽 큰 원을 그린다.
9		• 입력창에 T:=Rotate[(R,0), α, O]를 입력해 점 O를 축으로 해서 점 (R,0)를 α만큼 회전한 점 T를 찍는다.
10		• 입력창에 n:=Ray[O, T]를 입력해 원점을 시작점으로 하고 점 T를 지나는 반직선을 긋는다.
11		• 입력창에 b:=Circle[T, r]를 입력해 중심이 T이고 반지름이 r인 원을 그린다.
12		• 입력창에 C:=Intersect[b, n, 2]를 입력해, 원 c와 반직선 n이 만나는 교점 2개중 왼쪽으로부터 두 번째 교점을 C로 찍는다. • Note: 교점 C를 얻기 위해 구성했던 원 b와 반직선 n은 화면에서 숨긴다.
13		• 입력창에 c:=Circle[C, T]를 입력해 중심이 C이고 점 T를 지나는 원을 그린다.
14		• 입력창에 P:=Rotate[T, k*α, C]를 입력해 점 C를 축으로 해서 점 T를 kα만큼 회전한 점 P를 찍는다.
15		• 입력창에 r_P:=Segment[C, P]를 입력해 점 C와 점 P 사이에 선분을 긋는다.
16		• 입력창에 r_T:=Segment[C, T]를 입력하고, 선분 r_P와 구분하기 위해 스타일을 변경한다.
17		• 입력창에 θ_C:=Angle[T, C, P]를 입력해 두 선분 r_P와 r_T가 이루는 각을 점 C에 표시한다. • Note: 이 각은 결국 원이 얼마만큼 회전했는지를 표시하게 된다.
18		• 입력창에 f:=Curve[r*(k + 1)*cos(t) - r*cos((k + 1)*t), r*(k + 1) *sin(t) - r*sin((k + 1)*t), t, 0, α]를 입력해 • 매개변수 t가 0부터 α인 범위에서 매개 변수 곡선 f를 그린다.
19		• 슬라이더 p, θ, r, R를 움직여 점 P가 그리는 매개 변수 곡선을 확인한다.

■ 변수 k에 따른 에피-사이클로이드/트로코이드(Epi-Cycloid/Trochoid) 곡선들

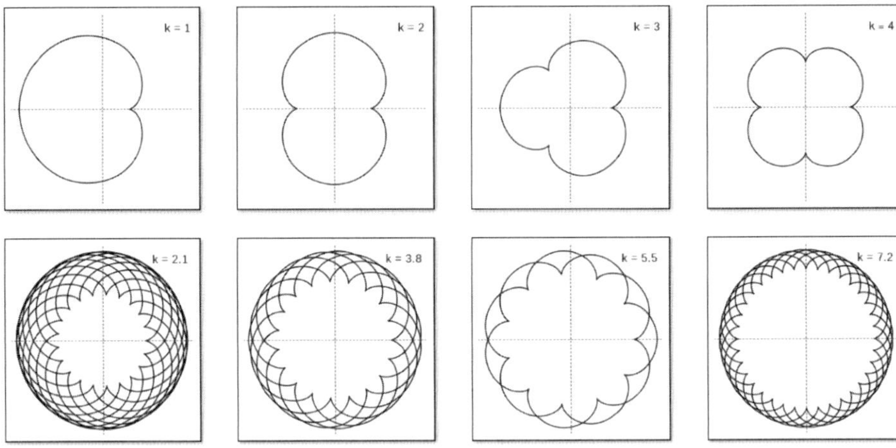

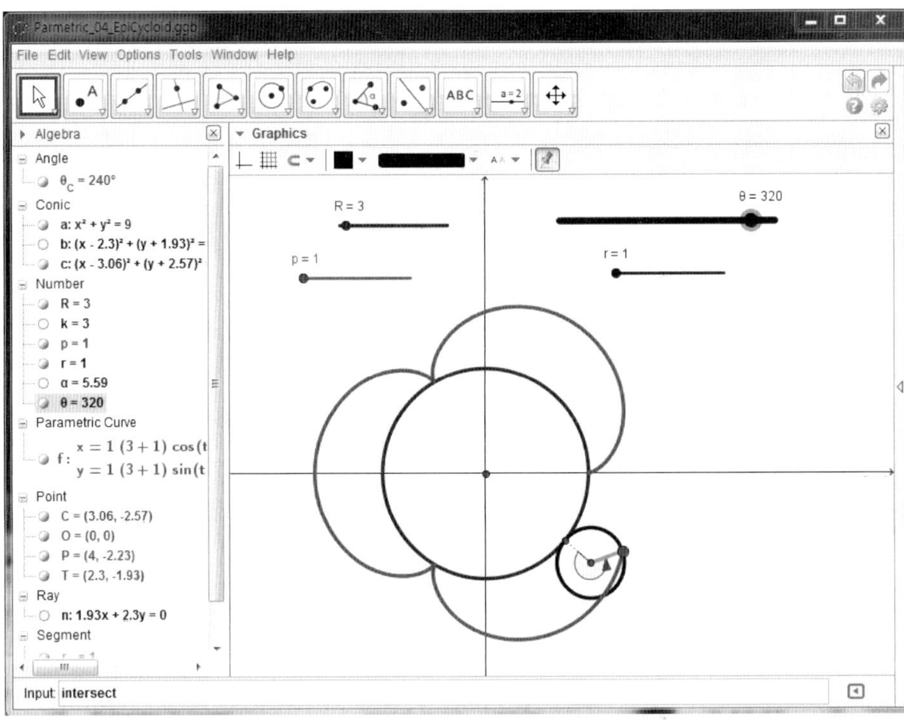

No.	Name	Tool...	Command	Value
1	Point O		Intersect[xAxis, yAxis]	O = (0, 0)
2	Number p			p = 1
3	Number θ			θ = 360
4	Number α		θ / 180 π	α = 6.28
5	Number R			R = 3
6	Number r			r = 1
7	Number k		R / r	k = 3
8	Circle a		Circle[O, R]	a: $x^2 + y^2 = 9$
9	Point T		Rotate[(R, 0), α, O]	T = (3, 0)
10	Ray n		Ray[O, T]	n: y = 0
11	Circle b		Circle[T, r]	b: $(x - 3)^2 + y^2 = 1$
12	Point C		Intersect[b, n, 2]	C = (4, 0)
13	Circle c		Circle[C, T]	c: $(x - 4)^2 + y^2 = 1$
14	Point P		Rotate[T, k α, C]	P = (3, 0)
15	Segment r_P		Segment[C, P]	$r_P = 1$
16	Segment r_T		Segment[C, T]	$r_T = 1$
17	Angle θ_C		Angle[T, C, P]	$\theta_C = 0°$
18	Curve f		Curve[r (k + 1) cos(t) - r cos((k + 1) t), r (k + 1) sin(t) - r sin((k + 1) t), t, 0, α]	f:((3 + 1) cos(t) - cos((3 + 1) t), (3 + 1) sin(t) - sin((3...

18. 에피트로코이드 [MA78]

Parametric Curves: Epitrochoid

1) 학습 준비

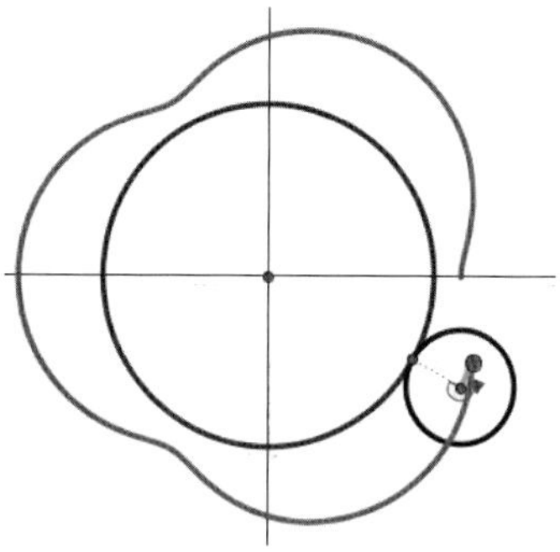

- 새 창을 연다.
- 구성 화면 (Perspectives)- Algebra & Graphics로 바꾼다.
- Epitrochoid(에피트로코이드)의 정의: 고정된 원의 둘레를 이에 외접하는 다른 원이 미끄러지지 않고 회전할 때 그 원에 고정된 점이 그리는 곡선.

- Epitrochoid(에피트로코이드)의 매개방정식:

$$x = r(k+1)\cos(t) - d\cos((k+1)t)$$

$$y = r(k+1)\sin(t) - d\sin((k+1)t)$$

2) 구성 단계

1	• 두 객체의 교점(Intersect Two Objects) 도구로, x-축과 y-축을 클릭해서 좌표의 원점에 점 O를 찍는다.
2	• 슬라이더 도구를 선택해 최소값(Min)=1, 최대값(Max)=30, 변화량(Increment)=1인 수(Number) 슬라이더 p를 만든다.
3	• 슬라이더 도구를 선택해 최소값(Min)=0, 최대값(Max)=360p, 변화량(Increment)=1인 수(Number) 슬라이더 θ를 만든다.
4	• 입력창에 α=(θ/180)*π를 입력한다. • Note: 이 수 α는 θ의 값을 라디안으로 환산하기 위한 장치다.
5	• 안쪽 큰 원의 반지름을 결정하는 슬라이더 R을 만들어, 최소값(Min)=1, 최대값(Max)=36, 변화량(Increment)=1로 설정한다.
6	• 바깥쪽 작은 원의 반지름을 결정하는 슬라이더 r을 만들어, 최소값(Min)=1, 최대값(Max)=36, 변화량(Increment)=1로 설정한다.
7	• 입력창에 k=R/r을 입력한다.
8	• 슬라이더 d를 만들어, 최소값(Min)=1, 최대값(Max)=36, 변화량(Increment)=1로 설정한다.
9	• 입력창에 a:=Circle[O, R]를 입력해 중심이 O이고 반지름이 R인 안쪽 큰 원을 그린다.
10	• 입력창에 T:=Rotate[(R,0), α, O]를 입력해 점 O를 축으로 해서 점 (R,0)를 α만큼 회전한 점 T를 찍는다.
11	• 입력창에 n:=Ray[O, T]를 입력해 원점을 시작점으로 하고 점 T를 지나는 반직선을 긋는다.
12	• 입력창에 b:=Circle[T, r]를 입력해 중심이 T이고 반지름이 r인 원을 그린다.
13	• 입력창에 C:=Intersect[b, n, 2]를 입력해, 원 c와 반직선 n이 만나는 교점 2개중 왼쪽으로부터 두 번째 교점을 C로 찍는다. • Note: 교점 C를 얻기 위해 구성했던 원 b는 화면에서 숨긴다.
14	• 입력창에 c:=Circle[C, T]를 입력해 중심이 C이고 점 T를 지나는 원을 그린다.

15	• 입력창에 c_d:=Circle[C, d]를 입력해 중심이 C이고 반지름이 d인 원을 그린다.
16	• 입력창에 T_d:=Intersect[c_d, n, 1]를 입력해, 원 c_d와 반직선 n이 만나는 교점 2개중 왼쪽으로부터 첫 번째 교점을 T_d로 찍는다. • Note: 교점 T_d를 얻기 위해 구성했던 원 c_d와 반직선 n은 화면에서 숨긴다.
17	• 입력창에 P:=Rotate[T_d, k*α, C]를 입력해 점 C를 축으로 해서 점 T_d를 kα만큼 회전한 점 P를 찍는다.
18	• 입력창에 r_P:=Segment[C, P]를 입력해 점 C와 점 P 사이에 선분을 긋는다.
19	• 입력창에 r_T:=Segment[C, T]를 입력하고, 선분 r_P와 구분하기 위해 스타일을 변경한다.
20	• 입력창에 θ_C:=Angle[T, C, P]를 입력해 두 선분 r_P와 r_T가 이루는 각을 점 C에 표시한다. • Note: 이 각은 결국 원이 얼마만큼 회전했는지를 표시하게 된다.
21	• 입력창에 f:=Curve[r*(k + 1)*cos(t) - d*cos((k + 1)*t), r*(k + 1) *sin(t) - d*sin((k + 1)*t), t, 0, α]를 입력해 매개변수 t가 0부터 α인 범위에서 매개 변수 곡선 f를 그린다.
22	• 슬라이더 p, θ, R, r, d를 움직여 점 P가 그리는 매개 변수 곡선을 확인한다.

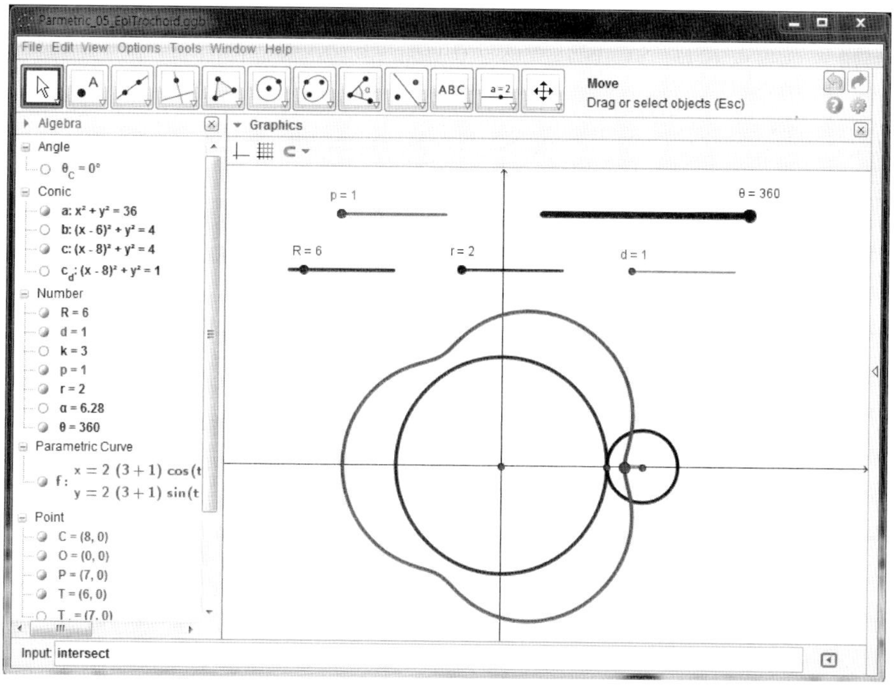

No.	Name	Tool...	Command	Value
1	Point O		Intersect[xAxis, yAxis]	O = (0, 0)
2	Number p			p = 1
3	Number θ			θ = 360
4	Number α		θ / 180 π	α = 6.28
5	Number R			R = 6
6	Number r			r = 2
7	Number k		R / r	k = 3
8	Number d			d = 1
9	Circle a		Circle[O, R]	a: $x^2 + y^2 = 36$
10	Point T		Rotate[(R, 0), α, O]	T = (6, 0)
11	Ray n		Ray[O, T]	n: y = 0
12	Circle b		Circle[T, r]	b: $(x - 6)^2 + y^2 = 4$
13	Point C		Intersect[b, n, 2]	C = (8, 0)
14	Circle c		Circle[C, T]	c: $(x - 8)^2 + y^2 = 4$
15	Circle c_d		Circle[C, d]	c_d: $(x - 8)^2 + y^2 = 1$
16	Point T_d		Intersect[c_d, n, 1]	T_d = (7, 0)
17	Point P		Rotate[T_d, k α, C]	P = (7, 0)
18	Segment r_P		Segment[C, P]	r_P = 1
19	Segment r_T		Segment[C, T]	r_T = 2
20	Angle θ_C		Angle[T, C, P]	θ_C = 0°
21	Curve f		Curve[r (k + 1) cos(t) - d cos((k + 1) t), r (k + 1) sin(t) - d sin((k + 1) t), t, 0, α]	f:(2 (3 + 1) cos(t) - cos((3 + 1) t), 2 (3 + 1) sin(t) - s...

19. 델토이드 [MA79]

Parametric Curves: Deltoid

1) 학습 준비

- 새 창을 연다.
- 구성 화면 (Perspectives)- Algebra & Graphics로 바꾼다.

- Deltoid(삼각별그래프)의 정의: 고정된 원의 둘레를 이에 내접하는 1/3배 크기의 다른 원이 미끄러지지 않고 회전할 때 그 원 둘레 위의 고정된 점이 그리는 곡선.
- Deltoid(삼각별그래프)의 매개방정식:

$$x = 2r\cos(t) + r\cos(2t)$$

$$y = 2r\sin(t) - r\sin(2t)$$

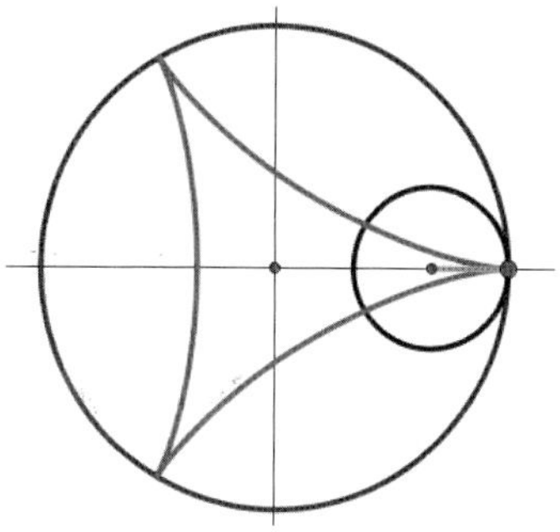

2) 구성 단계

단계	도구	설명
1		• 두 객체의 교점(Intersect Two Objects) 도구로, x-축과 y-축을 클릭해서 좌표의 원점에 점 O를 찍는다.
2	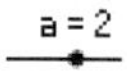	• 슬라이더 도구를 선택해 최소값(Min)=0, 최대값(Max)=360, 변화량(Increment)=1인 수(Number) 슬라이더 θ를 만든다.
3		• 입력창에 α=(θ/180)*π를 입력한다. • Note: 이 수 α는 θ의 값을 라디안으로 환산하기 위한 장치다.
4	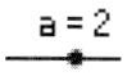	• 원의 반지름을 결정하는 슬라이더 r을 만들어, 최소값(Min)=1, 최대값(Max)=3, 변화량(Increment)=0.5로 설정한다.
5		• 입력창에 a:=Circle[O, 3r]를 입력해 중심이 O이고 반지름이 3r인 원을 그린다.
6		• 입력창에 T:=Rotate[(3r,0), α, O]를 입력해 점 O를 축으로 해서 점 (3r,0)를 α만큼 회전한 점 T를 찍는다.
7		• 입력창에 n:=Ray[O, T]를 입력해 원점을 시작점으로 하고 점 T를 지나는 반직선을 긋는다.
8		• 입력창에 b:=Circle[T, r]를 입력해 중심이 T이고 반지름이 r인 원을 그린다.
9		• 입력창에 C:=Intersect[b, n, 1]를 입력해, 원 c와 반직선 n이 만나는 교점 2개중 왼쪽으로부터 첫 번째 교점을 C로 찍는다. • Note: 교점 C를 얻기 위해 구성했던 원 b와 반직선 n은 화면에서 숨긴다.
10		• 입력창에 c:=Circle[C, T]를 입력해 중심이 C이고 점 T를 지나는 원을 그린다.
11		• 입력창에 P:=Rotate[T, -3α, C]를 입력해 점 C를 축으로 해서 점 T를 시계방향으로 3α만큼 회전한 점 P를 찍는다.
12		• 입력창에 r_P:=Segment[C, P]를 입력해 점 C와 점 P 사이에 선분을 긋는다.
13		• 입력창에 r_T:=Segment[C, T]를 입력하고, 선분 r_P와 구분하기 위해 스타일을 변경한다.
12		• 입력창에 θ_C:=Angle[T, C, P]를 입력해 두 선분 r_P와 r_T가 이루는 각을 점 C에 표시한다. • Note: 이 각은 결국 원이 얼마만큼 회전했는지를 표시하게 된다.

13	• 입력창에 f:=Curve[r*2*cos(t) + r*cos(2*t), r*2*sin(t) - r*sin(2*t), t, 0, α]를 입력해 매개변수 t가 0부터 α인 범위에서 매개 변수 곡선 f를 그린다.
14	• 슬라이더 θ, r를 움직여 점 P가 그리는 매개 변수 곡선을 확인한다.

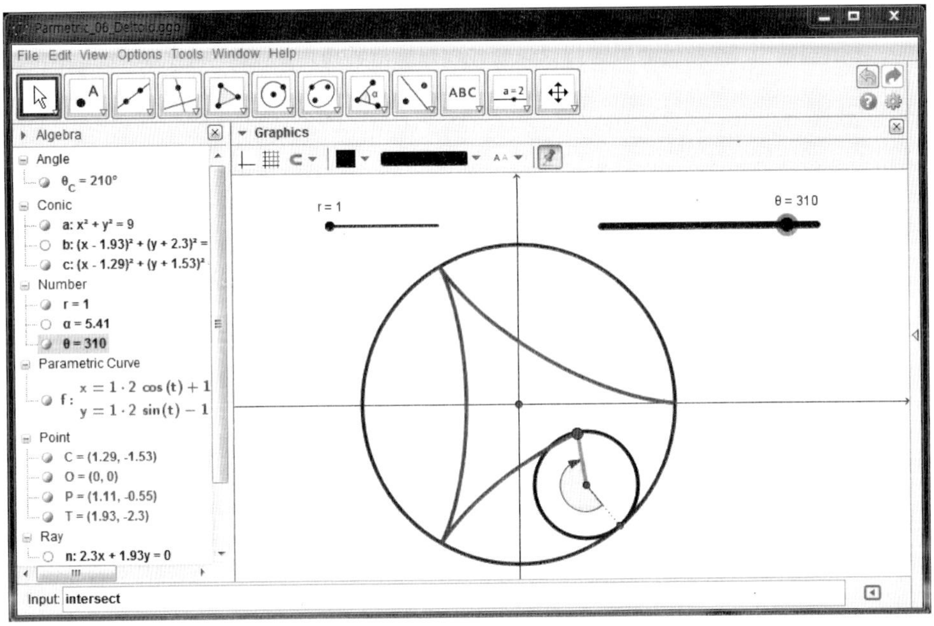

No.	Name	Tool...	Command	Value
1	Point O		Intersect[xAxis, yAxis]	O = (0, 0)
2	Number θ			θ = 360
3	Number α		θ / 180 π	α = 6.28
4	Number r			r = 1
5	Circle a		Circle[O, 3r]	a: x² + y² = 9
6	Point T		Rotate[(3r, 0), α, O]	T = (3, 0)
7	Ray n		Ray[O, T]	n: y = 0
8	Circle b		Circle[T, r]	b: (x - 3)² + y² = 1
9	Point C		Intersect[b, n, 1]	C = (2, 0)
10	Circle c		Circle[C, T]	c: (x - 2)² + y² = 1
11	Point P		Rotate[T, -3α, C]	P = (3, 0)

12 Segment r_P		Segment[C, P]	$r_P = 1$
13 Segment r_T		Segment[C, T]	$r_T = 1$
14 Angle θ_C		Angle[P, C, T]	$\theta_C = 0°$
15 Curve f		Curve[r 2 cos(t) + r cos(2t), r 2 sin(t) - r sin (2t), t, 0, α]	f:(2 cos(t) + cos(2t), 2 sin(t) - sin(2t))

20. 아스트로이드 [MA80]

Parametric Curves: Astroid

1) 학습 준비

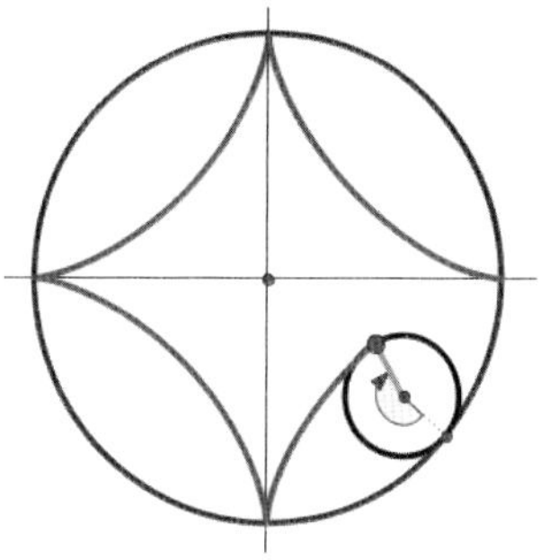

- 새 창을 연다.
- 구성 화면 (Perspectives)- Algebra & Graphics로 바꾼다.
- Astroid(사각별그래프)의 정의: 고정된 원의 둘레를 이에 내접하는 1/4배 크기의 다른 원이 미끄러지지 않고 회전할 때 그 원 둘레 위의 고정된 점이 그리는 곡선.
- Astroid(사각별그래프)의 매개방정식:

$$x = 3r\cos(t) + r\cos(3t)$$

$$y = 3r\sin(t) - r\sin(3t)$$

2) 구성 단계

1 	• 두 객체의 교점(Intersect Two Objects) 도구로, x-축과 y-축을 클릭해서 좌표의 원점에 점 O를 찍는다.
2 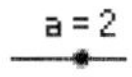	• 슬라이더 도구를 선택해 최소값(Min)=0, 최대값(Max)=360, 변화량(Increment)=1인 수(Number) 슬라이더 θ를 만든다.
3	• 입력창에 α=(θ/180)*π를 입력한다. • Note: 이 수 α는 θ의 값을 라디안으로 환산하기 위한 장치다.
4 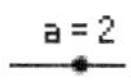	• 원의 반지름을 결정하는 슬라이더 r을 만들어, 최소값(Min)=1, 최대값(Max)=3, 변화량(Increment)=0.5로 설정한다.
5	• 입력창에 a:=Circle[O, 4r]를 입력해 중심이 O이고 반지름이 4r인 원을 그린다.
6	• 입력창에 T:=Rotate[(4r,0), α, O]를 입력해 점 O를 축으로 해서 점 (4r,0)를 α만큼 회전한 점 T를 찍는다.

7	• 입력창에 n:=Ray[O, T]를 입력해 원점을 시작점으로 하고 점 T를 지나는 반직선을 긋는다.
8	• 입력창에 b:=Circle[T, r]를 입력해 중심이 T이고 반지름이 r인 원을 그린다.
9	• 입력창에 C:=Intersect[b, n, 1]를 입력해, 원 c와 반직선 n이 만나는 교점 2개중 왼쪽으로부터 첫 번째 교점을 C로 찍는다. • Note: 교점 C를 얻기 위해 구성했던 원 b와 반직선 n은 화면에서 숨긴다.
10	• 입력창에 c:=Circle[C, T]를 입력해 중심이 C이고 점 T를 지나는 원을 그린다.
11	• 입력창에 P:=Rotate[T, -4α, C]를 입력해 점 C를 축으로 해서 점 T를 시계방향으로 4α만큼 회전한 점 P를 찍는다.
12	• 입력창에 r_P:=Segment[C, P]를 입력해 점 C와 점 P 사이에 선분을 긋는다.
13	• 입력창에 r_T:=Segment[C, T]를 입력하고, 선분 r_P와 구분하기 위해 스타일을 변경한다.
12	• 입력창에 θ_C:=Angle[T, C, P]를 입력해 두 선분 r_P와 r_T가 이루는 각을 점 C에 표시한다. • Note: 이 각은 결국 원이 얼마만큼 회전했는지를 표시하게 된다.
13	• 입력창에 f:=Curve[r*3*cos(t) + r*cos(3*t), r*3*sin(t) - r*sin(3*t), t, 0, α]를 입력해 매개변수 t가 0부터 α인 범위에서 매개 변수 곡선 f를 그린다.
14	• 슬라이더 θ, r를 움직여 점 P가 그리는 매개 변수 곡선을 확인한다.

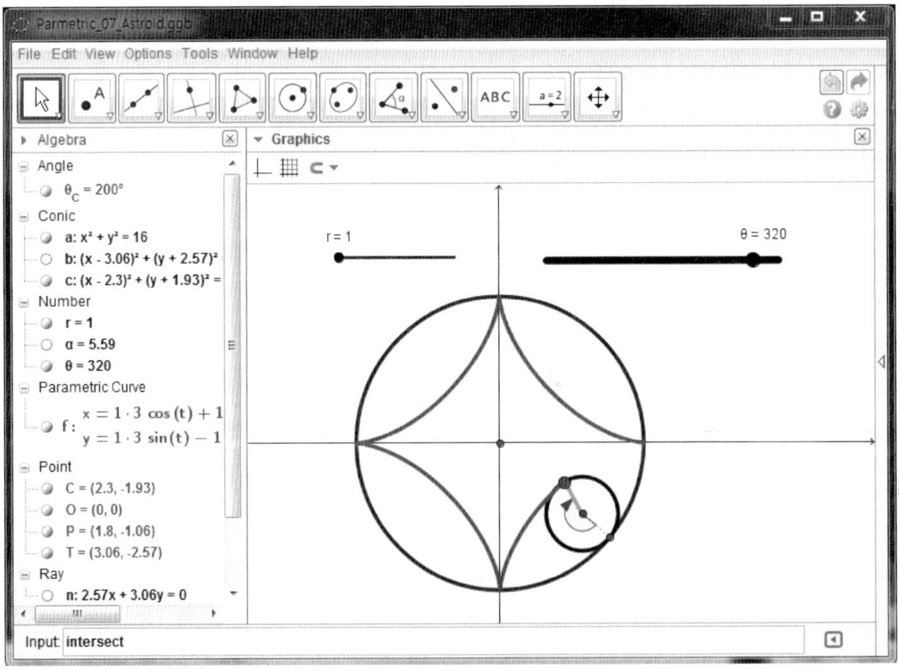

No.	Name	Tool...	Command	Value
1	Point O		Intersect[xAxis, yAxis]	O = (0, 0)
2	Number θ			θ = 320
3	Number α		θ / 180 π	α = 5.59
4	Number r			r = 1
5	Circle a		Circle[O, 4r]	a: x² + y² = 16
6	Point T		Rotate[(4r, 0), α, O]	T = (3.06, -2.57)
7	Ray n		Ray[O, T]	n: 2.57x + 3.06y = 0
8	Circle b		Circle[T, r]	b: (x - 3.06)² + (y + 2.57)² = 1
9	Point C		Intersect[b, n, 1]	C = (2.3, -1.93)
10	Circle c		Circle[C, T]	c: (x - 2.3)² + (y + 1.93)² = 1
11	Point P		Rotate[T, -4α, C]	P = (1.8, -1.06)
12	Segment r_P		Segment[C, P]	r_P = 1
13	Segment r_T		Segment[C, T]	r_T = 1
14	Angle $θ_C$		Angle[P, C, T]	$θ_C$ = 200°
15	Curve f		Curve[r 3 cos(t) + r cos(3t), r 3 sin(t) - r sin (3t), t, 0, α]	f:(3 cos(t) + cos(3t), 3 sin(t) - sin(3t))

21. 하이포사이클로이드 [MA81]

Parametric Curves: HypoCycloid

1) 학습 준비

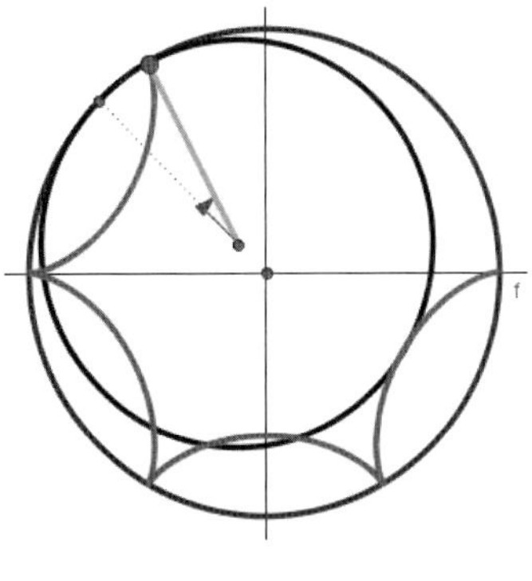

- 새 창을 연다.
- 구성 화면 (Perspectives)- Algebra & Graphics로 바꾼다.
- HypoCycloid(하이포(外)사이클로이드)의 정의: 고정된 원의 둘레를 이에 내접하는 다른 원이 미끄러지지 않고 회전할 때 그 원 둘레 위의 고정된 점이 그리는 곡선.
- HypoCycloid(하이포(外)사이클로이드)의 매개방정식:

$$x = r(k-1)\cos(t) + rcos((k-1)t)$$

$$y = r(k-1)\sin(t) - rsin((k-1)t)$$

2) 구성 단계

1	• 두 객체의 교점(Intersect Two Objects) 도구로, x-축과 y-축을 클릭해서 좌표의 원점에 점 O를 찍는다.
2	• 슬라이더 도구를 선택해 최소값(Min)=1, 최대값(Max)=30, 변화량(Increment)=1인 수(Number) 슬라이더 p를 만든다.
3	• 슬라이더 도구를 선택해 최소값(Min)=0, 최대값(Max)=360p, 변화량(Increment)=1인 수(Number) 슬라이더 θ를 만든다.
4	• 입력창에 α=(θ/180)*π를 입력한다. • Note: 이 수 α는 θ의 값을 라디안으로 환산하기 위한 장치다.
5	• 바깥쪽 큰 원의 반지름을 결정하는 슬라이더 R을 만들어, 최소값(Min)=1, 최대값(Max)=36, 변화량(Increment)=1로 설정한다.
6	• 안쪽 작은 원의 반지름을 결정하는 슬라이더 r을 만들어, 최소값(Min)=1, 최대값(Max)=36, 변화량(Increment)=1로 설정한다.
7	• 입력창에 k=R/r을 입력한다.
8	• 입력창에 a:=Circle[O, R]를 입력해 중심이 O이고 반지름이 R인 안쪽 큰 원을 그린다.
9	• 입력창에 T:=Rotate[(R,0), α, O]를 입력해 점 O를 축으로 해서 점 (R,0)를 α만큼 회전한 점 T를 찍는다.
10	• 입력창에 n:=Ray[O, T]를 입력해 원점을 시작점으로 하고 점 T를 지나는 반직선을 긋는다.
11	• 입력창에 b:=Circle[T, r]를 입력해 중심이 T이고 반지름이 r인 원을 그린다.
12	• 입력창에 C:=Intersect[b, n, 1]를 입력해, 원 c와 반직선 n이 만나는 교점 2개중 원점으로부터 첫 번째 교점을 C로 찍는다. • Note: 교점 C를 얻기 위해 구성했던 원 b와 반직선 n은 화면에서 숨긴다.
13	• 입력창에 c:=Circle[C, T]를 입력해 중심이 C이고 점 T를 지나는 원을 그린다.
14	• 입력창에 P:=Rotate[T, -(k*α), C]를 입력해 점 C를 축으로 해서 점 T를 시계방향으로 kα만큼 회전한 점 P를 찍는다.
15	• 입력창에 r_P:=Segment[C, P]를 입력해 점 C와 점 P 사이에 선분을 긋는다.
16	• 입력창에 r_T:=Segment[C, T]를 입력하고, 선분 r_P와 구분하기 위해 스타일을 변경한다.
17	• 입력창에 θ_C:=Angle[P, C, T]를 입력해 두 선분 r_P와 r_T가 이루는 각을 점 C에 표시한다. • Note: 이 각은 결국 원이 얼마만큼 회전했는지를 표시하게 된다.

18	• 입력창에 f:=Curve[r*(k - 1)*cos(t) + r*cos((k - 1)*t), r*(k - 1) *sin(t) - r*sin((k - 1)*t), t, 0, α]를 입력해 매개변수 t가 0부터 α인 범위에서 매개 변수 곡선 f를 그린다.
19	• 슬라이더 p, θ, r, R를 움직여 점 P가 그리는 매개 변수 곡선을 확인한다.

■ 변수 k에 따른 하이포-사이클로이드/트로코이드(Hypo-Cycloid/Trochoid) 곡선들

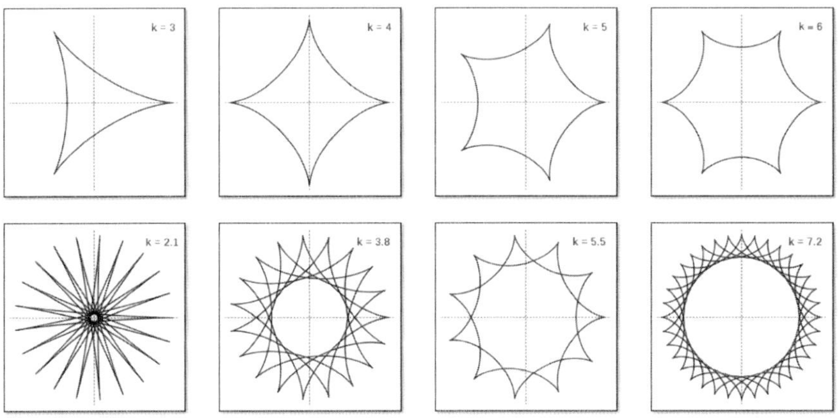

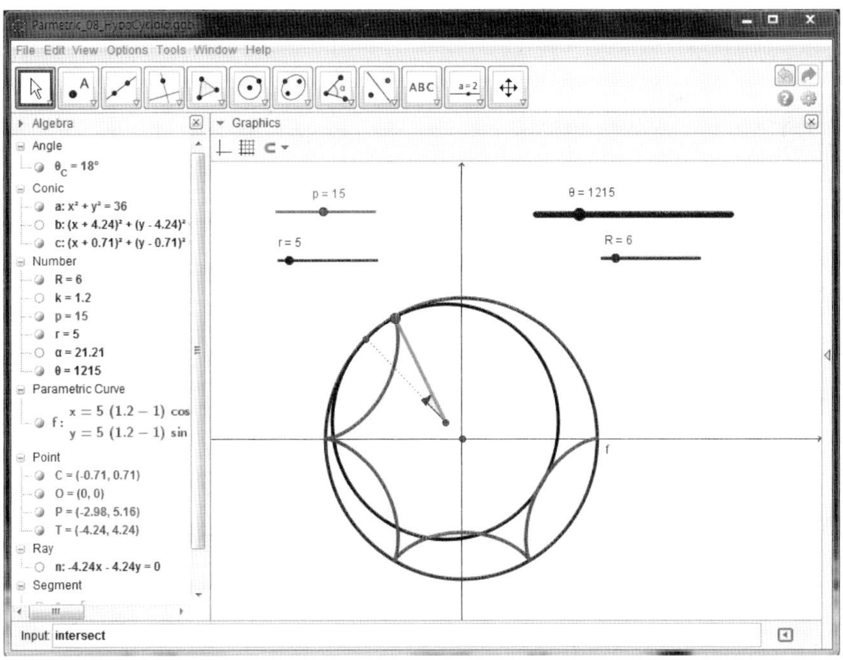

No.	Name	Tool...	Command	Value
1	Point O		Intersect[xAxis, yAxis]	O = (0, 0)
2	Number p			p = 1
3	Number θ			θ = 360
4	Number α		θ / 180 π	α = 6.28
5	Number R			R = 3
6	Number r			r = 1
7	Number k		R / r	k = 3
8	Circle a		Circle[O, R]	a: x² + y² = 9
9	Point T		Rotate[(R, 0), α, O]	T = (3, 0)
10	Ray n		Ray[O, T]	n: y = 0
11	Circle b		Circle[T, r]	b: (x - 3)² + y² = 1
12	Point C		Intersect[b, n, 1]	C = (2, 0)
13	Circle c		Circle[C, T]	c: (x - 2)² + y² = 1
14	Point P		Rotate[T, -(k α), C]	P = (3, 0)
15	Segment r_P		Segment[C, P]	r_P = 1
16	Segment r_T		Segment[C, T]	r_T = 1
17	Angle $θ_C$		Angle[P, C, T]	$θ_C$ = 0°
18	Curve f		Curve[r (k - 1) cos(t) + r cos((k - 1) t), r (k - 1) sin(t) - r sin((k - 1) t), t, 0, α]	f:((3 - 1) cos(t) + cos((3 - 1) t), (3 - 1) sin(t) - sin((...

22. 하이포트로코이드 [MA82]

Parametric Curves: Hypotrochoid

1) 학습 준비

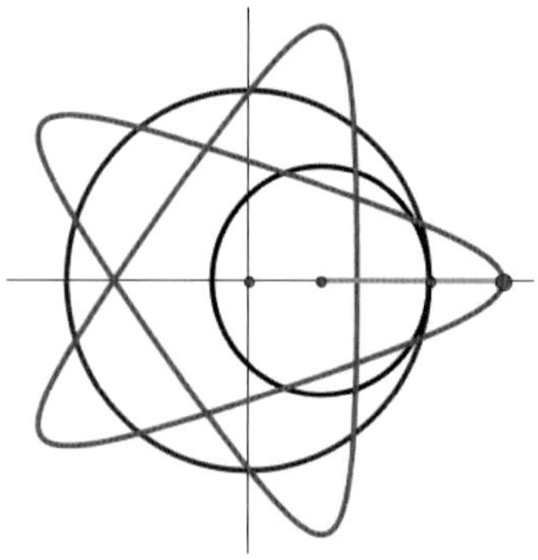

- 새 창을 연다.
- 구성 화면 (Perspectives)- Algebra & Graphics로 바꾼다.
- Hypotrochoid(하이포트로코이드)의 정의: 고정된 원의 둘레를 이에 내접하는 다른 원이 미끄러지지 않고 회전할 때 그 원에 고정된 점이 그리는 곡선.

- Hypotrochoid(하이포트로코이드)의 매개 방정식:

$$x = r(k-1)\cos(t) + d\cos((k-1)t)$$

$$y = r(k-1)\sin(t) - d\sin((k-1)t)$$

2) 구성 단계

1	• 두 객체의 교점(Intersect Two Objects) 도구로, x-축과 y-축을 클릭해서 좌표의 원점에 점 O를 찍는다.
2	• 슬라이더 도구를 선택해 최소값(Min)=1, 최대값(Max)=30, 변화량(Increment)=1인 수(Number) 슬라이더 p를 만든다.
3	• 슬라이더 도구를 선택해 최소값(Min)=0, 최대값(Max)=360p, 변화량(Increment)=1인 수(Number) 슬라이더 θ를 만든다.
4	• 입력창에 α=(θ/180)*π를 입력한다. • Note: 이 수 α는 θ의 값을 라디안으로 환산하기 위한 장치다.
5	• 안쪽 큰 원의 반지름을 결정하는 슬라이더 R을 만들어, 최소값(Min)=1, 최대값(Max)=36, 변화량(Increment)=1로 설정한다.
6	• 바깥쪽 작은 원의 반지름을 결정하는 슬라이더 r을 만들어, 최소값(Min)=1, 최대값(Max)=36, 변화량(Increment)=1로 설정한다.
7	• 입력창에 k=R/r을 입력한다.
8	• 슬라이더 d를 만들어, 최소값(Min)=1, 최대값(Max)=36, 변화량(Increment)=1로 설정한다.
9	• 입력창에 a:=Circle[O, R]를 입력해 중심이 O이고 반지름이 R인 안쪽 큰 원을 그린다.
10	• 입력창에 T:=Rotate[(R,0), α, O]를 입력해 점 O를 축으로 해서 점 (R,0)를 α만큼 회전한 점 T를 찍는다.
11	• 입력창에 n:=Ray[O, T]를 입력해 원점을 시작점으로 하고 점 T를 지나는 반직선을 긋는다.
12	• 입력창에 b:=Circle[T, r]를 입력해 중심이 T이고 반지름이 r인 원을 그린다.
13	• 입력창에 C:=Intersect[b, n, 1]를 입력해, 원 c와 반직선 n이 만나는 교점 2개중 왼쪽으로부터 첫 번째 교점을 C로 찍는다. • Note: 교점 C를 얻기 위해 구성했던 원 b는 화면에서 숨긴다.
14	• 입력창에 c:=Circle[C, T]를 입력해 중심이 C이고 점 T를 지나는 원을 그린다.
15	• 입력창에 c_d:=Circle[C, d]를 입력해 중심이 C이고 반지름이 d인 원을 그린다.

16	• 입력창에 T_d:=Intersect[c_d, n, 1]를 입력해, 원 c_d와 반직선 n이 만나는 교점 2개중 첫 번째 교점을 T_d로 찍는다. • Note: 교점 T_d를 얻기 위해 구성했던 원 c_d와 반직선 n은 화면에서 숨긴다.
17	• 입력창에 P:=Rotate[T_d, -(k*α), C]를 입력해 점 C를 축으로 해서 점 T_d를 시계방향으로 kα만큼 회전한 점 P를 찍는다.
18	• 입력창에 r_P:=Segment[C, P]를 입력해 점 C와 점 P 사이에 선분을 긋는다.
19	• 입력창에 r_T:=Segment[C, T]를 입력하고, 선분 r_P와 구분하기 위해 스타일을 변경한다.
20	• 입력창에 θ_C:=Angle[P, C, T]를 입력해 두 선분 r_P와 r_T가 이루는 각을 점 C에 표시한다. • Note: 이 각은 결국 원이 얼마만큼 회전했는지를 표시하게 된다.
21	• 입력창에 f:=Curve[r*(k - 1)*cos(t) + d*cos((k - 1)*t), r*(k - 1) *sin(t) - d*sin((k - 1)*t), t, 0, α]를 입력해 매개변수 t가 0부터 α인 범위에서 매개 변수 곡선 f를 그린다.
22	• 슬라이더 p, θ, R, r, d를 움직여 점 P가 그리는 매개 변수 곡선을 확인한다.

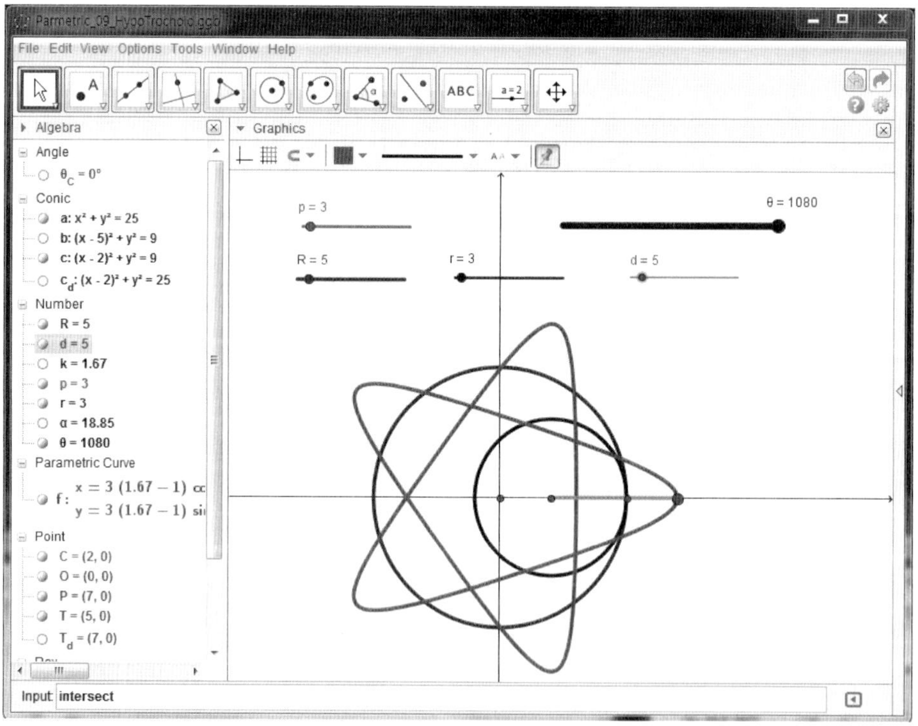

No.	Name	Tool...	Command	Value
1	Point O		Intersect[xAxis, yAxis]	O = (0, 0)
2	Number p			p = 3
3	Number θ			θ = 1080
4	Number α		θ / 180 π	α = 18.85
5	Number R			R = 5
6	Number r			r = 3
7	Number k		R / r	k = 1.67
8	Number d			d = 5
9	Circle a		Circle[O, R]	a: x² + y² = 25
10	Point T		Rotate[(R, 0), α, O]	T = (5, 0)
11	Ray n		Ray[O, T]	n: y = 0
12	Circle b		Circle[T, r]	b: (x - 5)² + y² = 9
13	Point C		Intersect[b, n, 1]	C = (2, 0)
14	Circle c		Circle[C, T]	c: (x - 2)² + y² = 9
15	Circle c_d		Circle[C, d]	c_d: (x - 2)² + y² = 25
16	Point T_d		Intersect[c_d, n, 1]	T_d = (7, 0)
17	Point P		Rotate[T_d, -(k α), C]	P = (7, 0)
18	Segment r_P		Segment[C, P]	r_P = 5
19	Segment r_T		Segment[C, T]	r_T = 3
20	Angle $θ_C$		Angle[P, C, T]	$θ_C$ = 0°
21	Curve f		Curve[r (k - 1) cos(t) + d cos((k - 1) t), r (k - 1) sin(t) - d sin((k - 1) t), t, 0, α]	f:(3 (1.67 - 1) cos(t) + 5cos((1.67 - 1) t), 3 (1.67 - ...

23. 이차 곡선의 정의

Definition of Conic Sections

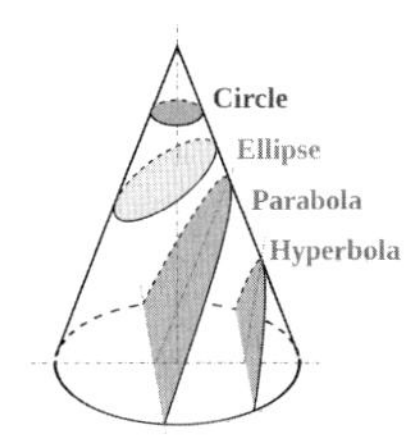

포물선을 포함해 원, 타원, 쌍곡선이 수학에서 다루는 평면도형 중, 2차 곡선에 속한다. 2차 곡선(Quadratic Curves)은 기원전 고대 그리스 시대에 원뿔과의 관계에서 등장했다. 원뿔 두개를 꼭지점을 붙여 연결한 다음에 평면으로 자를 때 생기는 단면은, 중심 축과 평면의 위치에 따라 원, 타원, 포물선, 쌍곡선이 된다. 그래서 2차곡선의 원래 이름이 원뿔곡선 또는 원추곡선(conic sections) 이다.

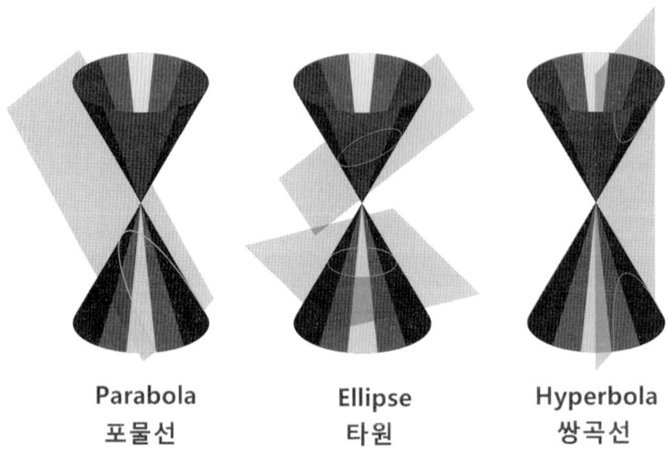

좌표평면 위의 원뿔곡선을 식으로 나타내면 2차방정식이 되므로 2차 곡선이라는 이름이 생겼는데, 모든 원뿔곡선은 적당한 계수에 의해 아래와 같은 2차방정식으로 표현된다.

$$Ax^2 + Bxy + Cy^2 + Dx + Ey + 1 = 0$$

계수, A, B, C, D, E가 어떤 값을 갖느냐에 따라 원, 포물선, 타원, 쌍곡선의 2차 방정식이 된다. 다섯 점을 지나는 이차곡선 기하 도구인 가 바로 다섯 개의 계수(다섯 점)를 결정하면 이차곡선이 만들어 진다는 것을 의미하는 것으로, 이것이 지오지브라의 로고가 되었다는 것은 지오지브라에서 이차곡선이 갖는 상징성이 그만큼 크다는 것을 증명하고 있다.

이외에도 지오지브라에는 세 개의 이차 곡선도구가 더 존재한다.

하나의 점(Focus)과 준선(Directrix)을 선택해 포물선을 그리는 , 두 초점(Focus)과 타원 위의 한 점을 선택해 타원(Ellipse)을 그리는 , 두 초점(Focus)과 쌍곡선 위의 한 점을 선택해 쌍곡선(Hyperbola)을 그리는 가 그것이다.

직원뿔의 밑면과 모선이 이루는 각 = φ, 자른 평면과 원뿔의 밑면이 이루는 각 = θ, 일 때		
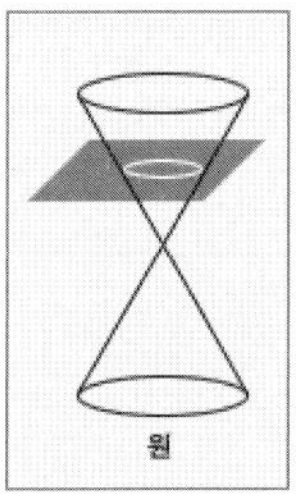	θ = 0 $x^2+y^2=r^2$	평면 위의 한 점(중심:Center)에서 일정한 거리에 있는 점들로 이루어진 곡선으로, 고리(ring)를 의미하는 라틴어 Circulus로부터 유래한다.
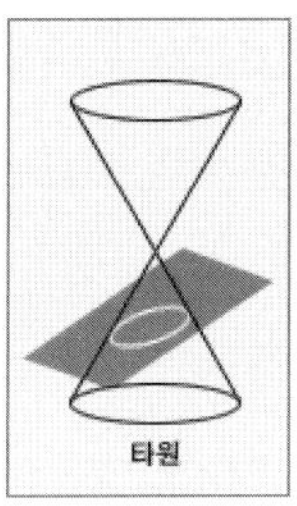	θ < φ $\frac{x^2}{a^2}+\frac{y^2}{b^2}=1$	두 초점으로부터의 거리의 합이 일정한 점의 자취로, θ < φ에서 보듯이 "부족하다"라는 뜻의 그리스어 ellepipsis로부터 유래한다.
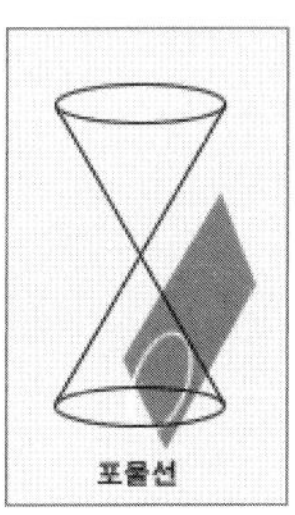	θ = φ $y^2=4px$	한 초점과 한 직선(준선)에 이르는 거리가 같은 점의 자취로, θ = φ에서 보듯이 "나란하다, 비유, 같다"라는 의미의 그리스어 parabole로부터 유래한다.
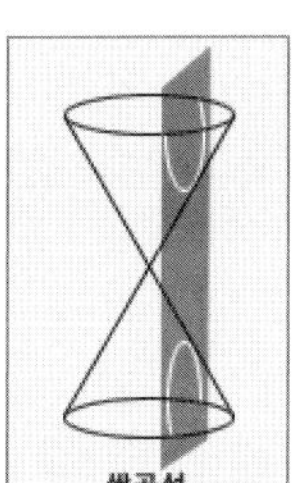	θ > φ $\frac{x^2}{a^2}-\frac{y^2}{b^2}=1$	원뿔을 축과 평행한 면으로 절단했을 때 만들어지는 곡선으로, θ > φ에서 보듯이 "초과하다"라는 의미의 그리스어 huperbole로부터 유래한다.

24. 포물선 [MA83]

Conic Sections: Parabola

1) 학습 준비

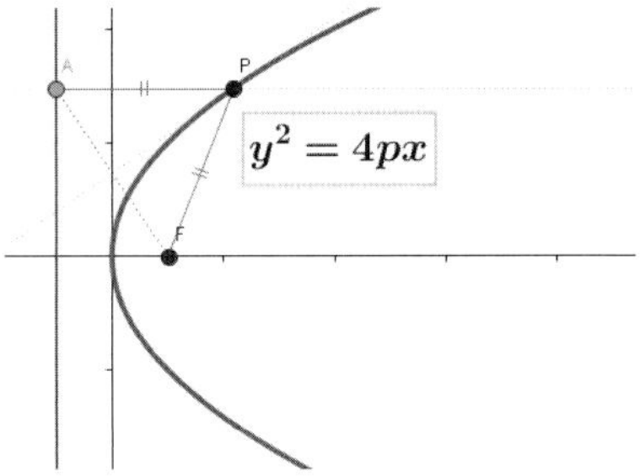

- 새 창을 연다.
- 구성 화면 (Perspectives)- Algebra & Graphics로 바꾼다.
- 포물선의 정의: 한 정점과 한 직선(直線)에 이르는 거리가 같은 점들의 집합.

2) 구성 단계

1 a=2	• 슬라이더 도구를 선택해, 수(Number) 슬라이더 p를 만들고, 최소값(Min)=1, 최대값(Max)=5, 변화량(Increment)=0.1 로 설정한다.
2	• 입력창(InputBar)에 F=(p, 0)을 입력해 x-축 위에 점 F를 찍는다. • 이 점 F를 포물선의 초점이라 한다.
3	• 입력창에 l: x=-p를 입력해 y-축과 나란한 직선을 l을 긋는다. • 이 직선 l을 포물선의 준선이라 한다.
4	• 입력창에 Point[l]를 입력해 준선 l 위에 새로운 점 A를 찍는다.
5	• m_0:=Segment[A, F]를 입력해 초점 F와 점 A를 잇는 선분을 긋는다.
6	• n_1:=PerpendicularBisector[m_0]를 입력해, 선분 m_0를 수직이등분하는 선 n_1을 긋는다.
7	• n_2:=PerpendicularLine[A, l]을 입력해 점 A를 지나면서 준선 l에 수직하는 직선 n_2를 그린다.
8	• P:=Intersect[n_1, n_2]를 입력해 두 직선 n_1과 n_2이 만나는 교점 P를 찍는다.
9	• Segment[P, A]를 입력해 점 P와 점 A를 잇는 선분 m_1을 긋는다.
10	• Segment[P, F]를 입력해 점 P와 점 F를 잇는 선분 m_2을 긋는다.
11	• 자취선(Locus)도구를 선택해 점 P를 클릭한 다음 점 A를 클릭한다. • Note: 이 도구는 자취선을 그릴 점을 우선 선택한 다음, 그 점이 의존하고 있는 객체 혹은 슬라이더 위의 한 점을 클릭한다. • 따라서 준선(l) 위의 점 A에 의존하는 점 P가 그리는 자취를 구할 수 있다.
12 OK	• 버튼 도구를 선택해 그래픽 구성창을 클릭하면 나타나는 대화 상자의 캡션 박스에 원하는 문구(Click It!!)를 넣고, 그 아래 지오지브라 스크립트(GeoGbra Script)에 "StartAnimation[A]"를 입력하고 적용(Apply)를 클릭한다. • 이제 버튼을 클릭하면, 지오지브라는 점 A의 애니메이션을 작동시킨다.
13 ABC	• 텍스트 도구를 선택해 포물선의 기본 공식 "$y^2=4px$"(Static Text)를 원하는 위치에 삽입한다.

	• Note: 텍스트 대화상자의 LaTexformula를 클릭해 체크하고 이 목록에서 첫 번째 제곱근과 분수(Roots and Fractions) 양식을 사용해 입력할 수 있다.

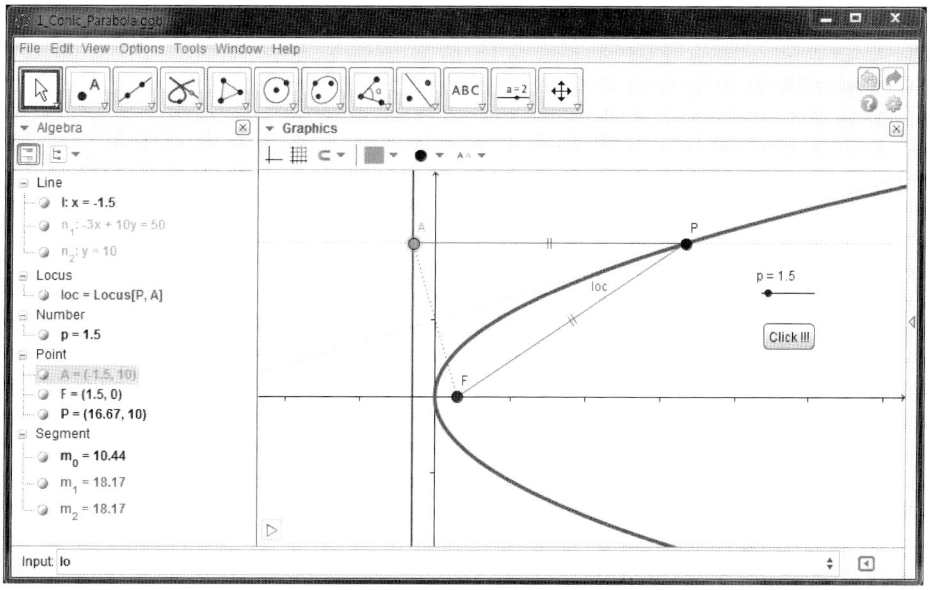

No.	Name	Tool...	Command	Value
1	Number p	a=2		p = 2
2	Point F		(p, 0)	F = (2, 0)
3	Line l		x = -p	l: x = -2
4	Point A		Point[l]	A = (-2, 2.95)
5	Segment m_0		Segment[A, F]	m_0 = 4.97
6	Line n_1		PerpendicularBisector[m_0]	n_1: -4x + 2.95y = 4.35
7	Line n_2		PerpendicularLine[A, l]	n_2: y = 2.95
8	Point P		Intersect[n_1, n_2]	P = (1.09, 2.95)
9	Segment m_1		Segment[P, A]	m_1 = 3.09
10	Segment m_2		Segment[P, F]	m_2 = 3.09
11	Locus loc		Locus[P, A]	loc = Locus[P, A]
12	Button button	OK		button
13	Text text	ABC		"y^{2}=4px"

25. 타원 [MA84]

Conic Sections: Ellipse

1) 학습 준비

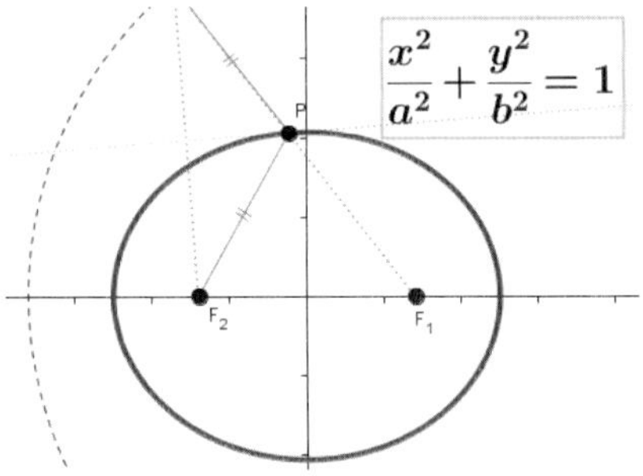

- 새 창을 연다.
- 구성 화면 (Perspectives)- Algebra & Graphics로 바꾼다.
- 타원의 정의: 두 초점으로부터의 거리의 합이 일정한 점들의 집합.

2) 구성 단계

1	a = 2	• 슬라이더 도구를 선택해, 수(Number) 슬라이더 a를 만들고, 최소값(Min)=1, 최대값(Max)=5, 변화량(Increment)=0.1 로 설정한다.
2	a = 2	• 슬라이더 도구를 선택해, 수(Number) 슬라이더 k를 만들고, 최소값(Min)=1, 최대값(Max)=5, 변화량(Increment)=0.1 로 설정한다.
3		• b=(a² - k²)·(0.5)를 입력창에 입력한다.
4	ABC	• 텍스트 도구를 선택해 "b="는 Static 텍스트로 입력하고, 객체 목록에서 "b"(Dynamic 텍스트)를 선택해서 b값의 변화를 화면에 표시한다.
5		• 입력창(InputBar)에 F_1=(k, 0)을 입력해 x-축 위에 점 F를 찍는다. • 이 점 F_1을 타원의 초점이라 한다. • 그러나 포물선과는 달리 타원은 두 개의 초점을 필요하기 때문에 또 다른 초점 F_2=(-k, 0)를 다시 입력해 두 개의 초점을 만든다.
6		• 입력창에 c: =Circle[F_1, 2a]를 입력해 점 F_1을 중심으로 하고 반지름이 2a인 원을 그린다.
7		• 입력창에 Point[c]를 입력해 원 c 위에 새로운 점 A를 찍는다.
8		• l_1:=Segment[A, F_1]를 입력해 초점 F_1와 점 A를 잇는 선분을 긋는다.
9		• l_2:=Segment[A, F_2]를 입력해 초점 F_2와 점 A를 잇는 선분을 긋는다.
10		• n:=PerpendicularBisector[l_2]를 입력해, 선분 l_2를 수직이등분하는 선 n을 긋는다.
11		• P:=Intersect[n, l_1]를 입력해 두 직선 n과 l_1이 만나는 교점 P를 찍는다.

12	• Segment[P, A]를 입력해 점 P와 점 A를 잇는 선분 m_1을 긋는다.
13	• Segment[P, F_2]를 입력해 점 P와 점 F_2를 잇는 선분 m_2을 긋는다.
14 	• 자취선(Locus)도구를 선택해 점 P를 클릭한 다음 점 A를 클릭한다. • Note: 이 도구는 자취선을 그릴 점을 우선 선택한 다음, 그 점이 의존하고 있는 객체 혹은 슬라이더 위의 한 점을 클릭한다. • 따라서 원(c) 위의 점 A에 의존하는 점 P가 그리는 자취를 구할 수 있다.
15 OK	• 버튼 도구를 선택해 그래픽 구성창을 클릭하면 나타나는 대화 상자의 캡션 박스에 원하는 문구(Click It!!)를 넣고, 그 아래 지오지브라 스크립트(GeoGbra Script)에 "StartAnimation[A]"를 입력하고 적용(Apply)를 클릭한다. • 이제 버튼을 클릭하면, 지오지브라는 점 A의 애니메이션을 작동시킨다.
16 ABC	• 텍스트 도구를 선택해 타원의 기본 공식 "$\frac{x^2}{a^2}+\frac{y^2}{b^2}=1$"(Static Text)를 원하는 위치에 삽입한다. • Note: 텍스트 대화상자의 LaTexformula를 클릭해 체크하고 이 목록에서 첫 번째 제곱근과 분수(Roots and Fractions) 양식을 사용해 입력할 수 있다.

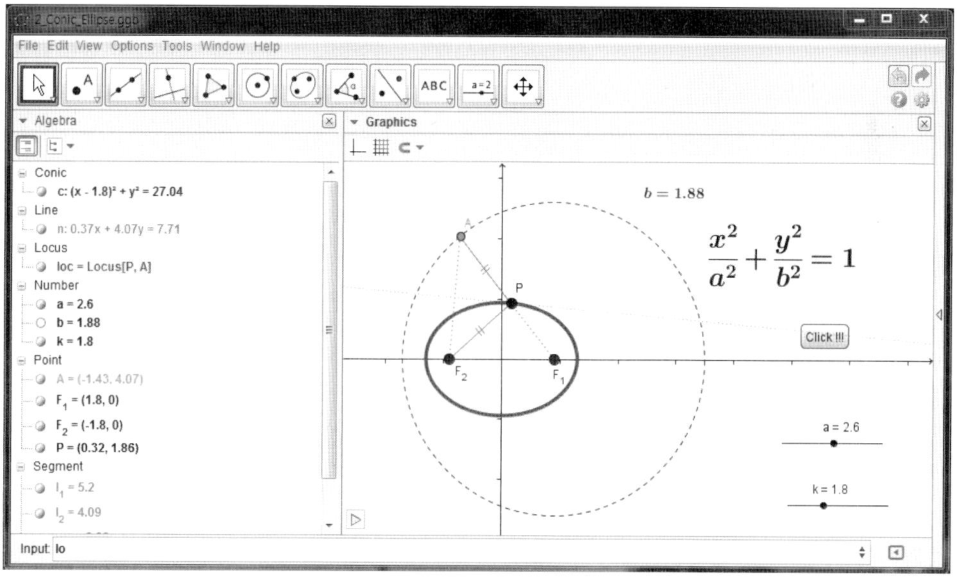

No.	Name	Tool...	Command	Value
1	Number a			a = 2.5
2	Number k			k = 1.4
3	Number b		(a² - k²)^(0.5)	b = 2.07
4	Text $text_b$		"b=" + (FormulaText[b]) + ""	"b=2.07"
5	Point F_1		(k, 0)	F_1 = (1.4, 0)
6	Point F_2		(-k, 0)	F_2 = (-1.4, 0)
7	Circle c		Circle[F_1, 2a]	c: (x - 1.4)² + y² = 25
8	Point A		Point[c]	A = (-1.71, 3.92)
9	Segment l_1		Segment[A, F_1]	l_1 = 5
10	Segment l_2		Segment[A, F_2]	l_2 = 3.93
11	Line n		PerpendicularBisector[l_2]	n: -0.31x + 3.92y = 8.15
12	Point P		Intersect[n, l_1]	P = (-0.23, 2.06)
13	Segment m_1		Segment[P, A]	m_1 = 2.37
14	Segment m_2		Segment[P, F_2]	m_2 = 2.37
15	Locus loc		Locus[P, A]	loc = Locus[P, A]
16	Button button			button
17	Text text			"\frac{x^{2}}{a^{2}}+\frac{y^{2}}{b^{2}}=1"

26. 쌍곡선 [MA85]

Conic Sections: Hyperbola

1) 학습 준비

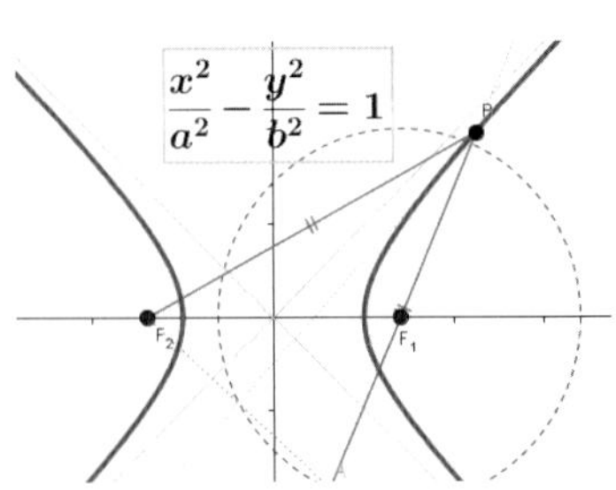

- 새 창을 연다.
- 구성 화면 (Perspectives)- Algebra & Graphics로 바꾼다.
- 쌍곡선의 정의: 평면 위에서 두 초점으로부터의 거리의 차가 일정한 점들의 집합.

2) 구성 단계

1	a = 2	• 슬라이더 도구를 선택해, 수(Number) 슬라이더 a를 만들고, 최소값(Min)=1, 최대값(Max)=5, 변화량(Increment)=0.1 로 설정한다.
2	a = 2	• 슬라이더 도구를 선택해, 수(Number) 슬라이더 k를 만들고, 최소값(Min)=1, 최대값(Max)=5, 변화량(Increment)=0.1 로 설정한다.
3		• b=(k² - a²)·(0.5)를 입력창에 입력한다.
4	ABC	• 텍스트 도구를 선택해 "b="는 Static 텍스트로 입력하고, 객체 목록에서 "b"(Dynamic 텍스트)를 선택해서 b값의 변화를 화면에 표시한다.
5		• 입력창(InputBar)에 F_1=(k, 0)을 입력해 x-축 위에 점 F를 찍는다. • 이 점 F_1을 쌍곡선의 초점이라 한다. • 타원과 마찬가지로 쌍곡선도 두 개의 초점을 필요하기 때문에 또 다른 초점 F_2=(-k, 0)를 다시 입력해 두 개의 초점을 만든다.
6		• 입력창에 c: =Circle[F_1, 2a]를 입력해 점 F_1을 중심으로 하고 반지름이 2a인 원을 그린다.
7		• 입력창에 Point[c]를 입력해 원 c 위에 새로운 점 A를 찍는다.
8		• m:=Segment[A, F_2]를 입력해 초점 F_2와 점 A를 잇는 선분을 긋는다.
9		• n_1:=PerpendicularBisector[m]를 입력해, 선분 m를 수직이등분하는 선 n_1을 긋는다.
10		• n_2:=Line[F_1, A]를 입력해 초점 F_1과 점 A를 지나는 직선을 긋는다.
11		• P:=Intersect[n_1, n_2]를 입력해 두 직선 n_1과 n_2가 만나는 교점 P를 찍는다.
12		• Segment[P, A]를 입력해 점 P와 점 A를 잇는 선분 m_1을 긋는다.
13		• Segment[P, F_2]를 입력해 점 P와 점 F_2를 잇는 선분 m_2을 긋는다.
14		• 자취선(Locus)도구를 선택해 점 P를 클릭한 다음 점 A를 클릭한다. • Note: 이 도구는 자취선을 그릴 점을 우선 선택한 다음, 그 점이 의존하고 있는 객체 혹은 슬라이더 위의 한 점을 클릭한다. • 따라서 원(c) 위의 점 A에 의존하는 점 P가 그리는 자취를 구할 수 있다.
15		• l_1:y = (b / a)*x를 입력해 쌍곡선의 점근선을 그린다. • 다시 한 번 l_2:y = (-b / a)*x를 입력해 또 다른 쌍곡선의 점근선을 그린다.
16	OK	• 버튼 도구를 선택해 그래픽 구성창을 클릭하면 나타나는 대화 상자의 캡션 박스에 원하는 문구(Click It!!)를 넣고, 그 아래 지오지브라 스크립트(GeoGbra Script)에 "StartAnimation[A]"를 입력하고 적용(Apply)를 클릭한다. • 이제 버튼을 클릭하면, 지오지브라는 점 A의 애니메이션을 작동시킨다.

17 ABC	• 텍스트 도구를 선택해 쌍곡선의 기본 공식 "$\frac{x^2}{a^2}-\frac{y^2}{b^2}=1$"(Static Text)를 원하는 위치에 삽입한다. • Note: 텍스트 대화상자의 LaTexformula를 클릭해 체크하고 이 목록에서 첫 번째 제곱근과 분수(Roots and Fractions) 양식을 사용해 입력할 수 있다.

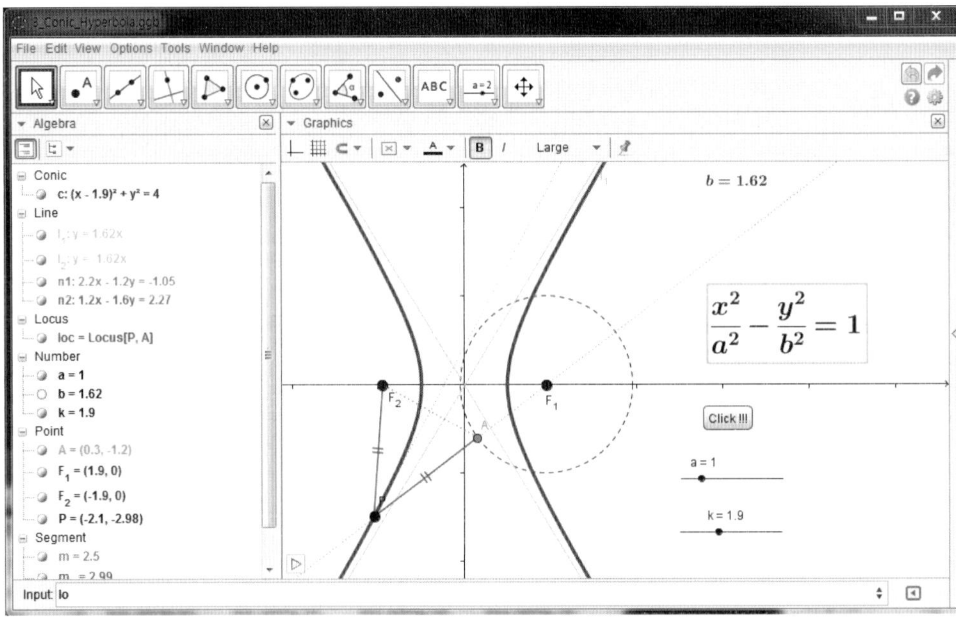

No.	Name	Toolb...	Command	Value
1	Number a	a=2		a = 1
2	Number k	a=2		k = 1.4
3	Number b		(k² - a²)^(0.5)	b = 0.98
4	Text $text_b$	ABC	"b=" + (FormulaText[b]) + ""	"b=0.98"
5	Point F_1		(k, 0)	F_1 = (1.4, 0)
6	Point F_2		(-k, 0)	F_2 = (-1.4, 0)
7	Circle c		Circle[F_1, 2a]	c: (x - 1.4)² + y² = 4
8	Point A	A	Point[c]	A = (0.61, -1.84)
9	Segment m		Segment[A, F_2]	m = 2.72
10	Line n1		PerpendicularBisector[m]	n1: 2.01x - 1.84y = 0.89

11	Line n2		Line[F_1, A]	n2: 1.84x - 0.79y = 2.57
12	Point P		Intersect[n1, n2]	P = (2.25, 1.97)
13	Segment m_1		Segment[P, A]	m_1 = 4.15
14	Segment m_2		Segment[P, F_2]	m_2 = 4.15
15	Locus loc		Locus[P, A]	loc = Locus[P, A]
16	Line l_1		y = b / a x	l_1: y = 0.98x
17	Line l_2		y = (-b) / a x	l_2: y = -0.98x
18	Button button	OK		button
19	Text text	ABC		"\frac{x^{2}}{a^{2}}-\frac{y^{2}}{b^{2}}=1"

27. 이차 곡선의 매개방정식 [MA86]

Parametric Equations of Conic Sections

1) 학습 준비

- 새 창을 연다.
- 구성 화면 (Perspectives)- Algebra & Graphics로 바꾼다.

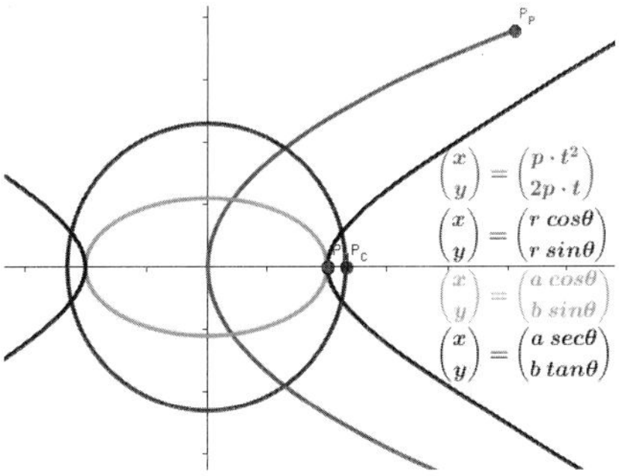

2) 구성 단계

1	a = 2	• 슬라이더 도구를 선택해, 수(Number) 슬라이더 t를 만들고, 최소값(Min)=-5, 최대값(Max)=5, 변화량(Increment)=0.1, 초기 설정 상태 그대로 적용한다.
2	a = 2	• 슬라이더 도구를 선택해, 수(Number) 슬라이더 θ를 만들고, 최소값(Min)=0, 최대값(Max)=360, 변화량(Increment)=0.1 로 설정한다.
3		• α=(θ/180)π를 입력창에 입력해 θ값을 라디안으로 변화하는 수 α를 만든다.
4	a = 2	• 최소값(Min)=0, 최대값(Max)=5, 변화량(Increment)=0.1인 수 슬라이더 r을 만든다.
5	a = 2	• 최소값(Min)=-5, 최대값(Max)=5, 변화량(Increment)=0.1인 수 슬라이더 p를 만든다.
6	a = 2	• 최소값(Min)=0, 최대값(Max)=5, 변화량(Increment)=0.1인 수 슬라이더 a를 만든다.

7 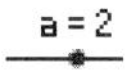	• 최소값(Min)=0, 최대값(Max)=5, 변화량(Increment)=0.1인 수 슬라이더 b를 만든다.
8	• P_P=(p*t², 2p*t)를 입력해 포물선의 자취를 그릴 점을 찍는다.
9	• P_C=(r*cos(α), r*sin(α))를 입력해 매개 변수를 통해 원 위의 한 점을 찍는다.
10	• P_E=(a*cos(α), b*sin(α))를 입력해 매개 변수를 통해 타원 위의 한 점을 찍는다.
11	• P_H=(a*sec(α), b*tan(α))를 입력해 매개 변수를 통해 쌍곡선 위의 한 점을 찍는다.
12	• 입력창(InputBar)에 f_P:=Curve[p*s², 2p*s, s, -5, t]를 입력해 s가 -5부터 t까지 일 때, 포물선의 매개 변수 곡선을 그린다.
13	• f_C:=Curve[r*cos(t), r*sin(t), t, 0, α]를 입력해 t가 0부터 α까지 일 때, 원의 매개 변수 곡선을 그린다.
14	• f_E:=Curve[a*cos(t), b*sin(t), t, 0, α]를 입력해 t가 0부터 α까지 일 때, 타원의 매개 변수 곡선을 그린다.
15	• f_H:=Curve[a*sec(t), b*tan(t), t, 0, α]를 입력해 t가 0부터 α까지 일 때, 쌍곡선의 매개 변수 곡선을 그린다.
16	• 텍스트 도구로 텍스트 대화상자의 LaTexformula를 클릭해 포물선의 매개 변수 공식 "$\begin{pmatrix} x \\ y \end{pmatrix} = \begin{pmatrix} p \bullet t^2 \\ 2p \bullet t \end{pmatrix}$"(Static Text)를 원하는 위치에 삽입한다.
17	• 텍스트 도구로 텍스트 대화상자의 LaTexformula를 클릭해 원의 매개 변수 공식 "$\begin{pmatrix} x \\ y \end{pmatrix} = \begin{pmatrix} rcos\theta \\ rsin\theta \end{pmatrix}$"(Static Text)를 원하는 위치에 삽입한다.
18	• 텍스트 도구로 텍스트 대화상자의 LaTexformula를 클릭해 타원의 매개 변수 공식 "$\begin{pmatrix} x \\ y \end{pmatrix} = \begin{pmatrix} acos\theta \\ bsin\theta \end{pmatrix}$"(Static Text)를 원하는 위치에 삽입한다.
19	• 텍스트 도구로 텍스트 대화상자의 LaTexformula를 클릭해 쌍곡선의 매개 변수 공식 "$\begin{pmatrix} x \\ y \end{pmatrix} = \begin{pmatrix} asec\theta \\ btan\theta \end{pmatrix}$"(Static Text)를 원하는 위치에 삽입한다.
20 	• 체크박스 도구를 선택해 그래픽 구성창을 클릭해 나타나는 대화상자의 캡션 창에 "Parabola"로 입력하고, 포물선과 관련된 객체들 즉, 포물선의 매개 변수 곡선, 포물선의 매개변수 공식, 포물선 위의 점 P_P를 선택한 뒤 적용(Apply) 버튼을 누른다.
21 	• 체크박스 도구를 선택해 그래픽 구성창을 클릭해 나타나는 대화상자의 캡션 창에 "Circle"로 입력하고, 원과 관련된 객체들 즉, 원의 매개 변수 곡선, 원의 매개변수 공식, 원 위의 점 P_C를 선택한 뒤 적용(Apply) 버튼을 누른다.

22	• 체크박스 도구를 선택해 그래픽 구성창을 클릭해 나타나는 대화상자의 캡션창에 “Ellipse"로 입력하고, 타원과 관련된 객체들 즉, 타원의 매개 변수 곡선, 타원의 매개변수 공식, 타원 위의 점 P_E를 선택한 뒤 적용(Apply) 버튼을 누른다.
20	• 체크박스 도구를 선택해 그래픽 구성창을 클릭해 나타나는 대화상자의 캡션창에 “Hyperbola"로 입력하고, 쌍곡선과 관련된 객체들 즉, 쌍곡선의 매개 변수 곡선, 쌍곡선의 매개변수 공식, 쌍곡선 위의 점 P_H를 선택한 뒤 적용(Apply) 버튼을 누른다.

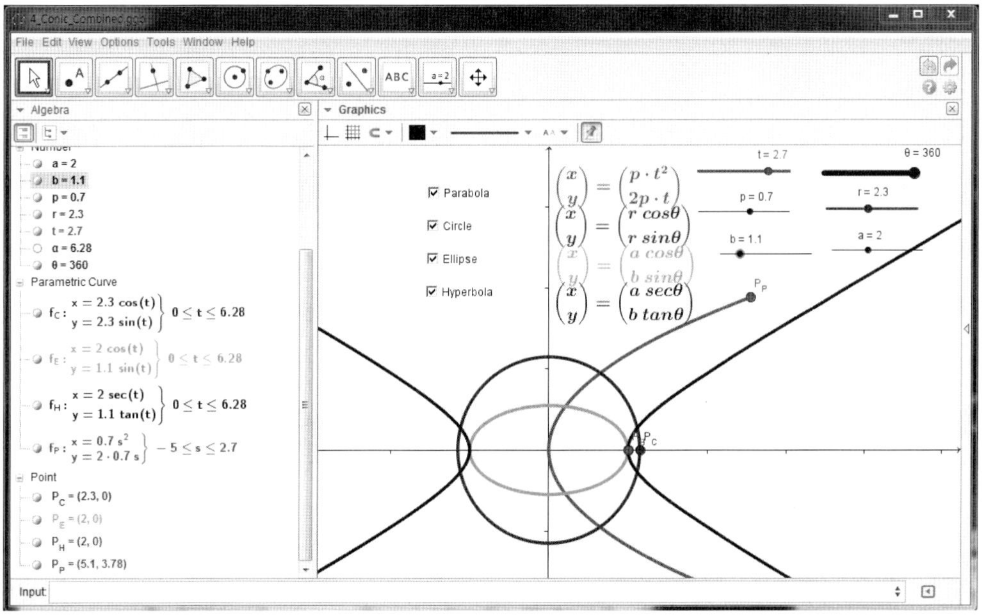

No.	Name	Tool...	Command	Value
1	Number t	a=2		t = 2.7
2	Number θ	a=2		θ = 360
3	Number α		θ / 180 π	α = 6.28
4	Number r	a=2		r = 2.3
5	Number p	a=2		p = 0.7
6	Number a	a=2		a = 2
7	Number b	a=2		b = 1.1
8	Point P_p		($p t^2$, 2p t)	P_p = (5.1, 3.78)

9	Point P_C		(r cos(α), r sin(α))	P_C = (2.3, 0)
10	Point P_E		(a cos(α), b sin(α))	P_E = (2, 0)
11	Point P_H		(a sec(α), b tan(α))	P_H = (2, 0)
12	Curve f_P		Curve[p s², 2p s, s, -5, t]	f_P:(0.7s², 2 (0.7) s)
13	Curve f_C		Curve[r cos(t), r sin(t), t, 0, α]	f_C:(2.3cos(t), 2.3sin(t))
14	Curve f_E		Curve[a cos(t), b sin(t), t, 0, α]	f_E:(2cos(t), 1.1sin(t))
15	Curve f_H		Curve[a sec(t), b tan(t), t, 0, α]	f_H:(2sec(t), 1.1tan(t))
16	Text $text_P$	ABC		"$ \binom{x}{y} =\binom{p·t^2}{2p·t}"
17	Text $text_C$	ABC		"$ \binom{x}{y} =\binom{r \; cosθ}{r \; sinθ}"
18	Text $text_E$	ABC		"$ \binom{x}{y} =\binom{a \; cosθ}{b \; sinθ}"
19	Text $text_H$	ABC		"$ \binom{x}{y} =\binom{a \; secθ}{b \; tanθ}"
20	Boolean Value $bool_P$	☑		$bool_P$ = false
21	Boolean Value $bool_C$	☑		$bool_C$ = false
22	Boolean Value $bool_E$	☑		$bool_E$ = false
23	Boolean Value $bool_H$	☑		$bool_H$ = false

28. 이차 곡선의 극방정식 [MA87]

Polar Equations of Conic Sections

이차 곡선위의 한 점에서 초점까지의 거리와 준선까지의 거리의 비를 이심률(e : Eccentricity)라고 한다. 준선과 초점 그리고 이심률을 사용하여 이차곡선을 극방정식 (r=f(θ))의 형태로 표현할 수 있다. 초점 (0,0)에 대한 준선의 위치에 따라 극방정식이 약간씩 달라지게 된다. 다음의 그림은 준선의 방정식이 x=-p인 경우의 극방정식의 예를 나타낸다. 이심률의 값에 따라 이차곡선의 형태도 달라지게 된다.

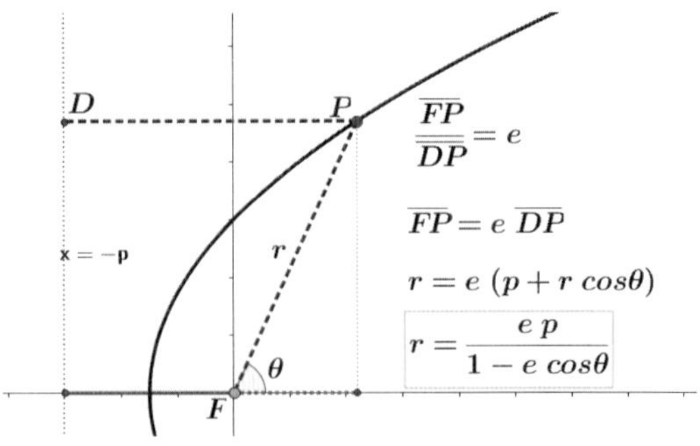

e =1 : 포물선(Parabola)

e <1 : 타원(Ellipse)

e >1 : 쌍곡선(Hyperbola)

1) 학습 준비

- 새 창을 연다.
- 구성 화면 (Perspectives)- Algebra & Graphics로 바꾼다.

2) 구성 단계

1	• 두 객체의 교점(Intersect Two Objects) 도구로, x-축과 y-축을 클릭해서 좌표의 원점에 점 F를 찍는다.
2	• 슬라이더 도구를 선택해 최소값(Min)=-3, 최대값(Max)=3, 변화량(Increment)=0.1인 수(Number) 슬라이더 p를 만든다.
3	• 슬라이더 도구를 선택해 최소값(Min)=0, 최대값(Max)=2, 변화량(Increment)=0.1인 수(Number) 슬라이더 e를 만든다.
4	• 슬라이더 도구를 선택해 최소값(Min)=0, 최대값(Max)=360, 변화량(Increment)=1인 수(Number) 슬라이더 θ를 만든다.
5	• 입력창(InputBar)에 α=(θ/180)π를 입력해 θ를 라디안으로 변환한다.
6	• 아래 네 개의 수 r_1, 2, 3, 4를 차례로 입력창에 입력하고 엔터키를 누른다. r_1=e*p/(1-e*cos(α)) r_2=e*p/(1+e*cos(α)) r_3=e*p/(1-e*sin(α)) r_4=e*p/(1+e*sin(α))
7	• 아래 네 개의 선을 차례로 긋는다. d_1: x=-p d_2: x=p d_3: y=-p d_4: y=p
8	• 아래 네 개의 극좌표 점을 찍는다. P_1=(r_1; α) P_2=(r_2; α) P_3=(r_3; α) P_4=(r_4; α)

9		• 입력창에 m_1:=Segment[P_1, F]를 입력해 극좌표점 P_1과 점 F를 잇는 선분을 긋는다.
10		• 입력창에 n_1:=Segment[P_1, (-p, y(P_1))]를 입력해 극좌표점 P_1과 점 (-p, y(P_1))을 잇는 선분을 긋는다.
11		• 입력창에 m_2:=Segment[P_2, F]를 입력해 극좌표점 P_2과 점 F를 잇는 선분을 긋는다.
12		• 입력창에 n_2:=Segment[P_2, (p, y(P_2))]를 입력해 극좌표점 P_2과 점 (p, y(P_2))을 잇는 선분을 긋는다.
13		• 입력창에 m_3:=Segment[P_3, F]를 입력해 극좌표점 P_3과 점 F를 잇는 선분을 긋는다.
14		• 입력창에 n_3:=Segment[P_3, (x(P_3), -p)]를 입력해 극좌표점 P_3과 점 (x(P_3), -p)을 잇는 선분을 긋는다.
15		• 입력창에 m_4:=Segment[P_4, F]를 입력해 극좌표점 P_4과 점 F를 잇는 선분을 긋는다.
16		• 입력창에 n_4:=Segment[P_4, (x(P_4), p)]를 입력해 극좌표점 P_4과 점 (x(P_4), p)을 잇는 선분을 긋는다.
17		• 자취선(Locus)도구를 선택해 점 P_1를 클릭한 다음 슬라이더 θ를 클릭한다. • Note: 이 도구는 자취선을 그릴 점을 우선 선택한 다음, 그 점이 의존하고 있는 객체 혹은 슬라이더 위의 한 점을 클릭한다. • 따라서 슬라이더 θ에 의존하는 점 P_1이 그리는 자취를 구할 수 있다.
18		• 자취선(Locus)도구로 점 P_2를 클릭한 다음 슬라이더 θ를 클릭해서 슬라이더 θ에 의존하는 점 P_2의 자취선을 그린다.
19		• 자취선(Locus)도구로 점 P_3를 클릭한 다음 슬라이더 θ를 클릭해서 슬라이더 θ에 의존하는 점 P_3의 자취선을 그린다.
20		• 자취선(Locus)도구로 점 P_4를 클릭한 다음 슬라이더 θ를 클릭해서 슬라이더 θ에 의존하는 점 P_4의 자취선을 그린다.
21	ABC	• 텍스트 도구로 그래픽 구성창의 적절한 위치를 클릭해, 나타나는 텍스트 입력창에 LaTexformula 형식으로 "$r_1 = \frac{ep}{1-ecos\theta}$"를 입력한다.

<table>
<tr><td>22 ABC</td><td>• 텍스트 도구로 그래픽 구성창의 적절한 위치를 클릭해, 나타나는 텍스트 입력창에 LaTexformula 형식으로 "$r_2 = \frac{ep}{1+ecos\theta}$"를 입력한다.</td></tr>
<tr><td>23 ABC</td><td>• 텍스트 도구로 그래픽 구성창의 적절한 위치를 클릭해, 나타나는 텍스트 입력창에 LaTexformula 형식으로 "$r_3 = \frac{ep}{1-esin\theta}$"를 입력한다.</td></tr>
<tr><td>24 ABC</td><td>• 텍스트 도구로 그래픽 구성창의 적절한 위치를 클릭해, 나타나는 텍스트 입력창에 LaTexformula 형식으로 "$r_4 = \frac{ep}{1+esins\theta}$"를 입력한다.</td></tr>
<tr><td>25</td><td>• 체크박스 도구를 선택해 그래픽 구성창의 원하는 위치를 클릭하면 나타나는 대화상자에서 아래 그림에서 보듯이 캡션(Caption) 입력창에 r_1을 입력하고 r_1과 관련된 모든 객체들--직선 d_1, 자취선 loc1, 극좌표점 P_1, 선분 m_1과 n_1--을 목록에서 선택한다.
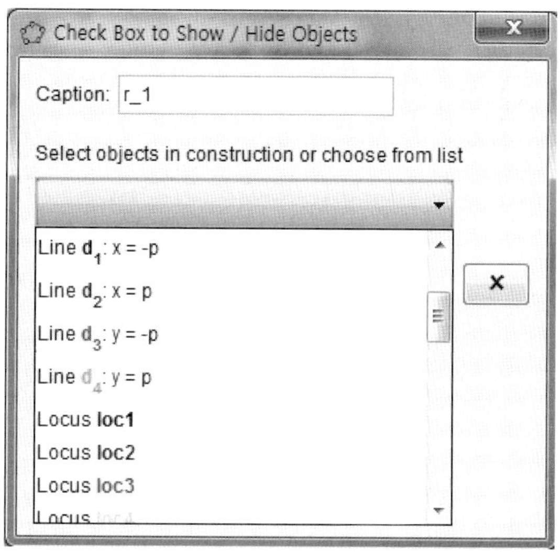

• Note: 이렇게 선택된 객체들은 체크박스를 클릭함에 따라 화면에 나타나거나 사라진다.</td></tr>
<tr><td>26</td><td>• 체크박스 도구를 선택해 그래픽 구성창의 원하는 위치를 클릭하면 나타나는 대화상자에서 아래 그림에서 보듯이 캡션(Caption) 입력창에 r_2를 입력하고 r_2와 관련된 모든 객체들--직선 d_2, 자취선 loc2, 극좌표점 P_2, 선분 m_2와 n_2--을 목록에서 선택한다.</td></tr>
</table>

27	• 체크박스 도구를 선택해 그래픽 구성창의 원하는 위치를 클릭하면 나타나는 대화상자에서 아래 그림에서 보듯이 캡션(Caption) 입력창에 r_3을 입력하고 r_3과 관련된 모든 객체들--직선 d_3, 자취선 loc3, 극좌표점 P_3, 선분 m_3과 n_3--을 목록에서 선택한다.
38	• 체크박스 도구를 선택해 그래픽 구성창의 원하는 위치를 클릭하면 나타나는 대화상자에서 아래 그림에서 보듯이 캡션(Caption) 입력창에 r_4를 입력하고 r_4와 관련된 모든 객체들--직선 d_4, 자취선 loc4, 극좌표점 P_4, 선분 m_4와 n_4--을 목록에서 선택한다.

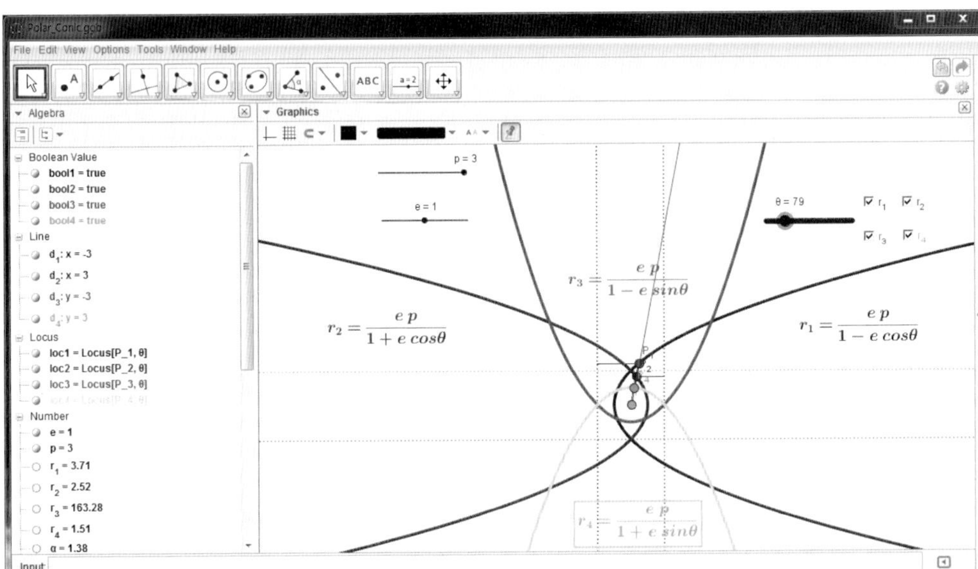

No.	Name	Tool...	Command	Value
1	Point F		Intersect[xAxis, yAxis]	F = (0, 0)
2	Number p	a=2		p = 3
3	Number e	a=2		e = 1
4	Number θ	a=2		θ = 76
5	Number α		θ / 180 π	α = 1.33
6	Number r_1		e p / (1 - e cos(α))	r_1 = 3.96
7	Number r_2		e p / (1 + e cos(α))	r_2 = 2.42

8 Number r_3		e p / (1 - e sin(α))	r_3 = 101
9 Number r_4		e p / (1 + e sin(α))	r_4 = 1.52
10 Line d_1		x = -p	d_1: x = -3
11 Line d_2		x = p	d_2: x = 3
12 Line d_3		y = -p	d_3: y = -3
13 Line d_4		y = p	d_4: y = 3
14 Point P_1		(r_1; α)	P_1 = (3.96; 76°)
15 Point P_2		(r_2; α)	P_2 = (2.42; 76°)
16 Point P_3		(r_3; α)	P_3 = (101; 76°)
17 Point P_4		(r_4; α)	P_4 = (1.52; 76°)
18 Segment m_1		Segment[P_1, F]	m_1 = 3.96
19 Segment n_1		Segment[P_1, (-p, y(P_1))]	n_1 = 3.96
20 Segment m_2		Segment[P_2, F]	m_2 = 2.42
21 Segment n_2		Segment[P_2, (p, y(P_2))]	n_2 = 2.42
22 Segment m_3		Segment[P_3, F]	m_3 = 101
23 Segment n_3		Segment[P_3, (x(P_3), -p)]	n_3 = 101
24 Segment m_4		Segment[P_4, F]	m_4 = 1.52
25 Segment n_4		Segment[P_4, (x(P_4), p)]	n_4 = 1.52
26 Locus loc1		Locus[P_1, θ]	loc1 = Locus[P_1, θ]
27 Locus loc2		Locus[P_2, θ]	loc2 = Locus[P_2, θ]
28 Locus loc3		Locus[P_3, θ]	loc3 = Locus[P_3, θ]
29 Locus loc4		Locus[P_4, θ]	loc4 = Locus[P_4, θ]
30 Text text1	ABC		"r_1=\frac{e \; p}{1-e \; cosθ}"
31 Text text2	ABC		"r_2=\frac{e \; p}{1+e \; cosθ}"
32 Text text3	ABC		"r_3=\frac{e \; p}{1-e \; sinθ}"
33 Text text4	ABC		"r_4=\frac{e \; p}{1+e \; sinθ}"
34 Boolean Value bool1			bool1 = true

35	Boolean Value bool2	☑		bool2 = false
36	Boolean Value bool3	☑		bool3 = false
37	Boolean Value bool4	☑		bool4 = false

29. 포물선의 초점반사 [MA88]

The Reflective Property of a Parabola

"포물선의 초점에서 나온 빛이 포물선에 반사되면 준선과 수직인 광축과 평행하게 진행된다."

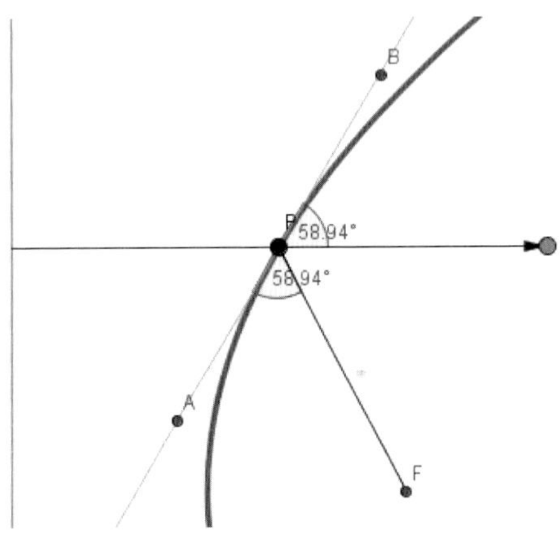

1) 학습 준비

- 새 창을 연다.
- 구성 화면 (Perspectives)- Algebra & Graphics로 바꾼다.

2) 구성 단계

1 a = 2	• 슬라이더 도구를 클릭한 후, 수(Number)를 선택하고 이름은 p로, 최소값(Min)=0, 최대값(Max)=5, 변화량(Increment)=0.1, 초기 설정 상태 그대로 적용한다.
2	• 입력창(Input Bar)에 F=(p,0)를 입력해서 초점을 생성한다.
3	• 입력창(Input Bar)에 l:x=-p를 입력해서 준선을 생성한다.

4		• 이차곡선 도구상자에서 포물선(Parabola)도구를 클릭해서 초점(F)과 준선(l)를 선택한다. 포물선의 이름은 c이다.
5		• 포물선위에 점을 클릭한 후, 이름을 P로 변경한다.
6		• 점 P에서 포물선의 접선(t)을 생성한다. 접선도구를 이용해서 점(P)과 포물선(c)을 차례로 선택한다.
7		• 입력창(Input Bar)에 a=Segment[P, F]를 입력한다.
8		• 입력창(Input Bar)에 b=Segment[P, (−p, y(P))]를 입력한다.
9		• 슬라이더 도구를 선택해서 다음과 같이 슬라이더(이름: timer)를 만든다. 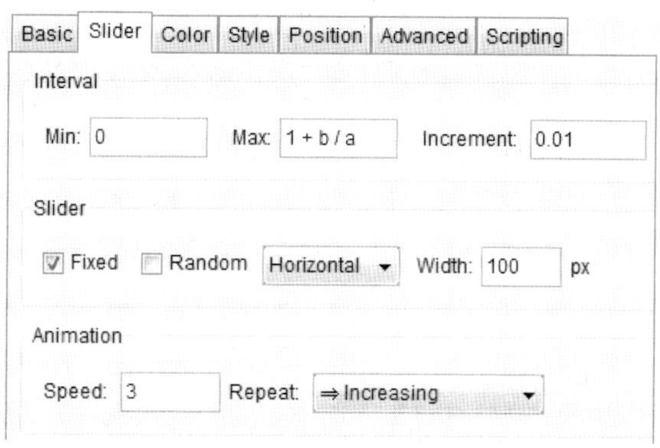
10		• 입력창(Input Bar)에 Q=Dilate[P,timer,F]를 입력한다. • 도구(Dilate Object from Point by Factor)를 이용한다면 먼저 확대하고자 하는 객체 P점을 선택하고 중심점으로 F를 선택한 후, 확대/축소비율로 timer 슬라이더를 선택한다. • Note: 객체속성창(Ctrl+E)의 Advanced(고급)탭에서 객체보이기 조건(Condition to Show Object)에 다음과 같이 설정한다. $0 \leq \text{timer} \leq 1$
11		• 입력창(Input Bar)에 R=Reflect[Q,t]를 입력한다. • 점 Q를 접선t에 대해 대칭이동한 점 R을 생성한다는 의미이다. • Note: 객체속성창(Ctrl+E)의 Advanced(고급)탭에서 객체보이기 조건(Condition to Show Object)에 다음과 같이 설정한다. $1 < \text{timer} \leq 1 + b / a$

12		• 입력창(Input Bar)에 u=Vector[F,Q]를 입력한다. • 벡터도구를 사용한다면 F점과 Q점을 차례로 선택한다. • Note: 객체속성창(Ctrl+E)의 Advanced(고급)탭에서 객체보이기 조건(Condition to Show Object)에 다음과 같이 설정한다. 1 < timer ≤ 1
13		• 입력창(Input Bar)에 v=Vector[P,R]를 입력한다. • 벡터도구를 사용한다면 P점과 R점을 차례로 선택한다. • Note: 객체속성창(Ctrl+E)의 Advanced(고급)탭에서 객체보이기 조건(Condition to Show Object)에 다음과 같이 설정한다. 1 < timer ≤ 1 + b / a
14		• 점 P를 중심으로 하고 반지름이 p인 원(d)을 생성한다.
15		• 원(d)과 접선(t)의 교점 2개(A,B)를 생성한다.
16		• 입력창(Input Bar)에 α=Angle[A,P,F]를 입력한다. • Note: 객체속성창(Ctrl+E)의 Advanced(고급)탭에서 객체보이기 조건(Condition to Show Object)에 다음과 같이 설정한다. 1 ≤ timer ≤ 1 + b / a
17		• 입력창(Input Bar)에 β=Angle[R,P,B]를 입력한다. • Note: 객체속성창(Ctrl+E)의 Advanced(고급)탭에서 객체보이기 조건(Condition to Show Object)에 다음과 같이 설정한다. 1 ≤ timer ≤ 1 + b / a

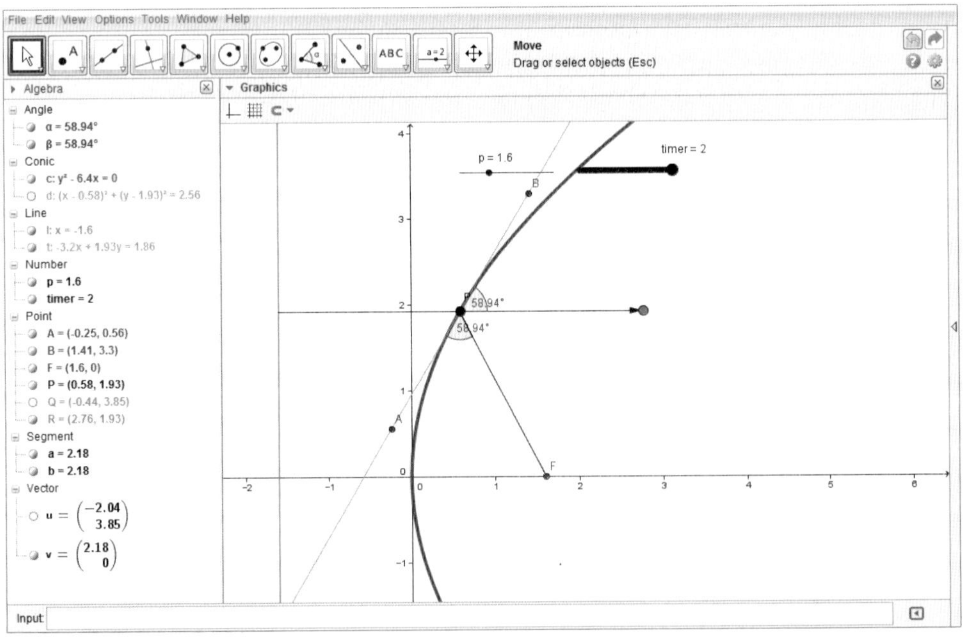

No.	Name	Tool...	Command	Value
1	Number p			p = 2
2	Point F		(p, 0)	F = (2, 0)
3	Line l		x = -p	l: x = -2
4	Parabola c		Parabola[F, l]	c: y² - 8x = 0
5	Point P		Point[c]	P = (0.73, 2.41)
6	Line t		Tangent[P, c]	t: -4x + 2.41y = 2.9
7	Segment a		Segment[P, F]	a = 2.73
8	Segment b		Segment[P, (-p, y(P))]	b = 2.73
9	Number timer			timer = 2
10	Point Q		Dilate[P, timer, F]	Q = (-0.55, 4.82)
11	Point R		Reflect[Q, t]	R = (3.45, 2.41)
12	Vector u		Vector[F, Q]	u = (-2.55, 4.82)
13	Vector v		Vector[P, R]	v = (2.73, 0)
14	Circle d		Circle[P, p]	d: (x - 0.73)² + (y - 2.41)² = 4
15	Point A		Intersect[d, t]	A = (-0.31, 0.7)
15	Point B		Intersect[d, t]	B = (1.76, 4.12)
16	Angle α		Angle[A, P, F]	α = 58.94°
17	Angle β		Angle[R, P, B]	β = 58.94°

30. 타원의 초점반사 [MA89]

The Reflective Property of an Ellipse

"타원의 한 초점에서 나온 빛이 타원에 반사된 후 다른 초점을 지나게 된다."

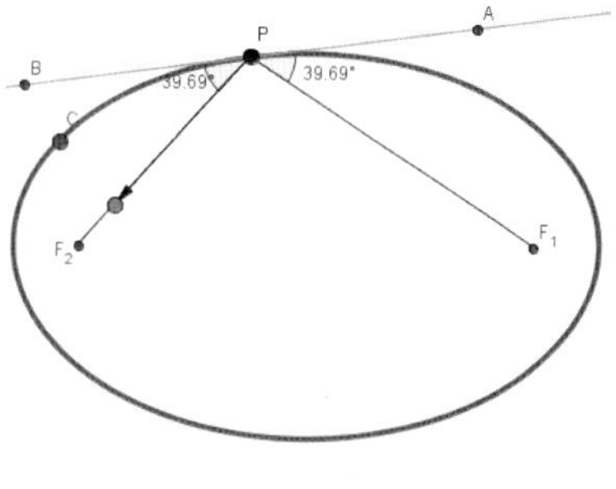

1) 학습 준비

- 새 창을 연다.
- 구성 화면 (Perspectives)- Algebra & Graphics로 바꾼다.

2) 구성 단계

1	• 슬라이더 도구를 클릭한 후, 수(Number)를 선택하고 이름은 k로, 최소값(Min)=0, 최대값(Max)=5, 변화량(Increment)=0.1, 초기 설정 상태 그대로 적용한다.
2	• 입력창(Input Bar)에 F_1=(k,0)를 입력해서 제 1초점을 생성한다.
3	• 입력창(Input Bar)에 F_2=(-k,0)를 입력해서 제 1초점을 생성한다.
4	• 임의의 위치에 점C를 생성한다.
5	• 이차곡선 도구상자에서 타원(Ellipse)도구를 클릭해서 두 초점을 차례로 선택하고 점 C를 선택한다. 타원의 이름은 c이다.
6	• 타원위에 점을 클릭한 후, 이름을 P로 변경한다.
7	• 점 P에서 포물선의 접선(t)을 생성한다. 접선도구를 이용해서 점(P)과 타원(c)을 차례로 선택한다.
8	• 입력창(Input Bar)에 a=Segment[P,F_1]를 입력한다.
9	• 입력창(Input Bar)에 b=Segment[P,F_2]를 입력한다.
10	• 슬라이더 도구를 선택해서 다음과 같이 슬라이더(이름 : timer)를 만든다. 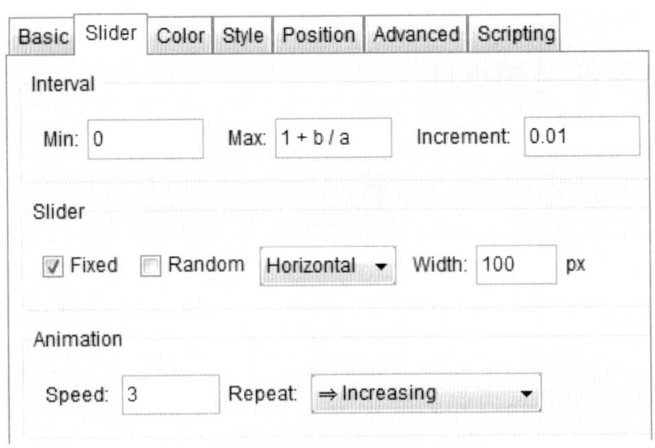

11 	• 입력창(Input Bar)에 Q=Dilate[P,timer,F_1]를 입력한다. • 도구(Dilate Object from Point by Factor)를 이용한다면 먼저 확대하고자 하는 객체 P점을 선택하고 중심점으로 제 1초점을 선택한 후, 확대/축소비율로 timer 슬라이더를 선택한다. • Note: 객체속성창(Ctrl+E)의 Advanced(고급)탭에서 객체보이기 조건(Condition to Show Object)에 다음과 같이 설정한다. $0 \leq$ timer ≤ 1
12 	• 입력창(Input Bar)에 R=Reflect[Q,t]를 입력한다. • 점 Q를 접선t에 대해 대칭이동한 점 R을 생성한다는 의미이다. • Note: 객체속성창(Ctrl+E)의 Advanced(고급)탭에서 객체보이기 조건(Condition to Show Object)에 다음과 같이 설정한다. $1 <$ timer $\leq 1 + b / a$
13 	• 입력창(Input Bar)에 u=Vector[F_1,Q]를 입력한다. • 벡터도구를 사용한다면 F점과 Q점을 차례로 선택한다. • Note: 객체속성창(Ctrl+E)의 Advanced(고급)탭에서 객체보이기 조건(Condition to Show Object)에 다음과 같이 설정한다. $1 <$ timer ≤ 1
14 	• 입력창(Input Bar)에 v=Vector[P,R]를 입력한다. • 벡터도구를 사용한다면 P점과 R점을 차례로 선택한다. • Note: 객체속성창(Ctrl+E)의 Advanced(고급)탭에서 객체보이기 조건(Condition to Show Object)에 다음과 같이 설정한다. $1 <$ timer $\leq 1 + b / a$
15 	• 점 P를 중심으로 하고 반지름이 k인 원(d)을 생성한다.
16 	• 원(d)과 접선(t)의 교점 2개(A,B)를 생성한다.
17 	• 입력창(Input Bar)에 α=Angle[F_1,P,B]를 입력한다. • Note: 객체속성창(Ctrl+E)의 Advanced(고급)탭에서 객체보이기 조건(Condition to Show Object)에 다음과 같이 설정한다. $1 \leq$ timer $\leq 1 + b / a$
18 	• 입력창(Input Bar)에 β=Angle[A,P,F_2]를 입력한다. • Note: 객체속성창(Ctrl+E)의 Advanced(고급)탭에서 객체보이기 조건(Condition to Show Object)에 다음과 같이 설정한다. $1 \leq$ timer $\leq 1 + b / a$

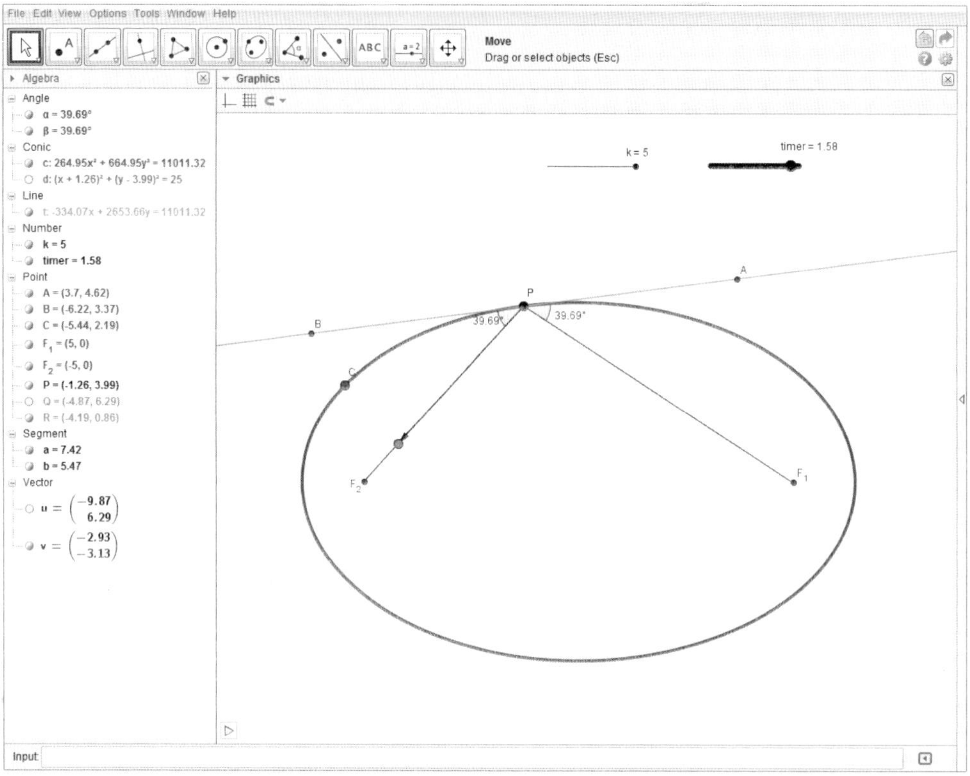

No.	Name	Tool...	Command	Value
1	Number k			k = 5
2	Point F_1		(k, 0)	F_1 = (5, 0)
3	Point F_2		(-k, 0)	F_2 = (-5, 0)
4	Point C			C = (-5.44, 2.19)
5	Ellipse c		Ellipse[(k, 0), (-k, 0), C]	c: 264.95x² + 664.95y² = 11011.32
6	Point P		Point[c]	P = (-1.26, 3.99)
7	Line t		Tangent[P, c]	t: -334.07x + 2653.66y = 11011.32
8	Segment a		Segment[P, F_1]	a = 7.42
9	Segment b		Segment[P, F_2]	b = 5.47
10	Number timer			timer = 1.58
11	Point Q		Dilate[P, timer, F_1]	Q = (-4.87, 6.29)
12	Point R		Reflect[Q, t]	R = (-4.19, 0.86)

13 Vector u	Vector[F_1, Q]	u = (-9.87, 6.29)
14 Vector v	Vector[P, R]	v = (-2.93, -3.13)
15 Circle d	Circle[P, k]	d: (x + 1.26)² + (y - 3.99)² = 25
16 Point B	Intersect[d, t]	B = (-6.22, 3.37)
16 Point A	Intersect[d, t]	A = (3.7, 4.62)
17 Angle α	Angle[F_1, P, A]	α = 39.69°
18 Angle β	Angle[B, P, F_2]	β = 39.69°

31. 쌍곡선의 초점반사 [MA90]

The Reflective Property of a Hyperbola

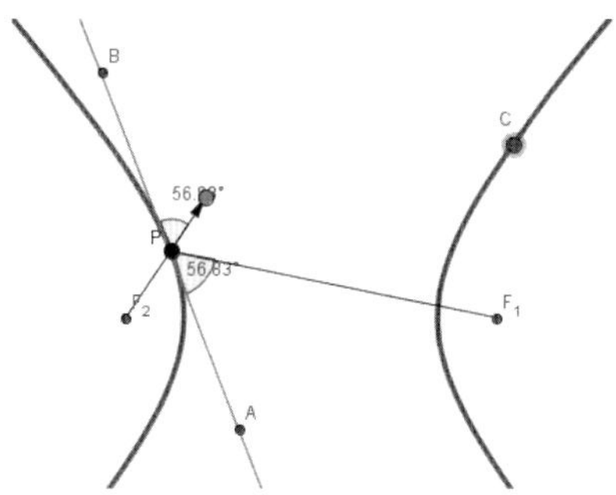

"쌍곡선의 한 초점에서 나온 빛이 쌍곡선에 반사된 후 다른 초점에서 나온 빛과 같은 방향으로 진행하게 된다."

1) 학습 준비

- 새 창을 연다.
- 구성 화면 (Perspectives)-Algebra & Graphics로 바꾼다.

2) 구성 단계

1	a = 2	• 슬라이더 도구를 클릭한 후, 수(Number)를 선택하고 이름은 k로, 최소값(Min)=0, 최대값(Max)=5, 변화량(Increment)=0.1, 초기 설정 상태 그대로 적용한다.
2		• 입력창(Input Bar)에 F_1=(k,0)를 입력해서 제 1초점을 생성한다.
3		• 입력창(Input Bar)에 F_2=(-k,0)를 입력해서 제 1초점을 생성한다.
4		• 임의의 위치에 점C를 생성한다.
5		• 이차곡선 도구상자에서 쌍곡선(Hyperbola)도구를 클릭해서 두 초점을 차례로 선택하고 점 C를 선택한다. 쌍곡선의 이름은 c이다.

6		• 쌍곡선위에 점을 클릭한 후, 이름을 P로 변경한다.
7		• 점 P에서 쌍곡선의 접선(t)을 생성한다. 접선도구를 이용해서 점(P)과 쌍곡선(c)을 차례로 선택한다.
8		• 입력창(Input Bar)에 a=Segment[P,F_1]를 입력한다.
9		• 입력창(Input Bar)에 b=Segment[P,F_2]를 입력한다.
10	a = 2	• 슬라이더 도구를 선택해서 다음과 같이 슬라이더(이름 : timer)를 만든다. 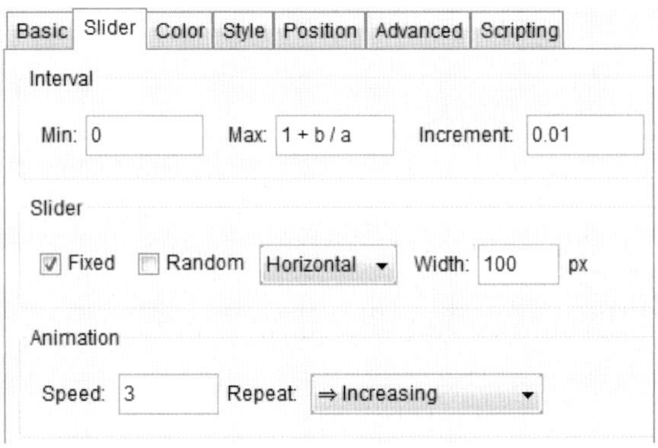
11		• 입력창(Input Bar)에 Q=Dilate[P,timer,F_1]를 입력한다. • 도구(Dilate Object from Point by Factor)를 이용한다면 먼저 확대하고자 하는 객체 P점을 선택하고 중심점으로 제 1초점을 선택한 후, 확대/축소비율로 timer 슬라이더를 선택한다. • Note: 객체속성창(Ctrl+E)의 Advanced(고급)탭에서 객체보이기 조건(Condition to Show Object)에 다음과 같이 설정한다. 0 ≤ timer ≤ 1
12		• 입력창(Input Bar)에 R=Reflect[Q,t]를 입력한다. • 점 Q를 접선t에 대해 대칭이동한 점 R을 생성한다는 의미이다. • Note: 객체속성창(Ctrl+E)의 Advanced(고급)탭에서 객체보이기 조건(Condition to Show Object)에 다음과 같이 설정한다. 1 < timer ≤ 1 + b / a
13		• 입력창(Input Bar)에 u=Vector[F_1,Q]를 입력한다. • 벡터도구를 사용한다면 F점과 Q점을 차례로 선택한다. • Note: 객체속성창(Ctrl+E)의 Advanced(고급)탭에서 객체보이기 조건(Condition to Show Object)에 다음과 같이 설정한다. 1 < timer ≤ 1

14		• 입력창(Input Bar)에 v=Vector[P,R]를 입력한다. • 벡터도구를 사용한다면 P점과 R점을 차례로 선택한다. • Note: 객체속성창(Ctrl+E)의 Advanced(고급)탭에서 객체보이기 조건(Condition to Show Object)에 다음과 같이 설정한다. 1 < timer ≤ 1 + b / a
15		• 점 P를 중심으로 하고 반지름이 k인 원(d)을 생성한다.
16		• 원(d)과 접선(t)의 교점 2개(A,B)를 생성한다.
17		• 입력창(Input Bar)에 α=Angle[B,P,F_1]를 입력한다. • Note: 객체속성창(Ctrl+E)의 Advanced(고급)탭에서 객체보이기 조건(Condition to Show Object)에 다음과 같이 설정한다. 1 ≤ timer ≤ 1 + b / a
18		• 입력창(Input Bar)에 β=Angle[R,P,A]를 입력한다. • Note: 객체속성창(Ctrl+E)의 Advanced(고급)탭에서 객체보이기 조건(Condition to Show Object)에 다음과 같이 설정한다. 1 ≤ timer ≤ 1 + b / a

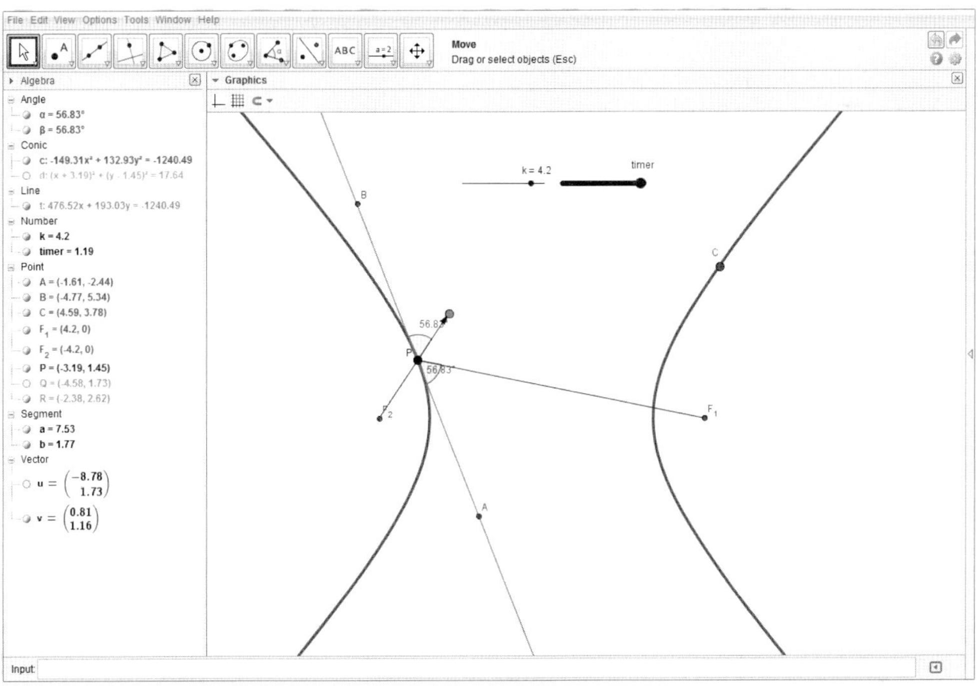

No.	Name	To...	Command	Value
1	Number k			k = 4.2
2	Point F_1		(k, 0)	F_1 = (4.2, 0)
3	Point F_2		(-k, 0)	F_2 = (-4.2, 0)
4	Point C			C = (5.78, 5.34)
5	Hyperbola c		Hyperbola[F_1, F_2, C]	c: -149.99x² + 132.25y² = -1239.76
6	Point P		Point[c]	P = (-3.18, 1.46)
7	Line t		Tangent[P, c]	t: 477.46x + 192.48y = -1239.76
8	Segment a		Segment[P, F_1]	a = 7.53
9	Segment b		Segment[P, F_2]	b = 1.78
10	Number timer			timer = 1.24
11	Point Q		Dilate[P, timer, F_1]	Q = (-4.93, 1.8)
12	Point R		Reflect[Q, t]	R = (-2.17, 2.91)
13	Vector u		Vector[F_1, Q]	u = (-9.13, 1.8)
14	Vector v		Vector[P, R]	v = (1.02, 1.46)
15	Circle d		Circle[P, k]	d: (x + 3.18)² + (y - 1.46)² = 17.64
16	Point B		Intersect[d, t]	B = (-4.75, 5.35)
16	Point A		Intersect[d, t]	A = (-1.61, -2.44)
17	Angle α		Angle[A, P, F_1]	α = 56.89°
18	Angle β		Angle[R, P, B]	β = 56.89°

부록

Ⅰ. 모델(Model)

번호	Model	모델	지지빈 코드
1	Rectangle Consturction	직사각형	MA01
2	Parallelogram	평행사변형	MA02
3	Rhombus	마름모	MA03
4	Kite	연	MA04
5	Sliders and Rhombus	슬라이더와 마름모	MA05
6	Equilateral Triangle	정삼각형	MA06
7	Square	정사각형	MA07
8	Regular Pentagon	정오각형	MA08
9	Regular Hexagon(1)	정육각형(1)	MA09
10	Regular Hexagon(2)	정육각형(2)	MA10
11	Centroid	삼각형의 무게중심	MA11
12	Orthocenter	삼각형의 수심	MA12
13	Incenter	삼각형의 내심	MA13
14	Circumcenter	삼각형의 외심	MA14
15	Excenter	삼각형의 방심	MA15
16	The Theorem of Tales	탈레스의 정리	MA16
17	Tangents to A Circle	원의 접선	MA17
18	Graph and Slider	그래프와 슬라이더	MA18
19	Dynamic Colors	다이내믹 컬러	MA19
20	Trace of A Rolling Circle	원의 궤적	MA20
21	Paper Folding	종이 접기	MA21
22	Parameters of a Linear Equation	직선의 방정식의 매개변수	MA22
23	Library of Functions: Absolute Values	함수의 종류: 절대값 함수	MA23
24	Library of Functions: Superposition of Sine Waves	함수의 종류: Sine함수와 그 중첩	MA24
25	Introducing Derivatives: The Slope Function	함수의 종류: 미분-기울기 함수	MA25
26	Derivative of Sine Function	싸인함수 미분	MA26
27	Cubic Function	삼차함수의 그래프	MA27
28	Area of An Inequality	부등식의 영역	MA28
29	Symmetry with GeoGebra	대칭 구성	MA29
30	Exploring Properties of Reflection	대칭의 특성	MA30

31	Translating Pictures	그림(객체)의 이동	MA31
32	Rotating Polygons(1)	다각형의 회전(1)	MA32
33	Rotating Polygons(2)	다각형의 회전(2)	MA33
34	Vector and Tessellation	벡터와 모자이크	MA34
35	Windmill	풍차	MA35
36	Four-leaf Rose	네 잎 장미	MA36
37	Linear Equations	직선의 방정식	MA37
38	Dynamic Texts and the Angle Sum in a Triangle	다이내믹 텍스트와 삼각형 내각의 합	MA38
39	Slope Triangle	기울기 삼각형	MA39
40	The mod 3 Clock	시계 만들기 기초	MA40
41	Circle-Area Approximation	원의 넓이의 근사값	MA41
42	Area of Circumscribed Polygons	원의 넓이의 근사값과 외접하는 다각형	MA42
43	Riemann Sum	적분의 기초	MA43
44	Visualizing Triangle Inequalities	삼각형의 부등식	MA44
45	Theorem of Pythagoras	피타고라스 정리	MA45
46	Fibonacci Spiral	피보나치 나선형	MA46
47	Constructing the Center of a Circle	원의 중심 구하기	MA47
48	Visualizing Integer Addition on the Number Line and Checkbox	수직선 위의 정수의 합과 체크박스	MA48
49	Sierpinski Triangle	시어핀스키 삼각형	MA49
50	Sequence of Points and Segments	점과 선분의 시퀀스	MA50
51	Visualizing Multiplication of Natural Numbers	자연수 곱셈의 시각적 보완	MA51
52	Bezier Curves	베지에 곡선	MA52
53	Segment Division	시퀀스와 선분의 분할	MA53
54	Record to Spreadsheet Feature	스프레드시트 입력 툴의 특징	MA54
55	Investigating Number Patterns	수의 규칙적 패턴	MA55
56	Spreadsheet and Best Fit Polyline	스프레드시트와 최적 곡선	MA56
57	Spreadsheet and Similarity	스프레드시트와 닮은꼴	MA57
58	Spreadsheet and Vectors & Matrices	스프레드시트와 벡터 및 행렬	MA58
59	Spreadsheet and Histogram	스프레드시트와 막대그래프	MA59
60	Analyzing Data in Spreadsheet	스프레드시트와 데이터 분석	MA60
61	Intersection of Polynomial Functions	다항함수의 교점	MA61
62	Unit Circle & Angles of Radius Vector	단위원과 동경의 각	MA62
63	Visualizing Definition of Trigonometry	삼각함수의 정의	MA63

64	Customizing The Coordinates for Visualizing Trigonometry	삼각함수 구성을 위한 사용자 좌표 설정	MA64
65	Trigonometry: Sin Function	Sin 함수	MA65
66	Trigonometry: Cos Function	Cos 함수	MA66
67	Trigonometry: Tan Function	Tan 함수	MA67
68	Inversion & Reciprocality of Trigonometry	삼각함수의 역함수와 역	MA68
69	Trigonometry on The Polar Coordinates: Sin Function	극좌표 상의 Sin 함수	MA69
70	Trigonometry on The Polar Coordinates:Cos Function	극좌표 상의 Cos 함수	MA70
71	Trigonometry on The Polar Coordinates: Tan Function	극좌표 상의 Tan 함수	MA71
72	Trigonometry on The Polar Coordinates	극좌표 상의 삼각 함수	MA72
73	Roses Embroidered on The Polar	극좌표 위에 수놓은 장미	MA73
74	Parametric Curves: Cycloid	사이클로이드	MA74
75	Parametric Curves: Cardioid	심장형 사이클로이드	MA75
76	Parametric Curves: Nephroid	신장형 사이클로이드	MA76
77	Parametric Curves: Epicycloid	에피사이클로이드	MA77
78	Parametric Curves: Epitrochoid	에피트로코이드	MA78
79	Parametric Curves: Deltoid	삼각별 사이클로이드	MA79
80	ParametricCurves:Astroid	사각별 사이클로이드	MA80
81	Parametric Curves: HypoCycloid	하이포사이클로이드	MA81
82	Parametric Curves: Hypotrochoid	하이포트로코이드	MA82
83	Conic Sections: Parabola	포물선	MA83
84	Conic Sections: Ellipse	타원	MA84
85	Conic Sections: Hyperbola	쌍곡선	MA85
86	Parametric Equations of Conic Sections	이차 곡선의 매개방정식	MA86
87	Polar Equations of Conic Sections	이차 곡선의 극방정식	MA87
88	The Reflective Property of a Parabola	포물선의 초점 반사	MA88
89	The Reflective Property of an Ellipse	타원의 초점 반사	MA89
90	The Reflective Property of a Hyperbola	쌍곡선의 초점 반사	MA90

Ⅱ. 도구(Tool)

Movement Tool (이동 도구)		
1	Move (이동)	TA01
	Drag or select objects.(Esc) 객체를 드래그하거나 선택한다.(Esc)	
2	Rotate around Point (점을 중심으로 회전)	TA02
	Select rotation center point, and then drag object 회전축이 되는 점을 정하고 나서, 회전하려는 객체를 드래그한다.	
3	Record to Spreadsheet (스프레드시트에 기록)	TA03
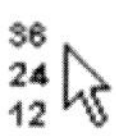	Select object to trace, then change the construction 값의 변화를 추적하려는 객체를 선택하고 나서 그 객체에 변화를 준다.	
Point Tool (점 도구)		
4	New Point(새로운 점)	TB01
	Click in the Graphics View, or on line, function or curve 그래픽 구성창(Graphic View) 또는 선, 함수, 곡선 위에 클릭한다.	
4	Point on Object(객체 위의 점)	TB02
	Click inside an object or on its perimeter to make a point 객체의 내부 또는 그 변 위에 클릭한다.	
6	Intersect Two Objects(두 객체의 교점)	TB03
	Select two objects or click on intersection directly 교점을 만드는 두 객체를 클릭하거나, 직접 두 객체가 만나는 점을 클릭한다.	
7	Midpoint or Centre(중점/중심점)	TB04
	Select two points, one segment, line, or circle 두 점 또는 선분, 원, 호를 클릭한다.	
8	Attach or Detach Point(점 붙이기/떼기)	TB05
	Click on a point(and on an object to attach) 점을 클릭하고 나서 점을 부착하려는 객체를 클릭한다.	

9	Complex Number(복소수)	TB06
	Click in the Graphics View to make a complex number 그래픽 구성창(Graphic View)를 클릭한다.	
Line Tool(선 도구)		
10	Line through Two Points(두 점을 지나는 직선)	TC01
	Selecttwopoints 두 점을 선택한다.	
11	Segment between Two Points(두 점 사이의 선분)	TC02
	Selecttwopoints 두 점을 선택한다.	
12	Segment with Given Length from Point(한 점에서 정한 길이의 선분)	TC03
	Select one point and enter segment length 한 점을 선택하고 나서 원하는 길이를 입력한다.	
13	Ray through Two Points(두 점을 지나는 반직선)	TC04
	Select the starting point and then a point on the ray 시작점을 선택하고 반직선이 지나는 점을 클릭한다.	
14	Polyline(다각선)	TC05
	Select all vertices, then click the first vertex again 모든 꼭지점을 클릭하고 첫 번째 꼭지점을 다시 클릭한다.	
15	Vector between Two Points(두 점 사이의 벡터)	TC06
	Select the starting point and then the end point 시작점을 선택하고 나서 끝점을 선택한다.	
16	Vector from Point(한 점으로부터의 벡터)	TC07
	Select the starting point and then a vector 시작점을 선택하고 나서 방향벡터를 선택한다.	

Special Line Tool (특수선 도구)		
17	Perpendicular Line(수직선)	TD01
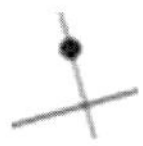	Select a point and perpendicular line 한 점과 수직을 이루는 선을 클릭한다.	
18	Parallel Line(평행선)	TD02
	Select a point and parallel line 한 점과 평행을 이루는 선을 클릭한다.	
19	Perpendicular Bisector(수직 이등분선)	TD03
	Select two points or one segment 두 점 또는 한 선분을 클릭한다.	
20	Angle Bisector(각 이등분선)	TD04
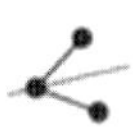	Select three points or two lines 세 점 또는 두 선을 선택한다.	
21	Tangents(접선)	TD05
	Select point or line, then circle, conic or function 점 또는 선을 선택하고 나서, 원, 이차곡선, 함수를 클릭한다.	
22	Polar or Diameter Line(극선/지름)	TD06
	Select point or line, then circle or conic 점 또는 선을 선택하고 나서, 원 또는 이차곡선을 클릭한다.	
23	Best Fit Line(최적선)	TD07
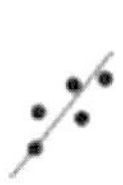	Select points using selection rectangle, or list of points 여러 점을 그래픽 구성창에서 선택하거나, 점의 목록을 대수창에서 선택한다.	
24	Locus(자취)	TD08
	Select locus point, then point on object or slider 자취의 한 점을 클릭하고 나서 객체 또는 슬라이더 위의 한 점을 클릭한다.	

Polygon Tool (다각형 도구)		
25	Polygon(다각형)	TE01
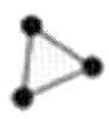	Select all vertices, then click the first vertex again 모든 꼭지점을 클릭하고 첫 번째 꼭지점을 다시 클릭한다.	
26	Regular Polygon(정다각형)	TE02
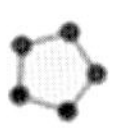	Select two vertices, then enter the number of vertices 두 점을 선택하고 나서 꼭지점의 개수를 입력한다.	
27	Rigid Polygon(불변 다각형)	TE03
	Select all vertices, then click the first vertex again(just click a polygon to make a rigid copy 모든 꼭지점을 클릭하고 첫 번째 꼭지점을 다시 클릭하거나, 이미 만들어진 다각형의 내부를 클릭한다.	
28	Vector Polygon(다각형 벡터)	TE04
	Select all vertices, then click the first vertex again 모든 꼭지점을 클릭하고 첫 번째 꼭지점을 다시 클릭한다.	
Circle and Arc Tool(원호 도구)		
29	Circle with Centre through Point(중심에서 한 점을 지나는 원)	TF01
	Select the center point, then point on the circle 중심점을 선택하고 나서 원이 지나는 점을 클릭한다.	
30	(Circle with Centre and Radius(중심에서 반지름을 정한 원)	TF02
	Select the center point, the enter radius 중심점을 선택하고 나서 원의 반지름을 입력한다.	
31	Compasses(컴퍼스)	TF03
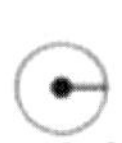	Select two points or one segment, then click on the center point 반지름이 되는 선분 또는 두 점을 선택하고 나서 중심점을 선택한다.	
32	Circle through Three Points(세 점을 지나는 원)	TF04
	Select three points on the circle 원이 지나는 세 점을 클릭한다.	

33	Semicircle through Two Points(두 점을 지나는 반원)	TF05
	Select two end points	
	두 끝점을 선택한다.	
34	Circular Arc with Centre between Two Points(중심에서 두 점 사이의 원호)	TF06
	Select center and two points	
	중심점을 선택하고 나서 두 점을 클릭한다.	
35	Circumcircular Arc through Three Points(세 점을 지나는 원호)	TF07
	Select three points on arc	
	호가 지나는 세 점을 클릭한다.	
36	Circular Sector with Centre between Two Points(중심에서 두 점 사이의 부채꼴)	TF08
	Select center and two points	
	중심점을 선택하고 나서 두 점을 클릭한다.	
37	Circumcircular Sector through Three Points(세 점을 지나는 부채꼴)	TF09
	Select three points on sector	
	부채꼴의 호가 지나는 세 점을 클릭한다.	
	Conic Section Tool(이차곡선 도구)	
38	Ellipse(타원)	TG01
	Select two foci and then point on ellipse	
	두 초점과 타원 위의 한 점을 클릭한다.	
39	Hyperbola(쌍곡선)	TG02
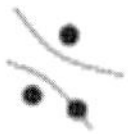	Select two foci and then point on hyperbola	
	두 초점과 쌍곡선 위의 한 점을 클릭한다.	
40	Parabola(포물선)	TG03
	Select point and directrix	
	한 점과 준선을 클릭한다.	

41	Conic through Five Points(다섯 점을 지나는 이차 곡선)	TG04
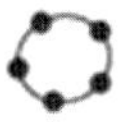	Select five points on conic	
	곡선 위의 다섯 점을 선택한다.	
	Measurement Tool(측정 도구)	
42	Angle(각)	TH01
	Select three points or two lines	
	세 점 또는 두 선을 선택한다.	
43	Angle with Given Size(입력각)	TH02
	Select leg point, then vertex, and then enter angle	
	두 점을 클릭하고 나서 원하는 각을 입력한다.	
44	Distance or Length(거리/길이)	TH03
	Select two points, segment, polygon, or circle	
	두 점 또는 한 선분, 다각형, 원을 클릭한다.	
45	Area(넓이)	TH04
	Select polygon, circle, or conic	
	다각형, 원, 이차곡선을 선택한다.	
46	Slope(기울기)	TH05
	Select line	
	선을 선택한다.	
47	Create List(리스트 만들기)	TH06
{1,2}	Drag selection rectangle around points	
	리스트로 만들려는 객체들을 선택한다.	
	Transformation Tool(변환 도구)	
48	Reflect Object in Line(선 대칭)	TI01
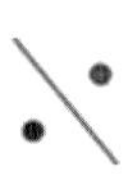	Select an object to reflect, then the line of reflection	
	객체를 선택하고 나서 선을 클릭한다.	

49	Reflect Object in Point(점 대칭)	TI02
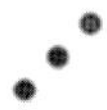	Select an object to reflect, then the center point of reflection 객체를 선택하고 나서 점을 클릭한다.	
50	Reflect Object in Circle(원 대칭)	TI03
	Select an object to reflect, then circle 객체를 선택하고 나서 원을 클릭한다.	
51	Rotate Object around Point by Angle(각 회전)	TI04
	Select an object to reflect, then the center point of reflection, and enter angle 객체를 선택하고, 중심점을 선택하고 나서 각을 입력한다.	
52	Translate Object by Vector(벡터에 의한 평행 이동)	TI05
	Select an object to reflect, then the vector of translation 객체를 선택하고 나서 벡터를 클릭한다.	
53	Enlarge Object from Point by Factor(비율에 의한 점으로부터 확대)	TI06
	Select an object to dilate, then the center point, and enter factor 객체를 선택하고, 중심점을 선택하고 나서 배율을 입력한다.	
Special Object Tool(특수객체 도구)		
54	Insert Text(텍스트)	TJ01
ABC	Click in the Graphics View or on a point to specify the position 그래픽 구성창(Graphic View) 또는 한 점을 클릭한다.	
55	Insert Image(그림)	TJ02
	Click in the Graphics View or on a point to specify the position 그래픽 구성창(Graphic View) 또는 한 점을 클릭한다.	
56	Pen(펜)	TJ03
	Write freely in the Graphics View 그래픽 구성창(Graphic View)에 자유롭게 글을 적거나 선을 그린다.	

57	Relation between Two Objects(두 객체의 관련성)	TJ04
$a \stackrel{?}{=} b$	Selecttwoobjects	
	두 객체를 선택한다.	
58	Probability Calculator(확률 계산기)	TJ05
	Click on this tool to open the dialog box to compute probabilities	
	대화창에 데이터를 입력한다.	
59	Function Inspector(함수 관리자)	TJ06
	Select a function	
	함수를 클릭한다.	
Action Object Tool(동작객체 도구)		
60	Slider(슬라이더)	TK01
a = 2	ClickintheGraphicsViewtospecifytheposition	
	그래픽 구성창(Graphic View)를 클릭하여 슬라이드가 놓일 위치를 정한다.	
61	Check Box to Show/Hide Objects(체크박스)	TK02
	Click in the Graphics View to specify the position	
	그래픽 구성창(Graphic View)를 클릭하여 체크박스를 삽입할 위치를 정한다.	
62	Insert Button(버튼)	TK03
OK	Click in the Graphics View to insert a button	
	그래픽 구성창(Graphic View)를 클릭하여 체크박스를 삽입할 위치를 정한다.	
63	Insert Textfield(텍스트 필드)	TK04
a = 1	Click in the Graphics View to insert a textfield	
	그래픽 구성창(Graphic View)를 클릭하여 텍스트 입력 상자를 삽입할 위치를 정한다.	
General Tool(일반 도구)		
64	Move Graphics View(화면 이동)	TL01
	Drag the Graphics View or one axis	
	그래픽 구성창 또는 좌표축을 드래그한다.	

65	Zoom In/Out(확대/축소)	TL02
	Click in the Graphics View or move mouse wheel 그래픽 구성창을 클릭한다.	
66	Show/Hide Object(객체 보이기/숨기기)	TL03
	Select objects to hide, then switch to another tool 숨기려는 객체를 클릭하고 나서 다른 도구를 클릭한다.	
67	Show/Hide Label(객체 이름 보이기/숨기기)	TL04
A A	Select object 객체를 선택한다.	
68	Copy Visual Style(스타일 복사)	TL05
	Select the object to copy, then other objects 복사하려는 객체를 클릭하고 나서 대상이 되는 다른 객체를 클릭한다.	
69	Delete Object(삭제)	TL06
	Select object 객체를 선택한다.	
	CAS[Computer Algebra System] Tool (CAS 도구)	
70	Evaluate(연산)	TM01
=	Exact evaluation 연산을 한다.	
71	Numeric(수치 연산)	TM02
≈	Numeric evaluation 수치 연산을 한다.	
72	Keep Input(수식 유지 확인)	TM03
✓	Keeps and checks input 입력 자료를 유지하고 확인한다.	

73	Factor(인수분해)	TM04
15 3·5	Finds factors 인수를 구한다.	
74	Expand(전개)	TM05
(( ))	Expands brackets 수식을 전개한다.	
75	Substitute(치환)	TM06
7↘□	Replaces a part of expression 수식의 일부를 치환한다.	
76	Solve(해 구하기)	TM07
x =	Solves one or more equations 하나 이상의 방정식의 해를 구한다.	
77	Solve Numerically(수치 해 구하기)	TM08
x ≈	Solves one or more equations numerically 하나 이상의 방정식의 수치 해를 구한다.	
78	Derivative(미분)	TM09
∂	Finds the first derivative 1차 미분 값을 구한다.	
79	Integral(적분)	TM10
∫	Finds indefinite integral 부정적분 값을 구한다.	
	Spreadsheet Tool (스프레드시트 도구)	
80	One Variable Analysis(단변수 분석)	TN01
	Analyze number values from selected cells 선택된 셀들로부터 값을 분석한다.	
81	Two Variable Regression Analysis(이변수 회귀 분석)	TN02
	Analyze paired number values from selected cells 선택된 셀들로부터 쌍을 이루는 값을 분석한다.	

82	Multiple Variable Analysis(다변수 분석)	TN03
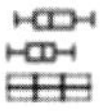	Analyze two or more data sets from selected columns	
	선택된 열들로부터 두 개 이상의 데이터를 분석한다.	
83	Create List of Points(좌표점 리스트 만들기)	TN04
{•••}	Select cells and then click this tool button	
	셀들을 선택한 뒤 이 도구버튼을 누른다.	
84	Create Matrix(행렬 리스트 만들기)	TN05
1 2 3 4	Select cells and then click this tool button	
	셀들을 선택한 뒤 이 도구버튼을 누른다.	
85	Create Table(표 만들기)	TN06
1 2 3 4	Select cells and then click this tool button	
	셀들을 선택한 뒤 이 도구버튼을 누른다.	
86	Create Polyline(다각선 만들기)	TN07
	Select cells for points and then click this tool button	
	점의 좌표가 들어 있는 셀들을 선택한 뒤 이 도구버튼을 누른다.	
87	Sum(합 구하기)	TN08
Σ	Select a set of cells	
	일련의 셀들을 선택한다.	
88	Mean(평균 구하기)	TN09
$\frac{\Sigma}{n}$	Select a set of cells	
	일련의 셀들을 선택한다.	
89	Count(셀 개수 구하기)	TN10
卌	Select a set of cells	
	일련의 셀들을 선택한다.	

90	Maximum(최대값 구하기)	TN11
1 2 [3]	Select a set of cells	
	일련의 셀들을 선택한다.	
91	Minimum(최소값 구하기)	TN12
[1] 2 3	Select a set of cells	
	일련의 셀들을 선택한다.	
Custom Tool(사용자 도구)		
92	New Tool created by User discretionally	TO01
	Select output objects, then input objects, and then name the new tool in Dialog Box	
	사용자 도구 만들기 대화상자에 결과 객체와 입력 객체를 선택하고 새로운 툴의 이름을 지정한다.	

Ⅲ. 명령(Command)

번호	명령(영문)	명령(한글)	코드
Algebra/대수			
1	Div	몫	CA01
2	Division	나눗셈	CA02
3	Divisors	약수	CA03
4	DivisorsList	약수리스트	CA04
5	DivisorsSum	약수합	CA05
6	Expand	전개	CA06
7	Factor	인수분해	CA07
8	GCD	최대공약수	CA08
9	IsPrime	소수여부	CA09
10	LCM	최소공배수	CA10
11	LeftSide	좌변	CA11
12	Max	최댓값	CA12
13	Min	최솟값	CA13
14	Mod	나머지	CA14
15	NextPrime	다음소수	CA15
16	PreviousPrime	이전소수	CA16
17	PrimeFactors	소인수분해	CA17
18	Product	곱	CA18
19	RightSide	우변	CA19
20	Simplify	정리	CA20
Chart/차트			
21	BarChart	막대그래프	CB01
22	BoxPlot	상자그림	CB02
23	DotPlot	점그림	CB03
24	FrequencyPolygon	도수분포다각형	CB04
25	Histogram	히스토그램	CB05
26	HistogramRight	오른쪽히스토그램	CB06
27	NormalQuantilePlot	정규4분위수그림	CB07

28	ResidualPlot	잔차그림	CB08
29	StemPlot	가지그림	CB09
Conic/이차곡선			
30	Axes	축	CC01
31	Center	중심	CC02
32	Circle	원	CC03
33	Conic	이차곡선	CC04
34	ConjugateDiameter	공액지름	CC05
35	Directrix	준선	CC06
36	Eccentricity	이심률	CC07
37	Ellipse	타원	CC08
38	Focus	초점	CC9
39	Hyperbola	쌍곡선	CC10
40	LinearEccentricity	선형이심률	CC11
41	MajorAxis	장축	CC12
42	MinorAxis	단축	CC13
43	Parabola	포물선	CC14
44	Parameter	매개변수	CC15
45	Polar	극선	CC16
46	Semicircle	반원	CC17
47	SemiMajorAxisLength	반장축길이	CC18
48	SemiMinorAxisLength	반단축길이	CC19
Discrete Math/이산수학			
49	ConvexHull	최소볼록집합	CD01
50	DelaunayTriangulation	델로니삼각법	CD02
51	Hull	볼록집합	CD03
52	MinimumSpanningTree	최소스패닝트리	CD04
53	ShortestDistance	최단거리	CD05
54	TravellingSalesman	순회판매원	CD06
55	Voronoi	보로노이	CD07

Functions and Calculus/함수와 미적분			
56	Asymptote	점근선	CF01
57	Coefficients	계수	CF02
58	CompleteSquare	완전제곱	CF03
59	ComplexRoot	복소근	CF04
60	Curvature	곡률	CF05
61	Curve	곡선	CF06
62	Degree	차수	CF07
63	Denominator	분모	CF08
64	Derivative	미분	CF09
65	Extremum	극값	CF10
66	Factors	인수리스트	CF11
67	Function	함수	CF12
68	ImplicitCurve	음함수곡선	CF13
69	ImplicitDerivative	음함수미분	CF14
70	InflectionPoint	변곡점	CF15
71	Integral	적분	CF16
72	IntegralBetween	적분차	CF17
73	Iteration	반복	CF18
74	LeftSum	왼쪽합	CF19
75	Limit	극한	CF20
76	LimitAbove	우극한	CF21
77	LimitBelow	좌극한	CF22
78	LowerSum	하합	CF23
79	Numerator	분자	CF24
80	OsculatingCircle	접원	CF25
81	PartialFractions	부분분수	CF26
82	PathParameter	경로매개변수	CF27
83	Polynomial	다항식	CF28
84	RectangleSum	직사각형합	CF29
85	Root	근	CF30

86	RootList	근리스트	CF31
87	Roots	여러근	CF32
88	SolveODE	ODE풀기	CF33
89	TaylorPolynomial	테일러다항식	CF34
90	TrapezoidalSum	사다리꼴합	CF35
91	TrigCombine	삼각결합	CF36
92	TrigExpand	삼각전개	CF37
93	TrigSimplify	삼각정리	CF38
94	UpperSum	상합	CF39
GeoGebra/지오지브라			
95	AxisStepX	x축단위	CH01
96	AxisStepY	y축단위	CH02
97	ClosestPoint	가장가까운점	CH03
98	ConstructionStep	구성 단계	CH04
99	Corner	꼭짓점	CH05
100	DynamicCoordinates	변화하는좌표	CH06
101	Name	이름	CH07
102	Object	대상	CH08
103	SlowPlot	천천히보여주기	CH09
104	ToolImage	도구이미지	CH10
105	ToPolar	극좌표화	CH11
Geometry/기하			
106	AffineRatio	아핀비	CG01
107	Angle	각	CG02
108	AngleBisector	각의이등분선	CG03
109	Arc	호	CG04
110	Area	넓이	CG05
111	Centroid	무게중심	CG06
112	CircularArc	원호	CG07
113	CircularSector	원형부채꼴	CG08
114	CircumcircularArc	외접호	CG09

115	CircumcircularSector	외접부채꼴	CG10
116	Circumference	원둘레	CG11
117	CrossRatio	교차비	CG12
118	Direction	방향	CG13
119	Distance	거리	CG14
120	Incircle	내접원	CG15
121	Intersect	교점	CG16
122	IntersectRegion	겹치는영역	CG17
123	Length	길이	CG18
124	Line	직선	CG19
125	Locus	자취그리기	CG20
126	Midpoint	중점	CG21
127	Perimeter	둘레	CG22
128	PerpendicularBisector	수직이등분선	CG23
129	PerpendicularLine	수직선	CG24
130	Point	점	CG25
131	PointIn	영역안의점	CG26
132	Polygon	다각형	CG27
133	PolyLine	다각선	CG28
134	Radius	반지름	CG29
135	Ray	반직선	CG30
136	RigidPolygon	고정다각형	CG31
137	Sector	부채꼴	CG32
138	Segment	선분	CG33
139	Slope	기울기	CG34
140	Tangent	접선	CG35
141	Vertex	정점	CG36
List/리스트			
142	Append	추가	CL01
143	Element	원소	CL02
144	First	처음항	CL03

145	IndexOf	인덱스	CL04
146	Insert	포함	CL05
147	Intersection	교집합	CL06
148	IterationList	반복리스트	CL07
149	Join	연결	CL08
150	Last	마지막항	CL09
151	OrdinalRank	서수순서	CL10
152	PointList	점리스트	CL11
153	RandomElement	랜덤원소	CL12
154	RemoveUndefined	미정의삭제	CL13
155	Reverse	역순	CL14
156	SelectedElement	선택된원소	CL15
157	SelectedIndex	선택된인덱스	CL16
158	Sequence	수열	CL17
159	Sort	정렬	CL18
160	Take	추출	CL19
161	TiedRank	동순위	CL20
162	Union	합집합	CL21
163	Unique	반복원소제거	CL22
164	Zip	Zip	CL23
Logical/논리			
165	CountIf	세기조건	CM01
166	If	조건	CM02
167	IsDefined	정의여부	CM03
168	IsInRegion	영역포함여부	CM04
169	IsInteger	정수여부	CM05
170	KeepIf	유지조건	CM06
171	Relation	관계	CM07
Optimization/최적화			
172	Maximize	최대화	CO01
173	Minimize	최소화	CO02

Probability/확률			
174	Bernoulli	베르누이	CP01
175	BinomialCoefficient	이항계수	CP02
176	BinomialDist	이항분포	CP03
177	Cauchy	코시분포	CP04
178	ChiSquared	카이제곱	CP05
179	Erlang	어랑분포	CP06
180	Exponential	지수분포	CP07
181	FDistribution	F분포	CP08
182	Gamma	감마	CP09
183	HyperGeometric	초기하분포	CP10
184	InverseBinomial	역이항분포	CP11
185	InverseCauchy	역코시분포	CP12
186	InverseChiSquared	역카이제곱	CP13
187	InverseExponential	역지수분포	CP14
188	InverseFDistribution	역F분포	CP15
189	InverseGamma	역감마분포	CP16
190	InverseHyperGeometric	역초기하분포	CP17
191	InverseNormal	역정규분포	CP18
192	InversePascal	역파스칼분포	CP19
193	InversePoisson	역포아송분포	CP20
194	InverseTDistribution	역T분포	CP21
195	InverseWeibull	역와이블분포	CP22
196	InverseZipf	역Zipf분포	CP23
197	Logistic	로지스틱분포	CP24
198	LogNormal	로그정규분포	CP25
199	Normal	정규분포	CP26
200	nPr	순열	CP27
201	Pascal	파스칼분포	CP28
202	Poisson	포아송분포	CP29
203	RandomBetween	랜덤	CP30

204	RandomBinomial	랜덤이항분포	CP31
205	RandomNormal	랜덤정규분포	CP32
206	RandomPoisson	랜덤포아송분포	CP33
207	RandomPolynomial	랜덤다항식	CP34
208	RandomUniform	랜덤균등분포	CP35
209	TDistribution	T분포	CP36
210	Triangular	삼각분포	CP37
211	Uniform	균등분포	CP38
212	Weibull	와이블분포	CP39
213	Zipf	Zipf	CP40
Scripting/스크립트			
214	Button	버튼	CQ01
215	Checkbox	체크박스	CQ02
216	CopyFreeObject	자유대상복사	CQ03
217	Delete	삭제	CQ04
218	Execute	실행	CQ05
219	GetTime	시간	CQ06
220	HideLayer	레이어숨기기	CQ07
221	InputBox	텍스트필드	CQ08
222	Pan	화면이동	CQ09
223	ParseToFunction	함수화	CQ10
224	ParseToNumber	숫자화	CQ11
225	PlaySound	음악	CQ12
226	Rename	이름바꾸기	CQ13
227	SelectObjects	대상선택	CQ14
228	SetActiveView	활성화창설정	CQ15
229	SetAxesRatio	축비율설정	CQ16
230	SetBackgroundColor	배경색지정	CQ17
231	SetCaption	캡션설정	CQ18
232	SetColor	색상설정	CQ19
233	SetConditionToShowObject	대상보이기조건설정	CQ20

234	SetCoords	좌표설정	CQ21
235	SetDynamicColor	다양한색상설정	CQ22
236	SetFilling	채움설정	CQ23
237	SetFixed	고정여부설정	CQ24
238	SetLabelMode	레이블모드설정	CQ25
239	SetLayer	레이어설정	CQ26
240	SetLineStyle	선스타일설정	CQ27
241	SetLineThickness	굵기설정	CQ28
242	SetPointSize	점크기설정	CQ29
243	SetPointStyle	점스타일설정	CQ30
244	SetTooltipMode	도구도움말모드설정	CQ31
245	SetValue	값설정	CQ32
246	SetVisibleInView	보이기설정	CQ33
247	ShowLabel	레이블보이기	CQ34
248	ShowLayer	레이어보이기	CQ35
249	Slider	슬라이더	CQ36
250	StartAnimation	애니메이션시작	CQ37
251	UpdateConstruction	구성새로고침	CQ38
252	ZoomIn	축소	CQ39
253	ZoomOut	확대	CQ40
Spreadsheet/스프레드시트			
254	Cell	셀	CR01
255	CellRange	셀범위	CR02
256	Column	열	CR03
257	ColumnName	열이름	CR04
258	FillCells	셀채우기	CR05
259	FillColumn	열채우기	CR06
260	FillRow	행채우기	CR07
261	Row	행	CR08
Statistics/통계			
262	ANOVA	아노바	CS01

263	Classes	계급	CS02
264	CorrelationCoefficient	상관계수	CS03
265	Covariance	공분산	CS04
266	Fit	최소제곱법	CS05
267	FitExp	최소제곱지수	CS06
268	FitGrowth	최소제곱증가	CS07
269	FitLine	추세선	CS08
270	FitLineX	최소제곱직선X	CS09
271	FitLog	최소제곱로그	CS10
272	FitLogistic	최소제곱로지스틱	CS11
273	FitPoly	최소제곱다항식	CS12
274	FitPow	최소제곱누승	CS13
275	FitSin	최소제곱사인	CS14
276	Frequency	도수	CS15
277	FrequencyTable	도수분포표	CS16
278	GeometricMean	기하평균	CS17
279	HarmonicMean	조화평균	CS18
280	Mean	평균	CS19
281	MeanX	X평균	CS20
282	MeanY	Y평균	CS21
283	Median	중앙값	CS22
284	Mode	최빈수	CS23
285	Percentile	백분위수	CS24
286	Q1	Q1	CS25
287	Q3	Q3	CS26
288	RootMeanSquare	근평균제곱	CS27
289	RSquare	결정계수	CS28
290	Sample	표본	CS29
291	SampleSD	표본표준편차	CS30
292	SampleSDX	X표본표준편차	CS31
293	SampleSDY	Y표본표준편차	CS32

294	SampleVariance	표본분산	CS33
295	SD	표준편차	CS34
296	SDX	X표준편차	CS35
297	SDY	Y표준편차	CS36
298	Shuffle	섞기	CS37
299	SigmaXX	SigmaXX	CS38
300	SigmaXY	SigmaXY	CS39
301	SigmaYY	SigmaYY	CS40
302	Spearman	스피어만	CS41
303	Sum	합	CS42
304	SumSquaredErrors	제곱오차의합	CS43
305	Sxx	Sxx	CS44
306	Sxy	Sxy	CS45
307	Syy	Syy	CS46
308	TMean2Estimate	T평균2추정	CS47
309	TMeanEstimate	T평균추정	CS48
310	TTest	T검정	CS49
311	TTest2	T검정2	CS50
312	TTestPaired	짝의T검정	CS51
313	Variance	분산	CS52
Text/텍스트			
314	FormulaText	수식	CT01
315	FractionText	분수화	CT02
316	LetterToUnicode	유니코드	CT03
317	Ordinal	서수	CT04
318	RotateText	텍스트회전	CT05
319	TableText	표	CT06
320	Text	텍스트	CT07
321	TextToUnicode	유니코드화	CT08
322	UnicodeToLetter	글자화	CT09
323	UnicodeToText	텍스트화	CT10

324	VerticalText	세로텍스트	CT11
Transformation/변환			
325	Dilate	확대	CU01
326	Reflect	대칭	CU02
327	Rotate	회전	CU03
328	Shear	절단	CU04
329	Stretch	늘이기	CU05
330	Translate	평행이동	CU06
Vector/벡터			
331	ApplyMatrix	행렬적용	CV01
332	Cross	외적	CV02
333	CurvatureVector	곡률벡터	CV03
334	Determinant	행렬식	CV04
335	Dimension	차원	CV05
336	Dot	내적	CV06
337	Identity	항등행렬	CV07
338	Invert	역행렬	CV08
339	MatrixRank	행렬계수	CV09
340	PerpendicularVector	수직벡터	CV10
341	ReducedRowEchelonForm	에슐론폼	CV11
342	ToComplex	복소수화	CV12
343	ToPoint	점표시	CV13
344	Transpose	전치행렬	CV14
345	UnitPerpendicularVector	단위수직벡터	CV15
346	UnitVector	단위벡터	CV16
347	Vector	벡터	CV17
CAS/CAS			
348	CFactor	복소인수	CZ01
349	CommonDenominator	공통분모	CZ02
350	CSolutions	복소해	CZ03
351	CSolve	복소해풀기	CZ04

352	MixedNumber	진분수화	CZ18
353	NIntegral	수치적분	CZ20
354	NSolutions	수치해	CZ22
355	NSolve	수치해풀기	CZ23
356	Numeric	수치연산	CZ24
357	Rationalize	유리수화	CZ27
358	Solutions	해	CZ30
359	Solve	풀기	CZ31
360	Substitute	치환	CZ32
361	ToExponential	지수화	CZ34
362	BinomialCoefficient	이항계수	CP02
363	BinomialDist	이항분포	CP03
364	Cauchy	코시분포	CP04
365	ChiSquared	카이제곱	CP05
366	Coefficients	계수	CF02
367	ComplexRoot	복소근	CF04
368	Covariance	공분산	CS04
369	Cross	외적	CV02
370	Degree	차수	CF07
371	Delete	삭제	CQ04
372	Denominator	분모	CF08
373	Derivative	미분	CF09
374	Determinant	행렬식	CV04
375	Dimension	차원	CV05
376	Div	몫	CA01
377	Division	나눗셈	CA02
378	Divisors	약수	CA03
379	DivisorsList	약수리스트	CA04
380	DivisorsSum	약수합	CA05
381	Dot	내적	CV05
382	Element	원소	CL02

383	Expand	전개	CA06
384	Exponential	지수분포	CP07
385	Factor	인수분해	CA07
386	Factors	인수리스트	CF11
387	FDistribution	F분포	CP08
388	First	처음항	CL08
389	FitExp	최소제곱지수	CS06
390	FitLog	최소제곱로그	CS10
391	FitPoly	최소제곱다항식	CS12
392	FitPow	최소제곱누승	CS13
393	FitSin	최소제곱사인	CS14
394	Gamma	감마	CP09
395	GCD	최대공약수	CA04
396	HyperGeometric	초기하분포	CP10
397	ImplicitDerivative	음함수미분	CF14
398	Identity	항등행렬	CV07
399	Integral	적분	CF16
400	IntegralBetween	적분차	CF17
401	Intersect	교점	CG16
402	Invert	역행렬	CV08
403	IsPrime	소수여부	CA09
404	Last	마지막항	CL09
405	LCM	최소공배수	CA05
406	LeftSide	좌변	CA11
407	Length	길이	CG18
408	Limit	극한	CF20
409	LimitAbove	우극한	CF21
410	LimitBelow	좌극한	CF22
411	MatrixRank	행렬계수	CV09
412	Max	최댓값	CA12
413	Mean	평균	CS19

414	Median	중앙값	CS22
415	Min	최솟값	CA13
416	Mod	나머지	CA14
417	NextPrime	다음소수	CA15
418	Normal	정규분포	CP26
419	nPr	순열	CP27
420	Numerator	분자	CF24
421	PartialFractions	부분분수	CF26
422	Pascal	파스칼분포	CP28
423	PerpendicularVector	수직벡터	CV10
424	Poisson	포아송분포	CP29
425	PreviousPrime	이전소수	CA16
426	PrimeFactors	소인수분해	CA17
427	Product	곱	CA18
428	RandomBetween	랜덤	CP30
429	RandomBinomial	랜덤이항분포	CP31
430	RandomElement	랜덤원소	CL12
431	RandomNormal	랜덤정규분포	CP32
432	RandomPoisson	랜덤포아송분포	CP33
433	RandomPolynomial	랜덤다항식	CP34
434	ReducedRowEchelonForm	에슐론폼	CV11
435	RightSide	우변	CA19
436	Root	근	CF30
437	Sample	표본	CS29
438	SampleSD	표본표준편차	CS30
439	SampleVariance	표본분산	CS33
440	SD	표준편차	CS34
441	Sequence	수열	CL17
442	Shuffle	섞기	CS37
443	Simplify	정리	CA20
444	SolveODE	ODE풀기	CF33

445	Sum	합	CS42
446	Take	추출	CL19
447	TaylorPolynomial	테일러다항식	CF34
448	TDistribution	T분포	CP36
449	ToComplex	복소수화	CV12
450	ToPoint	점표시	CV13
451	ToPolar	극좌표화	CH11
452	Transpose	전치행렬	CV14
453	TrigCombine	삼각결합	CF36
454	TrigExpand	삼각전개	CF37
455	TrigSimplify	삼각정리	CF38
456	Unique	반복원소제거	CL22
457	UnitPerpendicularVector	단위수직벡터	CV15
458	UnitVector	단위벡터	CV16
459	Variance	분산	CS52
460	Weibull	와이블분포	CP39
461	Zipf	Zipf	CP40

Ⅳ. 기정함수 및 연산자(Predefined Functions and Operators)

번호	기정함수 및 연산자	입력
1	e 오일러상수(Euler's number)	Alt + e
2	π원주율(Ratio of the circumference of a circle to its diameter)	Alt+p or pi
3	ί 허수단위(Imaginary unit)	Alt + i
4	°도(Degree symbol)	Alt + o
5	덧셈(Addition)	+
6	뺄셈(Subtraction)	-
7	곱셈(Multiplication)	*or Spacekey
8	나눗셈(Division)	/
9	내적(Scalar product)	*or Spacekey
10	외적(Vector product)	ⓧ
11	지수(Exponentiation)	^or Superscript
12	계승(Factorial)	!
13	괄호(Parentheses)	( )
14	x-좌표(x-coordinate)	x( )
15	y-좌표(y-coordinate)	y( )
16	절대값(Absolute value)	abs( )
17	부호(Sign)	sgn() or sign()
18	편각(Argument)	arg( )
19	공액복소수(Conjugate)	conjugate( )
20	실수부(Real)	real( )
21	허수부(Imaginary)	imaginary( )
22	거듭제곱근(Square root)	sqrt( )
23	세제곱근(Cubic root)	cbrt( )
24	N제곱근(Nth root)	Nroot() [예.nroot(16,4)]
25	0과 1사이의 난수(Random number between 0 and 1)	random( )
26	반올림(Round)	round( )
27	~보다 작거나 같은 최대정수(Greatest integer less than or equal)	floor( )

28	~보다 크거나 같은 최소정수(Least integer greater than or equal)	ceil( )
29	정수부분(Integer Part)	IntegerPart()
30	분수부분(Fractional Part)	FractionalPart()
31	지수함수(Exponential function)	exp() or e^x
32	밑이 10인 상용로그(Logarithm to base 10)	lg( )
33	밑이 e인 자연로그(Natural Logarithm to base e)	ln() or log()
34	밑이 2인 로그(Logarithm to base 2)	ld( )
35	밑이b이고진수가x인로그(Logarithmofxtobaseb)	log(b, x)
36	코사인함수(Cosine)	cos( )
37	사인함수(Sine)	sin( )
38	탄젠트함수(Tangent)	tan( )
39	시컨트(Secant)	sec()
40	코시컨트(Cosecant)	cosec()
41	코탄젠트(Cotangent)	cot()
42	역코사인함수(Arc cosine)	acos() or arccos()
43	역사인함수(Arc sine)	asin() or arcsin()
44	역탄젠트함수(Arc tangent : returns answer between -π/2 and π/2)	atan() or arctan()
45	역탄젠트함수2(Arc tangent2 : returns answer between -π and π)	atan2(y, x)
46	쌍곡코사인함수(Hyperbolic cosine)	cosh( )
47	쌍곡사인함수(Hyperbolic sine)	sinh( )
48	쌍곡탄젠트함수(Hyperbolic tangent)	tanh( )
49	쌍곡시컨트함수(Hyperbolic secant)	sech( )
50	쌍곡코시컨트함수(Hyperbolic cosecant)	cosech( )
51	쌍곡코탄젠트함수(Hyperbolic cotangent)	coth( )
52	역쌍곡코사인함수(Antihyperbolic cosine)	acosh() or arccosh()
53	역쌍곡사인함수(Antihyperbolic sine)	asinh() or arcsinh()
54	역쌍곡탄젠트함수(Antihyperbolic tangent)	atanh() or arctanh()
55	베타함수(Beta function B(a, b))	beta(a, b)
56	불완전베타함수(Incomplete beta function B(x;a, b))	beta(a, b, x)
57	불완전정규베타함수(Incomplete regularized beta function I(x; a, b))	betaRegularized(a, b, x)
58	감마함수(Gamma function Γ(x))	gamma(x)
59	불완전감마함수((Lower)incompletegammafunctionγ(a,x))	gamma(a, x)
60	불완전정규감마함수((Lower) incomplete regularized gamma function P(a,x) = γ(a, x) / Γ(a))	gammaRegularized(a, x)
61	디감마함수(Digamma function)	psi(x)
62	폴리감마함수(Polygamma function)	polygamma(m, x)
63	사인적분함수(Sine Integral function)	sinIntegral(x)
64	코사인적분함수(Cosine Integral function)	cosIntegral(x)
65	지수적분함수(Exponential Integral function)	expIntegral(x)
66	가우스오차함수(Gaussian Error Function)	erf(x)

Ⅴ. 논리연산자(Logic Operators)

번호	연산	List	키보드	사용예	객체타입
1	같음 (Equal)	≟	==	a≟b or a==b	numbers, points, lines, conics a, b
2	같지않음 (Unequal)	≠	!=	a≠b or a!=b	numbers, points, lines, conics a, b
3	미만 (Less than)	<	<	a < b	numbers a, b
4	초과 (Greater than)	>	>	a > b	numbers a, b
5	이하 (Less or equal than)	≤	<=	a≤b or a<=b	numbers a, b
6	이상 (Greater or equal than)	≥	>=	a≥b or a>=b	numbers a, b
7	논리곱 (And)	∧	&&	a∧b or a&&b	Booleans a, b
8	논리합 (Or)	∨	||	a∨b or a||b	Booleans a, b
9	부정 (Not)	¬	!	¬a or !a	Boolean a
10	평행 (Parallel)	∥		a ∥ b	lines a, b
11	수직 (Perpendicular)	⊥		a ⊥ b	lines a, b
12	포함 (Belongs to)	∈		a ∈ list1	number a, list of numbers list1

Ⅵ. 키보드 단축키(Keyboard Shortcuts)

번호	윈도우 단축키	맥킨토시 단축키	단축키 기능
1	+	+	선택한 수/슬라이더 값의 증가
2			경로, 곡선 위의 점을 이동
3	Alt + +	Option + +	±
4	Ctrl + +	Ctrl + +	화면 확대
5	Alt + ,	Option + ,	≤
6	Alt + -	Option + -	위첨자 (-)
7	-	-	선택한 수/슬라이더 값의 감소
			경로, 곡선 위의 점을 이동
8	Ctrl + -	Ctrl + -	화면 축소
9	Alt + .	Option + .	≥
10	Alt + 0	Option + 0	0승
11	Alt + 1	Option + 1	1승
12	Ctrl + 1		글자 크기, 선 두께, 점 크기를 표준값으로
13	Ctrl + Shift + 1	Cmd + Shift + 1	제1 그래픽 구성창 숨기기/보이기
14	Ctrl + 2		글자 크기, 선 두께, 점 크기를 증가
15	Alt + 2	Option + 2	2승
16	Ctrl + Shift + 2	Cmd + Shift + 2	제2 그래픽 구성창 숨기기/보이기
17	Ctrl + 3		흑백 모드
18	Alt + 3	Option + 3	3승
19	Alt + 4	Option + 4	4승
20	Alt + 5	Option + 5	5승
21	Alt + 6	Option + 6	6승
22	Alt + 7	Option + 7	7승
23	Alt + 8	Option + 8	8승
24	Alt + 9	Option + 9	9승
25	Alt + <	Option + <	≤
27	=	=	선택한 수/슬라이더 값의 증가
			경로, 곡선 위의 점을 이동
28	Alt + =	Option + =	≠

29	Ctrl + =	Cmd + =	확대
30	Alt + >	Option + >	≥
31	Ctrl + A	Cmd + A	전체 선택
32	Alt + A	Option + A	그리스어:α(alpha) (대문자는 + Shift: A)
33	Ctrl + Shift + A	Cmd + Shift + A	대수창 숨기기/보이기
34	Alt + B	Option + B	그리스어: β (beta) (대문자는 + Shift: B)
35	Ctrl + Shift + B	Cmd + Shift + B	애플릿(HTML5 Applet)을 클립보드로 복사
36	Backspace	Backspace	현재 선택 객체 삭제
37	Ctrl + C	Cmd + C	복사
38	Ctrl + Alt + C	Cmd + Option + C	스프레드시트 값 복사
39	Ctrl + Shift + C	Cmd + Shift + C	그래픽 구성창을 클립보드로 복사
40	Ctrl + D	Cmd + D	객체값, 객체 정의, 명령어 보이기/숨기기
41	Alt + D	Option + D	그리스어: δ (delta) (대문자는 + Shift: Δ)
42	Delete		현재 선택 객체 삭제
43	Alt + ↓	Option + ↓	10씩 감소
44	Ctrl + ↓		1씩 감소
			스프레드시트에서 해당 블럭의 가장 아래 셀로 이동
			(또는 특정한 셀의 아래 셀로 이동)
45	Shift + ↓	Shift + ↓	0.1씩 감소 (객체가 선택되지 않았을 때에는 y-좌표축 눈금을 조정)
46	↓	↓	선택한 수/슬라이더 값의 감소
			선택한 점을 아래로 이동
			입력창의 입력 명령어 목록에서 최근 명령어로 이동
			구성 프로토콜에서 다음 행으로 이동
47	Ctrl + E	Cmd + E	객체 속성 대화 상자 열기
48	Alt + E	Option + E	오일러상수(Euler'snumber) *e*
49	Ctrl + Shift + E	Cmd + Shift + E	객체 속성 대화 상자 열기
50	End		구성 프로토콜 마지막 행으로 이동
51			스프레드시트 우측 하단 셀로 이동
52	Enter	Enter	그래픽구성창(GraphicsView)과 입력창(InputBar)간입력대기전환
53	Alt + F	Option + F	그리스어: φ (phi) (대문자는 + Shift: Φ)

54	Ctrl + F	Cmd + F	화면 정리(자취 지우기)
55	F1	F1	도움말
56	F2	F2	선택된 객체 편집 시작
57	F3	F3	선택된 객체 정의를 입력창으로 복사
58	Alt + F4		지오지브라 종료
59	F4	F4	선택된 객체값을 입력창으로 복사
60	F5	F5	선택된 객체 이름을 입력창으로 복사
61	F9	F9	(난수를 포함한) 모든 객체를 재산출
62	Alt + G	Option + G	그리스어: γ (gamma) (대문자는 + Shift: Γ)
63	Home		구성 프로토콜 첫번째 행으로 이동 스프레드시트 좌측 상단 셀로 이동
64	Alt + I	Option + I	허수 단위 $i = \sqrt{-1}$
65	Ctrl + Shift + J	Cmd + Shift + J	하위 파생 객체 선택
66	Ctrl + J	Cmd + J	상위 모객체 선택
67	Ctrl + Shift + K	Cmd + Shift + K	CAS창 보이기/숨기기
68	Ctrl + Shift + L	Cmd + Shift + L	구성 프로토콜 보이기/숨기기
69	Ctrl + L	Cmd + L	현재 레이어 선택
70	Alt + L	Option + L	그리스어: λ (lambda) (대문자는 + Shift: Λ)
71	Alt + ←	Option + ←	10씩 감소
72	Ctrl + ←		1씩 감소 스프레드시트에서 해당 블럭의 가장 좌측 셀로 이동 (또는 특정한 셀의 좌측 셀로 이동)
73	Shift + ←	Shift + ←	0.1씩 감소 (객체가 선택되지 않았을 때에는 x-좌표축 눈금을 조정)
74	←	←	선택한 수/슬라이더 값의 감소 선택한 점을 좌측으로 이동 구성 프로토콜에서 다음 행으로 이동
75	Alt+Left Drag	Option+Left Drag	선택한 객체들의 리스트를 입력창에 복사
76	Alt+Left Click	Option+Left Click	선택한 객체 정의를 입력창에 복사
77	Left Click	Left Click	현재 상태 실행
78	Alt + M	Option + M	그리스어: μ (mu) (대문자는 + Shift: Μ)

79	Ctrl + Shift + M	Cmd + Shift + M	자바 애플릿(HTML for Java Applet)을 클립보드로 복사
80	Ctrl + Shift + N	Cmd + Shift + N	다음 지오지브라창 열기(또는 폴더의 다음 지오지브라 파일 열기)
81	Ctrl + N	Cmd + N	새로운 창 열기
82	Ctrl + Shift + Alt +N	Cmd + Shift +Option + N	이전 창 열기
83	Alt + O	Option + O	기호(°)
84	Ctrl + O	Cmd + O	새로운 파일 열기
85	Alt + P	Option + P	그리스어: π(pi) (대문자는 + Shift: Π)
86	Ctrl + Shift + P	Cmd + Shift + P	그림으로 저장
87	Ctrl + P	Cmd + P	인쇄 미리보기
88	PgDn ↓		구성 프로토콜 마지막 행으로 이동
89	PgUp ↑		구성 프로토콜 첫번째 행으로 이동
90		Cmd + Q	지오지브라 종료
91	Ctrl + Shift + Q		(더이상 사용하지 않는) 상위 모객체 선택
92	Ctrl + Q		(더이상 사용하지 않는) 하위 파생객체 선택
93	Alt + R	Option + R	제곱근: √
94	Ctrl + R	Cmd + R	(난수를 포함한) 모든 객체를 재산출
95	Alt + →	Option + →	10씩 증가
96	Ctrl + →		1씩 증가
			스프레드시트에서 해당 블럭의 가장 우측 셀로 이동
			(또는 특정한 셀의 우측 셀로 이동)
97	Shift + →	Shift + →	0.1씩 증가 (객체가 선택되지 않았을 때에는 x-좌표축 눈금을 조정)
98	→	→	선택한 수/슬라이더 값의 증가
			선택한 점을 우측으로 이동
			구성 프로토콜에서 다음 행으로 이동
99	그래픽구성창에서 우측클릭		객체드래그(끌기)
			화면 확대 (객체 위가 아닐 때)
			객체 환경설정 메뉴 열기 (객체를 클릭)
			좌표축, 격자선 등 설정 메뉴 열기 (객체 위가 아닐 때)
100	Shift+ Right Drag		비율을 유지하지 않는 화면 확대

101	Alt + S	Option + S	그리스어: σ (sigma) (대문자는 + Shift: Σ)
102	Ctrl + Shift + S	Cmd + Shift + S	스프레스시트 창 보이기
103	Ctrl + S	Cmd + S	저장
104	Alt+Scroll Wheel	Option+Scroll Wheel	화면 확대/축소 가속
105	Ctrl+Scroll Wheel		화면 확대/축소
106	Scroll Wheel	Scroll Wheel	화면 확대/축소
107	Alt + T	Option + T	그리스어: θ (theta) (대문자는 + Shift: Θ)
108	Ctrl + Shift + T	Cmd + Shift + T	"PSTricks"로 내보내기
109	Alt + U	Option + U	무한대 (infinity ∞)
110	Ctrl + ↑		1씩 증가 스프레드시트에서 해당 블럭의 가장 윗쪽 셀로 이동 (또는 특정한 셀의 윗쪽 셀로 이동)
111	Alt + ↑	Option + ↑	10씩 증가
112	Shift + ↑	Shift + ↑	0.1씩 증가 (객체가 선택되지 않았을 때에는 y-좌표축 눈금을 조정)
113	↑	↑	선택한 수/슬라이더 값의 증가 선택한 점을 위로 이동 입력창의 입력 명령어 목록에서 이전 명령어로 이동 구성 프로토콜에서 이전 행으로 이동
114	Ctrl + V	Cmd + V	붙여넣기
115	Alt + W	Option + W	그리스어:ω(omega)(대문자는 + Shift: Ω)
116		Ctrl + W	지오지브라 종료
117	Ctrl + Shift + W	Cmd + Shift + W	다이내믹 워크시트로 내보내기
118	Ctrl + Y	Cmd + Y	재실행
119	Ctrl + Shift + Z	Cmd + Shift + Z	재실행
120	Ctrl + Z	Cmd + Z	실행 취소

수학에 바퀴를 달자

지오지브라의 정석 기본편

2013년 2월 25일 초판 인쇄
2013년 3월 5일 초판 발행

저 자 / 김태환 · 김현창
발행자 / 오판근
발행처 / 교우사

주 소 / 서울 동대문구 제기2동 148-19
전 화 / 925-2861(代), 편집부 / 925-2825
팩 스 / 925-2860

E-mail / kyowoo@kyowoo.co.kr
http://www.kyowoo.co.kr

등록 / 1994. 3. 24 제6-0256호

ISBN 978-89-8172-965-3 (93410)

값 29,000 원